水体污染控制与治理科技重大专项“十一五”成果系列丛书

湖泊富营养化控制与治理技术及综合示范主题

Comprehensive Water and Environmental Management for Lake Bosten

博斯腾湖水环境综合治理

汤祥明　许　柯　赛·巴雅尔图　等编著

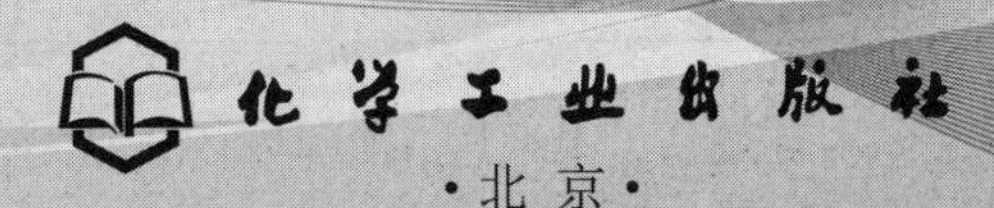

·北京·

本书以我国西北干旱地区的典型湖泊——新疆巴音郭楞蒙古自治州的博斯腾湖为研究对象，通过遥感解译、模型计算、现场监测等方法，系统解析了博斯腾湖水资源时空分布规律及演化趋势、博斯腾湖污染成因、博斯腾湖湖滨湿地演变过程，并在此基础上提出了博斯腾湖湖滨自然湿地生态修复综合技术方案，以及博斯腾湖水污染防治与富营养化控制综合治理中长期规划技术方案。

本书具有较强的技术应用性和参考价值，可供环境工程、市政工程、水利、地理等领域的工程技术人员、科研人员和管理人员参考，也可供高等学校相关专业师生参阅。

图书在版编目（CIP）数据

博斯腾湖水环境综合治理/汤祥明，许柯，赛·巴雅尔图 等编著．—北京：化学工业出版社，2015.5
ISBN 978-7-122-23909-9

Ⅰ.①博… Ⅱ.①汤… ②许… ③赛… Ⅲ.①博斯腾湖-水环境-综合治理-研究 Ⅳ.①X524

中国版本图书馆 CIP 数据核字（2015）第 094980 号

责任编辑：刘兴春　　装帧设计：张　辉
责任校对：王素芹

出版发行：化学工业出版社（北京市东城区青年湖南街 13 号　邮政编码 100011）
印　　刷：北京永鑫印刷有限责任公司
装　　订：三河市宇新装订厂
787mm×1092mm　1/16　印张 18¾　字数 453 千字　2015 年 9 月北京第 1 版第 1 次印刷

购书咨询：010-64518888（传真：010-64519686）　售后服务：010-64518899
网　　址：http://www.cip.com.cn
凡购买本书，如有缺损质量问题，本社销售中心负责调换。

定　价：**98.00 元**

水专项“十一五”成果系列丛书
指导委员会成员名单

环境保护部水专项“十一五”成果系列丛书
编写委员会成员名单

《博斯腾湖水环境综合治理》编著人员名单

编著人员 汤祥明 许　柯 赛·巴雅尔图 高　光

任洪强 陈勇民 赵巧华 赵景峰 高　湘

马燕武 森　盖 邵克强 龚　伊 胡　洋

刘　颢 冯　丽 贾尔恒·阿哈提 杨永虎

吴　巍 徐永明 白淑英 谢春刚 陈　朋

吾甫尔·托乎提 古　琼 张建平 巴图那生

[总序]

我国作为一个发展中的人口大国，资源环境问题是长期制约经济社会可持续发展的重大问题。在经济快速增长、资源能源消耗大幅度增加的情况下，我国污染排放强度大、负荷高，主要污染物排放量超过受纳水体的环境容量。同时，我国人均拥有水资源量远低于国际平均水平，水资源短缺导致水污染加重，水污染又进一步加剧水资源供需矛盾。长期严重的水污染问题影响着水资源利用和水生态系统的完整性，影响着人民群众身体健康，已经成为制约我国经济社会可持续发展的重大瓶颈。

“水体污染控制与治理”科技重大专项（以下简称“水专项”）是《国家中长期科学和技术发展规划纲要（2006～2020 年）》确定的十六个重大专项之一，旨在集中攻克一批节能减排迫切需要解决的水污染防治关键技术，构建我国流域水污染治理技术体系和水环境管理技术体系，为重点流域污染物减排、水质改善和饮用水安全保障提供强有力科技支撑，是新中国成立以来投资最大的水污染治理科技项目。

“十一五”期间，在国务院的统一领导下，在科技部、发展改革委和财政部的精心指导下，在领导小组各成员单位、各有关地方政府的积极支持和有力配合下，水专项领导小组围绕主题主线新要求，动员和组织全国上千家单位、上万名科技工作者，启动了 32 个项目、230 个课题，经过不懈努力，基本实现了“控源减排”阶段目标，申请专利上千项，授权专利上百项，标准管理部门批准立项标准 30 余项，正在制定的技术标准上百项，专项成果通过应用产生的直接效益上亿元，取得了阶段性成果。一是突破了化工、轻工、冶金、纺织印染、制药等重点行业“控源减排”关键技术 214 项，支撑主要污染物减排任务超额完成；突破了城市污水处理厂提标改造和深度脱氮除磷关键技术，为城市水环境质量改善提供了支撑；研发了受污染原水净化处理、管网安全输配等 40 多项饮用水安全保障关键技术，为城市实现从源头到龙头的供水安全保障奠定科技基础。二是紧密结合重点流域污染防治规划的实施，选择太湖、滇池、辽河等重点流域开展大兵团联合攻关，综合集成示范多项关键技术，为重点流域水质改善提供了技术支持，环境监测结果显示，辽河、淮河干流化学需氧量消除劣Ⅴ类，海河水质有所改善；太湖富营养状态由中度变为轻度，劣Ⅴ类入湖河流由 8 条减少为 1 条；巢湖富营养化程度得到明显改善，基本遏制了蓝藻水华大面积爆发；滇池外海水质明显好转。三是研发了一批关键设备和成套装备，带动节能环保战略性新兴产业加快发展，针对水环境监测、污泥处理处置、水处理等设备国产化率低等问题，集中力量重点研发 50 项国家亟需的产业化关键技术和设备，扶持一批环保企业成功上市，建立一批号召力和公信力强的水专项产业技术创新战略联盟。四是加强队伍建设，培养了一大批科技攻关团队和领军人才，采用地方推荐、部门筛选、公开择优等多种方式遴选出近 300 个水专项科技攻关团队，建立院士工作站、研究基地等平台，引进多名海外高层次人才，培养上百名学科带头人、中青年科技骨干和5000多名博士、硕士，建立人才凝聚、使用、培养的良性机制，形成大联合、大攻关、大创新的良好格局。五是加大宣传力度，营造水专项组织实施的社会氛围，水专项通过举办各类展览、研讨、培训等形式，广泛宣传水专项的总体部署、战略目标和主要成就，赢得了各地各部门和广大人民群众的理解和支持，在"十一五"国家重大科技成就展、"十一五"环保成就展、全国科技成果巡回展等一系列展览中，党和国家领导人对水专项取得的积极进展给予充分肯定。这些成果为重点流域水质改善、地方治污规划、水环境管理等提供了技术和决策支持。

在看到成绩的同时，我们也清醒地看到存在的突出问题和矛盾。水专项离国务院的要求和广大人民群众的期待还有较大差距，仍存在一些不足和薄弱环节。2011年专项审计中指出水专项"十一五"在课题立项、成果转化和资金使用等方面不够规范。"十二五"我们需要进一步完善立项机制，提高立项质量；进一步提高项目管理水平，确保专项实施进度；进一步严格成果和经费管理，发挥专项最大效益；在调结构、转方式、惠民生、促发展中发挥更大的科技支撑和引领作用。

我们也要科学认识解决我国水环境问题的复杂性、艰巨性和长期性，水专项亦是如此。刘延东国务委员指出，水专项因素特别复杂、实施难度很大、周期很长、反复也比较多，要探索符合中国特色的水污染治理成套技术和科学管理模式。水专项不是包打天下，解决所有的水环境问题，不可能一天出现一个一鸣惊人的大成果。与其他重大专项相比，水专项也不会通过单一关键技术的重大突破，实现整体的技术水平提升。在水专项实施过程中，妥善处理好当前与长远、手段与目标、中央与地方等各个方面的关系，既要通过技术研发实现核心关键技术的突破，探索出符合国情、成本低、效果好、易推广的整装成套技术，又要综合运用法律、经济、技术和必要行政的手段来实现水环境质量的改善，积极探索符合代价小、效益好、排放低、可持续的中国水污染治理新道路。

党的十八大报告强调，要实施国家科技重大专项，大力推进生态文明建设，努力建设美丽中国，实现中华民族永续发展。水专项作为一项重大的科技工程和民生工程，具有很强的社会公益性，将水专项的研究成果及时推广并为社会经济发展服务是贯彻创新驱动发展战略的具体表现，是推进生态文明建设的有力措施。为广泛共享水专项"十一五"取得的研究成果，水专项管理办公室组织出版水专项"十一五"成果系列丛书。该丛书汇集了一批专项研究的代表性成果，具有较强的学术性和实用性，可以说是水环境领域不可多得的资料文献。丛书的组织出版，有利于坚定水专项科技工作者专项攻关的信心和决心；有利于增强社会各界对水专项的了解和认同；有利于促进环保公众参与，树立水专项的良好社会形象；有利于促进专项成果的转化与应用，为探索中国水污染治理新道路提供有力的科技支撑。

最后，我坚信在国务院的正确领导和有关部门的大力支持下，水专项一定能够百尺竿头，更进一步。我们一定要以党的十八大精神为指导，高擎生态文明建设的大旗，团结协作、协同创新、强化管理，扎实推进水专项，务求取得更大的成效，把建设美丽中国的伟大事业持续推向前进，努力走向社会主义生态文明新时代！

周生贤

2013年7月25日

[前言]

干旱、半干旱地区生态环境脆弱，水资源已成为制约当地人类社会经济活动与流域生态环境建设的关键。水资源不仅是湖泊资源的核心，而且也是湖泊生态系统赖以维持和发展的物质基础。据统计，在中国年降水量小于 200mm 的干旱区内有大、小湖泊近 400 个，在我国三大自然地理区域（东部季风区、西北干旱区和青藏高原区）中居第 2 位。干旱区的内陆湖泊是以流域为单元实现水分循环的重要环节，它们不仅是干旱区气候的指示器，而且对流域生态与环境状况的反应极为灵敏。近 50 年来，伴随着西部内陆干旱区土地资源的大规模开发利用，大量入湖地表径流被拦截，加剧了下游区域水资源的短缺，导致湖泊迅速萎缩、咸化甚至干涸等一系列环境问题，严重危及湖泊及所处区域的生态安全。因此，开展湖泊流域以水资源优化调控技术为核心的相关研究是改善此类湖泊生态环境、维系流域可持续发展的关键。

博斯腾湖是我国最大的内陆淡水湖，地处内陆干旱地区，属温带大陆性干旱气候，生态环境极为脆弱。湖区内水体的交换能力较低，加上上游开都河流域的年均降雨量仅 60mm，及沿湖四县粗放型的农业灌溉又挤占了大量的入湖淡水、环湖周边地区工业排污量不断增大、大量盐分随农田排水直接进入湖体等诸多原因，近年来博斯腾湖区的水质日益恶化，面临着越来越严峻的生态与环境问题。同时，博斯腾湖作为国家级的著名风景名胜区，随着流域社会经济的快速发展，对博斯腾湖旅游资源的开发力度将会进一步加大，必将会导致区域内污染负荷总量的快速、大量增加，给博斯腾湖及其流域的生态环境带来更大的压力，使得原本就已十分突出的水环境问题势必更加严峻。

博斯腾湖目前所面临的水资源短缺、水体富营养化和咸化、湖滨湿地生态系统退化等生态环境问题是我国西部干旱、半干旱地区湖泊中一种普遍存在的现象。然而由于受认识及环境条件的限制，目前对这种盐污染与氮、磷等有机物污染复合作用下的湖泊生态环境退化过程尚缺乏系统的研究，而其发展态势又如此快速，加之干旱、半干旱区脆弱的生态环境，一旦恶化将导致其生态环境向着逐步消亡的方向发展而无法逆转。因此对于这种既具有典型意义又维系区域生态环境安全和区域社会、经济发展生死存亡的关键湖泊，开展其生态环境退化原因的诊断分析，探索遏制或扭转其生态环境退化的态势，并提出切实有效的治理技术方案和管理措施。无论是对于博斯腾湖本身，还是整个西北地区干旱、半干旱内陆湖泊及其周边生态环境的改善都具有非常重大的现实意义和社会经济价值。

本书通过收集过去 50 年来博斯腾湖及其流域的水文、气象及土地利用等数据资料，采用高精度遥感图像分析、水量平衡分析等手段和方法，研究了自然气候和人类社会活动对于博斯腾湖水量变化的影响，建立了博斯腾湖水盐平衡模型，揭示了博斯腾湖水资源量时空变化规律；结合博斯腾湖历史监测数据及项目期内监测数据，对博斯腾湖水环境质量现状及变化趋势进行了评价和分析，建立了污染物时空分布规律及演化趋势模型，阐明了博斯腾湖水环境问题成因及演化趋势；通过对博斯腾湖及其湖周湿地2年多的生态环境要素综合调查，系统研究了博斯腾湖及其湖周湿地生态系统的结构、现状及演化过程，阐明了博斯腾湖湿地退化的原因，在此基础上构建了干旱、半干旱地区湖泊水环境综合治理及生态修复集成技术体系，编制了博斯腾湖水污染综合治理技术方案，并在博斯腾湖周边湿地开展了技术示范。研究成果为我国干旱、半干旱地区湖泊水环境污染综合治理提供了理论依据与技术支撑。

本项研究工作得到了新疆巴音郭楞蒙古自治州党委、政府、环保局、新疆巴音郭楞蒙古自治州博斯腾湖科学研究所、中国科学院南京地理与湖泊研究所、南京大学、南京信息工程大学、新疆维吾尔自治区环境科学研究院、新疆维吾尔自治区水产研究所、四川师范大学、西安建筑工业大学等诸多单位的领导、科研人员的关心和支持。本书的出版得到了国家“十一五”水专项课题“干旱、半干旱地区湖泊水环境综合治理及生态修复技术研究与示范”(2009ZX07106－004) 和“十二五”水专项子课题“典型区域农业面源控制关键技术与示范”(2013ZX07104－004) 等课题的资助，在此一并致以诚挚的谢意。

由于编著者水平有限及编著时间仓促，书中不足和疏漏之处在所难免，恳请广大读者不吝批评指正。

编著者

2015年1月

[目录]

第四篇 博斯腾湖综合治理规划技术方案 223

第一篇

博斯腾湖水、盐及污染物时空分布规律及演化趋势

第一章　博斯腾湖水资源时空分布及变化规律

近年来博斯腾湖水位呈下降趋势，成为导致博斯腾湖生态系统退化、咸化和富营养化加剧等问题的直接原因之一。博斯腾湖水资源量的变化与流域内气候条件、人类活动、土地开发、出入湖水量等诸多因素密切相关，探究它们之间的内在关联性，掌握博斯腾湖水资源时空变化规律，可为博斯腾湖水位合理调控提供理论依据，对于保护博斯腾湖生态环境、改善博斯腾湖水质状况具有重要意义。

通过收集过去50年来博斯腾湖及其流域的水文、气象及土地利用等历史资料，定量估算了开都河、黄水沟、清水河的来水总量和流量的年际变化，分析其水量变化与博斯腾湖大湖水位关系，利用焉耆、和静、和硕3个气象站以及博湖水文站的E20值推算出大湖的蒸发量，同时分析这3个气象站的降雨和蒸发的季节特点，建立了博湖的水量平衡模型；利用高精度遥感图像，分析地表的植被变化和高山区的冰雪变化；通过对开都河过去40年出山径流量的研究，探索博斯腾湖流域河流出山径流量对气候过程的响应，建立“冰雪储量-气候过程-出山径流量”的相互关系，揭示近50年来导致河流出山径流量变化的气候原因；通过分析博斯腾湖及流域土地开发、人工调水量以及对应的生态植被变化状况，结合博斯腾湖流域的“气候-水平衡数值模型”，研究气候变动及水土开发活动对博斯腾湖流域的水文过程和水量时空分布的影响，评价该地区的水资源利用现状，并利用所建立的博斯腾湖流域“气候-水平衡数值模型”，计算气候过程和水土开发对博斯腾湖水位的影响。

第一节　博斯腾湖水文要素特征及变化规律

一、博斯腾湖流域河流渠系分布

（一）博斯腾湖流域水系分布

据1∶500000地形图绘制了孔雀河铁门关以上的博斯腾湖流域分水岭边界，其流域的面积为43890km^2。基于STRM^3-DEM（3″分辨率）的高程数据，以及GPS实地调查数据，对博斯腾湖流域的水系做了初步提取与绘制（见图1-1）。

（二）焉耆盆地内河流渠系分布

以Google earth为底图，结合巴州水文水资源勘测局确定的26条排渠和巴州环境监测站补充7条后的33条排渠为依据，除去坐标有误和无法辨认的河渠外，勾绘出27条主要排渠，

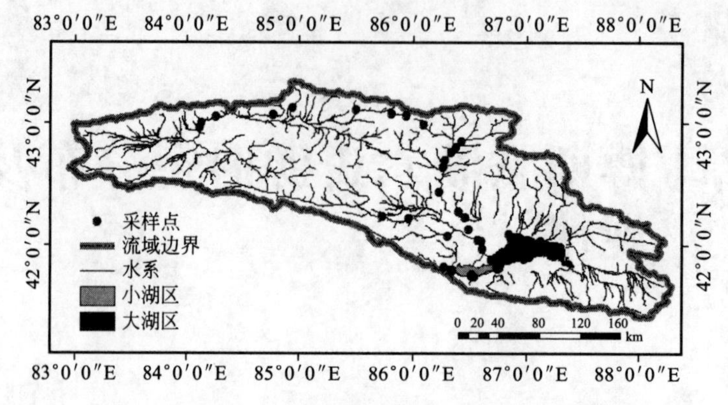

图 1-1　基于 DEM 的博斯腾湖流域水系及采样分布

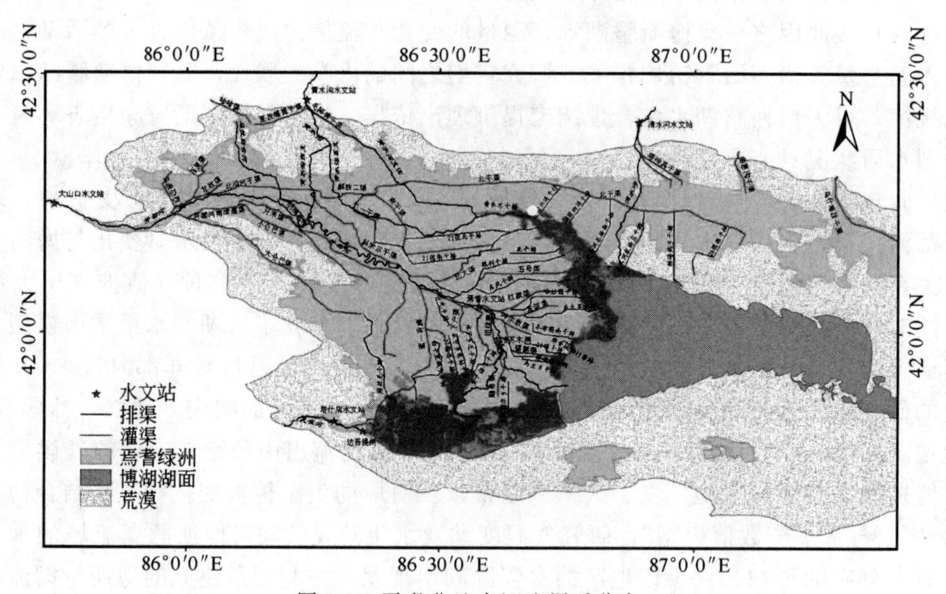

图 1-2　焉耆盆地内河流渠系分布

其中入大湖 19 条，入小湖 8 条；并利用 ArcGIS 绘制了盆地内河流渠系分布（见图 1-2）。

二、博斯腾湖水资源年际变化的定量估算

（一）主要河流出山径流量的逐年变化

1956～2010 年间，开都河、黄水沟和清水河 3 条主要河流出山径流量合计总量为 $(39.1\pm7.1)\times10^8\,m^3/a$（见图 1-3）。

在过去的 55 年间年径流量最大为 $63.90\times10^8\,m^3/a$（2002 年），最小径流量为 $27.21\times10^8\,m^3/a$（1986 年）。开都河是焉耆盆地和博斯腾湖最重要的水量来源，其出山径流量约占 3 条河流总流量的 84.6%～92.9%，多年平均为 90%。

（二）近期河流、渠系的入湖水量

1. 开都河入湖水量

1958～2009 年平均入湖水量为 $(13.2\pm6.3)\times10^8\,m^3/a$（见图 1-4）。近 10 年来（2000～2009 年），开都河东支入湖水量增多，年均水量达 $18.2\times10^8\,m^3/a$，年际变化幅度为（10.4～

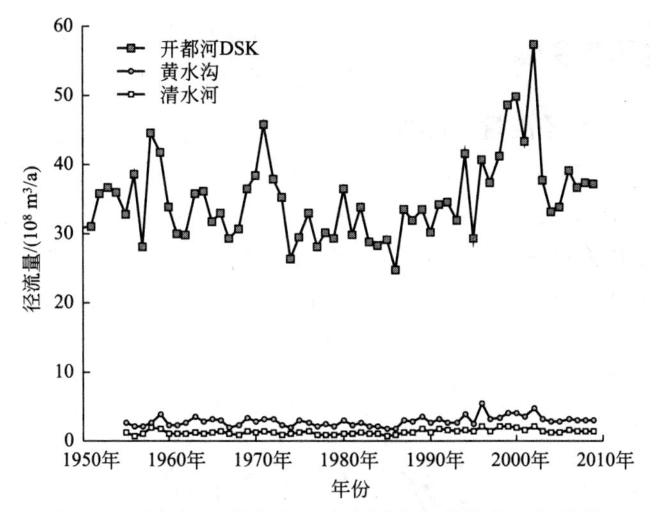

图 1-3 开都河、黄水沟、清水河出山径流量逐年变化

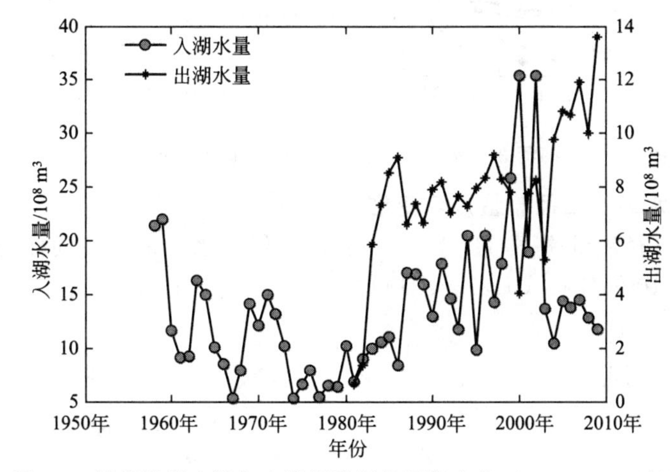

图 1-4 博斯腾湖入湖与出湖径流量的逐年变化（1958～2009 年）

35.5)$\times 10^8 m^3/a$。这主要是 2000、2002 年开都河出山径流量大增，自 2003 年起（截至 2010 年）东支入湖水量又回落至（13.8±6.3）$\times 10^8 m^3/a$。

2. 黄水沟、清水河及其他小河流

清水河仅在洪水季节才有少量洪水汇入博斯腾湖，其他期间的水量出山后用做灌溉用水，经地表下渗后转化为地下水径流补给博斯腾湖，这部分水量难以观测和直接计算。黄水沟径流原汇入博斯腾湖西北湖区，1964 年黄水沟分洪闸建成后，黄水沟径流改道进入开都河，黄水沟河道成为容泄该地区工农业废水和城镇生活污水主要排水渠。

3. 排水渠入湖水量

汇入博斯腾湖大湖区的排水干渠有 19 条。排渠水量受人为活动控制、覆盖范围大、水量不稳定，难以长期开展实地监测。据已有的观测资料，整理统计见表 1-1。2007 年排渠入湖水量偏多，为 $3.34 \times 10^8 m^3$。

表 1-1 1975～2007 年间农田排渠入湖水量

年份	1975 年	1981 年	1983 年	1984 年	1985	2007 年	1975～1985 年平均	1985～2000 年平均
排水量/$10^8 m^3$	3.24	2.13	1.99	1.4	1.27	3.34	2.01	1.52

三、水文要素的季节变化

（一）主要入湖河流径流量月际变化

1. 开都河径流量月际变化

据巴音布鲁克（BYBLK）、大山口（DSK）、焉耆（YQ）3个水文站的多年各月平均径流量数据表明：河流径流量月际变化呈单峰曲线，季节变化明显（见图1-5）。从上游至下游，河水流量峰值出现的月份有滞后现象，其原因可能与绿洲引水灌溉有关。

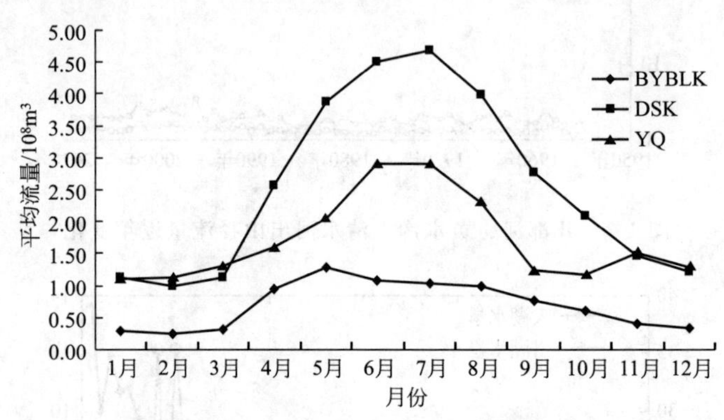

图1-5　开都河3个水文站多年各月平均流量（1976～1989年）

2. 黄水沟、清水河等站径流量月际变化

流量较小，各月径流量均不超过$1\times10^8m^3$，一年中水量最大值同样出现在7月，分别为$(0.64\pm0.35)\times10^8m^3/a$、$(0.27\pm0.14)\times10^8m^3/a$（见图1-6和图1-7）。

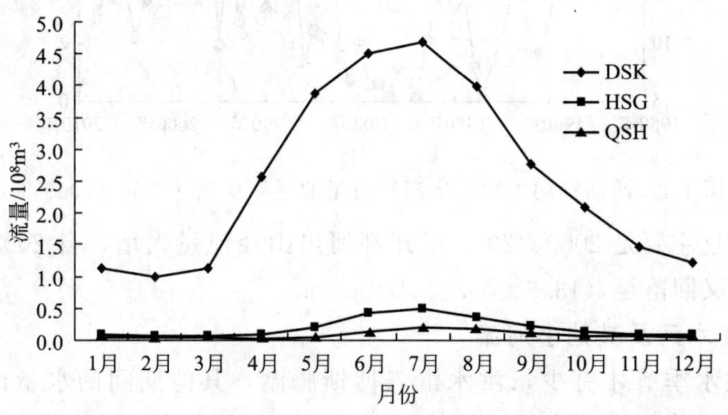

图1-6　主要流入湖流出山径流量各月流量（1976～1989年平均）

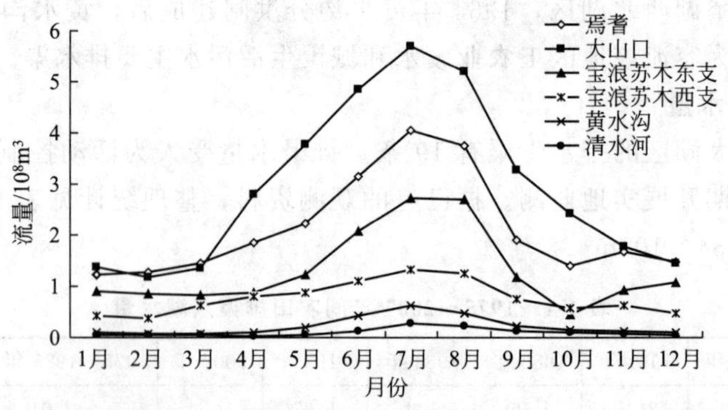

图1-7　开都河水文站径流量各月变化曲线（1976～1989年平均）

从各个水文站流量的年内变化规律看，几个站点的流量变化曲线都具有单峰特征，从1月至7月、8月逐渐升高，然后降低。其中大山口、焉耆和东支的年内波动幅度较大，而西支、黄水沟和清水河年内波动较小。

（二）开都河径流量季节变化

开都河大山口水文站四季径流量数据表明：夏季径流量最大，明显高于其他三季，冬季径流量最小。径流量最大值集中出现在2001年左右，最小值主要出现在1986年左右（见图1-8）。

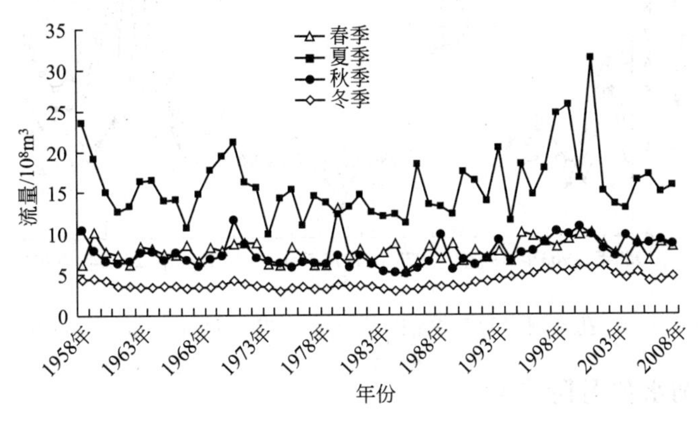

图1-8　开都河大山口水文站春夏秋冬四季径流量变化（1958～2009年）

各季节径流变化主要分为3个阶段。1958年开始到20世纪80年代中后期（1986年左右）为水量波动减少阶段，其中尤以秋、冬季节明显；从20世纪80年代中后期到21世纪初期（2001年左右）为水量增加阶段，且增加幅度较大；21世纪初期到2009年，水量急剧减少。其四季径流量标准化时间序列见图1-9。

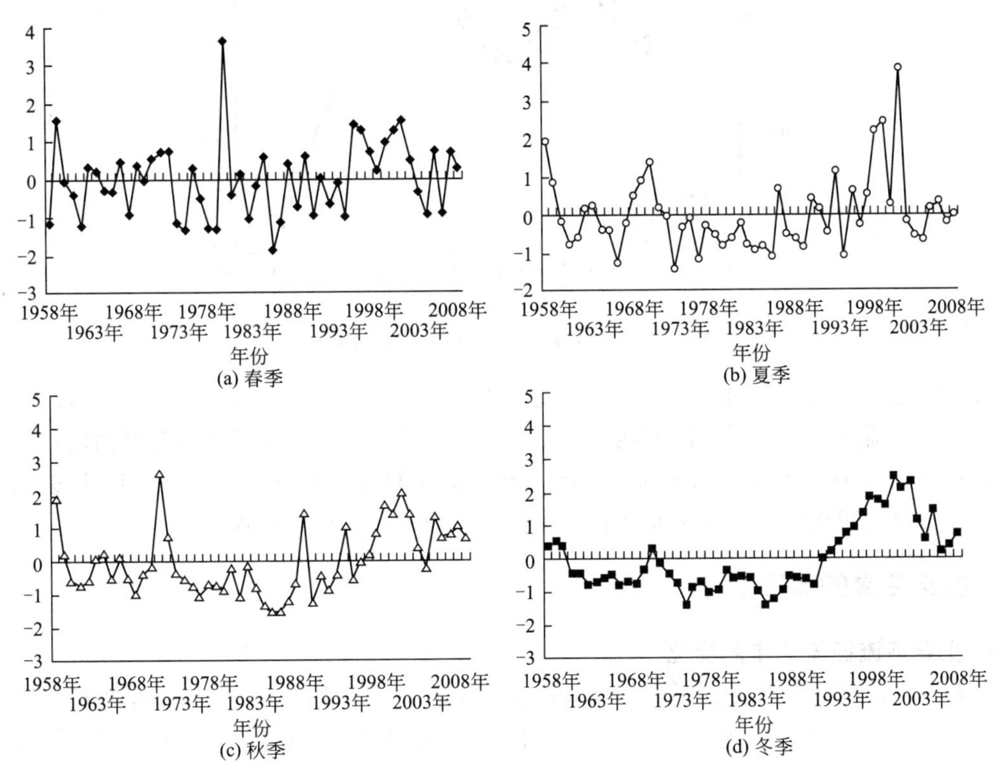

图1-9　开都河大山口水文站春夏秋冬四季径流量标准化时间序列（1958～2009年）

(三）孔雀河径流量季节变化

图 1-10 显示，大概以 1998 年前后为界，前半段水量四季变化平稳，后半段波动起伏较大，尤以 2000～2003 年为甚。总体来看，孔雀河四季水量相差不大，各季节水量最大值均出现在 2000 年之后，且集中在 2000～2002 年。

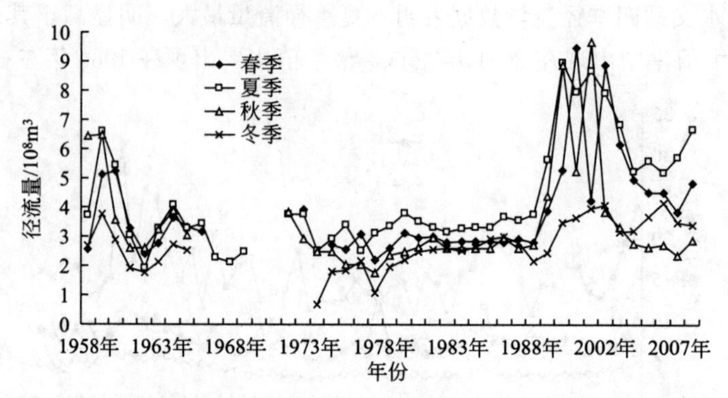

图 1-10　孔雀河春夏秋冬四季径流量季节变化（1958～2009 年）

(四）博斯腾湖水位月际变化

根据月尺度的水文数据进行多年平均处理，得到 12 个月的多年平均博斯腾湖水位和库容（见图 1-11)。

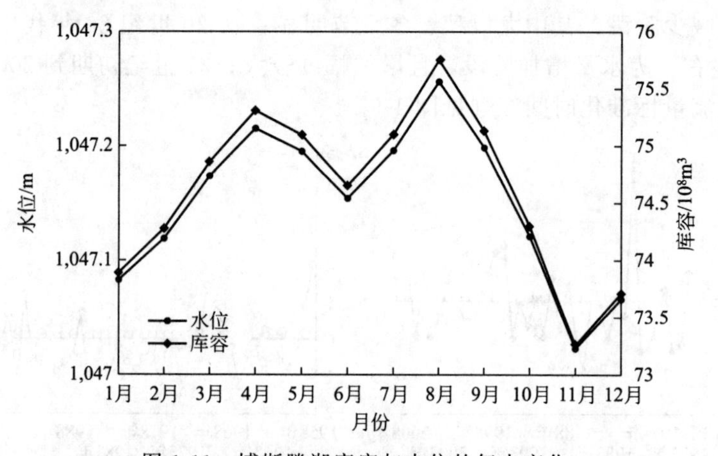

图 1-11　博斯腾湖库容与水位的年内变化

从总体上看，博斯腾湖的水位年内变化曲线体现出双峰特征，从 1～4 月水位逐渐升高，然后至 6 月逐渐下降，主要原因可能是农业灌溉使水量大增，减少了入湖流量而增加了出湖流量；6～8 月又升高形成第二个峰值，此后由于温度的降低水位开始回落，11 月达到最低值。湖容的年内变化特征与水位非常相似，在 4 月和 8 月形成双峰现象。

四、水文要素的年际变化

1. 主要河流径流量年际变化

对大山口、焉耆、东支、西支、西泵站和塔什店这 6 个水文站的流量数据进行统计，见图 1-12。从总体上看，在 1995～2009 年期间，东支流量的变化特征与大山口及焉耆站相似：2002 年达到最高值，然后 2003 年迅速下降，并在此后几年中基本保持稳定。西支流量在

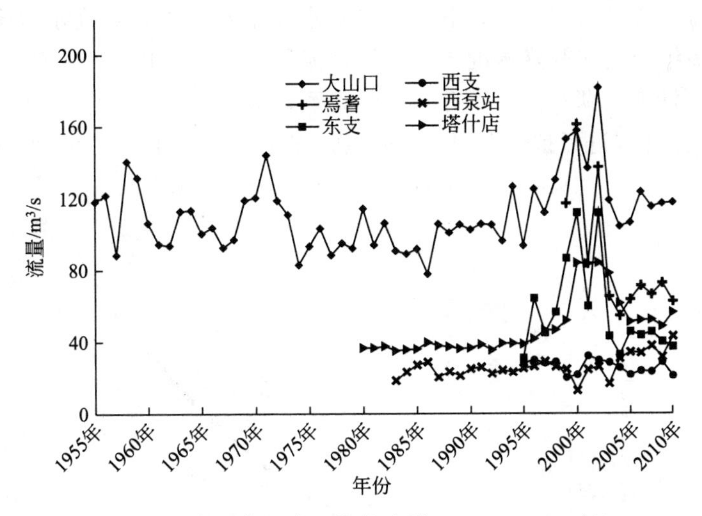

图 1-12　出入湖河流逐年径流量（1958～2009 年）

1995～2009 年期间一直比较稳定。西泵站流量在 1983～2009 年期间波动幅度不大，其中在 2004 年以后呈现出缓慢增加的趋势。塔什店流量在 1980～1996 年期间基本稳定，1997 年以后迅速升高，2000～2002 年期间维持在 84m^3/s 左右，2003～2005 年逐渐下降，并在此后几年中稳定。

从开都河中游到下游水量逐渐减少，大山口和焉耆水文站水量年际变化大；而宝浪苏木东西支水量受人为控制，东支入大湖，水量较多，年际变化较大，西支入小湖，水量较少，年际变化不大；黄水沟和清水河年径流量很小，年际变化均不明显。孔雀河径流量（塔什店水文站）年际变化平稳，仅在 2000～2002 年水量急剧上升。

2. 博斯腾湖水位年际变化

1958～2009 年期间，博斯腾湖逐年平均水位为（1047.04±0.92）m，历史最高水位出现在 2002 年，年均水位为 1048.65m，历史最低水位出现在 1987 年，年均值为 1044.95m（见图 1-13）。

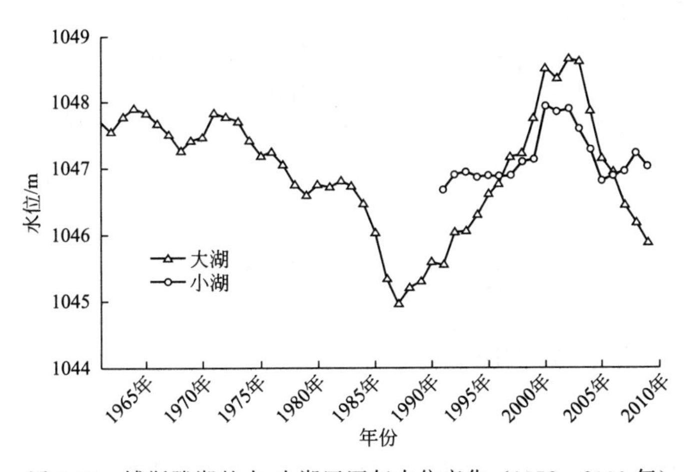

图 1-13　博斯腾湖的大-小湖区逐年水位变化（1958～2009 年）

博斯腾湖的水位变化完全受开都河来水量的影响和制约，与开都河水量的丰、枯有着十分密切的关系。博斯腾湖水位的年内变化主要受开都河水量变化的影响，但变化比较复杂。

在丰水年分，最高水位多出现在8月下旬，在枯水或平水年份，最高水位多在4月份出现。博斯腾湖水位的多年变化和升降幅度与开都河径流量的多年变化是一致的。

图1-14给出了博斯腾湖水位与库容的对照关系。从图中可以看出，湖容随水位变化呈现出非线性关系。利用曲线进行拟合得到下面的经验方程（$n=171$，$r^2=0.9976$，$P<0.001$）：

$$Vol=0.636(e^{0.132x-133.264}-24.975) \tag{1-1}$$

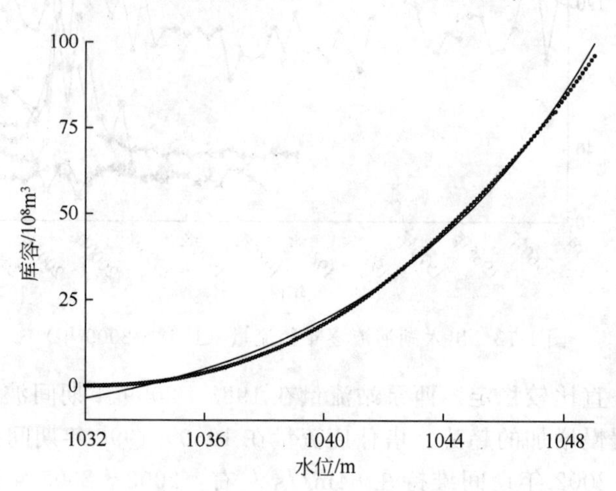

图1-14　博斯腾湖水位与库容的对照关系

尽管在整体上经验方程得到了比较理想的拟合效果，但是就局部值域范围而言，仍然存在一定的误差。经过分析发现博斯腾湖水位基本维持在1045m以上，因此对1045～1049m区间水位与库容的对照关系进行拟合（见图1-15），拟合方程为：

$$Vol=0.942(e^{0.097x-96.81}-37.959) \tag{1-2}$$

对博斯腾湖水位数据按年进行统计，得到1955～2010年的年平均水位，并根据式（1-2）计算出同时期的年均湖容变化（见图1-16）。

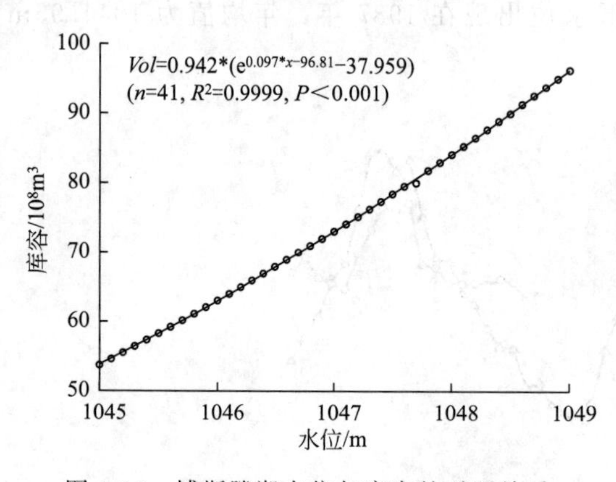

图1-15　博斯腾湖水位与库容的对照关系（水位1045～1049m）

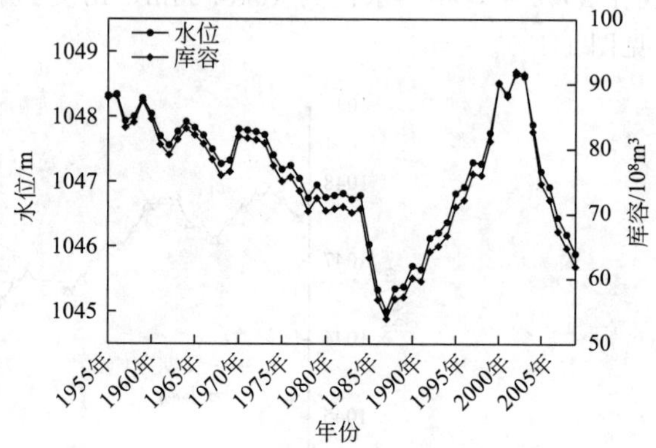

图1-16　博斯腾湖库容与水位的年际变化

从总体上看，博斯腾湖的年均水位自1955～1987年呈递减趋势，1987年水位达到最低值1045.00m，水域面积相应缩小了115km²，湖水容积减少28.27×10⁸m³；1987～2002年基本呈递增趋势，并且上升速度很快，2002年达到最高值1048.65m，水面面积扩大了123.45km²，湖水容积增加了34.64×10⁸m³。2000～2003年，通过博斯腾湖向塔里木河下游前进行了5次紧急生态输水，这期间博斯腾湖的水位出现了相应变化，从2003年以后体现出明显的直线递减趋势，2009年水位值降为18年来最低水位1045.89m。三阶段相比，博斯腾湖湖面水位从海拔1048m降到海拔1044.95m用了30年的时间；随后水位回升到历史最高水平用了15年的时间；而后再次下降至18年来最低仅用了8年时间，水位呈现出剧烈的波动变化趋势。

湖容的年际变化规律与水位相似，1955～1987年呈递减趋势，1987年湖容为$53.85\times10^8m^3$，1987～2002年基本呈递增趋势，2002年达到最高值$91.89\times10^8m^3$，从2003年以后体现出明显的直线递减趋势，2009年为$61.91\times10^8m^3$，在1995～2010年期间平均湖容为$74.96\times10^8m^3$。

五、小结

（1）大山口、焉耆、宝浪苏木等水文站的径流量季节变化均比较明显，水量主要集中在每年的5～9月，并且7月来水量最大；而博斯腾湖大湖水位在4月和8月形成双峰模式，水位在6月出现了相对低值点。大山口的年均径流量为$35.14\times10^8m^3$，宝浪苏木东支年均入湖水量仅为$13.49\times10^8m^3$，从上游到下游中间水量减少达$20\times10^8m^3$之多，原因在于开都河中下游地区地处焉耆盆地，工农业生产发达，需水量大，途经大大小小的灌渠排渠达30条之多，另有解放一渠、开都河宝浪苏木西支向孔雀河直接引水，从而致使流入大湖区的水量减少。

（2）从开都河上游到下游，水量逐渐减少。大山口、焉耆水文站水量年际变化大，宝浪苏木东西支水量受人为控制，东支入大湖，水量较多，年际变化较大；西支入小湖，水量较少，年际变化不大。博斯腾湖水位的年际变化较大，以1987年和2002年为界，呈现“下降-上升-下降”的波动变化，出现了连续低水位和连续高水位运行的情况，这与流域的丰枯年份和工农业生产用水有直接关系。

（3）博斯腾湖的年均水位自1955年至1987年呈递减趋势，其中1984～1987年期间下降趋势尤为明显；1987～2002年基本呈递增趋势，2002年达到最高值1048.65m。由于2000～2003年之间向塔里木河下游前进行了5次紧急生态输水，从2003年以后体现出明显的直线递减趋势，2009年达到最低值1045.89m，在1955～2009年期间平均水位为1047.14m。

第二节　气候变化与博斯腾湖水资源的关系

一、博斯腾湖流域气候变化特征

博斯腾湖流域及附近地区总共有9个气象站点（见图1-17）。对9个气象站点的降水、蒸发和日平均温度的变化规律进行统计分析，由于各个站点起始观测时间不等，因此选择了从1960年1月起开始统计直至2009年12月。

首先对9个站点日平均温度、降水和蒸发进行逐月统计，得到1960年1月至2009年12月9个站点平均的600个月的平均气温、降水和蒸发资料。由于各个站点在不同时段使用了大蒸发皿或者小蒸发皿观测蒸发，而且有些时段有缺失值，因此在统计蒸发资料的过程中，首先剔除了当月中无效值，然后对剩下的有效值求均值，并乘以该月天数得到该月总蒸发量。

图 1-17　博斯腾湖流域气象站点分布

1. 气候因子年际变化规律

对月尺度的气温和降水数据按年进行统计，得到 1960～2009 年的年平均气温和降水（见图 1-18 和图 1-19）。

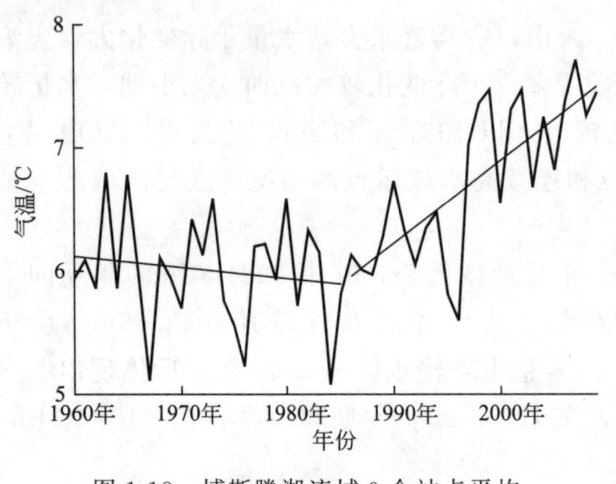

图 1-18　博斯腾湖流域 9 个站点平均气温的年际变化曲线

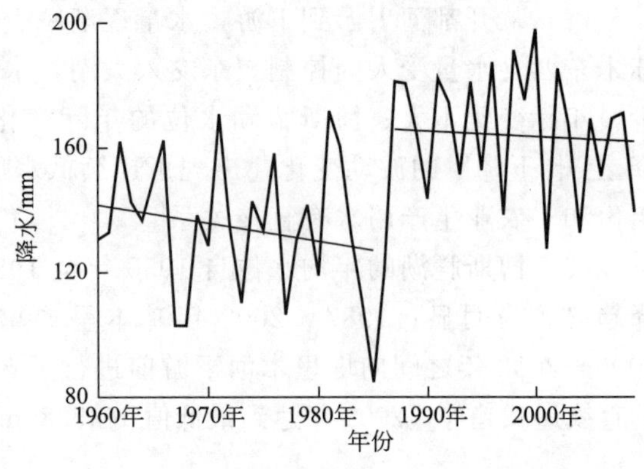

图 1-19　博斯腾湖流域 9 个站点平均降水的年际变化曲线

从总体上看，1960～1986 年期间博斯腾湖流域的年均气温基本上在 6℃上下波动，呈缓慢递减趋势，从 1986 年以后呈现出明显的递增趋势。降水的年际波动幅度较大，在 1960～1986 年期间基本呈现出下降趋势，1987 年和 1988 年的降水量大幅度上升，然后直至 2009 年也呈现出缓慢下降趋势。

焉耆、和静、和硕、博斯腾湖 4 站年均降水量见图 1-20。博斯腾湖地区降水总量偏小，年际变化较大。

焉耆、和静、和硕、博斯腾湖 4 站年均蒸发量见图 1-21。4 站蒸发总量很大，年际变化总体呈现出波动上升趋势。

根据 9 个气象站的海拔和地理位置，将其分为 3 类：海拔大于 3000m 的大西沟站单独为一类；海拔在 1500～3000m 之间的巴音布鲁克站和巴伦台站为一类；海拔小于 1500m 的

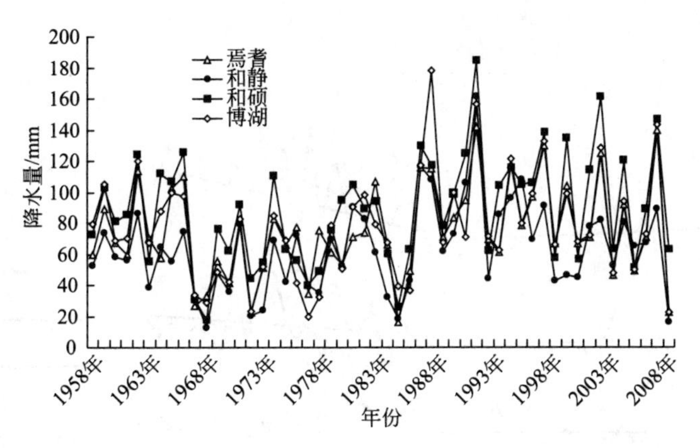

图 1-20 焉耆、和静、和硕、博斯腾湖 4 站年均降水量（1958～2009 年）

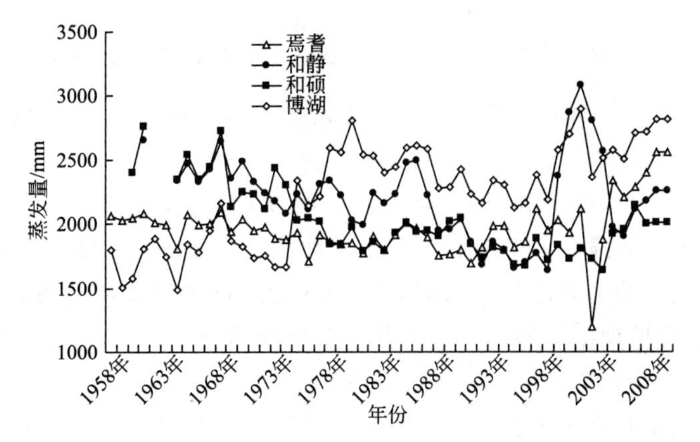

图 1-21 焉耆、和静、和硕、博斯腾湖 4 站年均蒸发量（1958～2009 年）

其余 6 个站点为一类。对这 3 类气象站点的平均气温、降水的年际变化趋势进行统计，结果见图 1-22 和图 1-23。

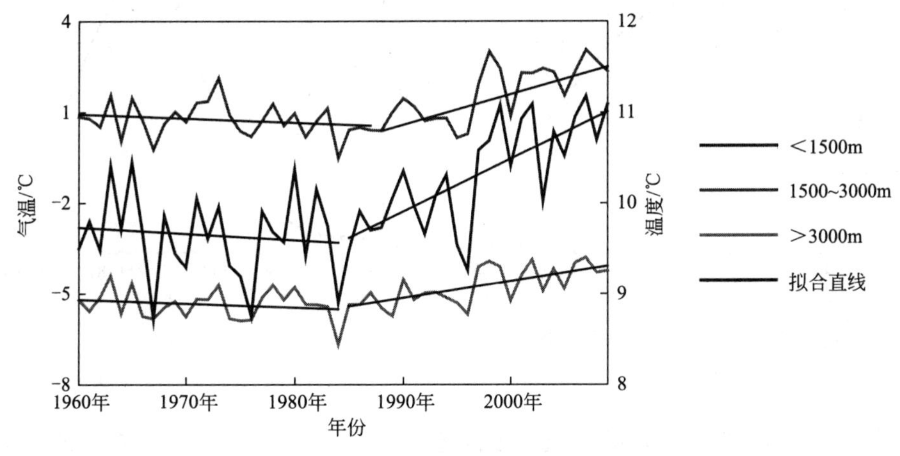

图 1-22 博斯腾湖流域 3 类站点平均气温的年际变化曲线

从图 1-22 可以看出，海拔<1500m 的站点平均气温在 10℃左右，海拔在 1500～3000m 之间的站点平均气温在 2℃左右，海拔>3000m 的站点平均气温在-5℃左右。这 3 类不同海拔气象站点的气温虽然在数值上存在明显差异，但是体现了相似的时间变化趋势。从

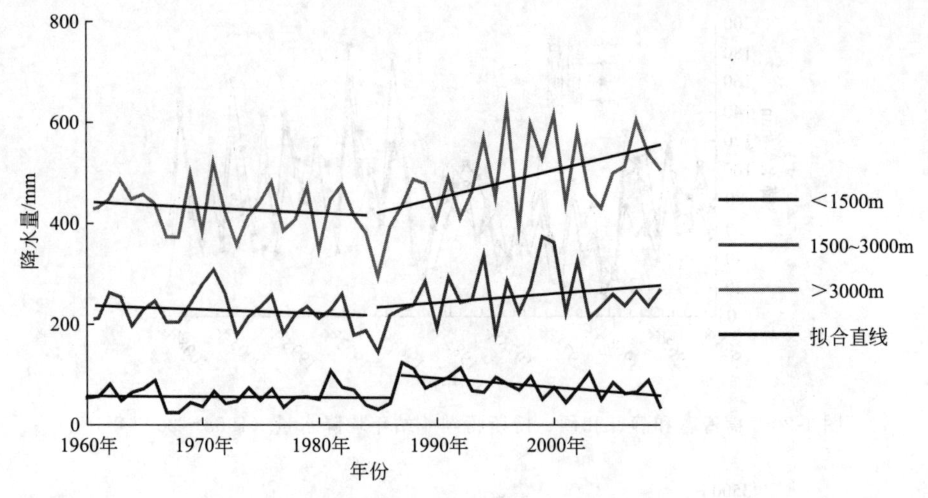

图 1-23　博斯腾湖流域 3 类站点平均降水的年际变化曲线

图 1-23 可以看出，海拔＜1500m 的站点平均降水量很小（100mm 以内），在 1960～1986 年期间呈现出缓慢的下降趋势，1987 年和 1988 年的降水量大幅度上升，然后直至 2009 年仍然呈现出下降趋势，并且下降幅度要大于前一段时期；海拔在 1500～3000m 之间的站点平均降水量要显著高于低海拔站点（＞200mm），在 1960～1985 年期间呈现出缓慢的下降趋势，其后则呈现出缓慢的上升趋势；海拔＞3000m 的站点平均降水量最高（400～600mm），在 1960～1985 年期间呈现出缓慢的下降趋势，其后则体现出较为显著的上升趋势。

2. 气候因子月际变化规律

根据月尺度的气温和降水数据进行多年平均处理，得到 12 个月的多年平均气温、平均降水（见图 1-24、图 1-25）。

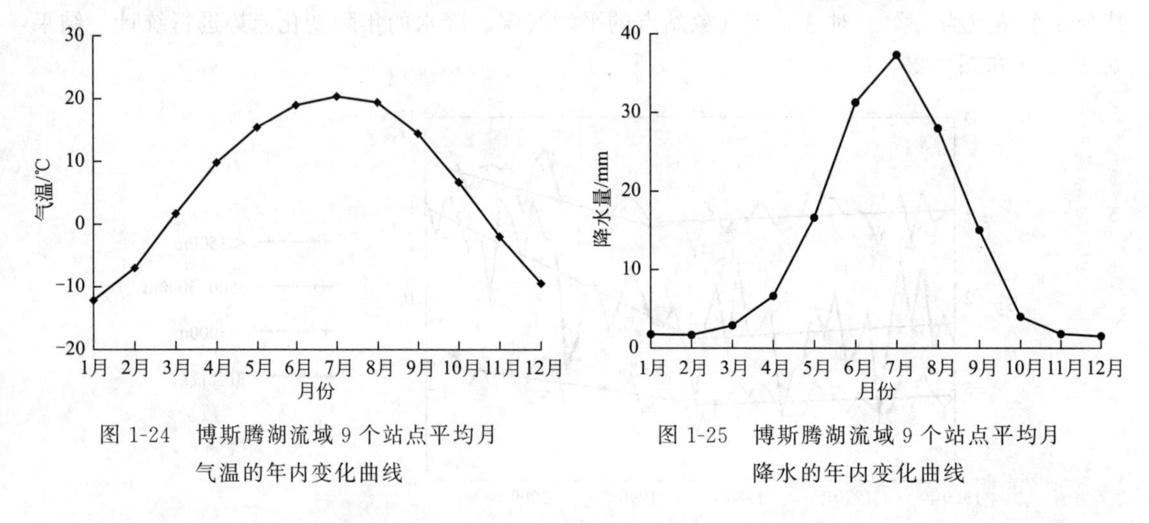

图 1-24　博斯腾湖流域 9 个站点平均月气温的年内变化曲线

图 1-25　博斯腾湖流域 9 个站点平均月降水的年内变化曲线

从总体上看，博斯腾湖流域的气温从 1 月至 7 月逐渐升高，7 月达到最高值（20.36℃），然后缓慢下降。降水主要集中在 5～9 月，其中 6～8 月的降水量最高。1～3 月、10～12 月这 6 个月的降水量非常少，均在 4mm 以内。蒸发量从 1 月至 5 月迅速升高，5～8 月的蒸发量均维持在一个较高的水平上，其中 6 月的蒸发量最高（300.31mm），然后从 8 月起直至 12 月迅速下降。

焉耆、和静、和硕、博斯腾湖4站降水量月际变化较大（见图1-26），降水均集中在一年的5～9月，占总量的78%以上，各站降水最多的月份均出现在7月，降水量大约在16mm以上，最小值出现的月份则不尽相同，焉耆站出现在11月，降水量为1.00mm±2.47mm，和静站出现在11月，为1.00mm±2.87mm，和硕站出现在12月，降水量为1.84mm±3.00mm，博斯腾湖站出现在2月，数值为0.7mm±1.84mm。

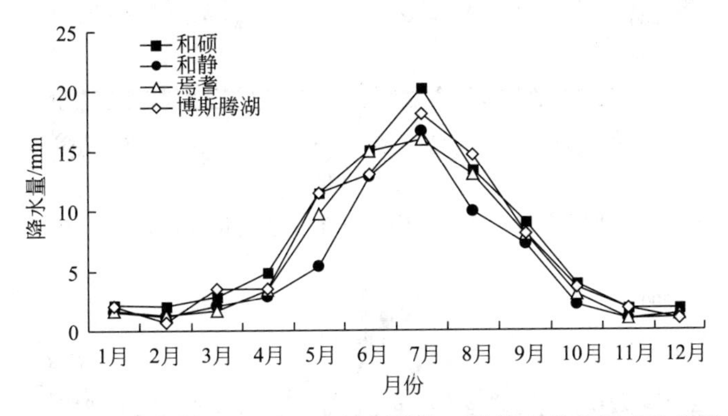

图1-26　焉耆、和静、和硕、博斯腾湖4站降水量月际变化曲线

焉耆、和静、和硕、博斯腾湖4站的蒸发量月际变化幅度很大（见图1-27），蒸发主要集中在4～9月，占总量的80%以上，季节分配不均，4站的蒸发量均在4月迅速增加，10月之后迅速下降，季节变化十分显著。

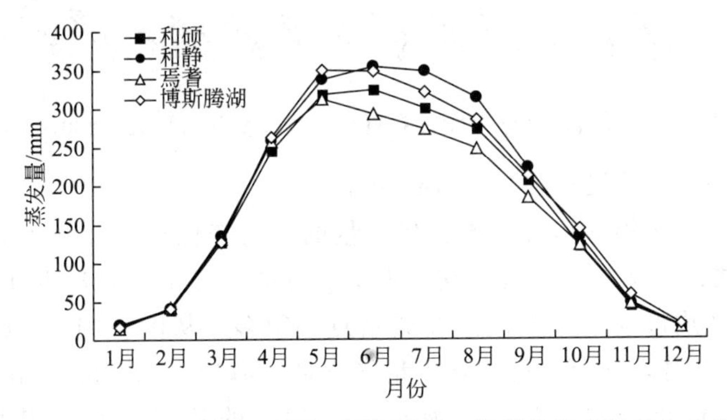

图1-27　焉耆、和静、和硕、博斯腾湖4站蒸发量月际变化曲线

图1-28和图1-29分别为博斯腾湖站与焉耆水文站春夏秋冬四季蒸发量的季节变化。由图可以看出，博斯腾湖与焉耆2站的蒸发量四季变化分明，蒸发主要集中在春季和夏季，夏季蒸发量最大，分别为（955.32±184.14）mm、（808.56±96.10）mm；秋季蒸发量迅速减少，分别为（407.40±84.09）mm、（355.76±37.68）mm；冬季蒸发量降至最低，分别为（72.29±16.12）mm、（73.12±15.41）mm。对于博斯腾湖站来说，夏秋两季最大蒸发量均出现在1993年，最小值分别出现在1959年与1966年；而春季最大值出现在1987年，最小值出现在1964年；从1958年开始到20世纪80年代中期，春夏两季蒸发量处于波浪式上升阶段，随后蒸发量不断上下波动，在1997年之后迅速下降。对于焉耆站来说，四季变化相对平稳，但在2002年，春、夏、秋三季的蒸发量急剧下降，出现了历史上的最小值；随后蒸发量迅速上升，春季、夏季、秋季分别在2007年、2004年、2006年达到了蒸发量的最大值，且仍有继续上升趋势。博斯腾湖、焉耆两站相比，博斯腾湖站春夏两季的蒸发量明显高

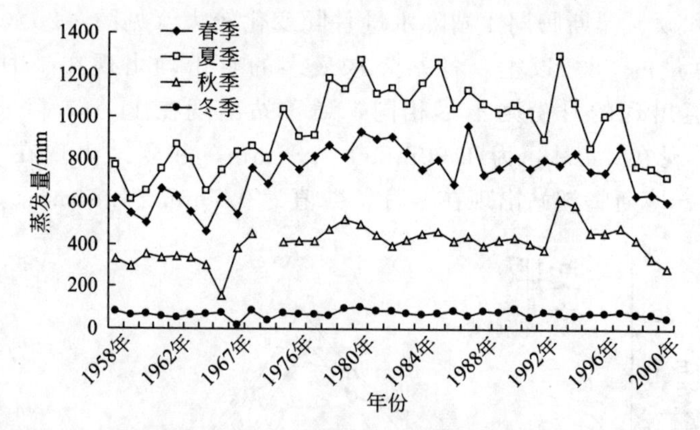

图 1-28　博斯腾湖站蒸发量春夏秋冬季节变化（1958～2000 年）

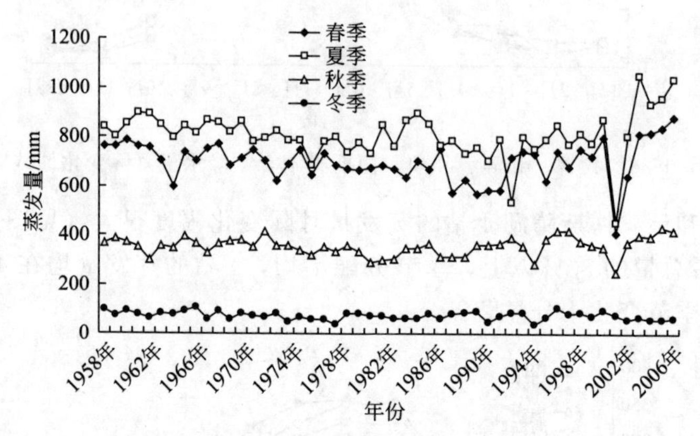

图 1-29　焉耆水文站蒸发量春夏秋冬季节变化（1958～2007 年）

于焉耆站，说明博斯腾湖蒸发更强烈，气候更干旱。

这 3 类气象站点的多年平均月气温、降水量的年内变化趋势见图 1-30 和图 1-31。从图 1-30 可以看出，3 类站点的气温变化趋势相似，1 月的气温最低，7 月的气温最高。海拔＞3000m 的站点气温年内波动幅度要比前 2 类站点小很多。从图 1-31 可以看出，3 类站点的降水主要集中在 5～9 月，其余月份的降水量非常低。海拔＜1500m 的站点降水量很低，海拔 1500～3000m 的站点降水量较高，海拔＞3000m 的站点降水量最高，7 月份降水可达 120mm。

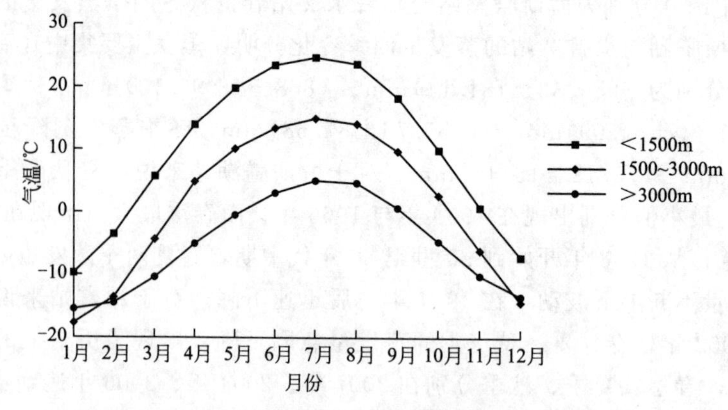

图 1-30　博斯腾湖流域 3 类站点气温年内变化曲线

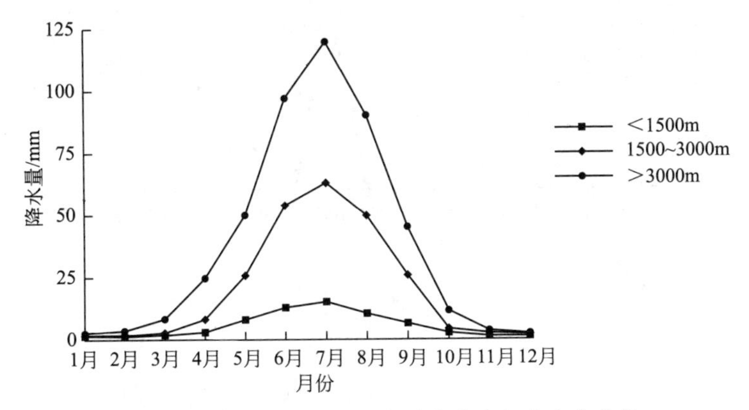

图 1-31 博斯腾湖流域 3 类站点降水年内变化曲线

二、博斯腾湖库容与汇入流出水量的关系

开都河在汇入博斯腾湖之前，分为 2 个分支分别汇入博斯腾湖大湖区和小湖区，东支水文站记录了汇入博斯腾湖大湖区的流量。东泵站和西泵站则记录了博斯腾湖大湖区的流出量。由于东支水文站数据从 1995 年开始，时间较短，因此用大山口水文站代替东支水文站数据作为汇入水量进行分析。大山口水文站是本流域控制性水文站，控制本流域主要来水河流开都河的径流量，其观测资料序列最长，且观测的月径流量基本是天然径流量（很少受人类扰动），因此在分析该流域径流量及丰平枯变化特征时，主要依据大山口水文站观测资料。对于流出水量而言，由于东泵站数据缺乏，因此只有用西泵站数据来代表流出水量。

对 1995～2009 年期间的东支、西泵水文站流量进行统计，计算年总流量。2 个站的年均总流量分别为 $18.00\times10^8m^3$ 和 $8.89\times10^8m^3$，可见开都河入湖总流量要大于西泵站的出湖流量。

以 1995～2009 年期间博斯腾湖年均库容为因变量，东支站年总流量减去西泵站年总流量为自变量，进行回归统计分析，得到两者之间的经验方程（$R^2=0.4989$，$n=15$，$P<0.01$）：

$$y=0.7046x+71.076 \tag{1-3}$$

式中 y——湖容，10^8m^3；

x——东支与西泵站年流量之差，10^8m^3。

可见博斯腾湖水资源总量与汇入水量及流出水量之间存在明显的正相关关系，其中流出水量主要取决于水资源管理政策（向塔里木河流域调水及农业灌溉等），开都河流量则取决于其流域气候因子以及土地覆盖状况。人类活动改变了土地覆盖状况，影响了开都河流量，进而影响了博斯腾湖的水资源，改变了博斯腾湖及周边地区的生态环境。

三、博斯腾湖水位变化的分型和可能机制

在全球变暖的气候背景下，水资源的变化趋势受到越来越多的关注。近几十年来新疆呈现出了与全球一致的变暖趋势。水资源的变化主要受气候和人类活动的影响，但是在西北高海拔区域，人类活动的影响相对较少，可见该区域高山径流形成的水资源变化主要受气候变化的影响。开都河主要是由冰雪融水和雨水混合补给的特征也间接证明了这一点。因此选择

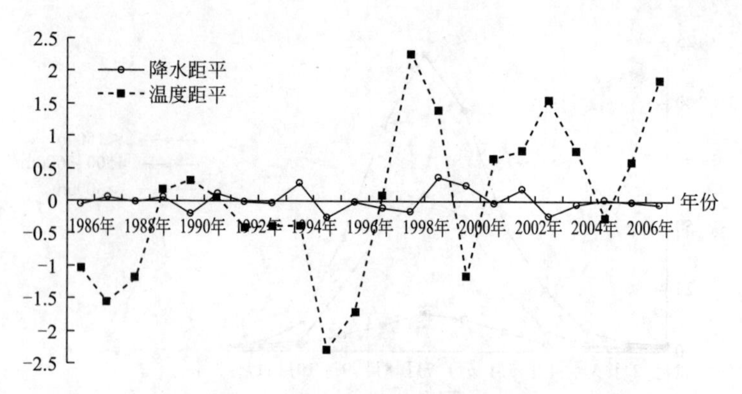

图 1-32　巴音布鲁克气象站年平均温度和降水距平的变化曲线

位于开都河的上游位置、具有长期完整观测资料巴音布鲁克气象站数据，以探讨高海拔的降水、融雪等气候状况对博斯腾湖水位变化的影响。

图 1-32 是巴音布鲁克气象站年平均温度和降水距平的变化曲线，从中可以看出 2002 年之后降水基本处于负距平状态，但负距平的值很小，即该区域的降水年际变化不大。

博斯腾湖年平均水位与巴音布鲁克气象站年平均气温呈现明显的正相关，相关系数为 0.406（样本数为 22）。说明博斯腾湖的年平均水位主要受天山融雪和冰川融化的影响，当开都河上游温度偏高时，融雪量增加，开都河流量增多，博斯腾湖入湖水量增加，博斯腾湖年平均水位较高；反之，博斯腾湖年平均水位较低。

利用模糊聚类的方法将 22 年博斯腾湖水位逐年的月变化分为 5 类，如图 1-33 所示。其中第一类包括 1986 年、1993 年、1995 年、2001 年、2003 年、2004 年、2005 年、2006 年、2007 年，共 9 年；第二类包括 1987 年、1991 年、1992 年、1994 年、1996 年、1998 年、1999 年、2000 年、2002 年，共 9 年；第三类为 1988 年 1 年；第四类为 1989 年 1 年；第五类为 1989 年、1997 年，共 2 年。

第一类为递减型，其特点是季节变化不明显，水位在春季较高，以后逐渐降低。第二类为递增型，其特点是季节变化较第一类明显，水位在夏末秋初的时候较高，整体呈现上升趋势，且 12 月份的水位明显高于 1 月份。第三类属于单峰型，在 6～8 月份水位较高。第四类为 N 型，其特征基本与多年平均的特征相反，主要体现在 3 个方面：①在农业耗水的高峰期呈现为一明显的峰；②在融雪及降水均为高值时却呈现一明显的谷；③在秋季及冬初时却呈现出水位增高的现象。第五类基本属于马鞍型。针对各类平均状况而言，水位特征与上述也基本一致。为进一步探讨泊湖水位月际变化的原因，下面将针对每一类所对应的气象资料进行分析。

为了探讨博斯腾湖水位逐年的月际变化规律，主要针对的对象是递增型、递减型 2 大类的特点，所以通过对各类每年的水位月际变化的线性拟合，以其斜率描述其变化率。变化率与博斯腾湖附近 5 个气象站的年平均降水量距平以及巴音布鲁克站年平均降水量距平呈较明显的线性相关，如图 1-34 所示。博斯腾湖水位系数的变化趋势与博斯腾湖周围 5 站的降水距平以及巴音布鲁克站降水距平的变化趋势基本一致，其中与博斯腾湖周围 5 个站（库尔勒、焉耆、和硕、和静、尉犁）年平均降水量的相关系数为 0.419；与巴音布鲁克站年平均降水量的相关系数为 0.624。

以上讨论了降水对博斯腾湖水位年内月际变化的影响，然而对博斯腾湖水位影响还存在

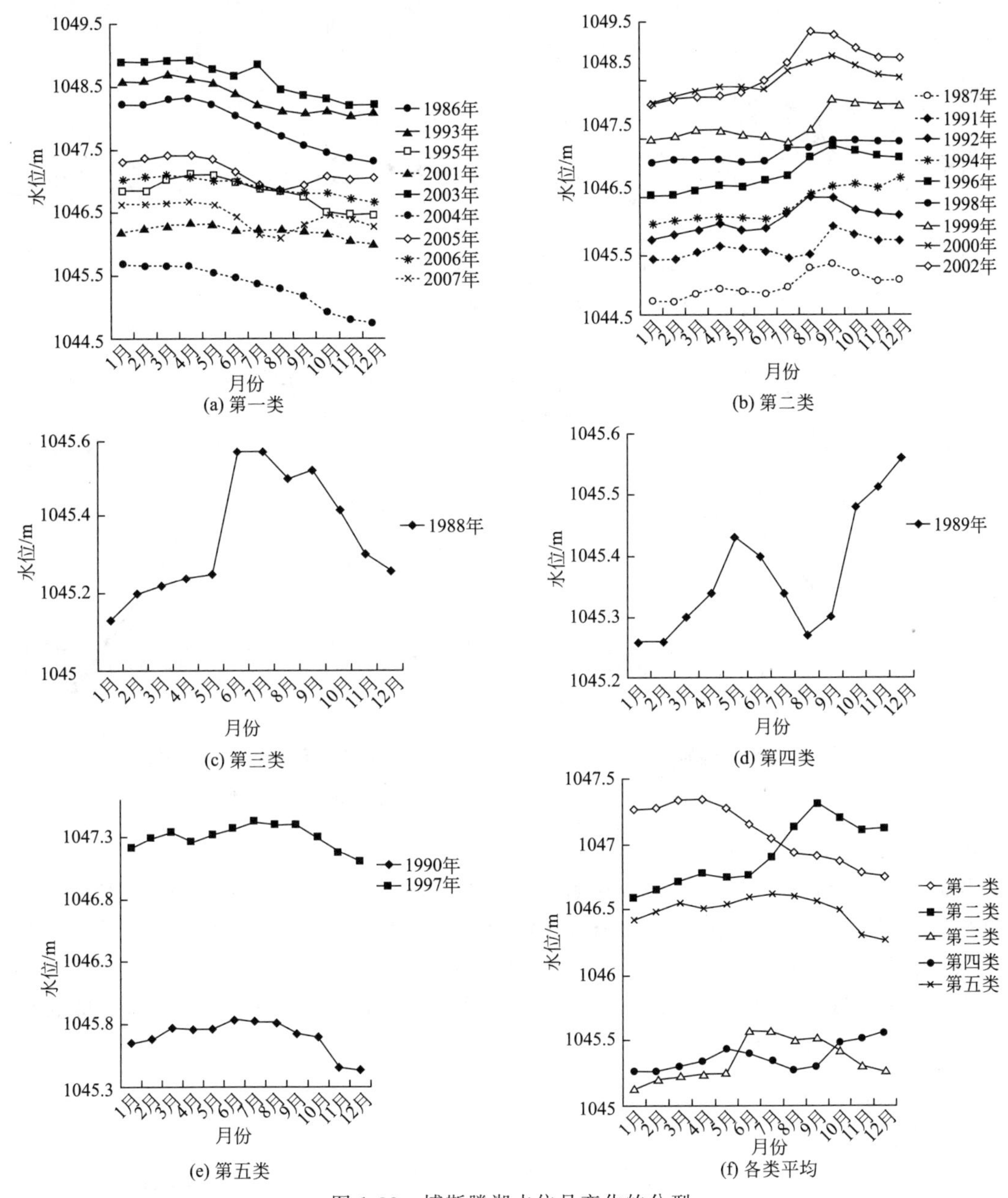

图 1-33　博斯腾湖水位月变化的分型

另一个重要因子，即融雪的补给，因而还需对影响融雪的另一个关键因子即温度进行讨论。为此，针对前 2 类的温度做月平均变化图（见图 1-35）。

如图 1-35 所示，巴音布鲁克站的平均气温在春季和夏季递减型比递增型的高，而在冬季递减型比递增型的低，这也从侧面证明了递减型的年内的前半段融雪补给比后半段大，由此可见此 2 类温度的月际变化特点与水位的月际变化特点相吻合。

四、开都河径流量的季节变化特征及其与气候因子的关系

开都河作为博斯腾湖主要汇入湖流，其径流量变化对于博斯腾湖具有重要影响。分析开都河径流量的变化特征及其与气候因子之间的关系对于博斯腾湖水资源的时空优化配置及生

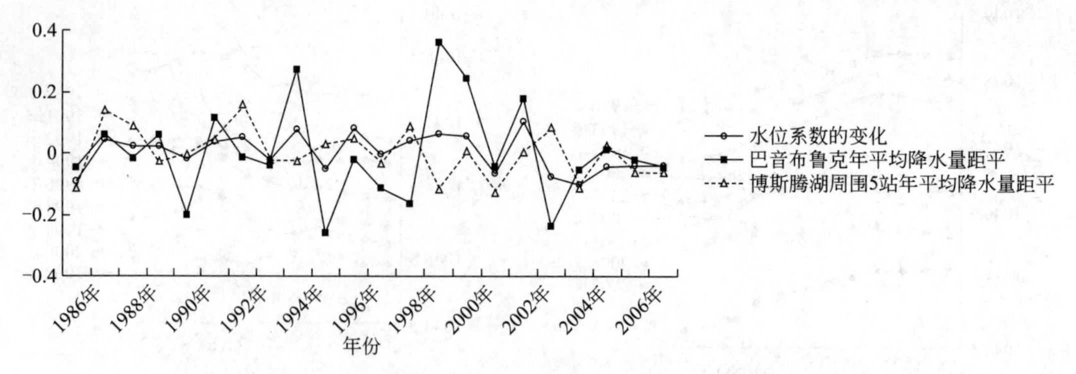

图 1-34　博斯腾湖水位逐年月际变化通过线性拟合后，其变化率与博斯腾湖附近 5 个气象站以及巴音布鲁克站年平均降水量距平变化

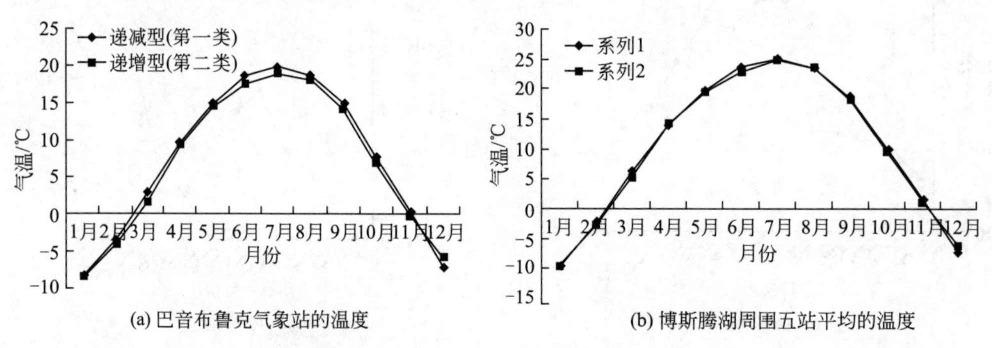

图 1-35　巴音布鲁克站和博斯腾湖周围 5 站气温的分类变化

态环境的修复保护具有重要意义。

开都河发源于新疆天山南坡焉耆盆地边缘，属于雪冰融水和雨水混合补给的河流。融雪主要是受温度控制，降水也有明显的季节变化特征，两者的时空变化对开都河流量有着直接的影响。以开都河流域为研究区，估算了 1986～2007 年期间季节面雨量及温度的空间分布，分析面雨量和温度对开都河流量的影响机制，为博斯腾湖水资源的有效利用及水环境的改善提供科学依据和有效思路。

（一）数据与方法

1. 资料

由于开都河流域只有一个气象站点（巴音布鲁克站），为了尽可能地反映山区地形对气候要素分布的影响及插值的稳定性，在研究中使用了开都河流域及其附近的 9 个气象站点 1986～2007 年的气象资料（站点空间分布见图 1-36）。

气象资料为逐日的平均气温和降水，将其按照季节进行统计，得到 22 年共 88 个季节的平均气温和降水数据。水文数据采用的大山口水文站 1986～2007 年的逐月流量数据，同样按照季节进行统计以表征开都河的季节平均径流量。

2. 方法

气象站点观测的气温和降水资料只具有局部代表性，并不能很好的反映一个较大范围的天气状况，需要通过 GIS 的空间插值运算对其进行空间化处理。国内外学者对面雨量的空间插值方法进行了大量研究，并在多个流域进行了应用。开都河流域气象站点稀少，地表海拔变化剧烈，加上降水量较少，使得常规的面雨量估算方法难以在此区域得到推广应用。考

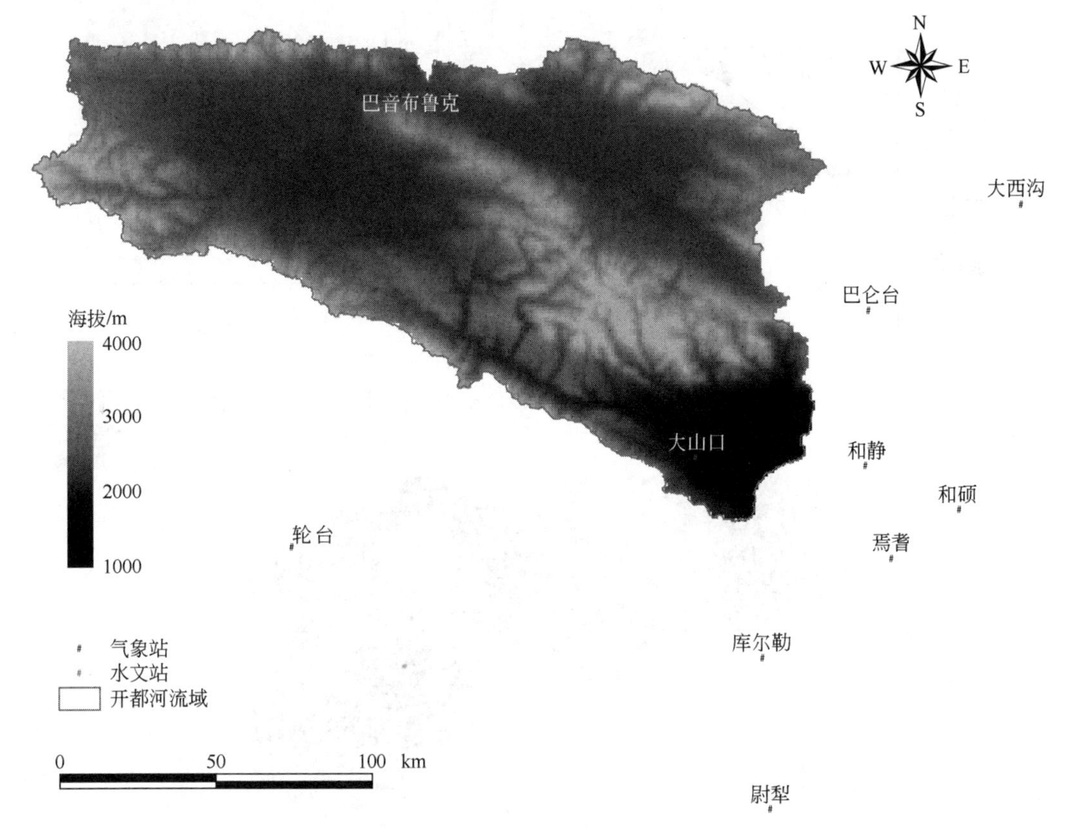

图 1-36　开都河流域 DEM 及气象站点空间分布

虑到山区气候的主要影响因素包括地理位置（水平坐标）、局地海拔高度等，根据 GIS 的空间插值原理，降水量 P 的空间差异可表达为式（1-4）：

$$P=(ax+by)+\varepsilon \tag{1-4}$$

$$\varepsilon=cz+d \tag{1-5}$$

式中　x，y——气象站的平面坐标；

ε——降水总量与地理位置引起的降水差异。

根据气象站点的季节降雨量与站点地理坐标、海拔高度通过最小二乘法拟合出系数 a、b、c 的值，即可计算出各个像元的降水量数据，得到开都河流域季节面雨量的时空数据集。采用同样的插值方法对气温进行空间插值，得到季节平均气温的时空数据集。

3. 精度验证

根据开都河流域内巴音布鲁克气象站 22 年的季节气温和降水数据对空间插值得到的结果进行精度验证，观测值与插值结果值的散点图见图 1-37。

从图 1-37 可以看出，大部分样本分布在 1∶1 线附近，判定系数分别为 0.99 和 0.90（样本数 88），可见该插值方法在开都河流域具有适用性。

（二）结果与讨论

1. 面雨量和气温的空间分布特征

根据 GIS 空间插值得到的开都河流域气温和降水栅格数据进行统计，得到该地区 22 年平均季节气温和季节总降水的空间分布（见图 1-38 和图 1-39）。

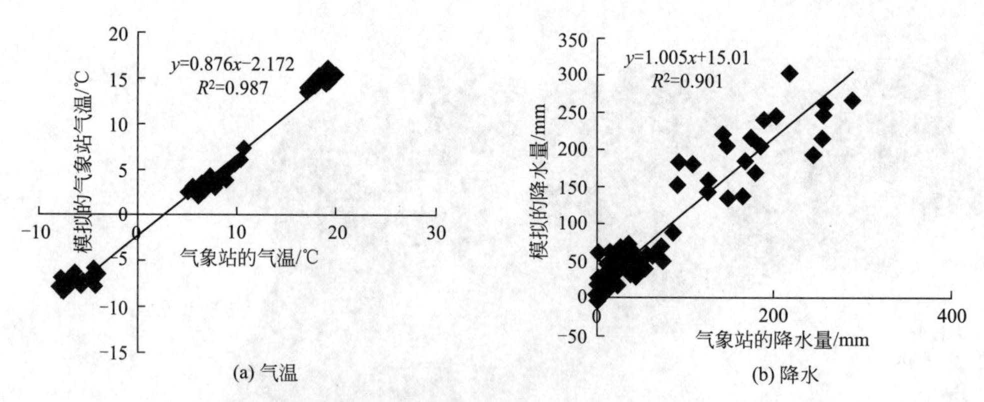

图 1-37　巴音布鲁克气象站的温度、降水观测值与插值结果的比较

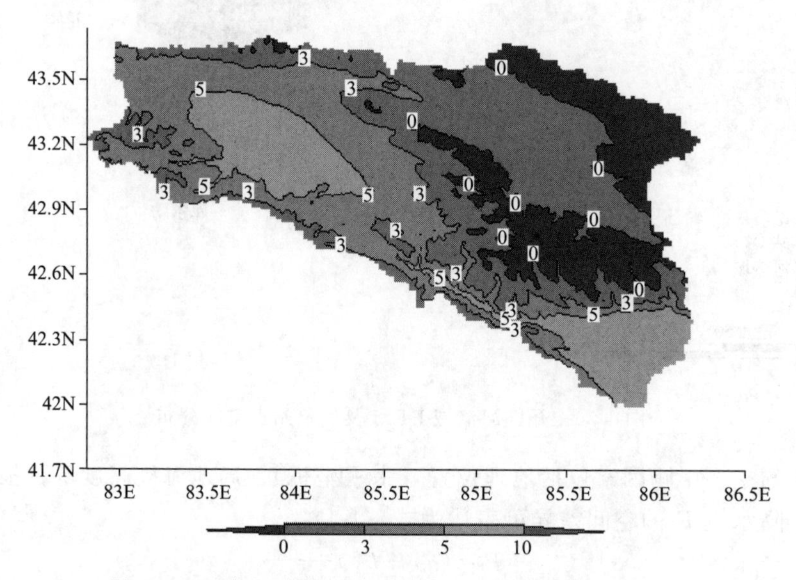

图 1-38　开都河流域 22 年季节平均气温分布（单位:℃）

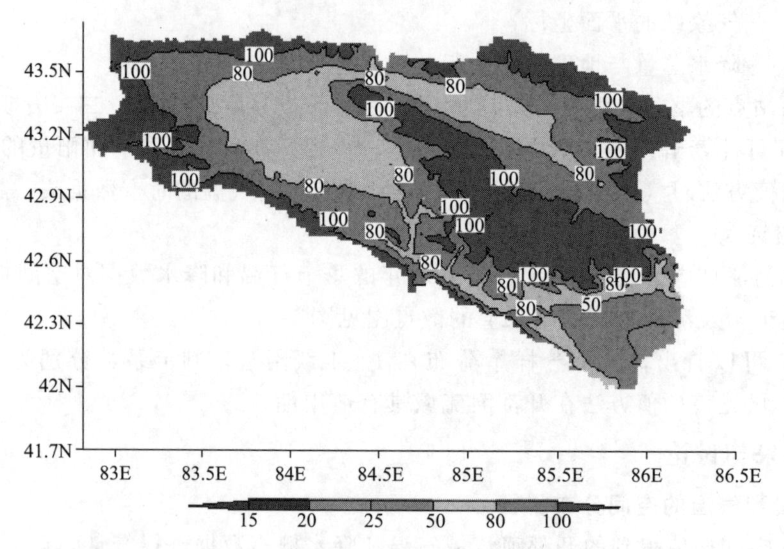

图 1-39　开都河流域 22 年季节降水总量分布（单位：mm）

将温度分布与研究区 DEM 进行叠加分析可以发现，温度的空间分布特征与海拔存在明显的关联，高海拔区域的温度明显低于低海拔区域。海拔高于 3000m 的区域的所有季节平均温度低于 0℃，海拔在 2000m 左右的区域温度多在 3～5℃之间，而海拔在 1000m 左右的区域温度一般在 5℃以上。降水的空间分布特征也与海拔有着密切关系，不过跟温度分布相反，高海拔区域的降水量大于低海拔地区。海拔高于 3000m 的区域降水一般大于 100mm，海拔在 2000m 左右的区域降水分布在 80～100mm 之间，而海拔在 1000m 左右的区域降水一般低于 80mm，如大山口的降水量小于 50mm。

2. 开都河流量和流域内面雨量的关系

为进一步分析面雨量对开都河流量的影响，绘制了开都河的季节流量和流域季节面雨量的时间变化曲线（见图 1-40）。

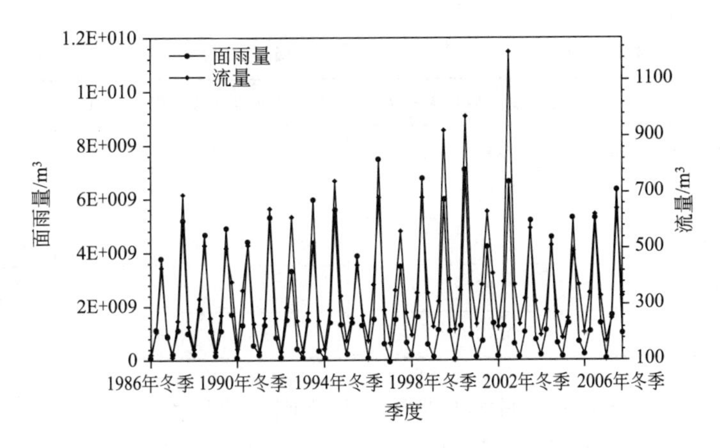

图 1-40　开都河流域面雨量和径流量随季度的变化

从图中可以看出，开都河流量在夏季达到最高，冬季最低，具有明显的季节变化特征。流域内面雨量的季节变化特征与开都河流量非常相似，可见开都河流量的时间变化与流域面雨量之间具有密切关系。

尽管季节面雨量和开都河流量呈现相同的序列趋势，但其峰值、谷值等的变化并不完全一致。因为开都河流量除了受到降水因素的影响之外，还与融雪量密切相关。温度是影响积雪融化的关键因子，因此也是开都河流量的另一重要影响因子。

按照 4 个季节分别讨论降水和温度对开都河流量的影响。开都河流量在不同季节具有不同的时间变化特征，图 1-41（a）给出了开都河 4 个季节径流量的时间变化曲线。从图中可见，夏季流量具有显著的增加趋势，而且波动幅度最大；春季、秋季和冬季流量则体现出缓慢的增加趋势，并且波动幅度较小。图 1-41（b）给出了开都河流域 4 个季节面雨量的时间变化曲线，夏季面雨量同样具有显著地增加趋势，而其余 3 个季节的面雨量却呈现较缓的递减趋势。流量和面雨量的时间变化趋势比较相似，但也存在一定差异，需要进一步分析影响开都河流量变化趋势与气候因子的响应关系。

3. 开都河流量的季节变化对气候因子的响应

为了分析温度、面雨量对开都河流量的影响，对 22 年所有季节、各季节的温度、面雨量与开都河流量进行多元相关统计，计算得到的偏相关系数与复相关系数见表 1-2。

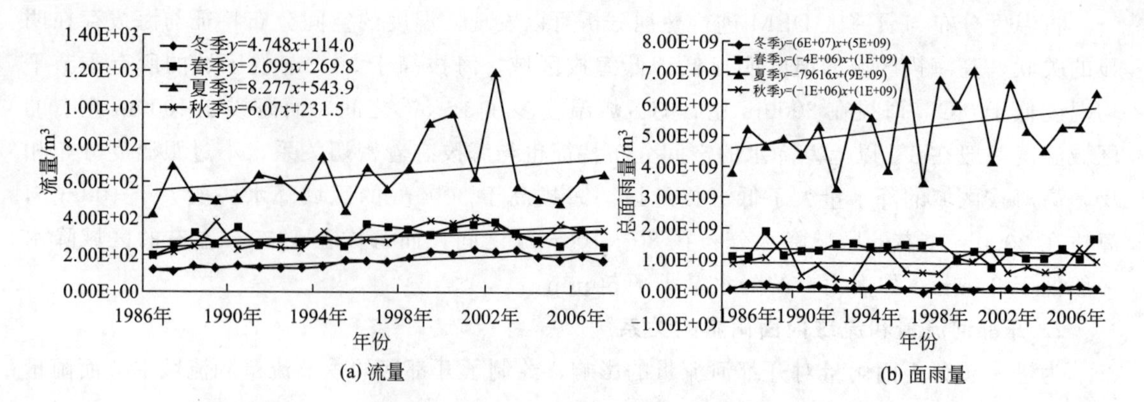

图 1-41　开都河季节径流量和流域季节面雨量时间变化曲线

表 1-2　年各季度及不同季节与开都河径流量多元统计得诸相关系数分布

项目	温度与流量的偏相关系数	面雨量与流量的相关系数	复相关系数
所有季节(88 个样本)	0.45	0.92	0.91
冬季(22 个样本)	0.91	0.22	0.23
春季(22 个样本)	0.46	0.21	0.20
夏季(22 个样本)	0.98	0.96	0.65
秋季(22 个样本)	0.70	0.82	0.51

22 年所有季节的温度及面雨量与开都河流量之间的偏相关系数分别为 0.45 和 0.92，复相关系数为 0.91。温度、面雨量与开都河流量均为正相关关系，说明降水和温度的增加均是开都河流量增加的主要关键因素，并且面雨量对开都河流量的贡献要大于气温。

在冬季和春季，复相关系数相对较小（0.23 和 0.20），说明在这 2 个季节中温度和面雨量对开都河流量贡献并不明显，主要原因是冬、春两季温度相对较低导致积雪融化较少，另外这两季的降水量也相对较小，径流可能主要来源于地下水补给，所以开都河流量变化与这 2 个气候因子的相关程度较低。尽管如此，从偏相关系数可以看出，这 2 个季节温度对于开都河流量的贡献要大于降水。夏季的复相关系数为 0.65，可见开都河的夏季流量主要来源于积雪融化和降水。从偏相关系数来看，两者的贡献度比较接近（0.98 和 0.96），温度的贡献度略大。在秋季，温度和降水依然是开都河流量的重要影响因子，两者与流量的偏向关系数分别为 0.70、0.82，降水对流量的贡献都要大于温度，与秋季温度下降造成融雪速度减弱的事实相吻合。

图 1-42 为夏季和秋季降水的空间分布。降水随海拔升高而增加，而且夏季的降水量普遍高于秋季，即使是大尤尔都斯盆地也不例外。

图 1-43 为夏季和秋季气温的空间分布。从图中可见，即使是海拔大于 4000m 的区域其夏季温度仍然高于 0℃，因此夏季高海拔地区的冰川和积雪仍然会融化，产生大量融水。冰雪融水加上较高的降水量使得开都河夏季流量大大增加。秋季高海拔区域温度低于 0℃，高海拔区域的冰雪融水相对较少，加上降水也减少，因此该季节开都河流量小于夏季。与降水的降低相比，秋季气温降低使得冰雪融水下降的幅度更大，降水对于开都河秋季流量的影响大于温度。

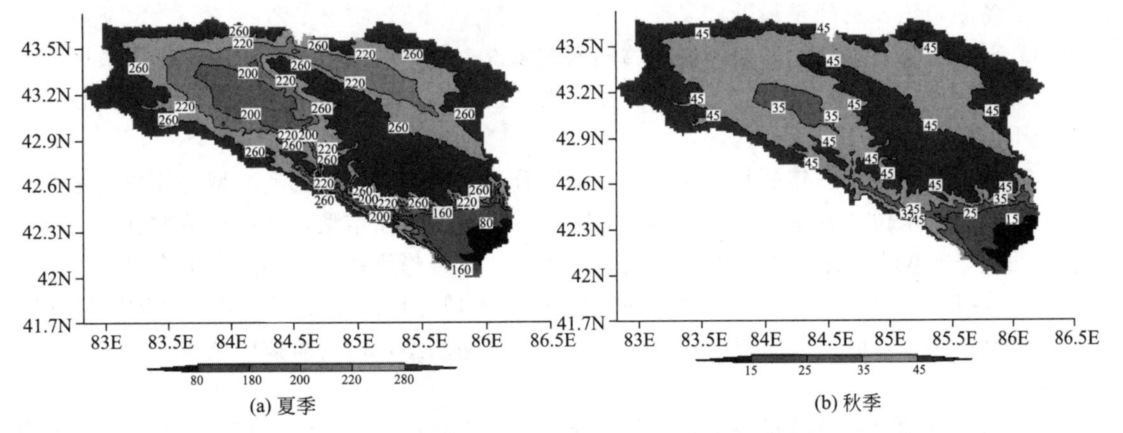

(a) 夏季　　(b) 秋季

图 1-42　开都河流域多年平均季节降水的空间分布（单位：mm）

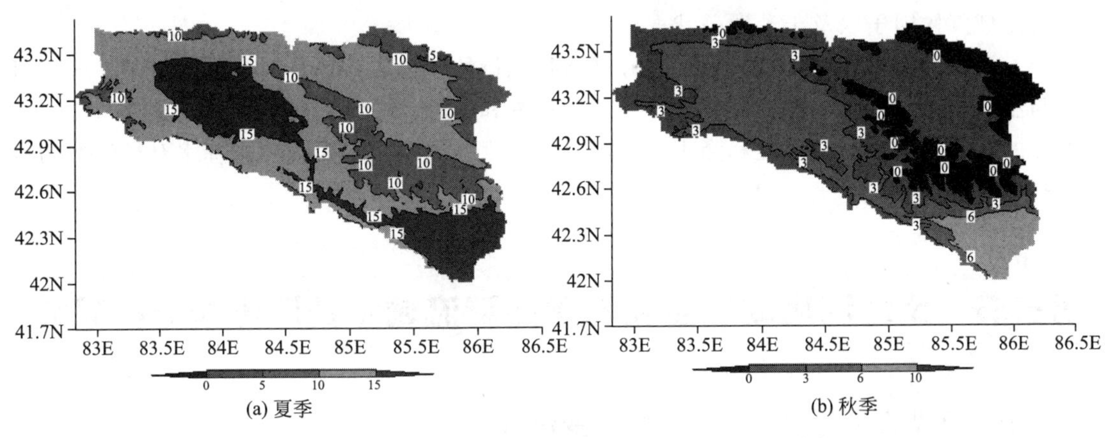

(a) 夏季　　(b) 秋季

图 1-43　开都河流域多年平均季节气温的空间分布（单位：℃）

五、小结

根据博斯腾湖流域及附近 9 个气象站点 1960～2009 年共 50 年的观测资料，统计了该地区气温、降水和蒸发的年际变化与年内变化特征。在此基础上，对博斯腾湖水位与开都河径流量的变化特征及其与气温、降水等气候因子的关系进行了分析讨论，得出如下结论。

(1) 在 1960～2009 年期间，博斯腾湖流域的年平均气温在总体上呈现出上升趋势，高海拔区域的气温显著低于低海拔区域；年降水的波动幅度较大，高海拔区域的降水量显著高于低海拔地区；高海拔区域的年蒸发量要比低海拔区域高，呈现出缓慢增加的趋势，而中低海拔区域的蒸发量则表现出显著的递减趋势。流域气温年内变化趋势比较和缓，1 月份最低，7 月份最高，高海拔区域气温的年内季节波动幅度较小；降水主要集中在 5～9 月，其余月份降水量非常小；蒸发不像降水那样集中在高温的几个月中，其年内变化趋势相对和缓。

(2) 焉耆、和静、和硕、博斯腾湖四站的降水量和蒸发量的季节变化均比较显著，降水和蒸发高值出现的时间并不同步，降水量最大值一般出现在每年的 7 月，而蒸发量则是在每年的 5、6 月份就达到了最大值。湖区春季随着气温较快回升和风速的增大，其蒸发量迅速升高，5、6 月份达到一年中的最大值。7 月随着气温的继续升高，风速减弱，蒸发量开始下降，到了冬季，蒸发量降至最低。

（3）对于焉耆、和静、和硕、博斯腾湖四站来说，年降水量很少，年际变化不大；蒸发量情况恰好相反，年蒸发量很高，年际变化较大。这是由于博斯腾湖地处亚欧大陆中心，气候十分干旱。

（4）博斯腾湖水位逐年的月变化基本上可以分为五类：第一类为递减型，其特点是季节变化不甚明显，水位在春季较高，以后逐渐降低；第二类为递增型，其特点是季节变化较第一大类明显，水位在夏末秋初的时候较高，整体呈现上升趋势；第三类属于单峰型；第四类为N型；第五类基本属于马鞍型。影响递增、递减出现分形的主要原因是高海拔区域的降水。即当高海拔区域降水较少时，水位月际变化出现递减型，而高海拔区域降水较多时，则出现递增型。

（5）博斯腾湖水资源总量与汇入水量及流出水量之间存在明显的正相关关系，其中流出水量主要取决于水资源管理政策（向塔里木河流域调水及农业灌溉等），而开都河流量则取决于其流域气候因子以及土地覆盖状况。

（6）温度和降水这2个气候因子是开都河径流量的主要影响因子。冬季和春季，开都河流量与温度和降水之间不存在明显的相关性；夏季和秋季，开都河流量与温度和降水之间具有明显的相关性。在夏季温度和降水对径流量的贡献相差不大，而在秋季降水对径流量的贡献要高于温度。

第三节　土地利用动态变化对博斯腾流域水资源影响分析研究

一、博斯腾湖流域各个时期土地利用变化状况

不同尺度土地利用/覆被变化的时空过程描述是土地利用/覆被研究的基础工作，因此准确定量定位获取不同时期的土地利用信息尤其重要。本研究利用20世纪70年代到2010年近四十年的Land-Sat MSS、TM和中巴卫星、中国环境减灾卫星遥感数据等为主要信息源，对多源遥感数据进行几何校正、彩色合成、图像增强等处理，然后统一到同一投影和坐标系统中。结合野外调查建立遥感图像的解译标志，通过遥感图像目视解译等方法，提取连续时间序列土地利用信息。通过GIS空间分析功能对其土地利用动态变化过程进行分析，揭示其变化规律和对博斯腾湖水资源的影响机制。

参照国内外现有土地利用/覆被的分类体系，结合本研究的目的以及研究区的实际情况，制定了6个一级分类，24个二级分类的土地利用/覆被分类体系，对土地利用进行分类，对多时期数据进行比较。具体分类及代码见表1-3。

根据表1-3分类系统和本研究需要利用的1972年Land-Sat MSS遥感影像、1990年、2000年Land-SatTM遥感影像，2005年的中巴卫星、2010年中国环境减灾卫星等遥感数据，各个时期遥感影像通过几何精校正的方法统一到同一地理坐标系统和投影上。各个时期的影像基本选择的都是7～9月植物生长茂盛时期的影像，根据影像光谱特征，结合野外实测资料，同时参照有关地理图件，对地物的几何形状、大小、颜色特征、纹理特征和空间分布情况进行分析，建立了研究区遥感影像的解译标志。通过目视解译获取5个时期土地利用状况及动态变化数据，见表1-4、图1-44和图1-45。

表 1-3　土地利用分类系统

一级类型		二级类型		含　义
编号	名称	编号	名称	
1	耕地	—	—	指种植农作物的土地，包括熟耕地、新开荒地、休闲地、轮歇地、草田轮作地；以种植农作物为主的农果、农桑、农林用地；耕种3年以上的滩地和滩涂
		11	水田	指有水源保证和灌溉设施，在一般年景能正常灌溉，用以种植水稻，莲藕等水生农作物的耕地，包括实行水稻和旱地作物轮种的耕地
		12	旱地	指无灌溉水源及设施，靠天然降水生长作物的耕地；有水源和浇灌设施，在一般年景下能正常灌溉的旱作物耕地；以种菜为主的耕地，正常轮作的休闲地和轮歇地
2	林地	—	—	指生长乔木、灌木、竹类以及沿海红树林地等林业用地
		21	有林地	指郁闭度>30%的天然木和人工林。包括用材林、经济林、防护林等成片林地
		22	灌木林	指郁闭度>40%、高度在2m以下的矮林地和灌丛林地
		23	疏林地	指疏林地(郁闭度为10%～30%)
		24	其他林地	未成林造林地、迹地、苗圃及各类园地(果园、桑园、茶园、热作林园地等)
3	草地	—	—	指以生长草本植物为主，覆盖度在5%以上的各类草地，包括以牧为主的灌丛草地和郁闭度在10%以下的疏林草地
		31	高覆盖度草地	指覆盖度在>50%的天然草地、改良草地和割草地。此类草地一般水分条件较好，草被生长茂密
		32	中覆盖度草地	指覆盖度在20%～50%的天然草地和改良草地，此类草地一般水分不足，草被较稀疏
		33	低覆盖度草地	指覆盖度在5%～20%的天然草地，此类草地水分缺乏，草被稀疏，牧业利用条件差
4	水域	—	—	指天然陆地水域和水利设施用地
		41	河渠	指天然形成或人工开挖的河流及主干渠常年水位以下的土地，人工渠包括堤岸
		42	湖泊	指天然形成的积水区常年水位以下的土地
		43	水库坑塘	指人工修建的蓄水区常年水位以下的土地
		44	永久性冰川雪地	指常年被冰川和积雪所覆盖的土地
		46	滩地	指河、湖水域平水期水位与洪水期水位之间的土地
5	城乡、工矿、居民用地	—	—	指城乡居民点及县镇以外的工矿、交通等用地
		51	城镇用地	指大、中、小城市及县镇以上建成区用地
		52	农村居民点	指农村居民点
		53	其他建设用地	指独立于城镇以外的厂矿、大型工业区、油田、盐场、采石场等用地、交通道路、机场及特殊用地
6	未利用土地	—	—	目前还未利用的土地、包括难利用的土地
		61	沙地	指地表为沙覆盖，植被覆盖度在5%以下的土地，包括沙漠，不包括水系中的沙滩
		62	戈壁	指地表以碎砾石为主，植被覆盖度在5%以下的土地
		63	盐碱地	指地表盐碱聚集，植被稀少，只能生长耐盐碱植物的土地
		64	沼泽地	指地势平坦低洼，排水不畅，长期潮湿，季节性积水或常积水，表层生长湿生植物的土地
		65	裸土地	指地表土质覆盖，植被覆盖度在5%以下的土地
		66	裸岩石砾地	指地表为岩石或石砾，其覆盖面积>5%以下的土地
		67	其他	指其他未利用土地，包括高寒荒漠，苔原等

表 1-4　博斯腾湖流域各个时期土地利用状况及变化

土地利用类型	1972 年	1990 年	2000 年	2005 年	2010 年	1972～1990 年	1990～2000 年	2000～2005 年	2005～2010 年
耕地	2.27%	3.85%	4.52%	5.16%	5.87%	69.77%	17.61%	14.03%	13.75%
林地	0.82%	0.77%	0.75%	0.72%	0.69%	−5.16%	−2.71%	−3.99%	−4.17%
草地	48.48%	47.44%	46.54%	46.29%	46.08%	−2.13%	−1.91%	−0.54%	−0.45%
水域	2.64%	2.41%	2.67%	2.54%	2.43%	−8.66%	10.67%	−4.78%	−4.63%
城镇及居民用地	0.24%	0.32%	0.37%	0.50%	0.61%	29.21%	18.00%	35.38%	20.31%
戈壁	13.68%	13.46%	13.36%	13.15%	12.75%	−1.57%	−0.73%	−1.58%	−3.05%
盐碱地	0.90%	0.91%	0.79%	0.81%	0.78%	1.20%	−13.03%	3.25%	−4.81%
沼泽地	3.93%	3.80%	3.97%	3.89%	3.94%	−3.35%	4.51%	−1.97%	1.29%
其他未利用地	27.05%	27.04%	27.02%	26.93%	26.86%	−0.04%	−0.07%	−0.35%	−0.24%

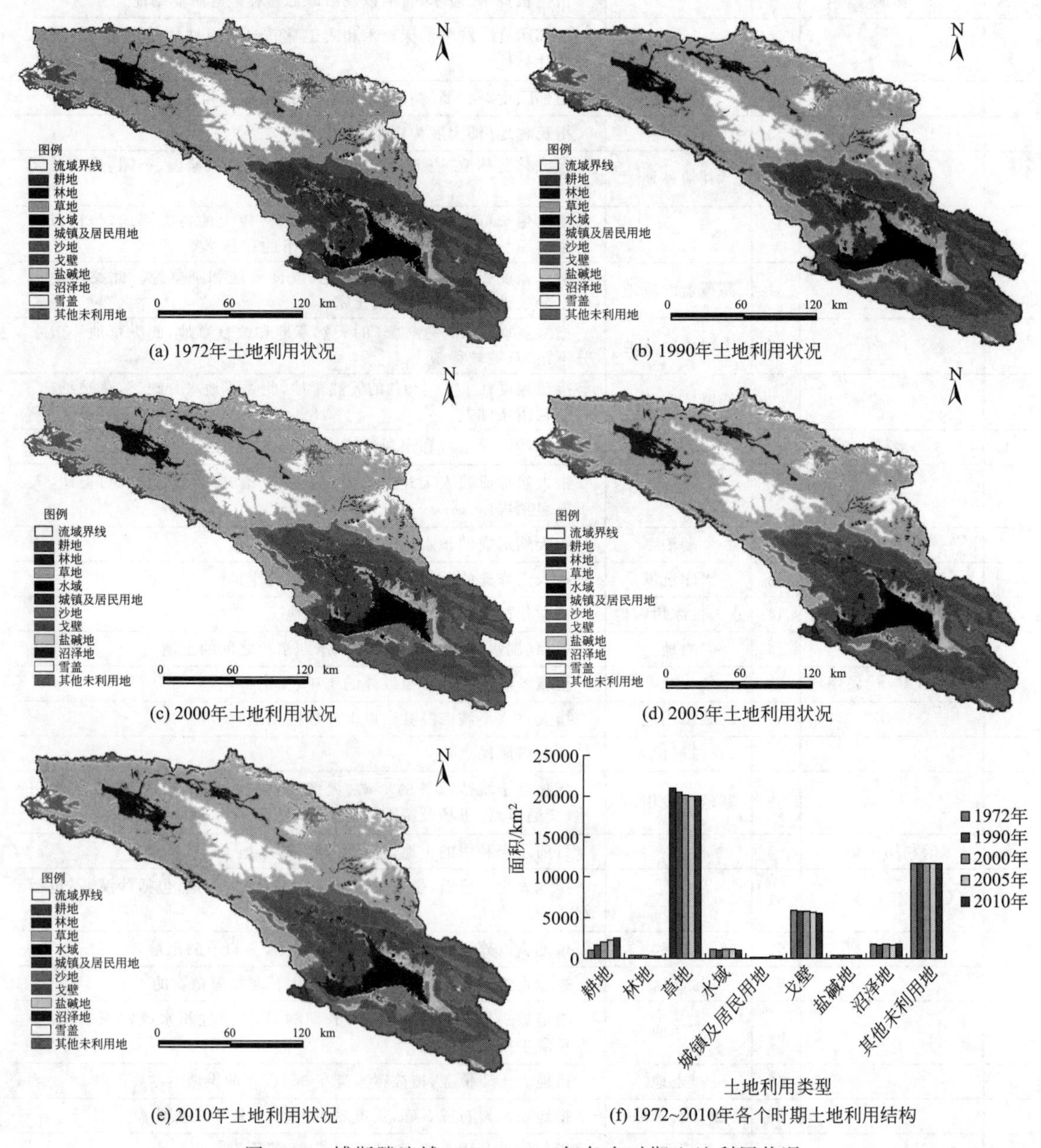

图 1-44　博斯腾流域 1972～2010 年各个时期土地利用状况

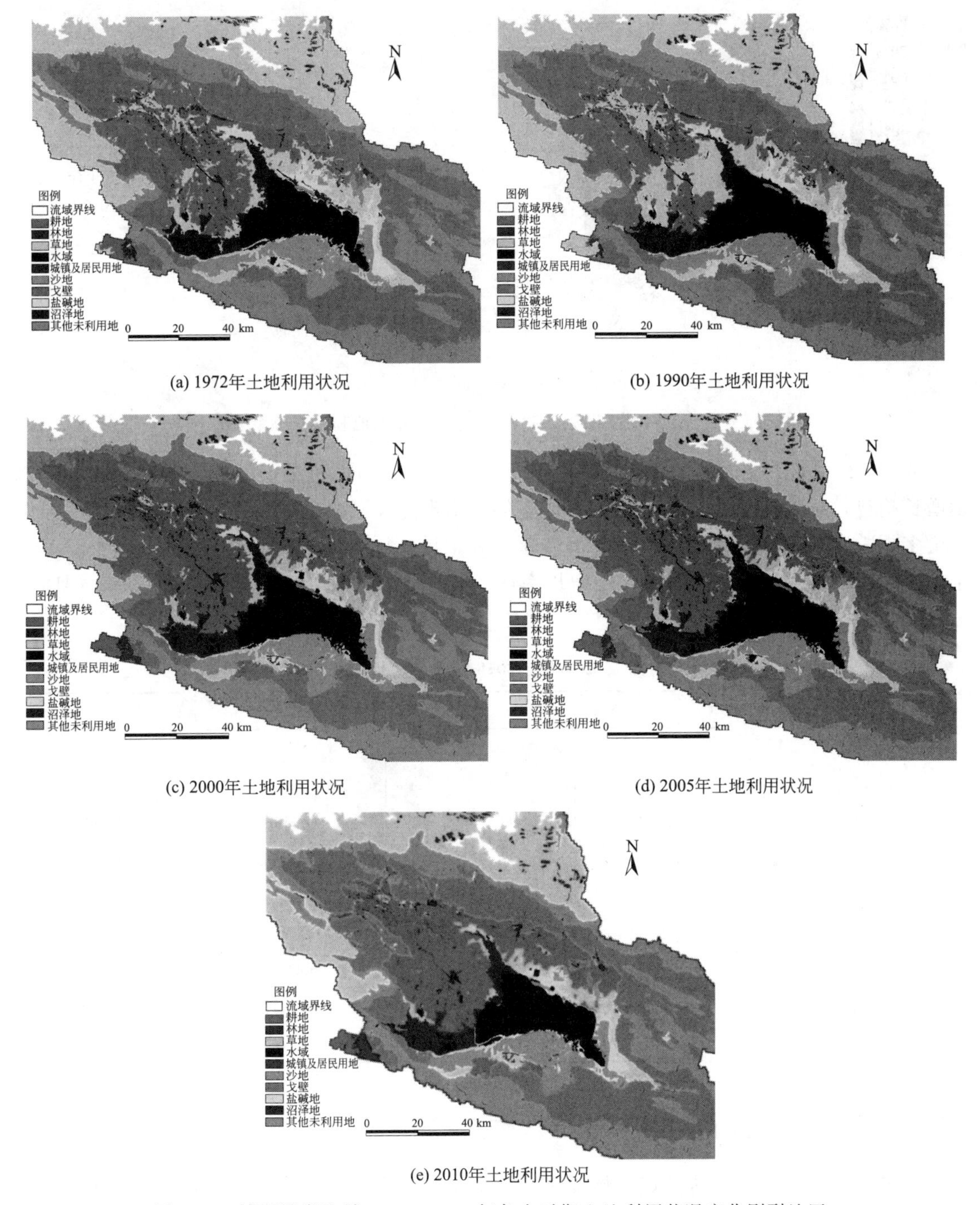

(a) 1972年土地利用状况

(b) 1990年土地利用状况

(c) 2000年土地利用状况

(d) 2005年土地利用状况

(e) 2010年土地利用状况

图 1-45　博斯腾湖流域 1972～2010 年各个时期土地利用状况变化剧烈地区

从 2010 年土地利用状况看（见图 1-46），研究区总面积近 $4.33\times10^4\text{km}^2$，耕地占区域总面积的 5.87%，主要分布在博斯腾湖上游的开都河周围，林地占 0.69%，草地占 46.08%，研究区近 50% 的土地类型为草地，基本分布在高山雪线以下地区，水域占 2.43%、城镇及居民用地占 0.61%、沙地占 1.85%、戈壁占 12.75%、盐碱地占 0.78%、沼泽地占 3.94%、其他未利用地（包括河滩地、裸土地、裸岩石砾地、高寒荒漠，苔原等）占 24.98%。

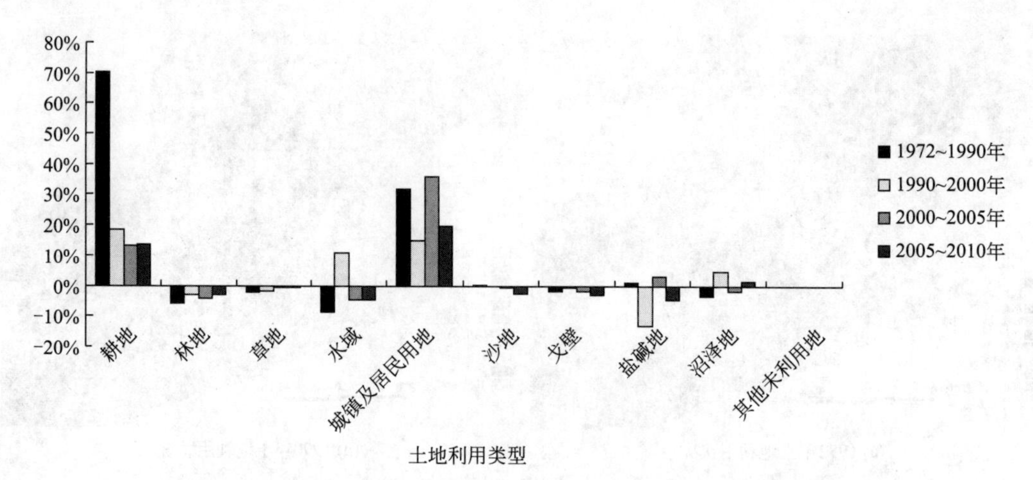

图 1-46 博斯腾湖流域 1972～2010 年各种土地利用类型变化率

从 1972～2010 年 5 个时期土地利用状况看（见表 1-5），耕地、城镇及居民用地出现持续增长趋势，林地、草地、戈壁、盐碱地等类型出现连续减少趋势，水域面积经历了由减少到增多再减少的过程，沙地和沼泽地等变化不大。耕地从 1972 年的 980.36km^2 增长到 1990 年的 1664.41km^2，增长了 70%，年增长率达 3.91%，到 2005 年增长了一倍还多，2010 年达 2539.01km^2。

表 1-5 博斯腾湖流域 1972～2010 年各种土地利用类型年增长率

土地利用类型	1972～1990 年	1990～2000 年	2000～2005 年	2005～2010 年
耕地	3.88%	1.76%	2.81%	2.75%
林地	−0.29%	−0.27%	−0.80%	−0.83%
草地	−0.12%	−0.19%	−0.11%	−0.09%
水域	−0.48%	1.07%	−0.96%	−0.93%
城镇及居民用地	1.62%	1.80%	7.08%	4.06%
戈壁	−0.09%	−0.07%	−0.32%	−0.61%
盐碱地	0.07%	−1.30%	0.65%	−0.96%
沼泽地	−0.19%	0.45%	−0.39%	0.26%
其他未利用地	0.00%	−0.01%	−0.07%	−0.05%

二、各个时期土地利用转换状况

从各个时期土地利用转换矩阵情况看，耕地增长的来源主要是林地、草地、戈壁、盐碱地等土地利用类型。由于研究区的特殊地理位置决定水分条件是耕地空间布局的主要条件，因此耕地增长的来源都是近水源的各种土地利用类型。土地利用转换矩阵反映某一时段土地利用类型之间的转换量，而土地利用转换概率矩阵则反映土地利用类型之间的转换概率，它比土地利用转换量更具有可比性。从 1972 年至 2010 年各个时段转换概率矩阵可以看出，耕地转换率最高是向城镇建设及居民地转换，除此之外也有部分向林地、草地、戈壁、盐碱地等土地利用类型转换。有些水分条件差的耕地有弃耕现象。在整个研究阶段，林地主要是向耕地和城镇建设及居民地转换。详细情况见表 1-6。

表 1-6　1972～2010 年各时段土地利用转换概率矩阵　　单位：%

类型	年份	耕地	林地	草地	水域	城镇及居民用地	其他未利用地	戈壁	盐碱地	沼泽地
耕地	1972～1990 年	99.42	—	—	—	0.58	—	—	—	—
	1990～2000 年	98.91	—	0.42	—	0.58	0.03	0.04	0.01	—
	2000～2005 年	97.74	0.03	0.24	—	1.93	—	—	0.07	—
	2005～2010 年	98.43	0.02	0.16	—	1.30	—	0.02	0.01	0.05
林地	1972～1990 年	0.16	93.98	4.10	—	1.75	—	—	—	—
	1990～2000 年	4.02	95.42	—	—	0.56	—	—	—	—
	2000～2005 年	4.15	95.69	—	—	0.17	—	—	—	—
	2005～2010 年	1.44	95.68	—	—	2.88	—	—	—	—
草地	1972～1990 年	2.73	0.01	97.13	0.02	0.06	—	—	0.04	0.01
	1990～2000 年	1.22	0.03	98.03	0.32	0.01	—	—	0.01	0.38
	2000～2005 年	0.75	—	99.17	0.01	—	—	—	0.01	0.05
	2005～2010 年	0.62	—	99.24	—	—	—	—	—	0.14
水域	1972～1990 年	—	—	5.04	89.37	—	—	—	2.74	2.85
	1990～2000 年	0.09	—	—	99.17	—	—	—	—	0.74
	2000～2005 年	0.33	—	0.78	94.31	—	—	—	2.79	1.79
	2005～2010 年	—	—	4.81	95.14	—	—	—	0.05	—
城镇及居民用地	1972～1990 年	—	—	—	—	10	—	—	—	—
	1990～2000 年	—	—	—	—	10	—	—	—	—
	2000～2005 年	—	—	—	—	10	—	—	—	—
	2005～2010 年	—	—	—	—	10	—	—	—	—
其他未利用地	1972～1990 年	—	—	—	—	0.03	99.96	0.01	—	—
	1990～2000 年	0.01	—	0.01	—	0.05	99.92	—	—	—
	2000～2005 年	0.21	—	—	—	0.14	99.65	—	—	—
	2005～2010 年	0.18	—	—	—	0.04	99.76	—	—	0.03
戈壁	1972～1990	1.41	0.02	0.22	—	0.04	—	98.30	0.03	—
	1990～2000 年	0.63	—	0.03	—	0.09	—	99.24	—	—
	2000～2005 年	1.57	—	—	—	0.02	—	98.42	—	—
	2005～2010 年	3.00	—	—	—	0.03	—	96.94	—	0.04
盐碱地	1972～1990 年	6.70	—	2.85	1.17	—	—	1.69	87.59	—
	1990～2000 年	1.99	—	0.31	9.47	—	—	—	86.44	1.80
	2000～2005 年	8.48	—	—	2.08	0.06	—	—	88.80	0.58
	2005～2010 年	5.31	—	—	—	—	—	—	94.69	—
沼泽地	1972～1990 年	0.39	—	3.44	0.86	—	—	—	0.63	94.67
	1990～2000 年	0.04	—	—	1.09	—	—	—	—	98.87
	2000～2005 年	0.38	—	2.62	0.11	—	—	—	0.80	96.10
	2005～2010 年	0.22	—	0.30	0.15	—	—	—	0.05	99.27

三、土地利用变化对水资源的影响

土地利用变化对水资源量的影响主要体现在不同土地利用类型的蒸散量不同。根据利用遥感数据结合气象观测资料反演的地表蒸散结果（见表 1-7），计算了 1972～2010 年各个时期各种土地利用类型的蒸散量（见表 1-8）。结果显示，除了 2005 年蒸散量略有降低以外，各个时期的蒸散量持续增加，从计算结果看，增加幅度并不是很大。研究区主要土地利用类型变化在于耕地和沼泽地大量增加，但对于整个研究区来讲影响不是很大。事实上耕地和沼泽地对水量的影响还体现在灌溉和洗土方面，需要进一步讨论。

表 1-7　各个年份蒸散量情况

土地覆盖类型	年蒸散均值/mm	年蒸散标准差/mm
水体	864.63	117.81
湿地	647.62	194.82
林地	455.18	139.04
草地	348.74	116.73
农田	382.09	104.1
城镇	128.82	43.19
裸地	132.53	107.26
冰雪	353.63	100.64

表 1-8　各个年份各种土地利用类型的蒸散量　　单位：$10^3 m^3$

土地利用类型	1972 年	1990 年	2000 年	2005 年	2010 年	1972～1990 年	1990～2000 年	2000～2005 年	2005～2010 年
农田	37.46	63.60	74.79	85.28	97.01	26.14	11.20	10.49	11.73
林地	16.09	15.26	14.85	14.25	13.66	−0.83	−0.41	−0.59	−0.59
草地	731.43	715.81	702.15	698.38	695.23	−15.62	−13.67	−3.76	−3.15
水体	98.82	90.27	99.90	95.13	90.72	−8.55	9.63	−4.77	−4.40
城镇	1.36	1.76	2.07	2.80	3.37	0.40	0.32	0.73	0.57
裸地	194.00	192.76	191.41	189.80	186.90	−1.23	−1.35	−1.61	−2.90
冰雪	119.21	119.21	119.21	119.21	119.21	0.00	0.00	0.00	0.00
湿地	110.13	106.44	111.24	109.05	110.45	−3.69	4.80	−2.19	1.40

1972～2010 年 5 个时期除了 2010 年以外，包括湖面的蒸散量与湖面面积，都具有一定的相关性，蒸散量与湖面面积正相关（见表 1-9、图 1-47 和图 1-48）。不包括湖面时，蒸散量与湖面面积呈负相关，蒸散量持续增加，尤其 2005～2010 年增加量较大。

表 1-9　各个时段总的蒸散量　　单位：$10^3 m^3$

项　目	1972 年	1990 年	2000 年	2005 年	2010 年
蒸散量(包括湖面)	1308.49	1305.10	1315.61	1313.91	1316.56
蒸散量(不包括湖面)	1209.67	1214.83	1215.71	1218.78	1225.84
湖面面积	1007.49	924.85	1026.56	994.86	943.11

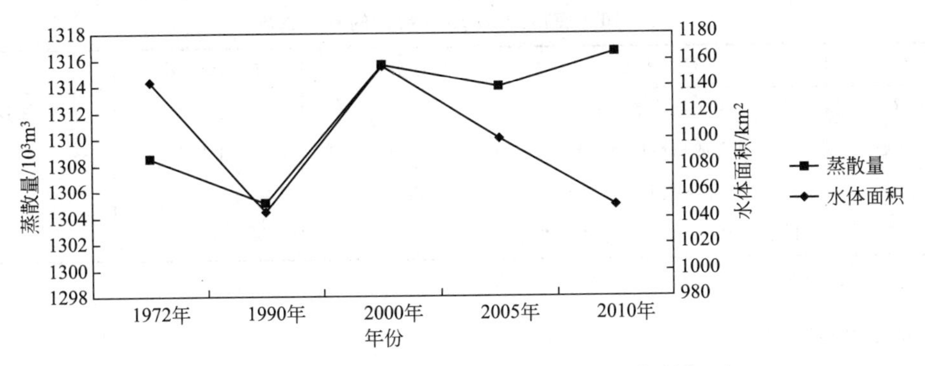

图 1-47　各个年份蒸散量与湖面面积情况（包括湖面）

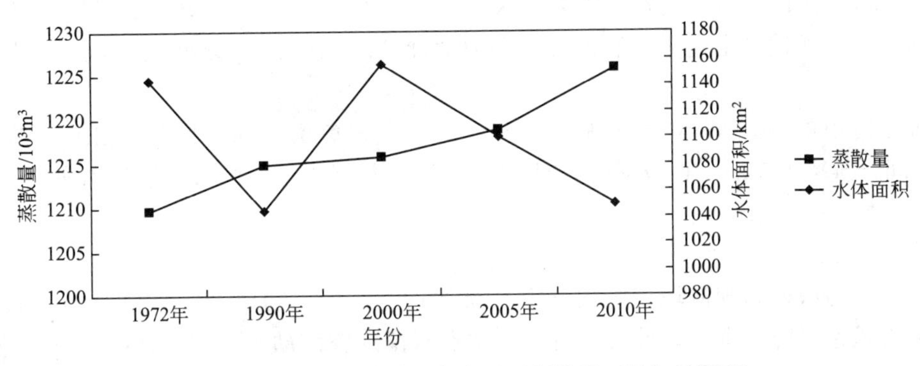

图 1-48　各个年份蒸散量与湖面面积情况（不包括湖面）

四、小结

土地利用类型的变化会对流域水资源量产生影响，尤其是耕地和湿地的面积增加会增大耗水量。耕地从 1972 年的 980.36km^2 增长到 2010 年的 2539.01km^2，增长率达 2.5 倍以上。芦苇面积从 85.05km^2增大到了 504.22km^2。研究区耕地需水主要靠灌溉，并且当地的土壤盐碱化现象比较严重，所以需要通过漫灌进行洗盐，对水资源量的消耗增大。灌溉和洗盐的水基本不能回到湖泊中，因此研究区近年来的大范围耕地面积的增加和博斯腾湖周边芦苇灌溉对博斯腾湖水位的下降起到加速作用。

第四节　地表蒸散的遥感反演

一、研究数据

1. 遥感数据

本研究过程中使用的遥感数据主要为 2002 年 7 月～2009 年 12 月期间的 EOS/AQUA MODIS 数据（V005 版本），包括土地覆盖产品、植被指数产品、地表温度产品和反照率产品。所有的 MODIS 产品均由美国地质调查局 USGS 的 LP DAAC（Land Process Distributed Active Archive Center）提供。有关 MODIS 数据的基本情况见表 1-10。

表 1-10　使用的 MODIS 数据的基本情况

产品名称	数据表述	空间分辨率	时间分辨率	数据量
MCD12Q1	年土地覆盖产品	500m	1年	8景
MYD13A3	月合成植被指数产品	1km	1月	95景
MYD11A2	8天合成地表温度数据	1km	8天	368景
MCD43B3	16天合成 Grid 格式反照率产品	1km	8天	368景

注：LP DAAC 尚未提供 2009 年的土地覆盖产品（MCD12Q1）。

2. DEM 数据

DEM 数据来源于美国的航天飞机雷达地形测绘计划（Shuttle Radar Topography Mission，SRTM）。该计划由美国航空航天局 NASA、美国图像测绘局 NIMA、德国及意大利航天局共同开展，通过"奋进号"航天飞机获取北纬 60°～南纬 56°之间陆地地区的数字高程模型。

本研究使用的 SRTM 数据由马里兰大学的 GLCF 免费发布（网址：glcf. umiacs. umd. edu），空间分辨率为 1km。该数据已经对 SRTM 原始数据中存在的大量缺失值进行了插值处理，提高了数据的可用性。

3. 气象数据

气象资料为博斯腾湖流域范围内 9 个气象站点 2002 年 7 月～2009 年 12 月的逐日最高气温、平均风速、降水资料，此外还有 1 个站点（博斯腾湖站）2005～2009 年的蒸发资料。9 个站点的详细情况见表 1-11，空间分布见图 1-49。

表 1-11　9 个气象站点基本资料

站点编号	站点名称	经度/(°)	纬度/(°)	海拔/m
51656	库尔勒	41.75	86.13	932
51655	尉犁	41.35	86.27	885
51642	轮台	41.78	84.25	976
51567	焉耆	42.08	86.57	1055
51568	和硕	42.25	86.80	1085
51559	和静	42.32	86.40	1101
51467	巴音布鲁克	43.03	84.15	2458
51542	巴仑台	42.73	86.30	1739
51468	大西沟	43.10	86.83	3539

二、蒸散的空间分布特征

1. 年平均蒸散的空间分布特征

博斯腾湖流域 2003～2009 年的多年平均地表蒸散量空间分布见图 1-50。

从整体上看，研究区蒸散量体现出西北低、东南高的特点。西北部主要是草地，蒸散年均值一般在 250～400mm 之间。东南部的博斯腾湖及湖体西南部湿地具有最高的蒸散值，普遍在 700mm 以上，博斯腾湖西部的农耕区也具有较高的蒸散值，一般在 300～400mm 之间。湖区周围的荒漠地带年平均地表蒸散量多在 150mm 以下，显著低于其他地区。另外有

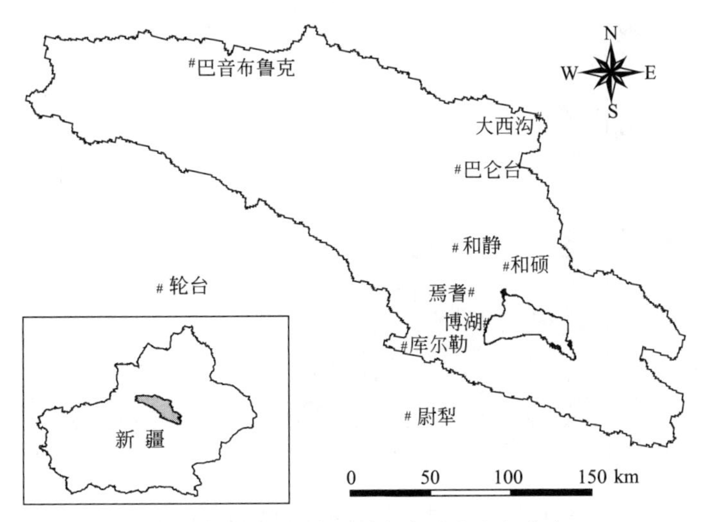

图 1-49 博斯腾湖流域气象站点空间分布

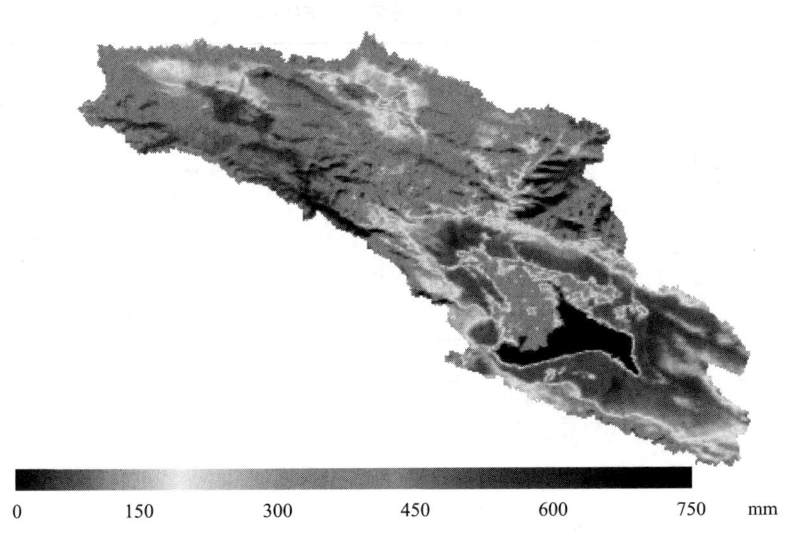

图 1-50 博斯腾湖流域年平均地表蒸散量空间分布

一点需要注意的是高海拔山区其蒸散量总体上高于平原地区，这可能是由于高海拔地区净辐射较高，因而具有较高的潜热。

对研究区年平均蒸散量进行直方图统计（见图 1-51），可以看出研究区的多年平均蒸散量主要分布在 0～600mm 之间，呈现出双峰现象，峰值分别出现在 50mm 和 370mm 处左右，这 2 个峰分别对应于基本无植被覆盖的荒漠以及有植被覆盖的草地和农田区域。此外，在 800～1000mm 还有一个不明显的小峰值，这主要是博斯腾湖水体及湿地的蒸散值。

不同土地覆盖类型由于土壤湿度、植被覆盖度、反照率、地表粗糙度等生理和物理特征存在差异，地表蒸散过程体现出较大的差别。本研究基于土地覆盖图对各种主要土地覆盖类型蒸散年均值的均值和标准差进行了统计分析。

首先在 MODIS 提供的土地覆盖分类图基础上进行类别的归并简化，将原先的 17 种 IGBP 土地覆盖类型归并为 8 种类型（详情见表 1-12）。

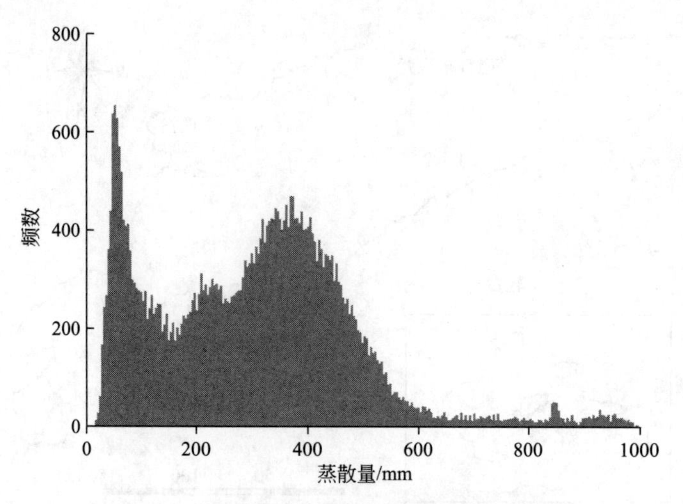

图 1-51 博斯腾湖流域年平均蒸散量直方图

表 1-12 IGBP 土地覆盖类型归并过程

原编码	原土地覆盖类型	归并后编码	归并后土地覆盖类型
0	水体	1	水体
11	永久性湿地	2	湿地
1	常绿针叶林	3	林地
2	常绿阔叶林		
3	落叶针叶林		
4	落叶阔叶林		
5	混交林		
6	浓密灌丛		
7	稀疏灌丛		
8	多树大草原	4	草地
9	稀树大草原		
10	草地		
12	农田	5	农田
14	农田/自然植被混合区		
13	城镇建筑	6	城镇
16	裸地或低植被覆盖地	7	裸地
15	冰雪覆盖	8	冰雪

按照归并后的 8 种地物类型对年蒸散进行统计，结果见表 1-13。

表 1-13 8 种土地覆盖类型地物的年蒸散均值与标准差

土地覆盖类型	年蒸散均值/mm	年蒸散标准差/mm
水体	864.63	117.81
湿地	647.62	194.82
林地	455.18	139.04

续表

土地覆盖类型	年蒸散均值/mm	年蒸散标准差/mm
草地	348.74	116.73
农田	382.09	104.1
城镇	128.82	43.19
裸地	132.53	107.26
冰雪	353.63	100.64

从表中可以看出，水体具有最高的年蒸散量（864.63mm），其次是含水量很高的湿地（647.62mm）。在林地、草地和农田这3种植被覆盖类型中，以灌丛为主的林地蒸散量最高（455.18mm），农田次之（382.09mm），而草地的蒸散量最低（348.74mm）。城镇和裸地这2种低植被覆盖类型的蒸散值普遍比较低，分别为128.82mm和132.53mm。冰雪覆盖区的年蒸散量平均值在353.63mm，与植被覆盖区比较相近。

2. 季节平均蒸散的空间分布特征

将研究区的蒸散数据分为春夏秋冬4个季节进行分析：春季（3～5月）、夏季（6～8月）、秋季（9～11月）和冬季（1月、2月和12月）。春夏秋冬4个季节的蒸散分布见图1-52。春季研究区的地表蒸散一般在0～120mm之间，而博斯腾湖的蒸散仍然比较高，一般在300mm以上，湖区西南部湿地的蒸散也比较高，在200～250mm之间。夏季蒸散值明显高于春季，西北部草地及湖区西部的农田蒸散值在180～300mm之间，东南部荒漠的蒸散与春季相比变化很小，都在30mm以下。秋季蒸散的空间分布特征以及数值均与春季基本一致，除了博斯腾湖及湖区西南部湿地的蒸散有一定程度的降低（湖区在180～220mm之间，湖边湿地在140m左右）。冬季研究区的蒸散普遍非常低，基本都在30mm以下，博斯腾湖及湖滨湿地的蒸散也仅有30～600mm。不过山区的阴坡体现了较高的蒸散量（120～180mm）。

图1-52　博斯腾湖流域季节平均蒸散量空间分布

博斯腾湖流域春夏秋冬 4 个季节平均蒸散量的直方图见图 1-53。春季蒸散主要分布在 0～150mm 区间，并且在该区间表现出 3 个明显的峰值，分别对应裸地、农田以及草地。此外，在 300mm 处有一个较小的峰值，对应博斯腾湖水体。夏季蒸散主要分布在 0～300mm 区间，并且表现出 2 个明显的峰值，分别对应裸地以及植被覆盖区。秋季蒸散的直方图与夏季类似，有裸地和植被覆盖区对应的双峰现象以及水体的小峰值，不过在数值上不仅比夏季要低很多，还低于春季。冬季蒸散主要分布在 0～60mm 之间，呈现出单峰现象。

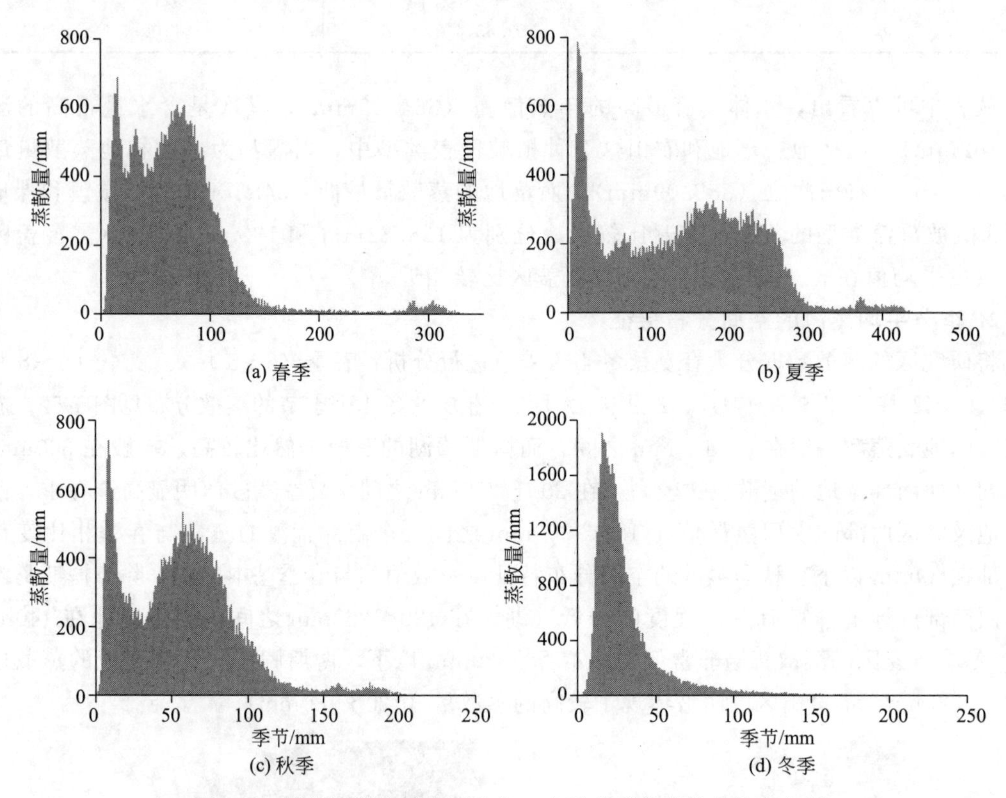

图 1-53 博斯腾湖流域春夏秋冬 4 个季节平均蒸散量的直方图

三、蒸散的时间变化规律

1. 流域蒸散的年际变化特征

由于 2002 年只有半年数据，所以仅统计了 2003～2009 年的博斯腾湖流域平均年总蒸散年际变化（见图 1-54）。

7 年期间流域平均年蒸散在 293.56～315.75mm 范围内波动，平均值为 306.19mm。2004 年流域年蒸散最低，为 293.56mm，低于平均值 12.63mm；2008 年达到最高值 315.75mm，超过平均值 9.56mm。从整体上看，流域年蒸散体现出逐年升高的趋势。

除了从整体上分析蒸散的年际变化之外，还运用线性回归方法逐像元的分析年蒸散的变化趋势。以年份为自变量，年蒸散为因变量进行最小二乘法计算，得到各个像元的斜率（见图 1-55）。从图上可以看出，虽然在整体上流域的年蒸散体现出增加的趋势，但是在不同区域却体现出空间分布的差异性。西北部的地表蒸散呈现出明显的增加趋势，年均变化可达 10～18mm/a，中北部地区体现出降低的特征，降幅一般在 8～12mm/a，少数地区可达 15mm/a 以上。西南部的荒漠地区基本上都呈现出降低的特征，降幅一般在 5～15mm/a，

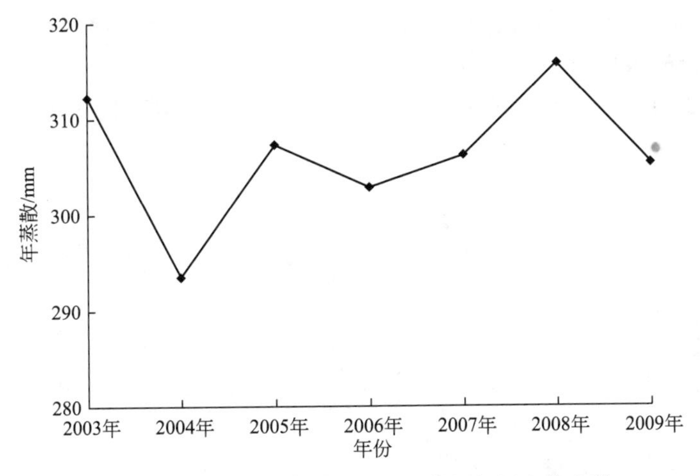

图 1-54　博斯腾湖流域平均年蒸散的年际变化曲线

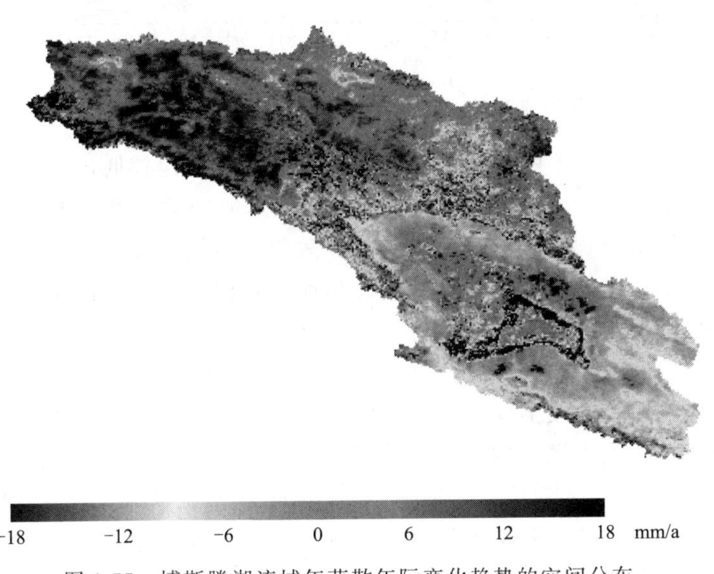

图 1-55　博斯腾湖流域年蒸散年际变化趋势的空间分布

博斯腾湖环湖一带蒸散降低较多，年降幅可达 30mm/a，由于水体蒸散量远高于其他地物，因此与其他区域比较，虽然其数值下降较多，但是相对降幅并不是很大。博斯腾湖西部的农耕区外围体现出一定的升高趋势，增幅在10～20mm 之间。博斯腾湖南部及北部有几处区域增幅明显，超过 30mm/a，这些地区原来为荒漠，后来开发为农田，因此蒸散量大幅度升高。

2. 流域蒸散的年内变化特征

统计博斯腾湖流域 2002 年 7 月～2009 年 12 月期间各个月的平均蒸散，绘制其年内变化趋势（见图 1-56）。

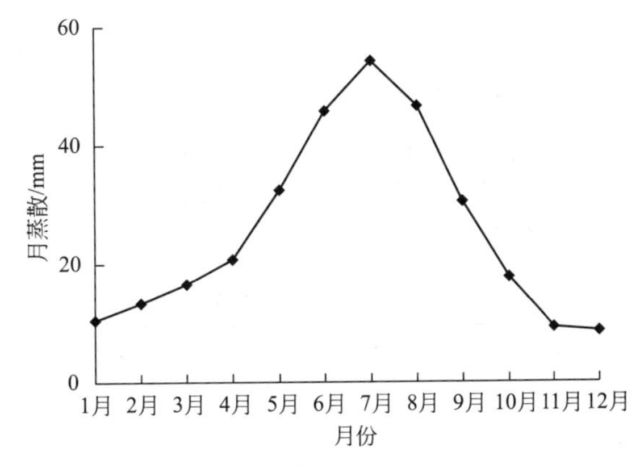

图 1-56　博斯腾湖流域平均月蒸散的年内变化趋势

从图上可以看出，蒸散的年内变化呈现单峰特征。1～4 月蒸散缓慢上升，4～7

月蒸散急剧升高，在 7 月达到最高值（54.23mm）。然后 7～11 月期间迅速下降，11～12 月缓慢下降，12 月份的蒸散量为全年最低（8.56mm）。

图 1-57 给出了研究区 8 种土地覆盖类型的多年平均月蒸散变化曲线。

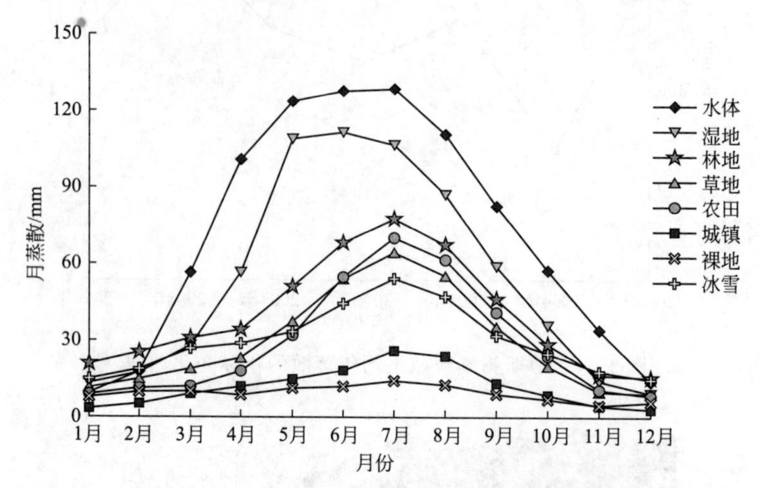

图 1-57 博斯腾湖流域不同土地覆盖类型的多年平均月蒸散变化曲线

从图中可见，在 1 月、2 月、11 月各种地物的蒸散量均比较低，而在 6、7、8 月蒸散值普遍较高。除了 1 月之外，水体的蒸散要明显高于其他地物，并且其蒸散峰值出现较早，5～7这 3 个月的蒸散值量比较接近，在春季其蒸散量的增幅明显超过最高。湿地的年内变化特征与水体相近，不过蒸散的数值要低一些。林地、农田、草地和这 3 类植被覆盖类型体现了相似的年内变化特征，林地在各个月份均比草地要高一些，而农田在 1～4 月的蒸散量低于草地，从 5 月开始蒸散量迅速升高，7～10 月其蒸散量与林地接近。这可能是因为冬季和初春农田未种植作物，植被覆盖度非常低，而从 5 月开始在当地农作物的物候期内由于农作物植被覆盖度高，加上人为灌溉的缘故，其蒸散量要大于同期的草地。冰雪覆盖的月蒸散变化规律与 3 种植被类型比较接近，其在 1～4 月以及 10～12 月期间蒸散量与林地接近，在 5～9月期间蒸散量比同期的植被覆盖度要低一些。城镇和裸地这 2 种土地覆盖类型的月蒸散比较低，其中裸地蒸散量的年内波动较小，而城镇蒸散量的年内波动要大一些。

3. 蒸散时相变化与气温、降水的关系

降水和温度是影响地表蒸散的关键气象要素，降水提供土壤水分，温度影响植物冠层气孔导度的大小和土壤表面蒸发等过程。将 2002 年 9 月～2009 年 9 月的博斯腾湖流域平均月蒸散与 9 个气象站点的月平均降水、气温进行比较（见图 1-58），从图中可见，月蒸散与降水、气温的时相变化趋势非常相近。

将 2002 年 9 月～2009 年 11 月的博斯腾湖流域平均月蒸散与 9 个气象站点的月平均降水、气温数据进行相关分析，并将这 87 个月的数据按照春夏秋冬 4 个季节归类分别进行相关分析，结果见表 1-14。

表 1-14 4 个季节以及所有的月蒸散与降水以及气温之间的相关系数

项目	总体	春季	夏季	秋季	冬季
降水	0.8969	0.6387	0.8473	0.6566	−0.1159
气温	0.8882	0.2622	0.8905	0.9654	0.4078

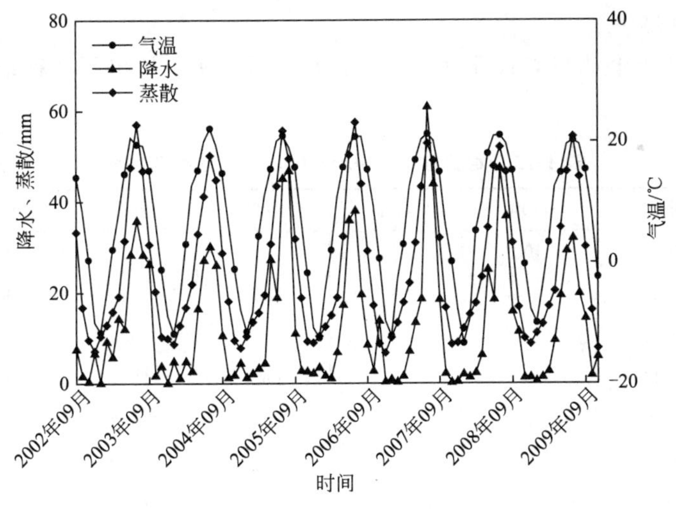

图 1-58　博斯腾湖流域月蒸散与气温、降水的时间序列变化曲线

从表中可见，流域月平均蒸散与月平均降水、气温之间具有良好的正相关关系，这说明蒸散的变化受到降水和气温的影响，降水越多，气温越高，地表蒸散量也越高。从季节上看，春季蒸散与降水的相关系数要远高于蒸散与气温的相关系数，说明该季节流域的土壤含水量一般都处于不饱和状态，制约蒸散的主要因素是水而不是热。夏季蒸散与降水、气温的相关系数都很高，说明该季节降水和气温都是地表蒸散的重要影响因素。秋季蒸散与气温的相关系数要远高于蒸散与降水的相关系数，说明该季节土壤水分相对充足，地表蒸散的影响因素主要是气温。冬季蒸散与降水的相关系数为负值，且显著度不高，说明该地区冬季蒸散受降水影响很小，而在一定程度上取决于气温。

四、焉耆盆地人类活动对地表蒸散及开都河径流量的影响

近些年来，由于人类的过度开发，研究区内焉耆盆地（见图 1-59）的耕地面积迅速扩大，土地覆盖状况的变化导致了地表蒸散、反照率等物理特性的改变，并对水环境造成了一定的影响，产生了土壤盐渍化、水体矿化、生态系统退化等一系列严重的环境问题。为了定量分析人类活动对水资源水环境的影响，本研究分析了焉耆盆地土地覆盖变化对地表蒸散的影响。

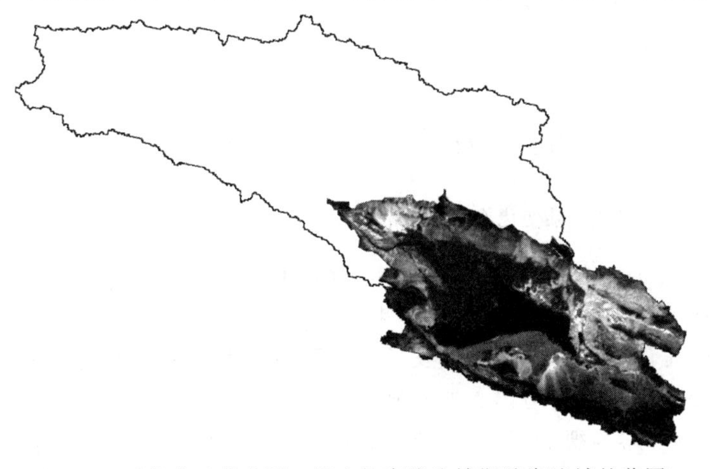

图 1-59　焉耆盆地的范围（图中轮廓线为博斯腾湖流域的范围）

1. 土地覆盖变化

对 2002～2008 年土地覆盖状况（见表 1-15）进行分析，给出了几种地物在 2002～2008 各个年份的面积。

表 1-15　焉耆盆地 2002～2008 年土地覆盖统计　　单位：km^2

年份	水体	湿地	森林	草地	农田	城市	荒地
2002 年	1017	403	176	1356	1253	136	13048
2003 年	1034	414	130	1626	1244	135	12806
2004 年	1042	415	142	1995	1089	137	12569
2005 年	1011	383	111	1726	1352	139	12667
2006 年	976	377	142	1220	1623	131	12920
2007 年	957	389	247	1049	1828	125	12794
2008 年	924	404	233	1057	1866	127	12778

农田面积在这几年期间有较大幅度的增加，从 2002 年的 $1253km^2$ 增加到 2008 年的 $1866km^2$。林地也表现出增加的趋势，水体、草地以及裸地均有不同程度的减少，而湿地和城镇变化很小。

2. 土地覆盖变化对蒸散的影响

裸地经过人工开发转变成农田之后，由于土壤湿度、叶面积指数等特征的改变，其地表蒸散量大大增加。以博斯腾湖南部某个典型像元为例（东经 86.79°，北纬 41.76°），该像元原先为裸地，后来经过开发转换为农田。该像元的年蒸散以及 8 月份蒸散的年际变化见图 1-60。

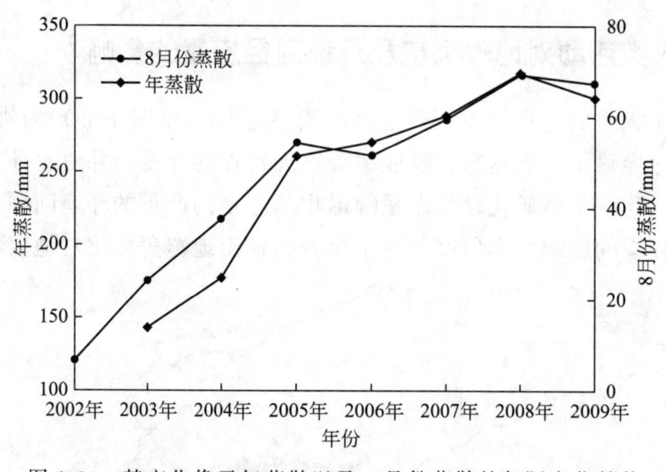

图 1-60　某变化像元年蒸散以及 8 月份蒸散的年际变化趋势

由于 2002 年和 2010 年均仅有半年数据，所以年蒸散仅仅统计了 2003～2009 年的结果，而 8 月份蒸散则统计了 2002～2009 年的结果。无论是年蒸散还是 8 月份蒸散，均体现出逐年增加的趋势，这是由于该像元不断开发，农田面积比重越来越大的结果。8 月份生长季期间蒸散量的增幅要比年蒸散的增幅更加明显。

将焉耆盆地 2002 年为裸地而 2008 年为农田的像元提取出来，统计了这些变化区域年蒸散以及 8 月份蒸散的年际变化特征，见图 1-61。从图上可以看出，年蒸散和 8 月份蒸散均体

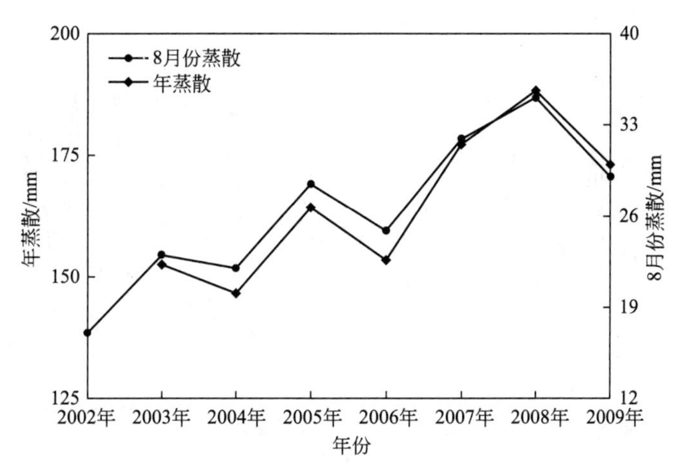

图 1-61 变化区域年蒸散以及 8 月份蒸散的年际变化趋势

现出逐年增加的趋势。与图 1-60 相比，图 1-61 的年际波动大很多，而增幅却要小，这一方面是由于这些提取出的像元有很多并非纯像元，而是一定比例的裸地和农田的混合。另一方面，焉耆盆地中由很多农田会在一定时期内休耕，这也会对统计结果产生一定的影响。

3. 焉耆盆地蒸散变化对开都河径流量的影响

开都河流汇入博斯腾湖之前，在宝浪苏木分水枢纽处分为东、西两支，东支进入博斯腾湖大湖区，西支进入博斯腾湖小湖区。东支水文站流量加上西支水文站流量可看作开都河的入湖总流量。从理论上来讲，由于河流沿途不断有支流汇入，下游流量一般要大于中上游。但是，开都河入湖总流量与大山口水文站流量相比，明显小很多（见图 1-62）。开都河流量的减小应该是由于流经焉耆盆地期间引水灌溉、地下渗透、河面蒸发等因素导致的。

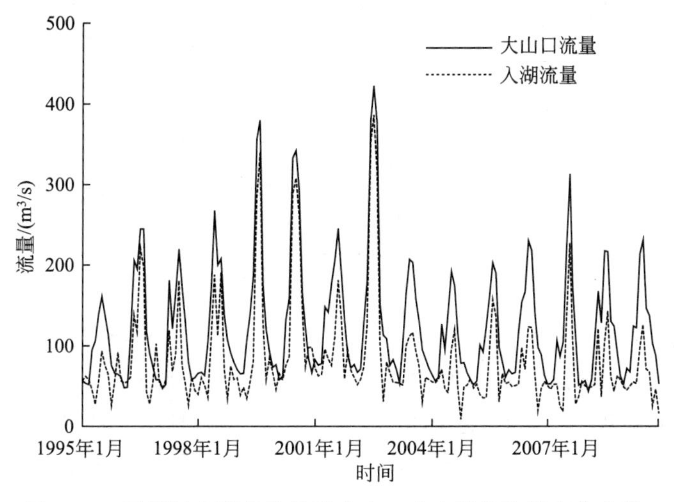

图 1-62 开都河入湖月流量及大山口水文站月流量变化曲线

图 1-63 给出了 1995 年 3 月～2009 年 11 月期间开都河大山口水文站流量减去入湖流量的季节变化曲线。

从图中可以看出，随着时间推移，开都河流量在焉耆盆地的损耗呈增加趋势。在影响开都河流量在焉耆盆地损耗的几个因素中，地下渗透的年际变化应该相对比较小，而河面蒸发占流量的比重较小，说明引水灌溉量在这些年中发生了很大变化。此外，从图中还可以看

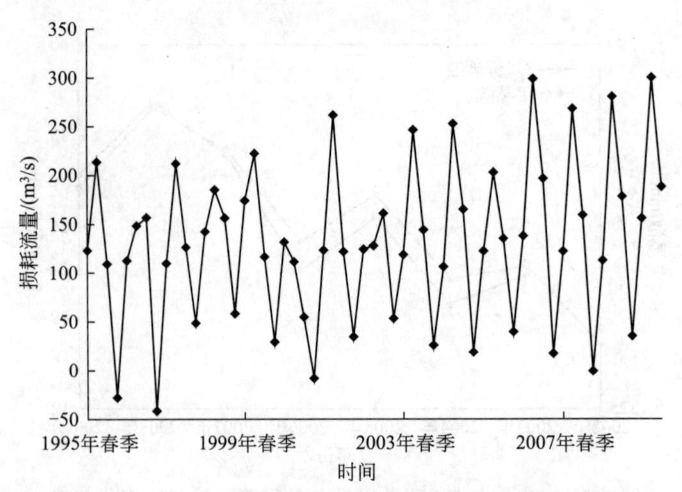

图 1-63　开都河流量在焉耆盆地损耗量的季节变化曲线

出，开都河损耗流量在不同季节存在很大的差异：冬季损耗非常低，一般都在 50m^3/s 以下，甚至还低于零，说明有时宝浪苏木的流量还要大于大山口的流量；春秋季开都河损耗流量较高，一般在 100～200m^3/s 之间，而夏季的损耗流量最高，基本都在 200～300m^3/s 之间。从开都河大山口水文站流量减去入湖流量的年际变化曲线（见图 1-64）也可以看出开都河流量在焉耆盆地的损耗呈增加趋势。

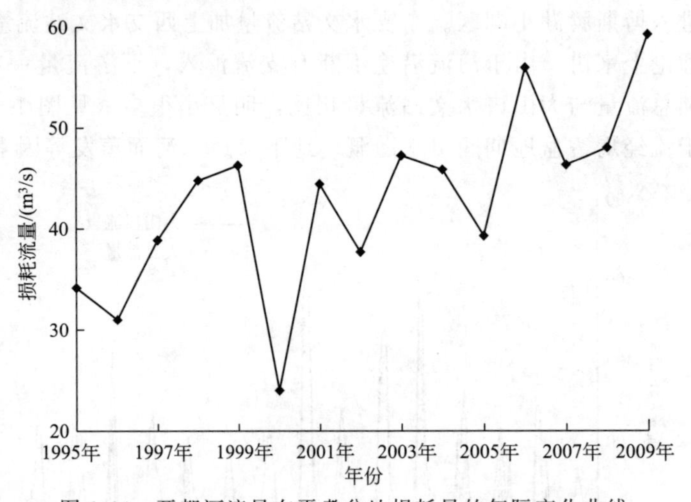

图 1-64　开都河流量在焉耆盆地损耗量的年际变化曲线

为了更详细的分析开都河流量在焉耆盆地的损耗的变化规律，绘制了开都河大山口水文站流量减去入湖流量的多年平均年内变化曲线（图 1-65）。从图中可以看出，在不同月份，开都河流量在焉耆盆地的损耗存在显著差异。1～3 月份开都河的入湖流量与大山口水文站流量的差异很小，4～10 月份，开都河的入湖流量与大山口水文站流量之差非常大，基本上在 70m^3/s 上下波动，11～12 月份入湖流量与大山口水文站流量之差又下降到了一个较低的水平。4～10 月一般是作物的生长季，而这段时期开都河流量损耗很高，可见跟农作物生长灌溉密切相关。

对 2003～2009 年大山口水文站与宝浪苏木分水枢纽之间耕地的平均蒸散量进行统计，得到蒸散的年变化和月变化曲线（见图 1-66 和图 1-67）。从图 1-67 中可以看出，2003～2009 年期间该区域耕地的蒸散呈现出逐渐增加的趋势，并且与开都河流量损耗量具有类似的季节变化规律。

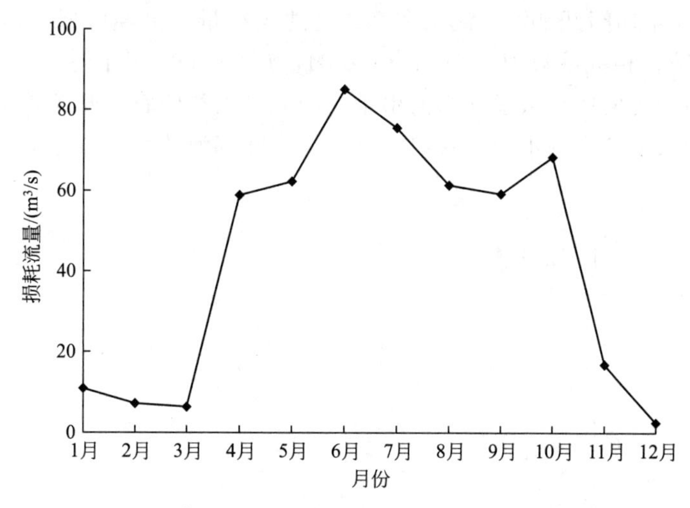

图 1-65　开都河流量在焉耆盆地损耗量的年内变化曲线

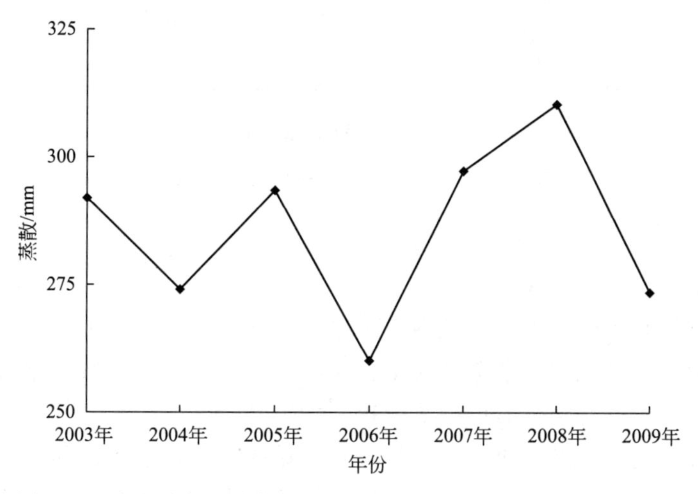

图 1-66　水文站与宝浪苏木分水枢纽之间耕地蒸散的年变化曲线

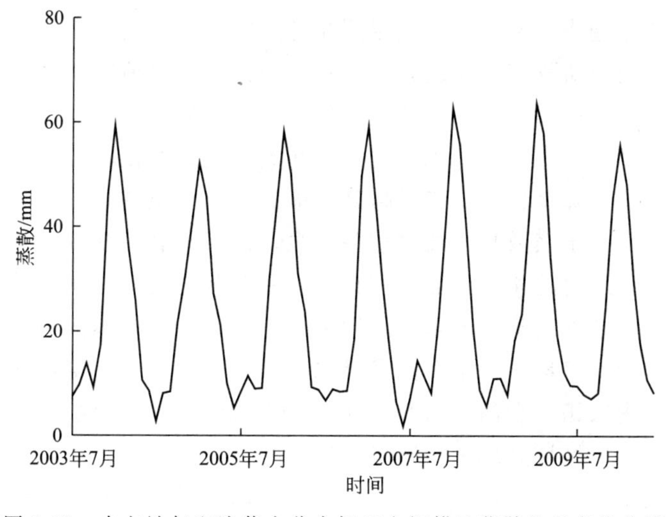

图 1-67　水文站与宝浪苏木分水枢纽之间耕地蒸散的月变化曲线

对 2003～2009 年期间开都河月流量在焉耆盆地损耗量与流经区域耕地月蒸散量进行相关分析（见图 1-68），相关系数为 0.7927（$n=84$，$P<0.001$）。两者之间存在非常明显的相关性，耕地蒸散量的增加导致了开都河水量的损耗。人类的农业开发活动使得耕地需水量增加，从开都河抽取了更多的水用于农田灌溉，导致开都河从大山口流至宝浪苏木分水枢纽期间流量明显减少。

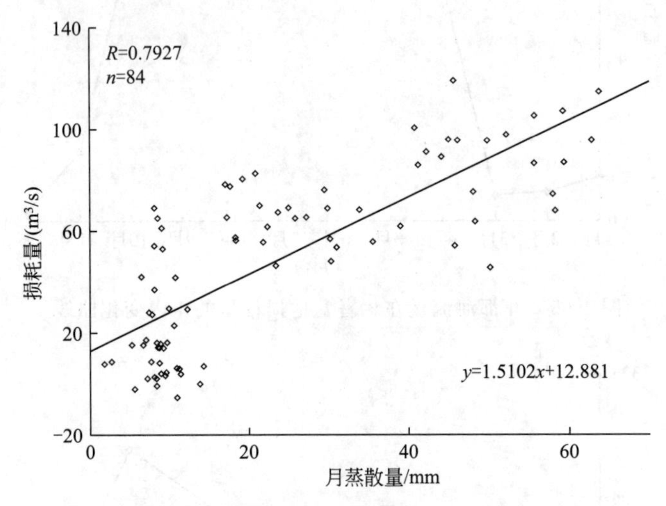

图 1-68　开都河月流量损耗量与耕地月蒸散量之间的关系

五、小结

利用遥感数据结合气象观测资料反演了博斯腾湖流域 2002～2009 年期间的地表蒸散，根据遥感反演结果分析了该地区蒸散的时空分布特征，并分析了蒸散变化与气候因子、农业开发活动的关系及其对开都河流量的影响，得出如下结论。

（1）对遥感反演地表蒸散结果进行统计分析，结果表明地表蒸散的空间分布呈现出明显的地域特征，受土地覆盖类型的影响很大。年蒸散直方图体现为双峰特征，分别对应于无植被覆盖和有植被覆盖区域。从整体上看，整个博斯腾湖流域的年蒸散体现出增加的趋势，并且不同区域的年际变化趋势各不相同。流域西北部地区以及博斯腾湖周边的新开发农田表现出显著地增加趋势，而博斯腾湖水体边界一带及焉耆盆地荒漠地区的蒸散则体现出下降的趋势。蒸散的年内变化呈现单峰特征，季节性变化特征很明显。

（2）流域月平均蒸散与月平均降水、气温之间具有良好的正相关关系，说明蒸散的变化受到降水和气温的影响，降水越多，气温越高，地表蒸散量也越高。从季节上看，春季蒸散与降水的相关系数要远高于蒸散与气温的相关系数，该季节制约蒸散的主要因素是水而不是热；夏季蒸散与降水、气温的相关系数都很高；秋季蒸散与气温的相关系数要远高于蒸散与降水的相关系数，该季节地表蒸散的影响因素主要是气温；冬季蒸散与降水的相关系数为负值，且显著度不高，说明该地区冬季蒸散受降水影响很小，而在一定程度上取决于气温。

（3）对焉耆盆地内农田开发活动引起的土地覆盖变化及其与地表蒸散的关系进行了分析，由裸地转换为农田的区域其地表蒸散体现出非常显著的递增趋势，而整个焉耆盆地农业区的地表蒸散也体现出了一定程度的增幅。可见人类活动导致的农田扩展改变了地表的水热交换过程，增加了蒸散量。

（4）开都河月流量在焉耆盆地损耗量与流经区域耕地蒸散量之间的相关分析表明，两者之间存在显著的正相关关系（相关系数 0.79），可见耕地蒸散量的增加导致了开都河水量在焉耆盆地农业区的损耗。人类的农业开发活动使得耕地需水量增加，从开都河抽取了更多的水用于农田灌溉，导致开都河从大山口流至博斯腾湖期间流量明显减少，影响了开都河汇入博斯腾湖的水量。

第五节　雪量变化对博斯腾湖水资源的影响

积雪是我国西北干旱地区河流的主要补给源，在地表水资源极为匮乏的干旱地区季节积雪水资源较为为丰富。全球变化引起了积雪的变化，会导致积雪地区水资源数量与河川径流季节分配的变化，进而对靠积雪融水补给河流径流量产生影响。因此由于水量和水盐平衡关系改变而产生许多生态环境问题。综合分析博斯腾湖水位变化影响因素主要有流域降水量、蒸发量、气温和土地利用的变化等。大多研究从气候变化对博斯腾湖水位的影响进行研究，主要探讨降水量及温度变化跟水位变化的关系。研究结果表明，湖泊水量与补给河流的径流量的变化有直接关系。补给河流的径流量主要受流域降水量、蒸发量和冰川、融雪的影响。冰川、融雪量跟降水和气温相关。研究中强调了温度变化对冰川、融雪产生影响，进而影响到入湖河流径流量和湖泊水位。因此研究积雪的变化与开都河径流量以及博斯腾湖泊水量之间的关系对于揭示博斯腾湖水位变化和咸化的原因具有重要意义。

本研究以博斯腾湖流域为研究区，探讨流域内积雪变化对博斯腾湖入湖河流的径流量和湖水水位的影响，为揭示博斯腾湖水位变化及咸化的原因提供科学依据，对我国水资源紧缺的干旱地区内陆大型淡水湖泊水资源的合理利用及水环境的保护和治理亦有着普遍的指导意义。

一、数据源及其数据处理

雪盖数据：为 2000 年 3 月～2009 年 12 月期间的 EOS/AQUA MODIS 数据（V005 版本），MODIS 8 天合成雪盖产品 10A2 数据，投影为 SIN，分辨率为 500m。

温度数据：为 MODIS 地表温度产品。MODIS 产品均由美国地质调查局 USGS 的 LP DAAC（Land Process Distributed Active Archive Center）提供。

雪深数据：来自西部数据中心的美国国家冰雪数据中心，25km 空间分辨率的 ease-grid 投影数据，是一种针对 SSMI 亮温数据的等积割圆柱投影。数据格式为 ASCII，投影为 Cylindrical Equal-Area，中央经线为 70°（中国区），标准纬线为 30°。

DEM 数据：DEM 数据是 $SRTM^3$ 数据，SRTM 数据是由美国太空总署（NASA）和国防部国家测绘局（NIMA）联合测量的，通过“奋进号”航天飞机获取北纬 60°～南纬 56°之间陆地地区的数字高程模型。SRTM 的全称是 Shuttle Radar Topography Mission，即航天飞机雷达地形测绘使命，数据分辨率为 90m，本研究区为 Z54-4、Z53-4。本研究使用的 SRTM 数据由 CGIAR ICT- ICT 免费发布（网址：http：//srtm. csi. cgiar. org）。该数据已经对 SRTM 原始数据中存在的大量缺失值进行了插值处理，提高了数据的可用性。

水文数据是 2000 年 3 月～2008 年 2 月开都河大山口、焉耆径流量和博斯腾湖水位、库容数据。

二、积雪时空变化

积雪覆盖和积雪深度是表征积雪信息的 2 个重要量，积雪存在着显著的季节变化和年际变化，积雪变化是一个复杂的过程，因时间、空间的不同而呈现出不同的表现形式和变化趋势。积雪变化会对局部水文环境和气候产生不容忽视的影响。尤其对西北干旱地区靠积雪融化补给河流的地区影响更为重要。季节性积雪变化的影响因子有气温、降水、高程、坡度、坡向等很多方面，这些因子对积雪的变化起着主要的作用。

1. 积雪年际变化

2001～2007 年间雪盖和雪深的具体情况见表 1-16 和图 1-69～图 1-72。

表 1-16　2001～2007 年年平均雪盖、雪深情况

年份	2001 年	2002 年	2003 年	2004 年	2005 年	2006 年	2007 年
雪盖面积/10^4km^2	1.24	1.21	1.26	1.31	1.16	1.29	1.12
平均雪深/cm	1.47	1.43	1.41	1.54	1.48	1.75	1.24
最大雪深/cm	16.18	14.78	15.06	15.22	16.16	16.05	14.14

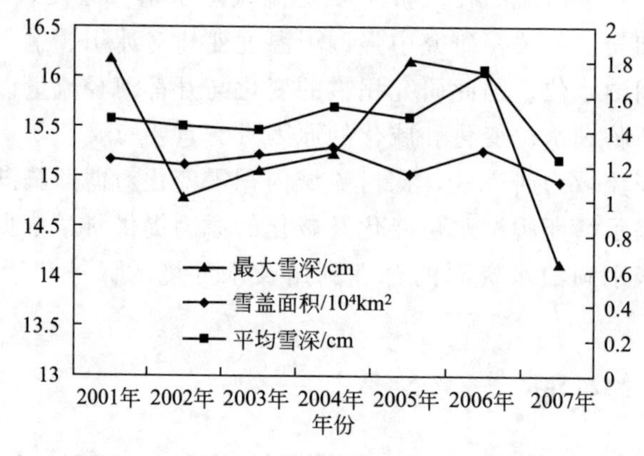

图 1-69　2001～2007 年年雪盖、雪深变化

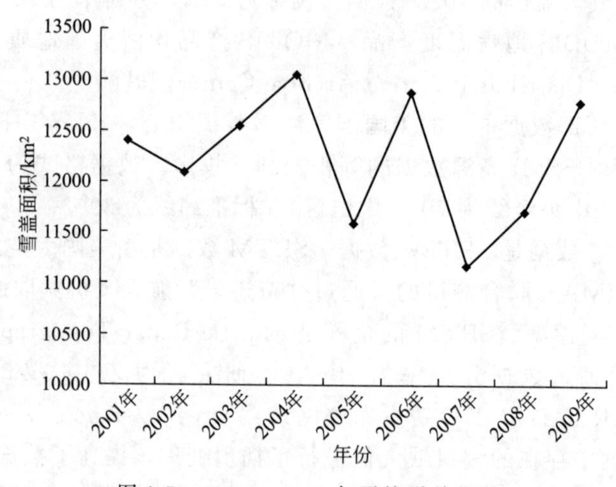

图 1-70　2001～2009 年平均雪盖面积

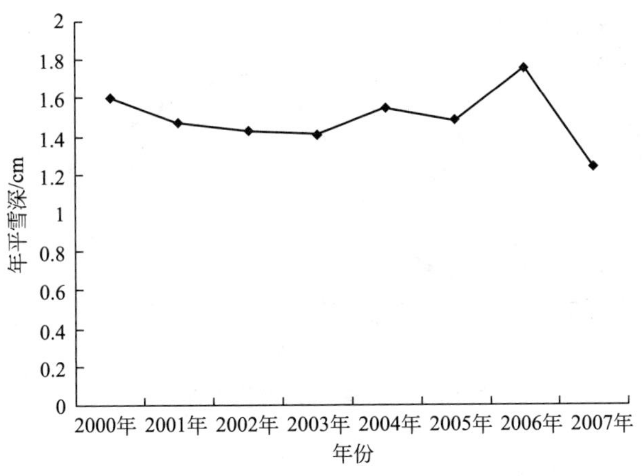

图 1-71 2000 年 3 月～2008 年 2 月年平均雪深

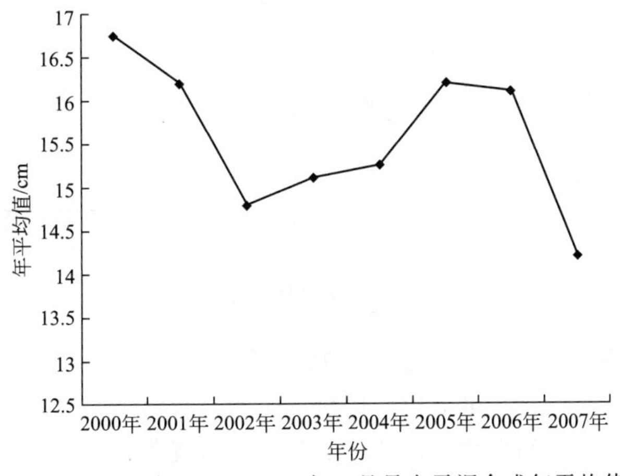

图 1-72 2000 年 3 月～2008 年 2 月最大雪深合成年平均值

可以看出，2001～2007 年平均雪盖和雪深的变化趋势基本一致，但最大雪深变化波动比较大。年均雪盖面积维持在 1.12×10^4～$1.31\times10^4km^2$ 之间，其中 2004 年最大，达到 $1.31\times10^4km^2$，2007 年最小为 $1.12\times10^4km^2$。年均雪深维持在 1.24～1.75 cm 之间，最大值和最小值分别出现在 2006 年和 2007 年，分别为 1.75cm 和 1.24cm。最大雪深年均最大值出现在 2001 年，为 16.18cm。

2. 积雪年内变化

积雪年内变化见图 1-73～图 1-75。

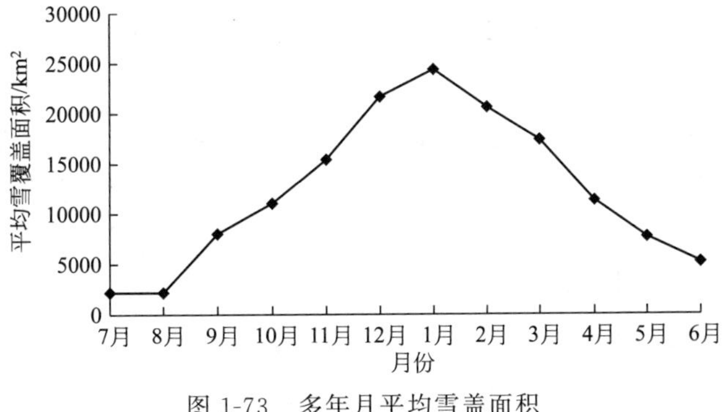

图 1-73 多年月平均雪盖面积

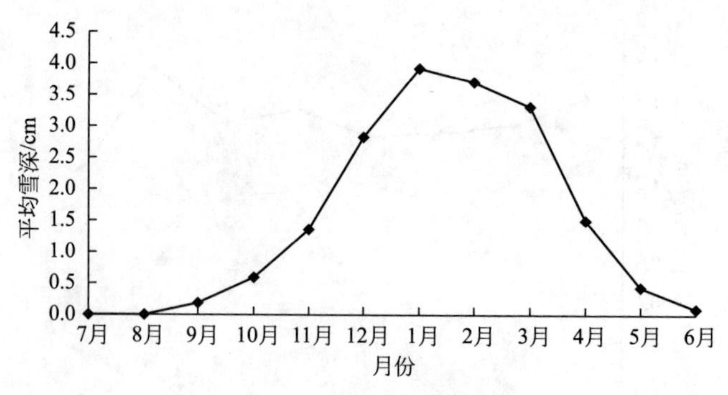

图 1-74　多年月平均雪深

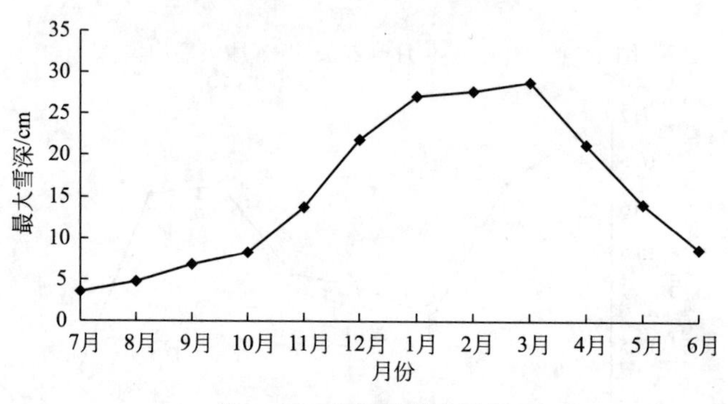

图 1-75　多年月最大雪深

从雪深和雪盖面积年内变化看，平均值都是从 8 月份开始逐渐增加到 1 月份达到最大值，然后逐渐下降到 7 月份到达最低值。最大雪深的最大值却是出现在 3 月份，因为在新疆的山区在 3 月份冰雪并没开始融化，而还可能存在降雪现象。

从 2001～2007 年多年月平均积雪覆盖率情况看（见表 1-17），春季积雪覆盖率在 40% 左右，夏季在 20%以下，秋季 3 个月份变化明显，从 9 月份的 35.9%迅速增到了 11 月份的 68.9%，冬季达到 80%以上。

表 1-17　2001～2007 年多年月平均积雪覆盖率

月份	1 月	2 月	3 月	4 月	5 月	6 月	7 月	8 月	9 月	10 月	11 月	12 月
覆盖率	87.7%	81.3%	53.9%	49.7%	38.1%	18.6%	0.7%	2.1%	35.9%	49.9%	68.9%	88.9%

从最大雪深年内变化情况可以发现，1 月、2 月、3 月最大雪深平均在 27cm 以上，4 月、12 月雪深在 21cm 左右，5 月、11 月在 14cm 左右，其余月份在雪深均值小于 9cm，具体见表 1-18 和表 1-19。

表 1-18　2000～2007 年雪深最大值　　单位：cm

月份	2000 年	2001 年	2002 年	2003 年	2004 年	2005 年	2006 年	2007 年	总计
1 月	27.65	29.54	26.32	25.78	26.70	26.79	28.13	25.75	216.65
2 月	27.33	30.56	25.76	26.83	27.62	29.16	30.74	23.22	221.21
3 月	31.41	29.38	28.42	27.73	27.28	28.84	32.73	24.16	229.95
4 月	24.69	21.10	21.64	20.77	20.25	19.40	26.36	15.79	170.01

续表

月份	2000年	2001年	2002年	2003年	2004年	2005年	2006年	2007年	总计
5月	14.61	13.69	17.26	16.11	14.80	12.06	12.42	11.41	112.35
6月	9.26	9.95	12.86	3.97	8.56	6.98	9.67	7.84	69.10
7月	4.17	6.36	0.00	4.34	3.98	6.52	1.29	1.80	28.46
8月	4.46	3.76	0.00	4.59	6.71	6.81	5.00	7.00	38.33
9月	7.46	7.23	5.64	6.29	6.60	8.56	6.38	6.58	54.74
10月	7.69	9.12	7.83	8.27	7.93	8.77	6.76	10.15	66.52
11月	16.78	14.91	10.57	13.02	11.77	15.82	12.21	14.91	109.98
12月	25.19	18.60	21.05	23.01	20.43	24.27	20.96	21.13	174.64
总计	200.70	194.21	177.36	180.70	182.64	193.95	192.65	169.74	1491.94

表 1-19　2000～2009 年最大雪深月平均值　　单位：cm

月份	雪盖面积/10^4km^2	雪深(平均)	雪深(最大)
1月	2.44	24.6	27.08
2月	2.06	25.9	27.65
3月	1.74	27.6	28.74
4月	1.13	19.2	21.25
5月	0.77	12.4	14.04
6月	0.52	5.8	8.64
7月	0.22	2.1	3.56
8月	0.22	4.5	4.79
9月	0.81	5.6	6.84
10月	1.11	7.6	8.31
11月	1.54	12.1	13.75
12月	2.17	19.9	21.83

三、积雪变化影响因素

雪盖面积和积雪深度变化受到各种因素的影响，其中主要受温度，降水的影响，同时降雪和积雪融化除了受温度影响以外还受到海拔高程和坡度坡向的影响。

（一）温度变化对积雪的影响

通过 GIS 的分类统计功能，对有雪盖和无雪盖地区温度分别从有雪盖和无雪盖的平均温度、最高温度和最低温度进行统计分析。结果显示，同一时间内有雪盖区域的平均温度要比无雪地区平均温度低近 10℃。7～9 月有雪区最高温度要比无雪区最高温度低 10℃以上，其他月份区别不大。而最低温度在这 3 个月份差异不大，但在其他月份有雪区最低温度比无雪最低温度低 10℃左右。显然温度影响雪盖分布的范围（见图 1-76）。

随着温度的升高积雪会融化，致使雪盖面积减少，雪深会降低。对雪盖面积、雪深平均值与地温均值进行相关分析，相关系数分别达到－0.878、－0.853，其相关性显著（见图 1-77 和图 1-78）。

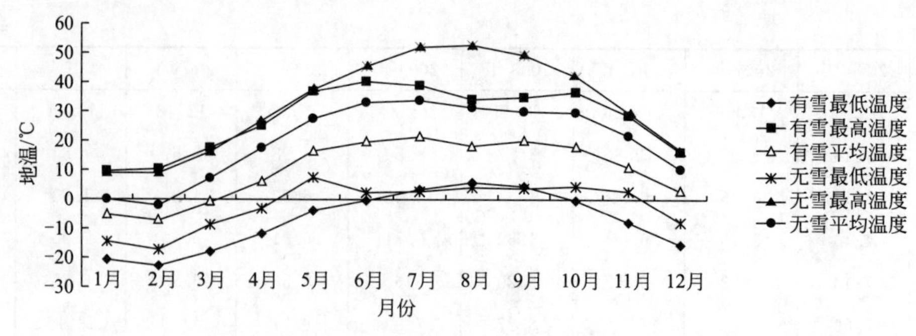

图 1-76　雪盖分布与地温关系

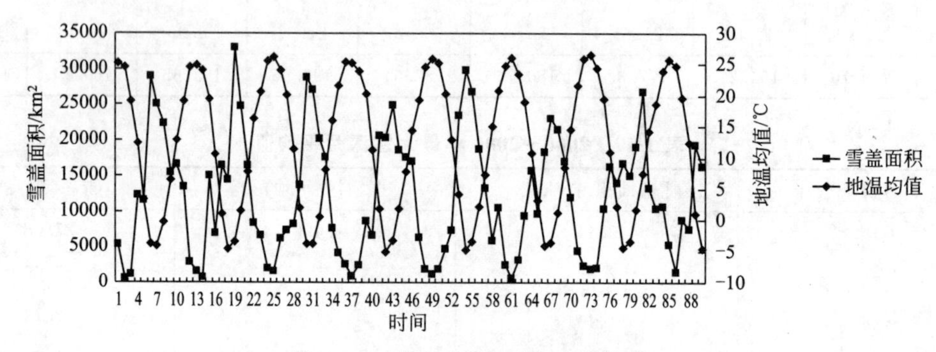

图 1-77　雪盖面积与地温均值关系

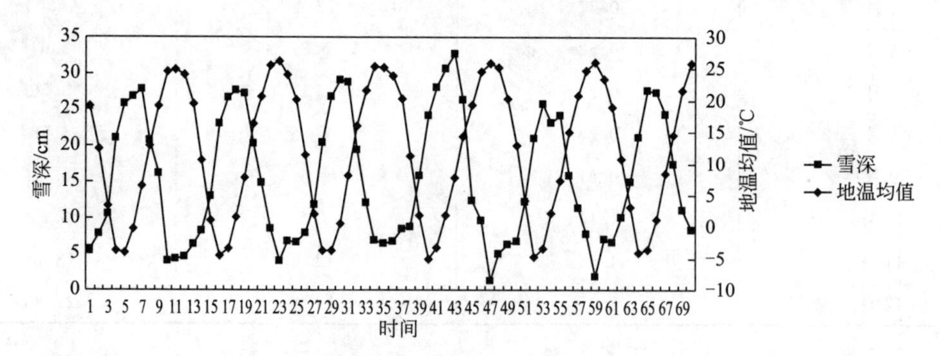

图 1-78　雪深与地温均值关系

（二）地形因素对积雪变化的影响

1. 高程因素对积雪时空分布的影响分析

（1）高程对雪盖时空分布的影响分析：随着海拔升高雪盖的分布范围见图 1-79～图 1-81。雪盖与高程数据空间分析结果表明，从 8 月到次年 4 月雪盖的最低分布海拔高度没有明显的区别，但在 5～7 月雪盖的最低分布海拔高度在 2000m 以上。除了 1 月、12 月有雪地区的平均海拔要比无雪平均海拔高出 1000m 以上。对 2000 年 3 月～2009 年 12 月雪盖面积与分布高程均值进行相关分析，相关系数达到－0.626。对 2000 年 3 月～2008 年 6 月雪深与分布高程均值进行相关分析，其相关系数达到－0.791，说明雪盖分布受高程影响显著。

（2）高程对雪深时空分布的影响分析：对雪深数据与高程进行空间分析，结果发现，雪深受海拔影响明显（见图 1-82），雪深最大值受海拔影响有明显的陡坎效应。

这种陡坎效应在不同的月份有所区别。其中 1 月、2 月、3 月、12 月分布规律基本相似，雪深最大值分布分为 4 段，分别为海拔 915～1045m、1045～2352m、2352～4238m、

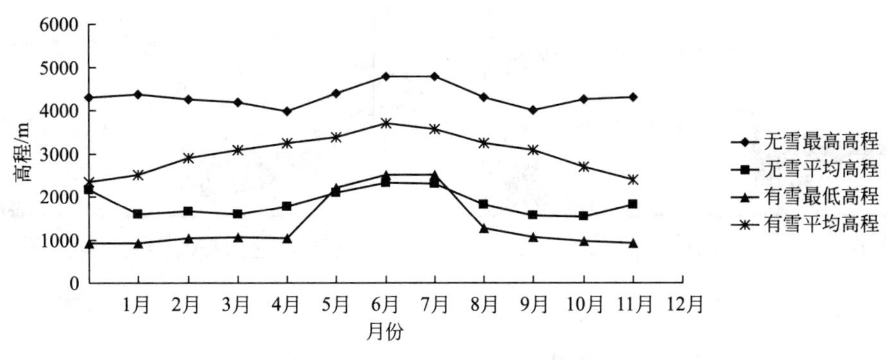

图 1-79 雪盖分布与高程关系

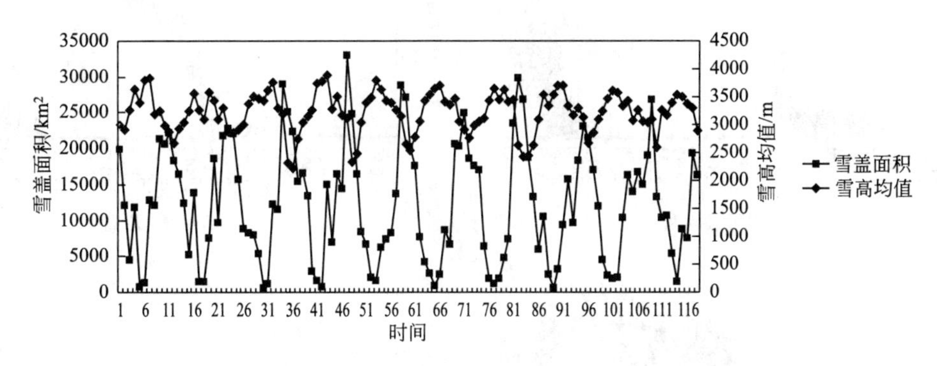

图 1-80 雪盖面积与分布高程均值关系

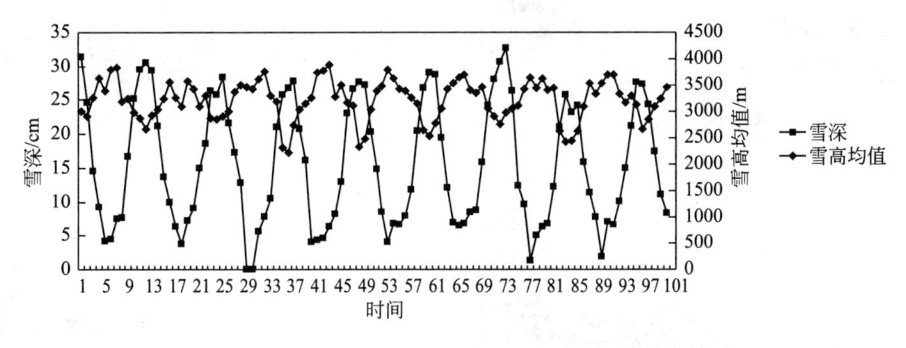

图 1-81 雪深与分布高程均值关系

4238～4776m。尤其在 2352m 附近有个陡坎，在此海拔以上雪深突然增大。1 月海拔 915～1045m 处雪深最大值平均为 3.70cm 左右，海拔 1045～2352m 处雪深最大值平均为 8.40cm 左右。海拔 2352～4238m 处雪深最大值平均为 23.80cm 左右，海拔 4238～4776m 处雪深最大值平均为 16.8cm 左右。2 月、3 月雪深最大值在海拔 915～2352m 部分比 1 月低，但在海拔 2352m 以上比 1 月高。也证明了雪深最大值出现在 3 月这一现象。12 月分布规律跟 1 月相似，但每个阶段都比 1 月份低一些。4 月和 11 月分布规律相似，陡坎有向高海拔偏移的迹象，并且陡坎变得平缓，各个段的雪深都有所降低。5 月、9 月、10 月分布规律相近，陡坎基本消失，取代的是缓坡。6 月也存在陡坎现象，但陡坎的高度明显比 1 月的低，并且陡坎出现的海拔比 1 月高出 200m 以上。7 月、8 月的分布规律相近，陡坎完全消失，坡度也不是很明显，雪深变幅很宽，即同一海拔高度雪深的差异较大。

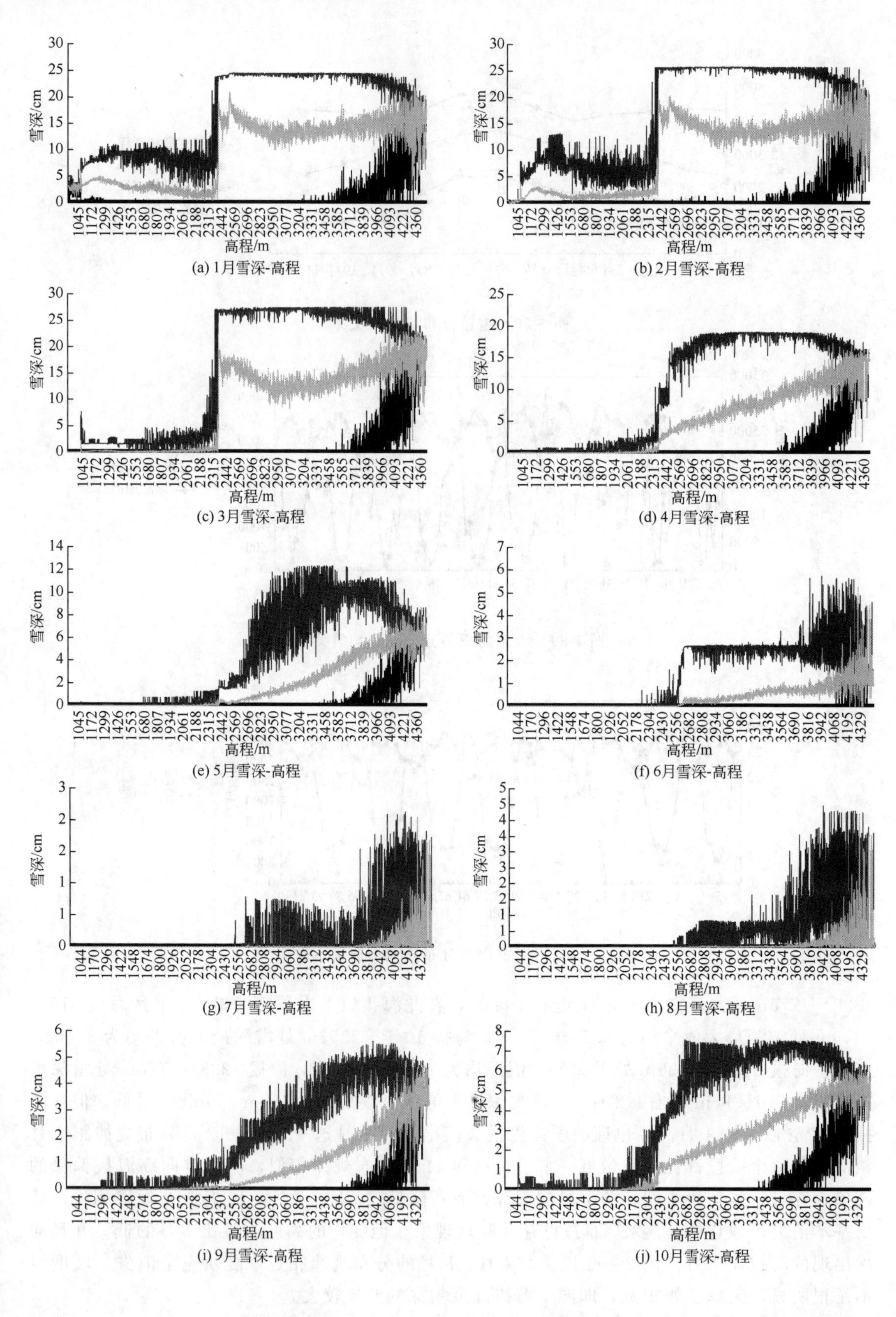

(a) 1月雪深-高程

(b) 2月雪深-高程

(c) 3月雪深-高程

(d) 4月雪深-高程

(e) 5月雪深-高程

(f) 6月雪深-高程

(g) 7月雪深-高程

(h) 8月雪深-高程

(i) 9月雪深-高程

(j) 10月雪深-高程

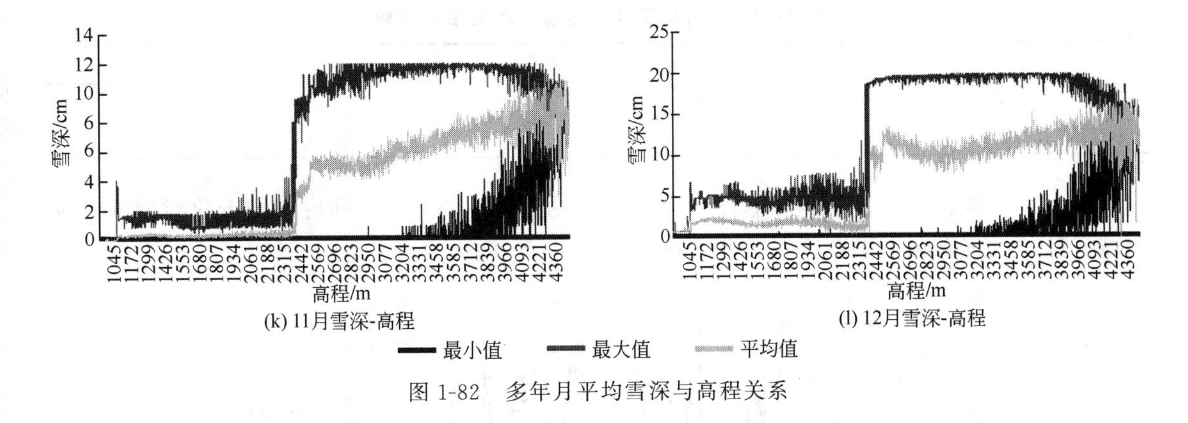

图 1-82　多年月平均雪深与高程关系

图 1-83 是不同时间雪深在不同高程段分布状况。在海拔 915～1045m 处，3～10 月基本没有雪；在海拔 1046～2352m 处，5～10 月基本没有雪；在海拔 2352～4238m 处，7～8 月基本没有雪；海拔 4238m 以上，7 月份雪很少。说明随着高程的升高，月份的推移雪线向高位变化明显，是雪深受高程和温度影响的一种体现。

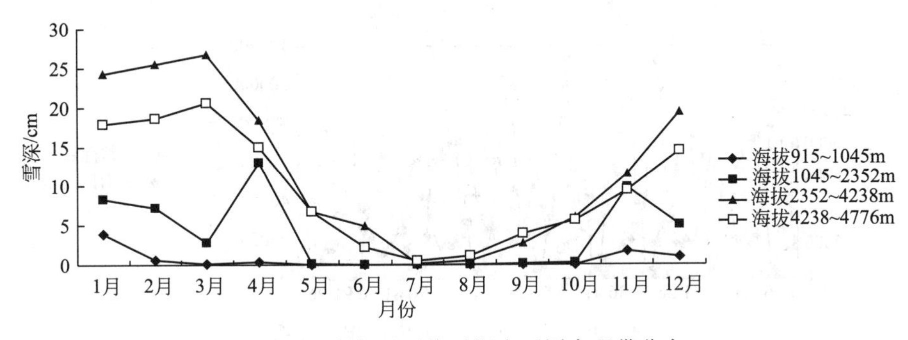

图 1-83　多年月平均雪深在不同高程带分布

2. 坡向对积雪时空分布的影响分析

地形因素除了高程对雪深、雪盖影响以外，坡度、坡向也会影响雪深、雪盖。对于雪深和雪盖来讲，阳坡的融化速度会比阴坡快，因此很多地区同一海拔高度，阴面有雪，但阳面没有雪。

对雪盖和雪深数据与坡向数据进行空间分析，不同高程段的雪深变幅的宽窄体现了坡向对雪深的影响。分析结果表明，在 1 月、2 月、3 月、12 月在海拔 1045～2352m 处的雪深的空间分布主要受坡向影响较大，同一高度上雪深变化明显。而在海拔 2352m 以上基本不受坡向影响，雪深差异不明显。到了 4 月、5 月、6 月、11 月在海拔 2352～2800m 处受坡向影响显著。7 月、8 月在海拔 2500m 以上均受到坡向的影响。9 月、10 月从海拔 1300m 以上都受到坡向的影响，导致同一高程阴坡和阳坡的雪深差异明显。

四、积雪变化对博斯腾湖流域水资源的影响

分别对雪盖、雪深、雪量跟温度、流量、水位进行相关分析，研究积雪变化对博斯腾湖流域流量及水位影响。结果表明，雪盖、雪深、雪量跟温度的相关性显著，相关系数都在 0.8 以上，跟流量的相关性显著在 0.568 以上，而跟水位基本不相关，具体相关系数见表 1-20。

表 1-20 积雪与温度、流量、水位相关系数

项目	温度	流量	水位
雪盖	−0.900	−0.644	0.079
雪深	−0.853	−0.645	0.043

分别对雪盖、雪深、雪量跟温度、流量、水位进行相关分析，研究积雪变化对博斯腾湖流域流量及水位影响，见图 1-84～图 1-93。

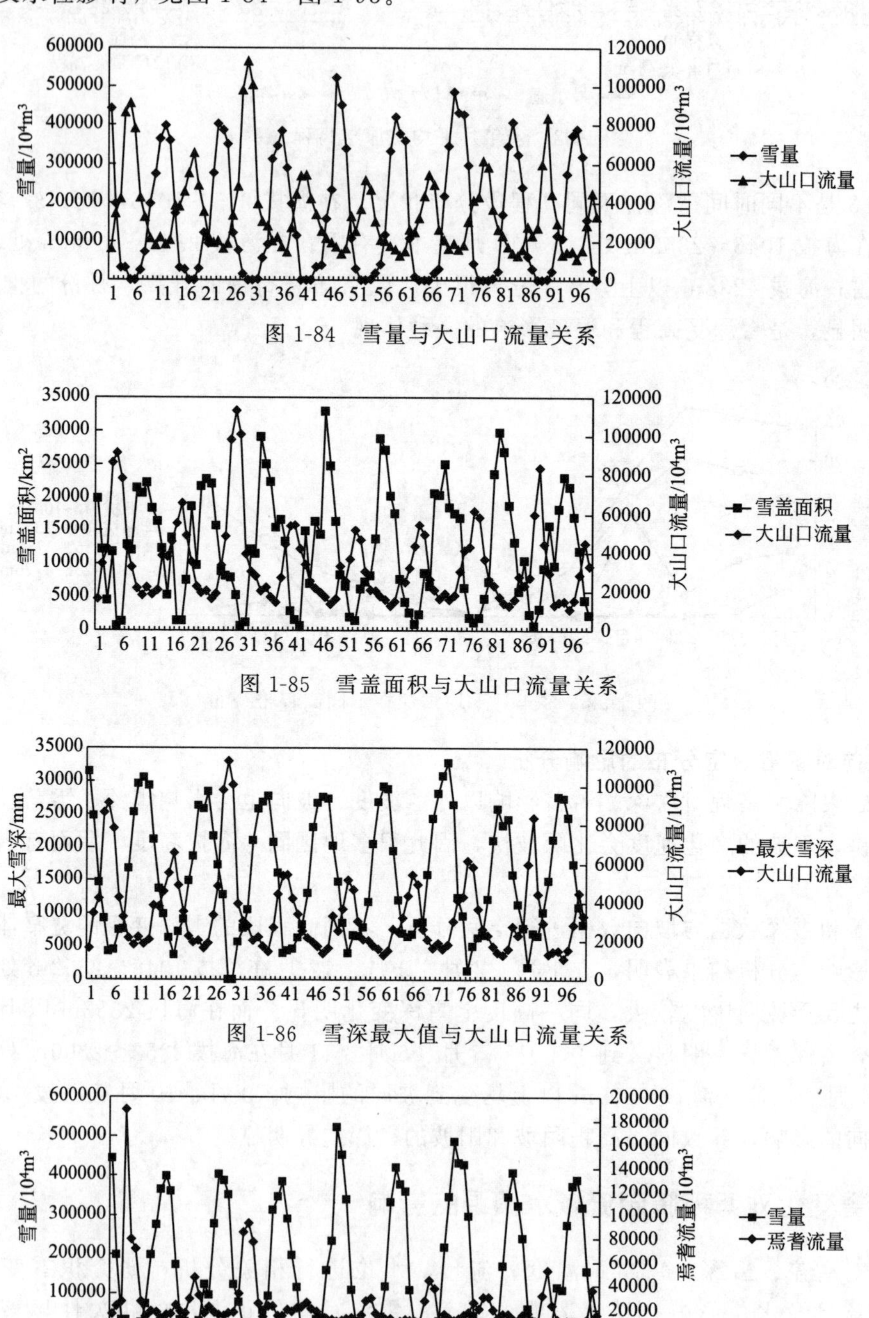

图 1-84 雪量与大山口流量关系

图 1-85 雪盖面积与大山口流量关系

图 1-86 雪深最大值与大山口流量关系

图 1-87 雪量与焉耆流量关系

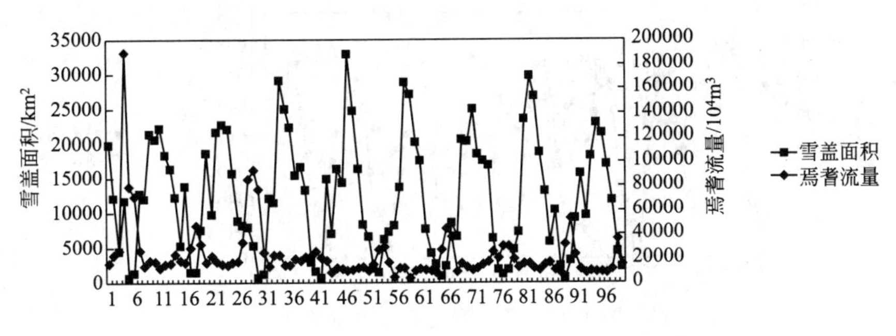

图 1-88 雪盖面积与焉耆流量关系

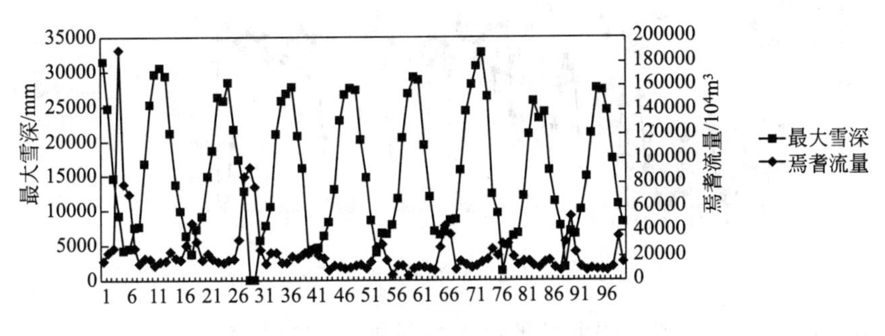

图 1-89 雪深最大值与焉耆流量关系

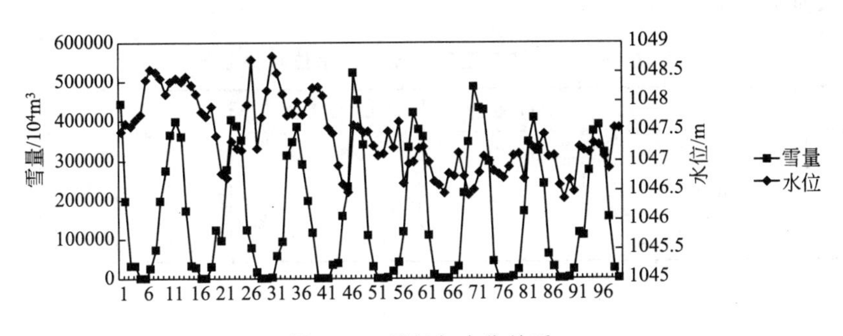

图 1-90 雪量与水位关系

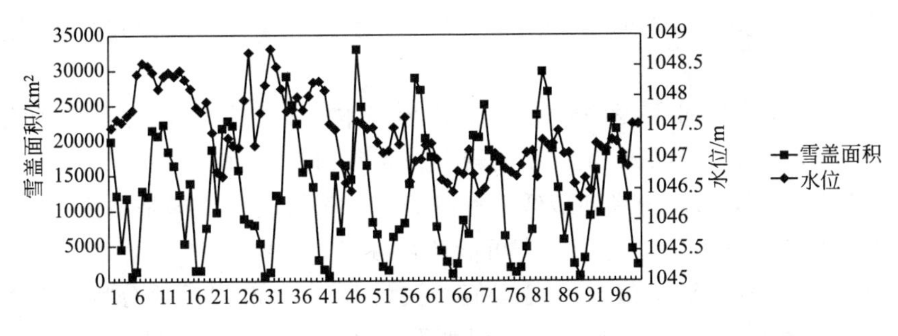

图 1-91 雪盖面积与水位关系

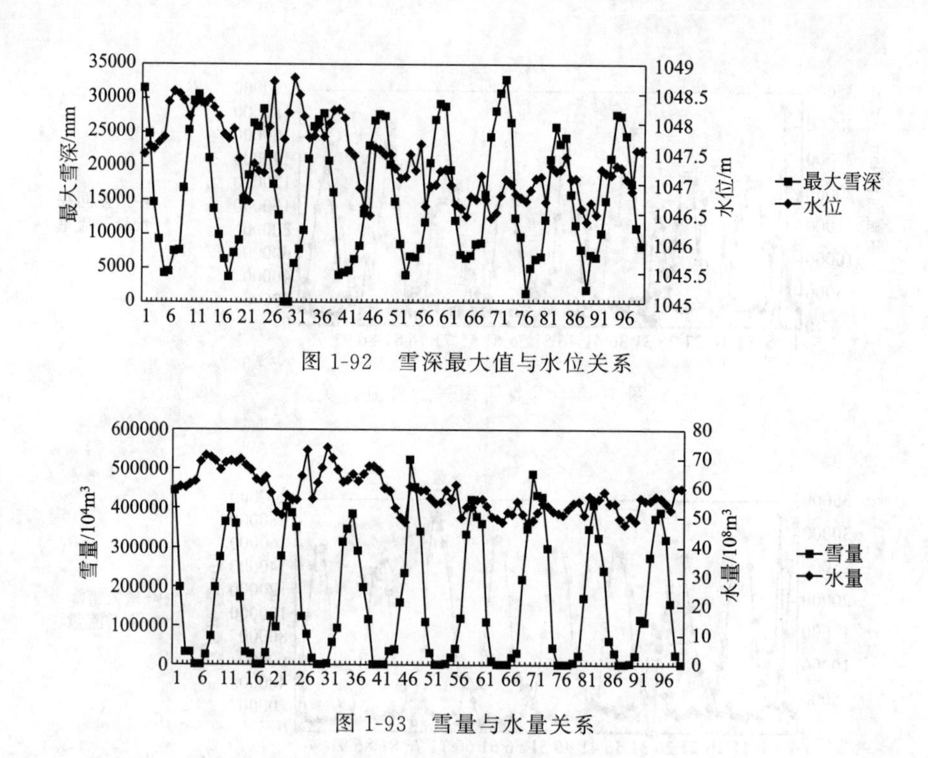

图 1-92　雪深最大值与水位关系

图 1-93　雪量与水量关系

结果表明雪盖、雪深、雪量跟温度的相关性显著，相关系数都在 0.8 以上，跟大山口流量的相关性显著在 0.640 以上，跟焉耆流量的相关性显著在 0.323 以上。而跟水位基本不相关，具体相关系数见表 1-21。

表 1-21　积雪与温度、流量、水位相关系数

积雪变化	温度①	大山口流量①	焉耆流量	水位	水量
雪盖	－0.900	－0.640	－0.323	－0.001	－0.003
雪深	－0.853	－0.688	－0.383	0.006	0.002
雪量	－0.819	－0.656	－0.359	－0.032	－0.036

①在 0.01 水平上显著相关。

五、小结

通过对博斯腾湖流域 2000 年 3 月～2008 年 2 月积雪时空分布规律和影响因素研究，得出以下结论。

（1）研究区平均雪盖和雪深的年际变化趋势基本一致，最大值和最小值分别出现在 2004 年和 2007 年，但最大雪深变化波动比较大。雪深和雪盖面积多年月平均值都是从 8 月份到 1 月份达到最大值，7 月份降到最低值。但最大雪深的最大值却是出现在 3 月份，在新疆的山区 3 月份积雪还没开始融化，且有可能还存在降雪现象。

（2）雪盖面积、雪深平均值与地温均值相关性显著，相关系数分别达到－0.878 和－0.853。同一时间内有雪盖区域的地表温度要比无雪地区地表温度低近 10℃。

（3）雪盖面积、雪深与分布高程均值相关系数分别达到－0.626 和－0.791。雪深最大值受海拔影响有明显的陡坎效应。从 12 月份到翌年 8 月份随着时间的推移陡坎向高海拔移动，雪的深度在降低。从 9 月份到 11 月份陡坎和雪深的变化情况与前一阶段相反。

（4）同一高程段雪深的变幅反映坡向对雪深的影响，变幅越宽坡向影响越大。并且变幅也有从低海拔到高海拔然后再回到低海拔的移动特点。

地形因素中坡向因素对雪盖、雪深分布应该有很大的影响，正常情况下，阳坡的积雪融化速度会比阴坡快，因此很多地区同一海拔高度，阴面有雪，但阳面没有雪。对于这个问题需要更高空间分辨率的 DEM 数据与雪盖数据进行空间分析，才能得出更精确的结论。

（5）积雪对博斯腾湖水量影响主要通过影响流量来体现，积雪变化与河流径流量有直接的关系，其相关系数达－0.656，但由于水量平衡问题本身的复杂性及其影响因素的多元性，积雪对博斯腾湖水位和水量的影响不能得到充分的体现。

（6）对焉耆盆地内农田开发活动引起的土地覆盖变化及其与地表蒸散、开都河流量的关系进行了分析。焉耆盆地农业区的地表蒸散呈现出显著地增加趋势，可见农田开发活动引起的土地覆盖变化改变了地表的水热交换过程，增加了蒸散量。开都河流量在焉耆盆地损耗量与流经区域耕地蒸散量之间的相关分析表明，两者之间存在显著的正相关关系，可见耕地蒸散量的增加导致了开都河水量在焉耆盆地农业区的损耗。人类的农业开发活动导致开都河从大山口流至博斯腾湖期间流量明显减少，影响了开都河汇入博斯腾湖的水量。

第二章 博斯腾湖水环境质量及演化趋势

本研究结合博斯腾湖历史监测数据及项目期内监测数据，对博斯腾湖水环境质量现状及中长期变化趋势进行评价和分析；从工业污染、城镇生活污染、面源污染等方面对污染源及污染产生量进行调查分析，解析博斯腾湖流域污染来源；对博斯腾湖盐分、污染物赋存形式及分布规律进行研究，采用数学计算模型模拟博斯腾湖盐分及主要污染物的分布规律，深入掌握盐分和主要污染物对博斯腾水质的影响关系，并对盐分及主要污染物进行模拟预测；基于上述研究成果，对博斯腾湖污染成因进行解析，为博斯腾湖及其流域的污染控制提供理论依据。

第一节 博斯腾湖水环境质量现状及中长期变化趋势

一、水环境区划

博斯腾湖的水域功能包括饮用、渔业、工农业及景观功能。为了满足上述功能，根据《新疆水环境功能区划》，将水质目标定为Ⅱ类或Ⅲ类水，矿化度宜趋近于1g/L。

根据博斯腾湖入湖河流分布特征、污染源特征和流场状况（见表2-1），当地环保部门将大湖区分为4个区，即大河口区（Ⅰ区）、黑水湾区（Ⅱ区）、黄水沟区（Ⅲ区）、湖心区（Ⅳ区），见图2-1。

表2-1 博斯腾湖4个分区的水质、环境及水力学特征

分区	名称	环境及水力学特征
Ⅰ	大河口区	开都河入湖口和湖水出流口都位于该区。水生维管束植物较多，水力交换较强烈，含泥沙较多，平均水深2.0m，夏季均温11.5℃，透明度0.92m，水生动物较多，矿化度较稳定，一般在0.3g/L左右
Ⅱ	黑水湾区	介于大河口和黄水沟之间，平均水深4.4m，平均透明度1.68m，夏季均温12.5℃，矿化度接近大河口区为0.5～1.1g/L，水生维管束植物较多
Ⅲ	黄水沟区	平均水深4.9m，水温12.7℃，透明度1.99m，水质矿化度高达3.9g/L，有机污染较重
Ⅳ	湖心区	水力交换以风力和蒸发为主，平均水深8.4m，水温为13.2℃，少水草，矿化度为1.2～1.5g/L

二、水环境质量评价方法

1. 数据来源

监测数据来源于巴州博斯腾湖研究所及巴州监测站。采样点位及坐标见图2-1和表2-2（2009年、2010年监测点为17个，2008年之前为14个）。

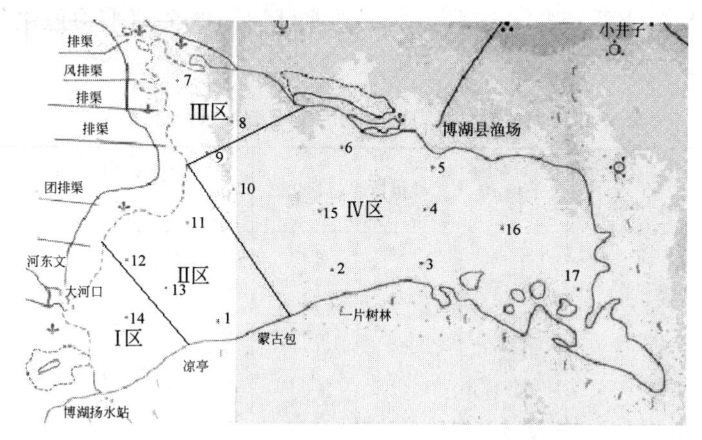

图 2-1 博斯腾湖水质区划及采样点分布

表 2-2 博斯腾湖大湖区监测点位坐标

采样点	经度	纬度	采样点	经度	纬度
1	86°51′00″	41°53′20″	10	86°54′20″	42°00′20″
2	86°59′00″	41°54′50″	11	86°50′40″	41°59′00″
3	87°08′00″	41°57′10″	12	86°46′20″	41°57′00″
4	87°08′00″	42°00′00″	13	86°46′10″	41°53′40″
5	87°08′00″	42°02′50″	14	86°44′30″	41°53′20″
6	87°01′00″	42°03′20″	15	86°57′48.5″	42°00′1.1″
7	86°50′30″	42°06′00″	16	87°14′12.2″	41°57′34.2″
8	86°54′00″	42°04′20″	17	87°16′31.5″	41°55′7.1″
9	86°52′20″	42°02′30″			

2. 评价方法

按照国家环保部《地表水环境质量评价办法（试行）》，《地表水环境质量标准》（GB 3838—2002）中Ⅲ类标准值对博斯腾湖流域水质进行评价。水质评价方法采用单项因子污染指数法进行，营养状态评价采用综合营养状态指数法［TLI（Σ）］和修正的卡森指数法。

三、水质现状评价

1. 总体评价

根据2010年的水质资料，依照《地表水环境质量标准》（GB 3838—2002）规定的Ⅲ类水标准，评价2010年博斯腾湖大湖区17个监测点位的水质类别。各指标均符合《地表水环境质量标准》（GB 3838—2002）中Ⅲ类标准，其中挥发酚、六价铬、氰化物、汞、砷、硒、铅、镉、铜、锌、阳离子表面活性剂、石油类12项指标均未检测出浓度。

2. 水质评价

根据博斯腾湖湖水的水质资料，选取影响水质的主要项目指标，分别根据全湖各项目指标浓度平均值和各湖区的各项目指标浓度平均值对博斯腾湖湖水进行水质评价。根据博斯腾湖 2010 年的水质资料，选取 8 个主要项目指标的全湖平均值进行大湖区现状水质评价，见表 2-3。

表 2-3　2010 年博斯腾湖主要污染物指数水质标准情况

指标名称	GB 3838—2002 中Ⅲ类标准值	平均值	标准指数	超标倍数	断面超标率/%	符合类别	综合水质类别
pH 值	6～9	8.64	0.82		0	Ⅲ类标准	Ⅲ类标准
COD_{Mn}/(mg/L)	≤6	5.52	0.92		6	Ⅲ类标准	
BOD_5/(mg/L)	≤4	1.5	0.38		0	Ⅰ类标准	
TN/(mg/L)	≤1.0	0.91	0.91		0	Ⅲ类标准	
TP/(mg/L)	≤0.05	0.02	0.4		0	Ⅰ类标准	
氨氮/(mg/L)	≤1.0	0.17	0.17		0	Ⅱ类标准	
氟化物/(mg/L)	≤1.0	0.47	0.47		0	Ⅰ类标准	
硫化物/(mg/L)	≤0.2	0.002	0.01		0	Ⅰ类标准	

通过对博斯腾湖 2010 年的水质参数进行的评价可以看出：pH 值、COD_{Mn}、TN 3 项指标虽然符合水质Ⅲ类标准，但均接近Ⅲ类标准值的上限。其中，pH 值的平均值为 8.64，博斯腾湖呈弱碱性。博斯腾湖大湖区水质类别为《国家地面水环境质量标准》（GB 3838—2002）Ⅲ类，水质状况为轻度污染。

按照水质分区对博斯腾湖水质进行评价，评价结果见表 2-4。

表 2-4　博斯腾湖大湖区各区水质检测结果及评价

湖区		COD_{Cr}/(mg/L)	COD_{Mn}/(mg/L)	BOD_5/(mg/L)	TN/(mg/L)	TP/(mg/L)	氨氮/(mg/L)	氟化物/(mg/L)	硫化物/(mg/L)	结论
Ⅰ区	AVE	21.83	4.30	1.45	0.85	0.02	0.19	0.22	0.00	Ⅳ
	结论	Ⅳ	Ⅲ	Ⅰ	Ⅲ	Ⅱ	Ⅱ	Ⅰ	Ⅰ	
Ⅱ区	AVE	24.71	5.48	1.57	0.91	0.03	0.20	0.54	0.00	Ⅳ
	结论	Ⅳ	Ⅲ	Ⅰ	Ⅲ	Ⅲ	Ⅱ	Ⅰ	Ⅰ	
Ⅲ区	AVE	27.72	6.01	1.57	0.96	0.02	0.18	0.54	0.00	Ⅳ
	结论	Ⅳ	Ⅲ	Ⅰ	Ⅲ	Ⅱ	Ⅱ	Ⅰ	Ⅰ	
Ⅳ区	AVE	25.10	5.57	1.49	0.91	0.01	0.18	0.48	0.00	Ⅳ
	结论	Ⅳ	Ⅲ	Ⅰ	Ⅲ	Ⅰ	Ⅱ	Ⅰ	Ⅰ	

通过不同湖区主要污染物浓度的对比，可以看出，Ⅲ区水质最差，因为此湖区最靠近黄水沟，此处是主要工业生活及农排污水的入湖处；Ⅰ区水质最好，因为此湖区临近开都河的入湖口，有大量的淡水由此汇入，并且博斯腾湖的出口东西泵站均在此区域，水体交换能力较强。

3. 营养状态评价

本研究根据《地表水环境质量评价办法（试行）》规定的评价办法即综合营养状态指数法和修正的卡森指数法对博斯腾湖富营养化进行对比评价。

根据2010年营养状态相关参数值，运用综合营养状态指数法评价博斯腾湖营养状态等级为中营养，综合营养状态指数为36.99。湖区存在有机污染问题，主要超标污染指数是COD_{Mn}，全湖平均浓度为5.5mg/L，最高为7.6mg/L，最低为2.6mg/L。影响营养状态的主要因子是TN，整个大湖区平均浓度为0.91mg/L，评价结果见表2-5。运用修正卡森指数法评价博斯腾湖营养状态等级为中营养，评价结果见表2-6，与综合营养状态指数法评价结果一致。

表2-5 综合营养状态指数法评价2010年博斯腾湖营养状态

参数	chla	TN	TP	SD	COD_{Mn}
TLI(j)营养状态指数	34.91	52.93	19.57	32.71	46.55
TLI(Σ)综合营养状态指数			36.99		
营养状态			中营养		

表2-6 修正卡森指数法评价2010年博斯腾湖营养状态

年份	TSIM(SD)	TSIM(chla)	TSIM(TP)	TSIM	结果
2010年	48.85	32.79	50.52	44.05	中营养

分别运用综合营养状态指数法和修正的卡森指数法对博斯腾湖不同湖区的营养状态进行评价的结果表明：虽然4个湖区的营养水平均为中营养，但不同湖区间的营养状态还是存在一定的差异。2种方法评价结果一致，评价结果分别见表2-7和表2-8。

表2-7 各湖区综合营养状态指数法营养状态评价结果

湖区	TLI(chla)	TLI(TN)	TLI(TP)	TLI(SD)	TLI(COD_{Mn})	TLI(Σ)	结果
Ⅰ区	38.48	51.78	30.83	54.80	39.90	42.68	中营养
Ⅱ区	37.04	52.93	37.41	38.22	46.36	41.88	中营养
Ⅲ区	33.26	53.84	30.83	35.88	48.81	39.82	中营养
Ⅳ区	34.29	52.93	19.57	29.41	47.40	36.37	中营养

表2-8 各湖区修正的卡森指数法营养状态评价结果

湖区	TSI(SD)	TSI(chla)	TSI(TP)	TSIM	结果
Ⅰ区	38.15	68.00	42.33	49.49	中营养
Ⅱ区	36.70	53.72	44.26	44.89	中营养
Ⅲ区	32.91	51.71	44.26	42.96	中营养
Ⅳ区	33.45	45.40	37.24	38.70	中营养

从全湖各区营养水平分布看，大湖湖心区营养水平最低。原因可能是由于大湖湖心区面积较大，水深较小，受风力和水体密度差的影响水质容易混合均匀，同时在没有直接接受污染的情况下，自净能力较强。而其余各区（大河口区、黄水沟区和黑水湾区）营养状态指数评价值偏高，一方面是由于受到焉耆盆地工业、生活排放的污废水和农田排水的直接影响；另一方面，4个湖区的水深不一样，其中大河口区水位最低，透明度无法反映水质的真实情况，从而导致综合营养状态指数和修正的卡森指数均偏高。

四、水质变化趋势

1. 总体状况

根据1996～2010年水质资料分析，博斯腾湖的总体水质稳定。2006～2010年影响水质的主要污染因子是TN，1996～2010年TN浓度趋于上升，其中2006年和2009年达到Ⅳ类水标准，其余年份均符合Ⅲ类水标准。

2. 水质变化趋势

按照《地表水环境质量评价办法（试行）》中规定的单因子浓度比较方法，比较博斯腾湖水质的评价指标浓度值，评价在不同时段的水质变化。图2-2～图2-8反映了博斯腾湖水质主要评价指标的年度变化趋势。

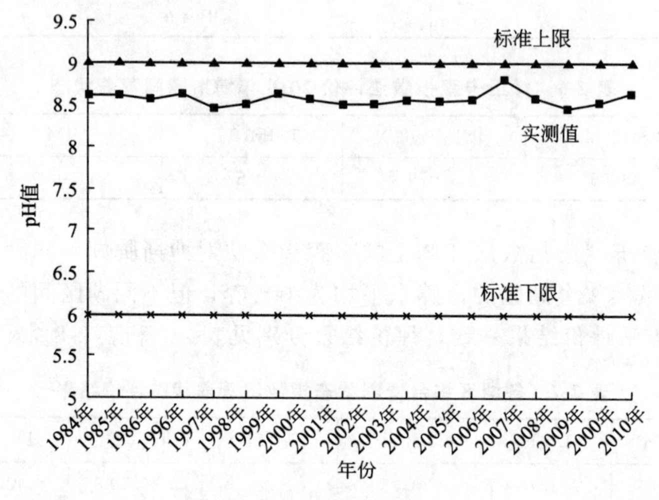

图2-2　pH值年度变化趋势

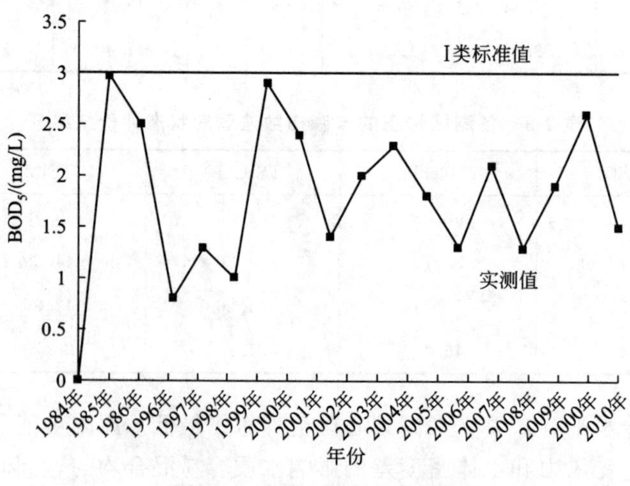

图2-3　BOD_5年度变化趋势

1996年至今，博斯腾湖pH值变化不大。表征水体中有机物等需氧性污染物的污染指标BOD_5值虽有波动，但其值均较低并可满足Ⅰ类标准，表明水体中可以被微生物分解的有机物占比较低，水体中有机物大部分是难以生物分解的有机物。COD_{Mn}浓度总体呈现逐渐

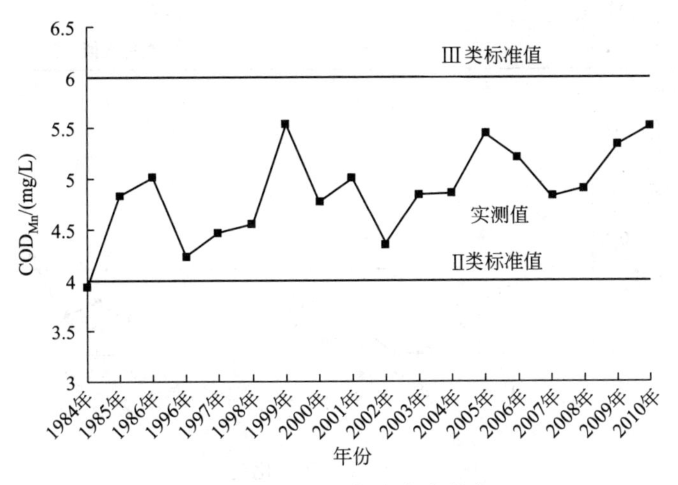

图 2-4　COD_{Mn}年度变化趋势

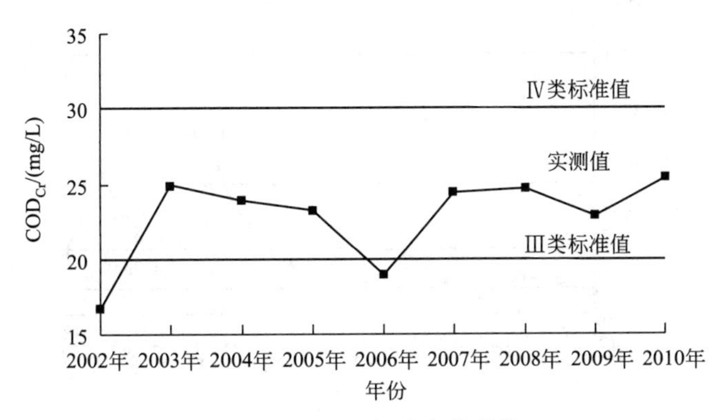

图 2-5　COD_{Cr}年度变化趋势

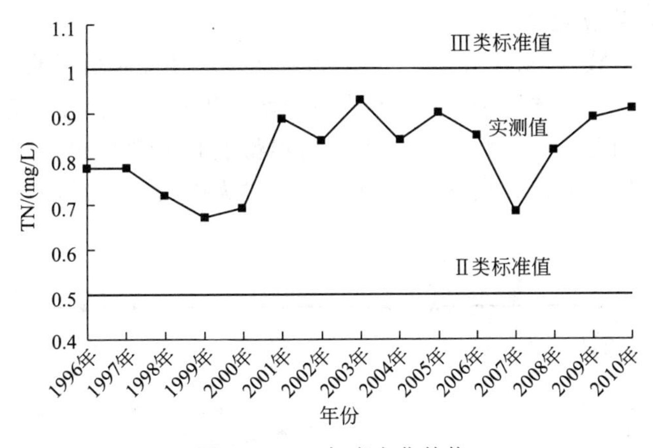

图 2-6　TN 年度变化趋势

增加的趋势，但与同样是表征水中还原性污染物质的COD_{Cr}的浓度变化规律并不完全一致，其原因可能与水体中的还原性污染物质的组成差异有关。在 2005～2010 年间，TN 浓度与COD_{Mn}浓度的总体变化趋势一致，但氨氮却呈现出与 TN 浓度不一致的变化趋势，说明 TN 中无机氮的比例在年份之间存在一定的差异。TP 浓度总体变化为上升趋势，但是年份间波动较大。

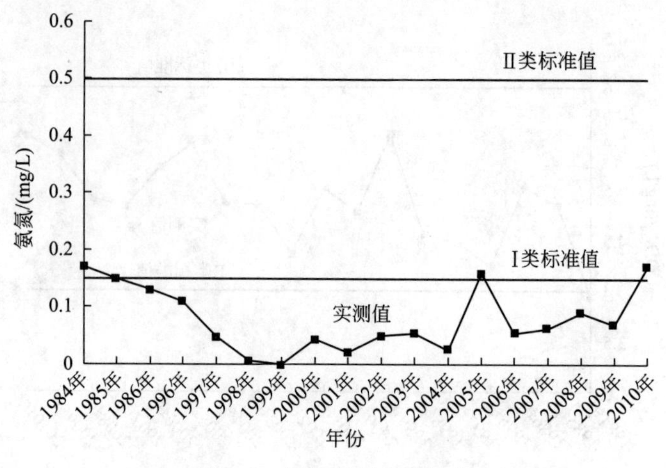

图 2-7　氨氮年度变化趋势

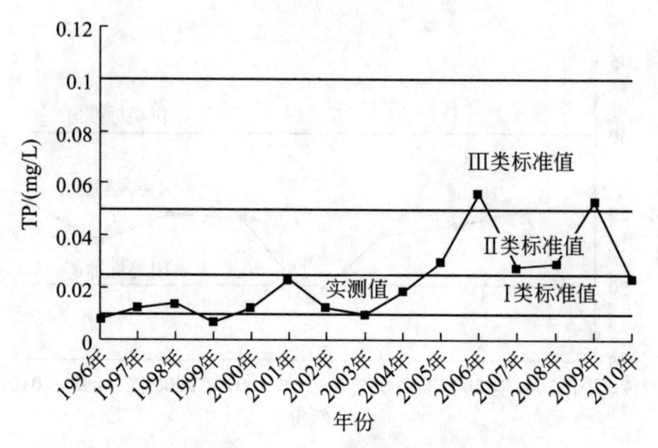

图 2-8　TP 年度变化趋势

3. 富营养化状态变化趋势

选用修正的卡森指数（Carlson index）法和《地表水环境质量标准》规定使用的综合营养状态指数 2 种方法进行对比评价。2 种方法评价博斯腾湖历年营养状态评价结果存在一定的差异。根据博斯腾湖历年营养状态综合指数的年份变化趋势可见，博斯腾湖 1996～1998 年营养化程度较低，处于贫营养状态；2000 年开始成为中营养状态，并持续至 2010 年（见图 2-9）。

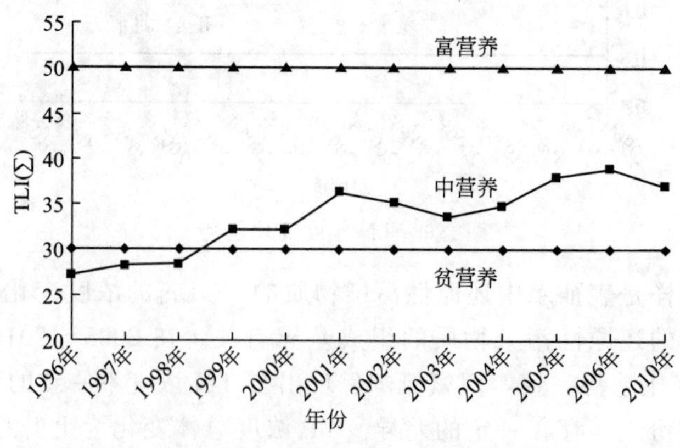

图 2-9　TLI（Σ）年度变化趋势

从污染指数变化的趋势来看，“九五”、“十五”、“十一五”期间的富营养化综合指数呈现明显的上升趋势。但富营养化指数的变化呈现出与矿化度、COD_{Mn}明显不同的趋势，显示了其成因的复杂性。由修正的卡森指数法的历年变化趋势可见，博斯腾湖在1996～2010年均处于中营养状态（见图2-10），虽然其评价的营养状态与综合营养状态指数法评价的结果略有差异，但2种方法评价的营养状态变化趋势基本一致。

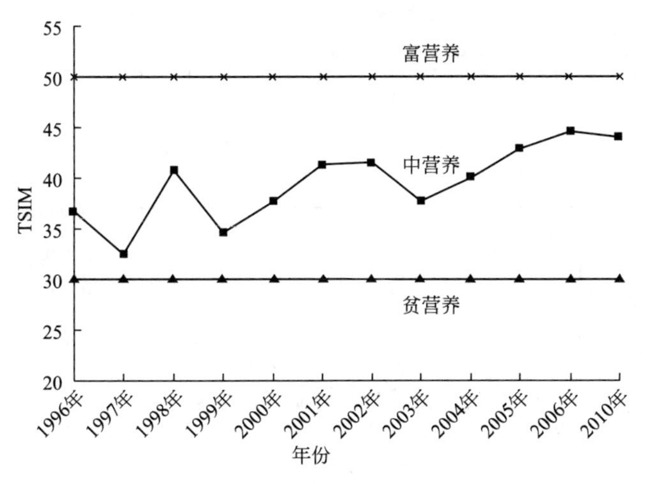

图2-10 TSIM年度变化趋势

4. 氮、磷对博斯腾湖富营养化的影响

1996～2010年，博斯腾湖湖水TN/TP变化曲线如图2-11所示。

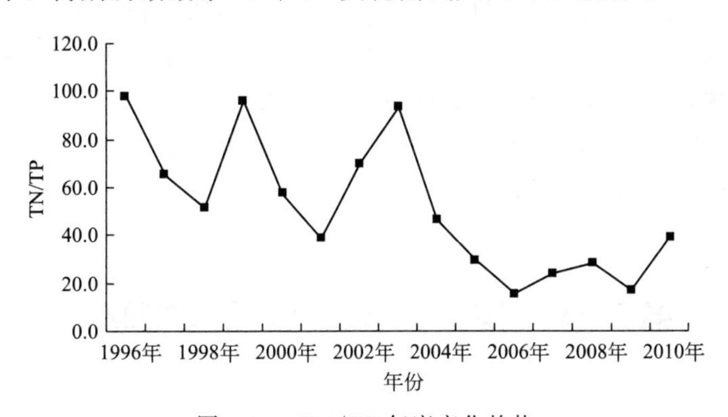

图2-11 TN/TP年度变化趋势

从图2-11可知，TN/TP最小值为15，最大值达到97。通常认为，TN/TP>15的湖泊，磷是藻类生长的限制性因子，因此磷可能是博斯腾湖富营养化的限制性营养盐。但是，分析1996～2010年TN/TP的变化趋势，TN/TP总体趋势降低，其中TP的浓度上升趋势较为明显，TN和TP的变化趋势在1996～2002年之前趋势线规律一致，2002年至今呈现明显的差异（见图2-12）。

5. 叶绿素a与氮、磷浓度的相关分析

叶绿素a是浮游植物现存量的重要指标，氮和磷则是浮游植物生长所必需的营养元素，三者之间的相互关系对于确定湖泊富营养化的限制性因子具有重要意义。因此，通过对比叶绿素a、TN、TP三者浓度年度变化趋势（见图2-13）分析叶绿素a与TN、TP的关系。

从整体看，博斯腾湖的TN浓度年度变化不明显，叶绿素a和TP浓度有明显上升趋

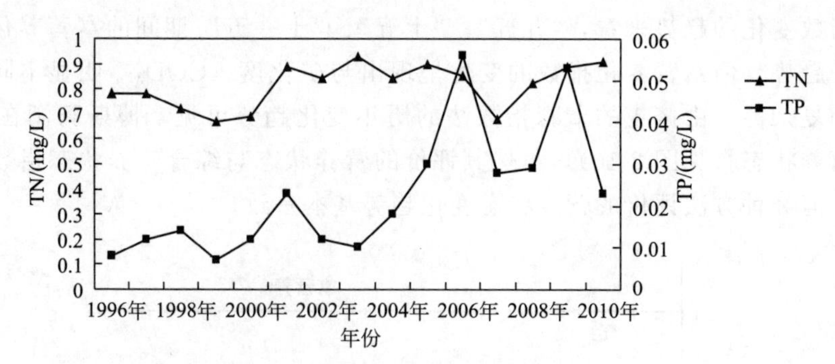

图 2-12 TN、TP 浓度年度变化趋势对比

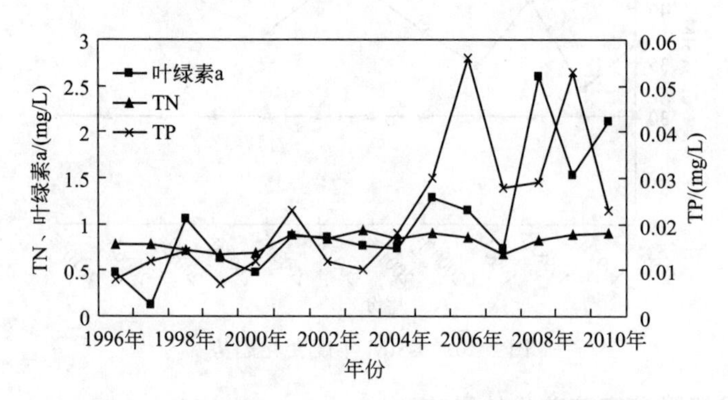

图 2-13 叶绿素 a、TN、TP 浓度年度变化趋势对比

势。虽然博斯腾湖的 TN 浓度变化幅度不大，但是 TN 的浓度相对于 TP 的浓度一直偏高，氮含量比较充足。从叶绿素 a、TP 浓度的变化规律可知，TP 与叶绿素 a 变化趋势基本一致，TP 有滞后表现，这与营养物质吸收的特性相一致。一般，当 TP 浓度高时，浮游植物会大量生长，从而导致 TP 浓度下降，当浮游植物大量死亡时，释放大量营养盐，使 TP 浓度上升，因此两者之间存在一定的时滞。

第二节 博斯腾湖流域污染物来源

一、污染物产生量调查与分析

（一）工业污染源

根据 2010 年《第一次全国污染源普查》更新结果，博斯腾湖北四县纳入普查范围的工业污染源有焉耆县 42 家、博湖县 22 家、和硕县 68 家、和静县 41 家。按照行政分区的废水、COD 及氨氮排放量构成见图 2-14～图 2-16。

数据显示：流域内和静县的工业废水、COD 及氨氮的排放总量均居首位。

按行政区划分，和硕排污企业数量最多，其次分别是焉耆县、和静县和博湖县。流域内 2010 年工业废水排放量为 $802.4551\times10^4\,m^3$，COD 排放量为 1684.1t，氨氮为 74.16 t。排污企业中除了一家黑色金属冶炼及压延加工业（新疆和静金特钢铁股份有限公司）之外，其他排污企业均属于食品制造业。这与该区域内的农业生产、气候密不可分，焉耆、和静、和

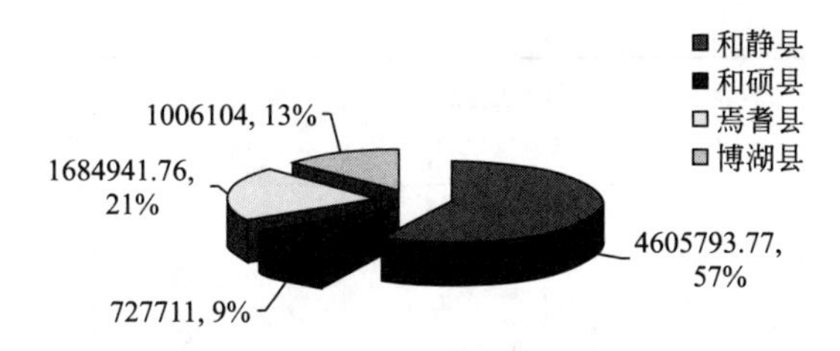

图 2-14　按行政分区的废水排放量构成（单位：10^4 m^3）

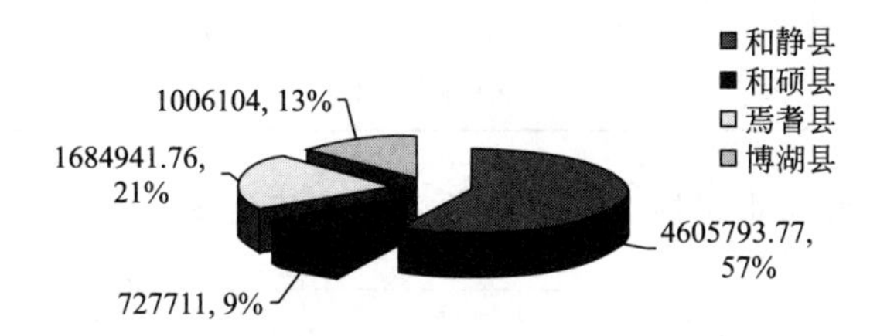

图 2-15　按行政分区的 COD 排放量构成（单位：t）

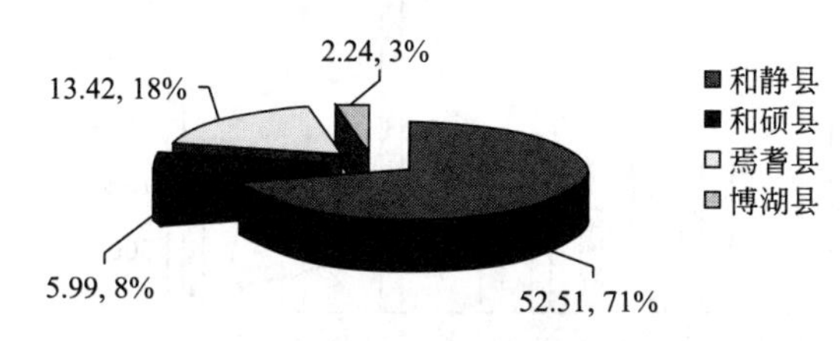

图 2-16　按行政分区的氨氮排放量构成（单位：t）

硕、博斯腾湖和乌拉斯台、清水河等地均属焉耆盆地中温带区，该区域日照充足，气候温和，≥10℃的积温有 3420～3580℃，无霜期平均有 175 天左右，非常适宜小麦、玉米、甜菜、工业番茄、色素辣椒、打瓜、酒花、孜然等作物的生长。目前该盆地已发展成为新疆维吾尔自治区粮、棉、糖、瓜、番茄、辣椒酱等的生产和农副产品加工与出口的基地，是天山南麓绿洲经济带核心发展区之一。

根据巴州环保局和环境监测站提供的资料，2002～2009 年博斯腾湖周边北四县工业企业污染物的排放量如表 2-9 所列。

表 2-9　2002～2009 年博斯腾湖周边北四县工业企业污染物的排放量

年份＼污染物排放量	废水量/10^4t/a	COD_{Cr}总量/(t/a)	氨氮总量/(t/a)	TN 总量/(t/a)	TP 总量/(t/a)
1996 年	1453	29650	508	—	—
1997 年	994	17857	—	—	—
1998 年	1004	16231	—	—	—
1999 年	782	11156	—	—	—
2000 年	632	7526	—	—	—
2001 年	594	5688	—	—	—
2002 年	373.57	6795.00	22.29	86.65	18.17
2003 年	540.62	13112.13	75.33	359.87	7.68
2004 年	602.30	10071.93	109.84	233.44	7.97

续表

年份 \ 污染物排放量	废水量/10^4 t/a	COD_{Cr}总量/(t/a)	氨氮总量/(t/a)	TN 总量/(t/a)	TP 总量/(t/a)
2005 年					
2006 年	1309.42	14939.3	307.05	411.3	24.6
2007 年		4032.29	45.18	—	—
2008 年	467.24	2867.43	57.36	—	—
2009 年		2201.95	68.7	—	—
2010 年	802.45	1684.1	74.16	—	—

1996～2010 年博斯腾湖北四县工业污染源变化趋势见图 2-17。

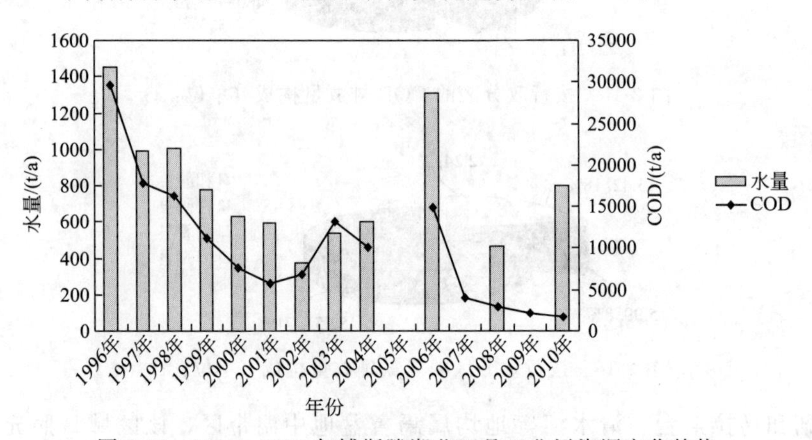

图 2-17　1996～2010 年博斯腾湖北四县工业污染源变化趋势

数据显示：1996～2010 年博斯腾湖北四县工业污染源的 COD 排放量总体呈减少趋势，尤其"十一五"以后降低趋势比较明显，主要是由于环境保护工作力度加大，为降低工业污染，当地环保局要求重点排污企业建设污水处理设施，有效的减低了工业污染物排放量。

重点排污企业分布情况见图 2-18。根据调查，巴州工业企业的排污特征为：①制糖、番茄制造是该地区优势产业，同时也是主要工业污染负荷来源；排污企业普遍存在水资源利用率不高，污水排放强度大，处理设施多以简易处理为主，因此流域工业污染源治理应优先考虑制糖、番茄制造等。②由于食品加工企业以当地优势农业产品为原料，受其生长和成熟特性的制约，其生产具有明显的加工周期和季节性特点，如番茄酱加工厂的生产周期一般为每年的 8～10 月，制糖企业的生产阶段为每年的 10 月到下一年的 4 月；受生产周期的影响，排水具有明显的周期性，并且水量水质变化大，排污时段相对集中，同时由于生产周期短，对于废水治理设施的处理技术和管控水平要求高。

（二）城镇生活污染源

根据《第一次全国污染源普查城镇生活源产排污系数手册》，新疆巴州和静县、和硕县、焉耆县、博湖县属于全国污染源调查五区五类区域，人均生活污水产生量按 95L/(人·d) 计算，污染物负荷按 COD 53g/(人·d)，氨氮 7.3g/(人·d)，TN10.1g/(人·d)，TP0.74g/(人·d) 计。

根据各县市统计数据，北四县城镇人口如表 2-10 所列。

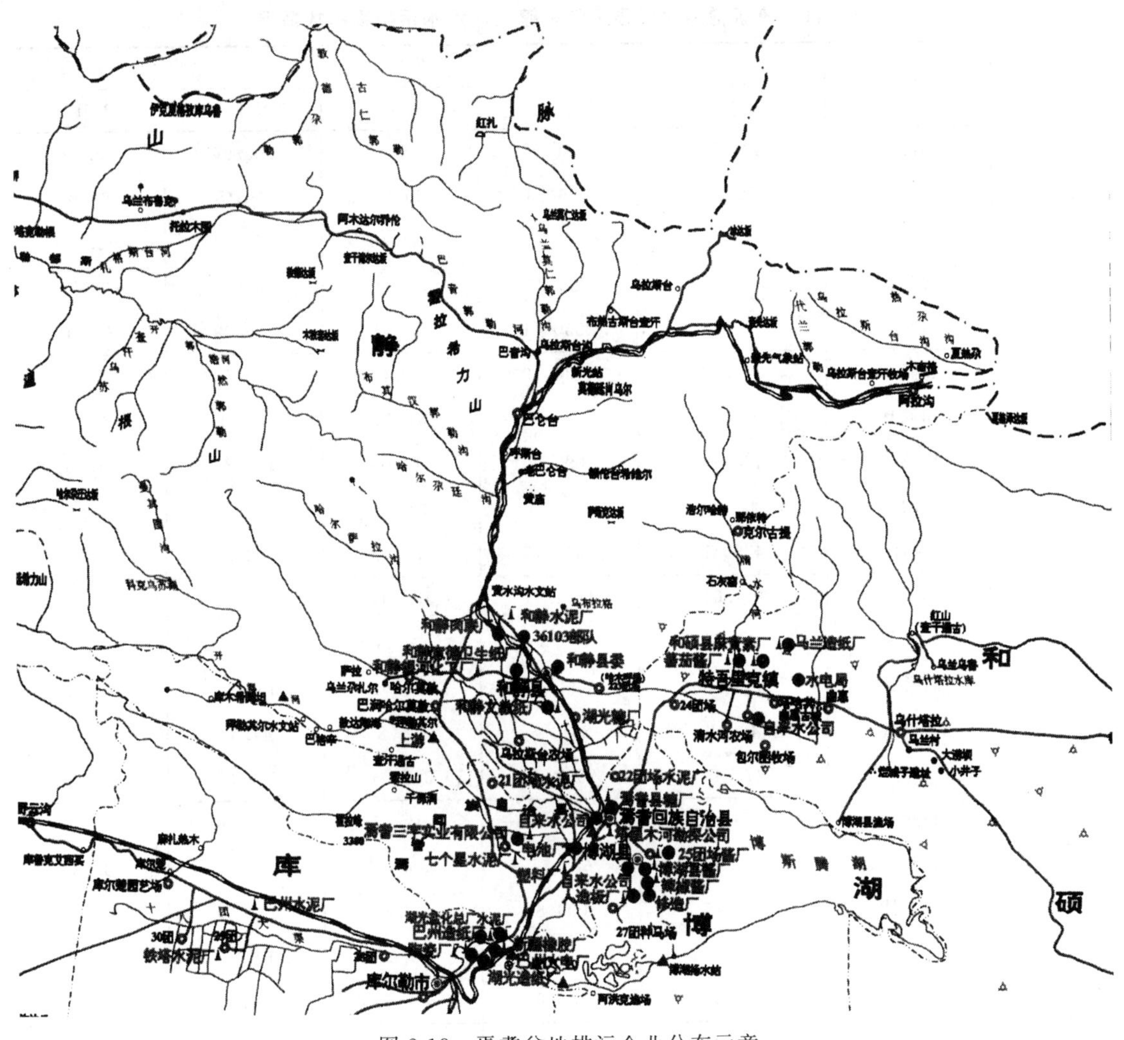

图 2-18　焉耆盆地排污企业分布示意

表 2-10　博斯腾湖周边北四县历年城镇人口规模　　单位：人

行政区	和静县	和硕县	焉耆县	博湖县	合计
2002 年	55876	22589	41729	11644	131838
2003 年	58733	23150	42806	11840	136529
2004 年	58150	23280	42712	12116	136258
2005 年	82397	32500	53598	16762	185257
2006 年	81972	32637	55032	16771	186412
2007 年	82582	30055	55649	16913	185199
2008 年	82320	30554	56308	17046	186228
2009 年	81895	30475	56849	17386	186605
2010 年	82550	30871	55434	17571	186426

根据选取的排放系数和人口规模对焉耆、和静、和硕、博湖四县的居民生活污水产生量进行测算，2010 年北四县城镇生活污水污染物排放情况见表 2-11。

表 2-11 博斯腾湖北四县历年城镇生活污水污染物排放情况

年份	地区	产生量				
		废水量/($\times10^4m^3/a$)	COD/(t/a)	氨氮/(t/a)	TN/(t/a)	TP/(t/a)
2002 年	和静县	193.75	1080.92	148.88	205.99	15.09
	和硕县	78.33	436.98	60.19	83.27	6.10
	焉耆县	144.70	807.25	111.19	153.83	11.27
	博湖县	40.38	225.25	31.03	42.93	3.15
	合计	457.15	2550.41	351.28	486.02	35.61
2003 年	和静县	203.66	1136.19	156.49	216.52	15.86
	和硕县	80.27	447.84	61.68	85.34	6.25
	焉耆县	148.43	828.08	114.06	157.80	11.56
	博湖县	41.06	229.04	31.55	43.65	3.20
	合计	473.41	2641.15	363.78	503.31	36.88
2004 年	和静县	201.64	1124.91	154.94	214.37	15.71
	和硕县	80.72	450.35	62.03	85.82	6.29
	焉耆县	148.10	826.26	113.81	157.46	11.54
	博湖县	42.01	234.38	32.28	44.67	3.27
	合计	472.47	2635.91	363.06	502.32	36.80
2005 年	和静县	285.71	1593.97	219.55	303.76	22.26
	和硕县	112.69	628.71	86.60	119.81	8.78
	焉耆县	185.85	1036.85	142.81	197.59	14.48
	博湖县	58.12	324.26	44.66	61.79	4.53
	合计	642.38	3583.80	493.62	682.95	50.04
2006 年	和静县	284.24	1585.75	218.41	302.19	22.14
	和硕县	113.17	631.36	86.96	120.32	8.82
	焉耆县	190.82	1064.59	146.63	202.88	14.86
	博湖县	58.15	324.43	44.69	61.83	4.53
	合计	646.38	3606.14	496.69	687.21	50.35
2007 年	和静县	286.35	1597.55	220.04	304.44	22.31
	和硕县	104.22	581.41	80.08	110.80	8.12
	焉耆县	192.96	1076.53	148.28	205.15	15.03
	博湖县	58.65	327.18	45.06	62.35	4.57
	合计	642.18	3582.67	493.46	682.74	50.02
2008 年	和静县	285.44	1592.48	219.34	303.47	22.23
	和硕县	105.95	591.07	81.41	112.64	8.25
	焉耆县	195.25	1089.28	150.03	207.58	15.21
	博湖县	59.11	329.75	45.42	62.84	4.60

续表

年份	地区	产生量				
		废水量/($\times10^4 m^3$/a)	COD/(t/a)	氨氮/(t/a)	TN/(t/a)	TP/(t/a)
2008 年	合计	645.75	3602.58	496.20	686.53	50.30
2009 年	和静县	283.97	1584.26	218.21	301.91	22.12
	和硕县	105.67	589.54	81.20	112.35	8.23
	焉耆县	197.12	1099.74	151.47	209.57	15.35
	博湖县	60.29	336.33	46.32	64.09	4.70
	合计	647.05	3609.87	497.21	687.92	50.40
2010 年	和静县	286.24	1596.9	219.95	304.32	22.3
	和硕县	107.05	597.2	82.26	113.81	8.34
	焉耆县	192.22	1072.4	147.7	204.36	14.97
	博湖县	60.93	339.91	46.82	64.78	4.75
	合计	646.44	3606.4	496.73	687.27	50.36

比较分析各县城镇生活污染产生情况及变化趋势，见图 2-19～图 2-22。

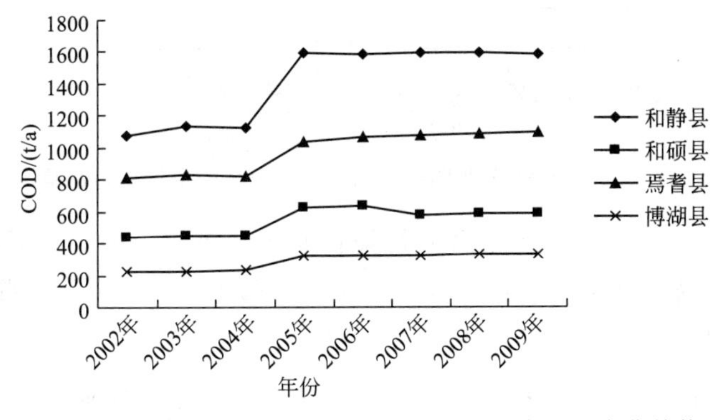

图 2-19　博斯腾湖北四县生活污染源 COD 产生量变化趋势

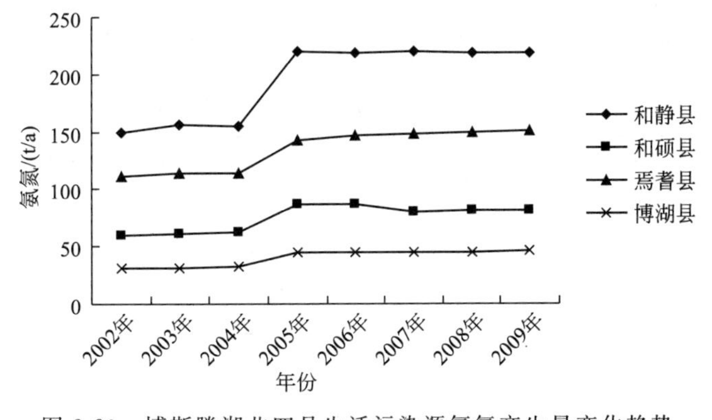

图 2-20　博斯腾湖北四县生活污染源氨氮产生量变化趋势

从 COD、氨氮、TN、TP4 种污染物排放量来看，历年博斯腾湖北四县中污染物排放量均为：和静县＞焉耆县＞和硕县＞博湖县。2004～2005 年期间，COD、氨氮、TN、TP 等污染物均存在明显增加的现象，这主要是 2005 年大量农村人口转入城镇，城镇人口增多，

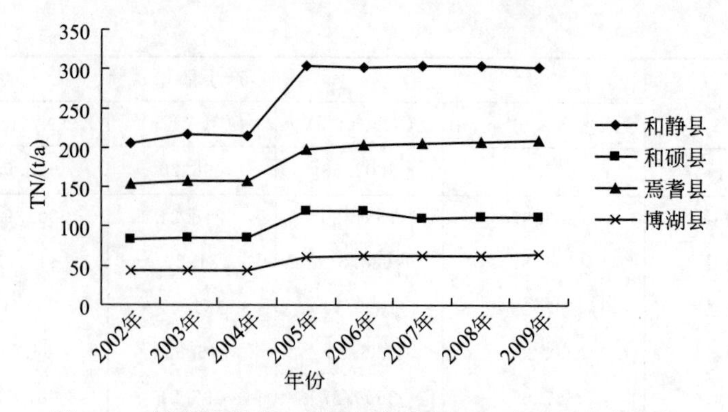

图 2-21　博斯腾湖北四县生活污染源 TN 产生量变化趋势

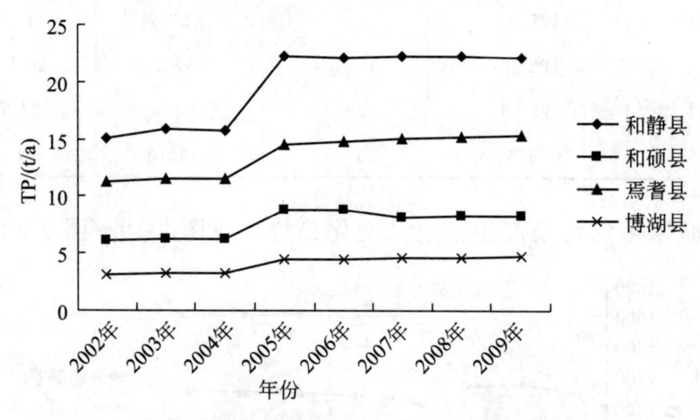

图 2-22　博斯腾湖北四县生活污染源 TP 产生量变化趋势

污染物排放量增加。“十一五”期间，各县污染物变化趋势较为平稳。历年和静县污染物排放量均占北四县污染物排放总量的50%左右，是博斯腾湖城镇生活污染源的主要贡献地区。

(三) 面源污染

博斯腾湖流域的面源污染物来源主要包括农村生活污染、农业种植（化肥和农作物秸秆）、畜禽养殖、水产养殖和旅游业。

1. 农村生活污染源

根据历年统计数据，博斯腾湖周边北四县农村人口规模见表 2-12。

表 2-12　博斯腾湖周边北四县农村人口规模　　单位：人

行政区	和静县	和硕县	焉耆县	博湖县	总计
2002 年	115513	42249	81424	44912	284098
2003 年	118814	45224	81918	44875	290831
2004 年	121278	44178	81977	44808	292241
2005 年	98097	35747	72697	40571	247112
2006 年	99003	37302	72995	40978	250278
2007 年	100588	38567	74248	41565	254968
2008 年	103018	40412	74672	42297	260399
2009 年	105253	45331	81874	42380	274838
2010 年	82550	30871	96738	42856	186426

参照全国污染源普查办发布的源强系数，农村人均生活污水量取80L/(人·d)，污染物产生量COD取16.4g/(人·d)，氨氮取4.0g/(人·d)，TN取5.0g/(人·d)，TP取0.44g/(人·d)。由于农村地区目前还未建设污水处理站，博斯腾湖北四县农村生活污水排放均为分散直排的方式。博斯腾湖北四县农村生活污水和主要污染物的产生量见图2-23～图2-26。

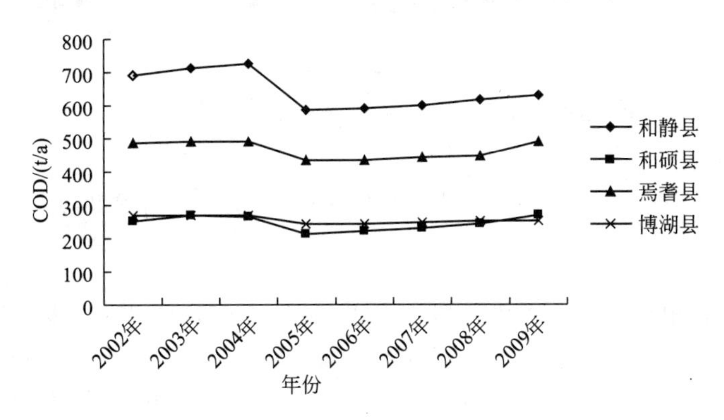

图2-23 博斯腾湖北四县农村生活污染源COD产生量变化趋势

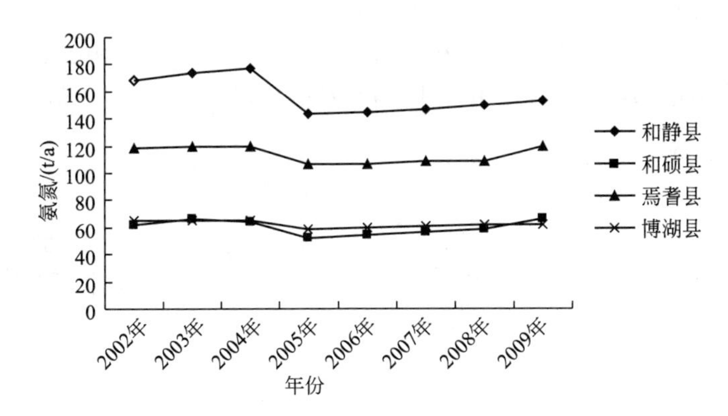

图2-24 博斯腾湖北四县农村生活污染源氨氮产生量变化趋势

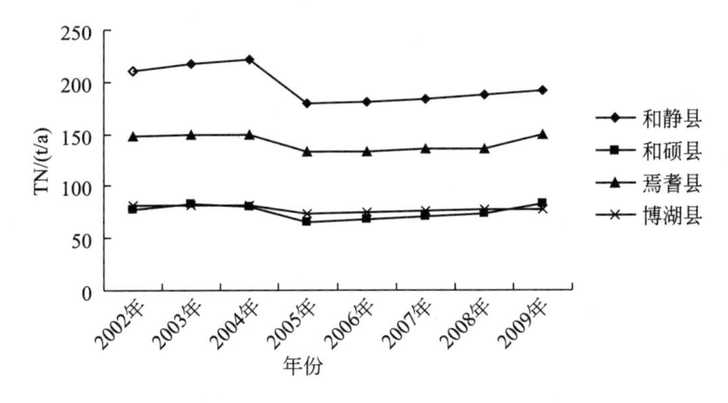

图2-25 博斯腾湖北四县农村生活污染源TN产生量变化趋势

可以看出，博斯腾湖周边北四县当中，和静县农村生活污染源污染物COD、氨氮、TN、TP产生量最大，其次是焉耆县，和硕县和博湖县。

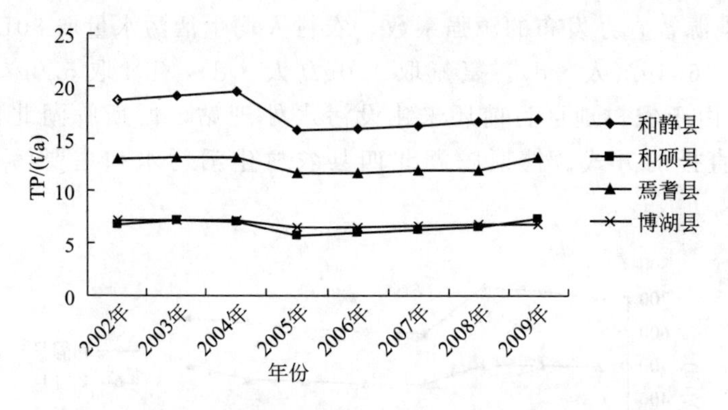

图 2-26　博斯腾湖北四县农村生活污染源 TP 产生量变化趋势

2. 农业污染

（1）化肥施用：根据调研，博斯腾湖北四县种植业主要作物有小麦、玉米、油料作物、甜菜等，施用的化肥主要有复合肥、磷肥、尿素等，年化肥施用量变化趋势见图 2-27。2008 年北四县单位面积化肥的使用量为 378kg/ha，略低于我国单位面积的平均使用量（400kg/ha），但远高于松花江流域的化肥施用水平（219.2kg/ha）。由于农业生产中化肥的总体利用率不高，所施用的化肥大部分被水冲刷后通过开都河、黄水沟、清水河、农田排渠等大小河渠排入湖体。由于当地农业开发活动的加大，和静县、和硕县、焉耆县和博湖县近年来每年的化肥施用量都在增加，其中尤以和硕县的年增加量最大（见图 2-27）。

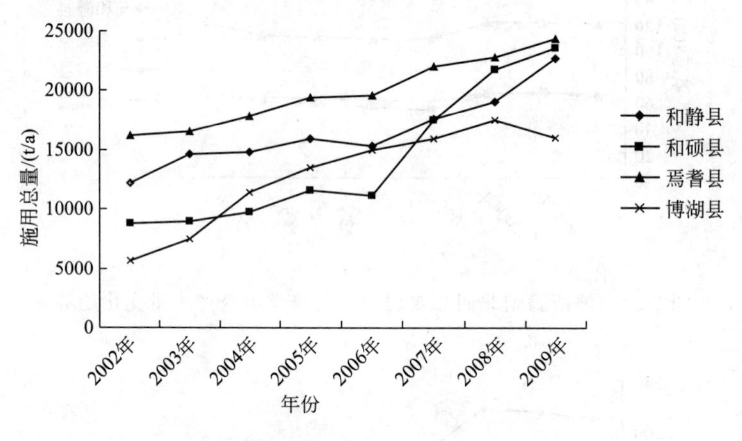

图 2-27　博斯腾湖北四县历年化肥施用总量变化趋势

考虑焉耆盆地农业生产的特点，参照全国污染源普查办发布的源强系数，根据上述近年化肥施用量估算得出博斯腾湖北四县历年施用化肥产生的污染物总量，见图 2-28、图 2-29。

数据显示：从 2002～2009 年，因施用化肥导致的 TN、TP 产生量每年都在增加，TN 产生量由 2002 年的 27469.19t/a 增加到 2009 年的 48393.75t/a，TP 排放量由 2002 年的 6281.25t/a 增加到 2009 年的 14899.25t/a。2002～2007 年期间，和静县和焉耆县是产生 TN 量最多的 2 个县，2008、2009 年和硕县产生的 TN 量急剧增加，成为因化肥施用而产生 TN 量的第二大贡献区域；2002～2006 年期间，焉耆县产生的 TP 量位居北四县之首，是 TP 的主要贡献地区，2007～2009 年和硕县化肥施用量增加，TP 量急剧增加，超越焉耆县成为入湖 TP 的主要贡献地区。

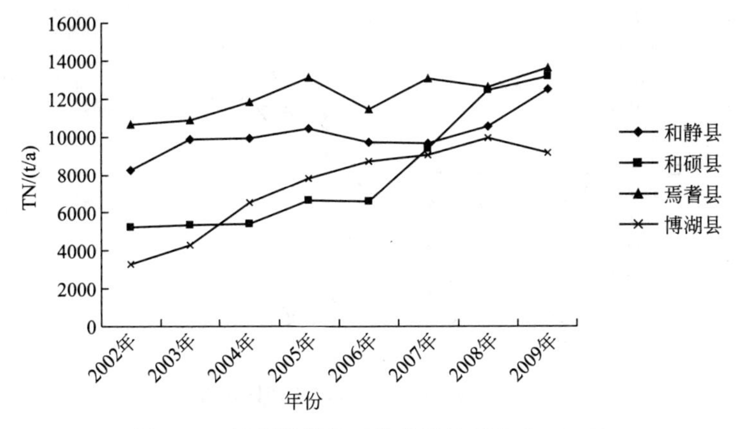

图 2-28　博斯腾湖北四县化肥施用产生 TN 量

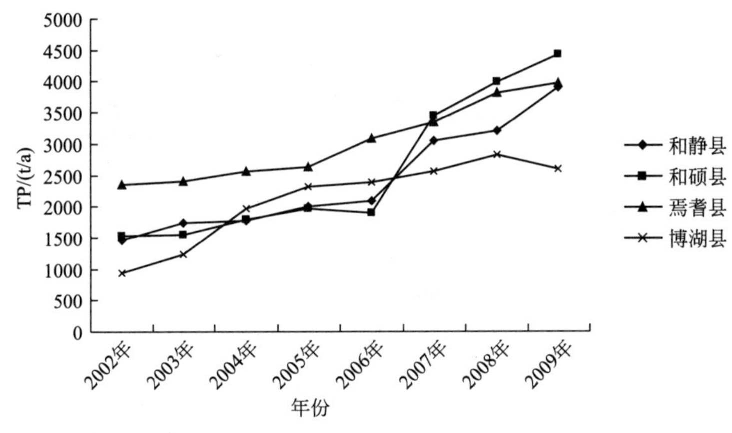

图 2-29　博斯腾湖北四县化肥施用产生 TP 量

(2) 农作物秸秆：农作物秸秆在回用于农田育肥过程中，存在污染物释放的过程。参考历年统计数据中博斯腾湖北四县农作物总产量数据，估算农作物秸秆回用农田过程中产生的污染物总量，见图 2-30～图 2-32。

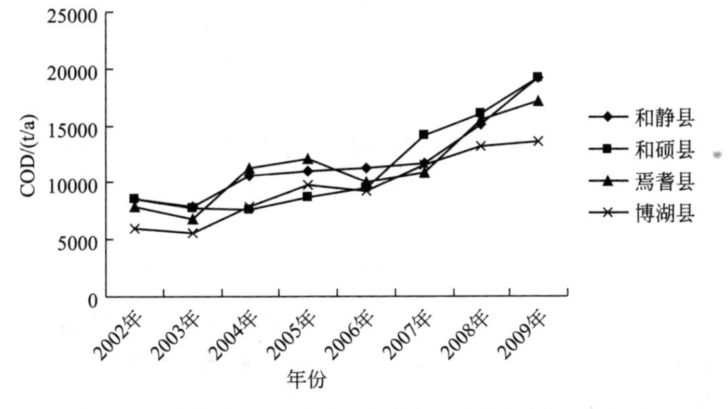

图 2-30　博斯腾湖北四县农作物秸秆回用 COD 产生量

从图中可以看出，从 2002～2009 年，每年因农作物秸秆回用于农田过程产生的 COD、TN、TP 量都在增加，COD 产生量由 2002 年的 30856.4t/a 增加到 2009 年的 69013.4t/a；

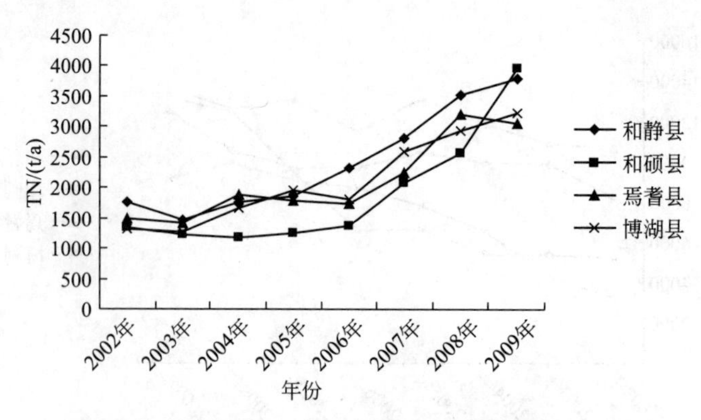

图 2-31　博斯腾湖北四县农作物秸秆回用 TN 产生量

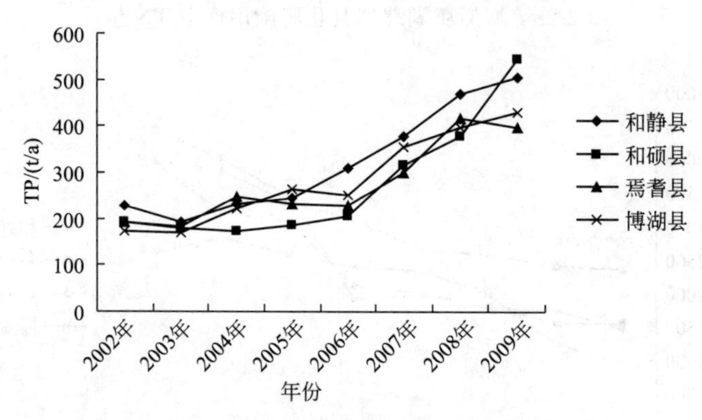

图 2-32　博斯腾湖北四县农作物秸秆回用 TP 产生量

TN 产生量由 2002 年的 5914.19t/a 增加到 2009 年的 14023.59t/a；TP 产生量由 2002 年的 786.86t/a 增加到 2009 年的 1875.78t/a。近年来和静县、和硕县、焉耆县、博湖县农作物秸秆回用产生的污染物量均呈现增加趋势，其中以和硕县增加最为明显，2009 年和硕县成为农作物秸秆回用产生的污染物的主要贡献地区。

3. 畜禽养殖污染源

养殖业主要包括在农区饲养的猪、禽、牛、羊等农区畜牧业和牧区养殖业。焉耆盆地以及库尔勒等地区对肉类食品需求的增长大大刺激了地区养殖业和畜牧业，由于地广人稀，且畜禽养殖活动以放牧为主，地区因规模化养殖带来的污染问题没有其他发达地区严重，但是草场超载畜牧带来的草地退化等生态问题日益严峻。另外，随着牧民生活水平的提高，对牧场粪便的拾捡量日益减少，养殖量的增长对该地区水环境的潜在影响将日益重要。参照全国污染源普查办发布的源强系数，根据博斯腾湖周边北四县统计资料估算畜禽养殖污染物产生量见图 2-33～图 2-36。

畜禽养殖产生的污染物 COD，和静县产生量最大，其次是焉耆县，其中和静县畜禽养殖 COD 产生量约占北四县畜禽养殖 COD 产生总量的 60％以上，2002～2009 年期间，和静县畜禽养殖 COD 排放量整体呈下降趋势，和硕县畜禽养殖 COD 排放量逐年增加，焉耆县、博湖县畜禽养殖 COD 排放量呈现先增加后减小的趋势，这主要是由于各县不同年份养殖结构的调整引起的；和静、和硕、焉耆、博湖四县畜禽养殖产生的氨氮、TN、TP 污染物排放量在 2002～2009 年期间均呈现先增加后减小的趋势，其中污染物产生量在 2005 年达到最大值。

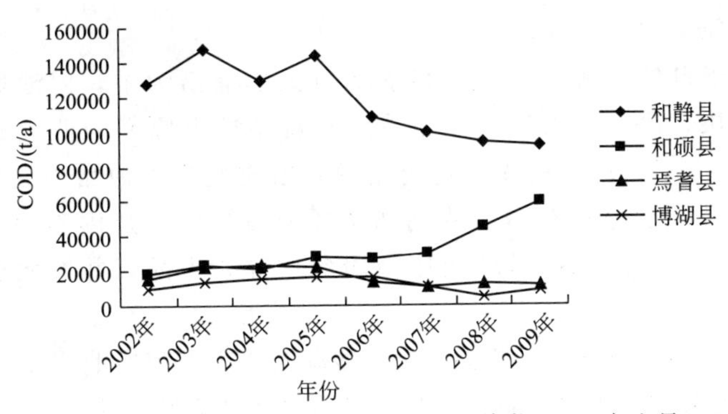

图 2-33 博斯腾湖北四县畜禽养殖污染物 COD 产生量

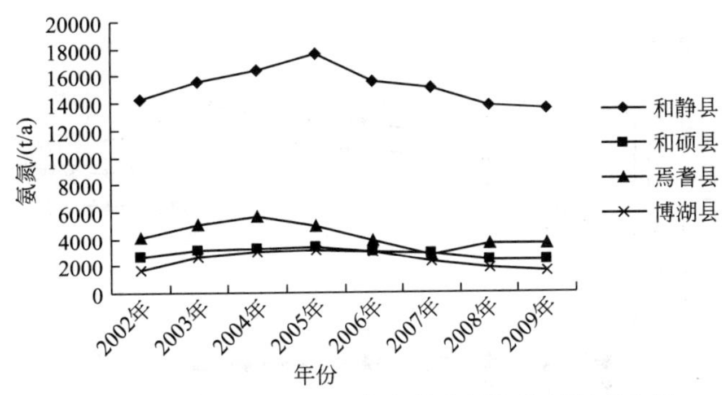

图 2-34 博斯腾湖北四县畜禽养殖污染物氨氮产生量

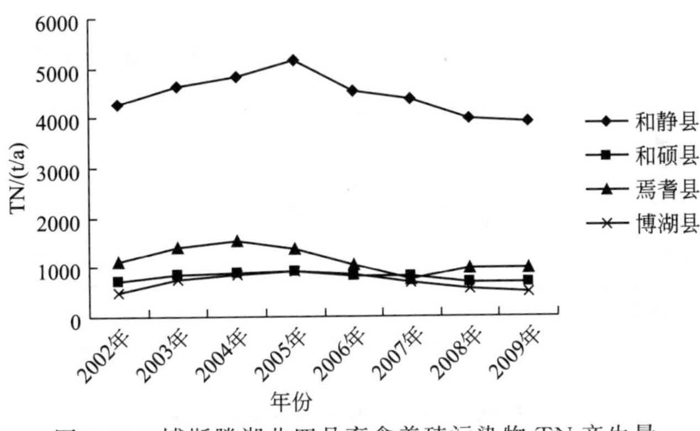

图 2-35 博斯腾湖北四县畜禽养殖污染物 TN 产生量

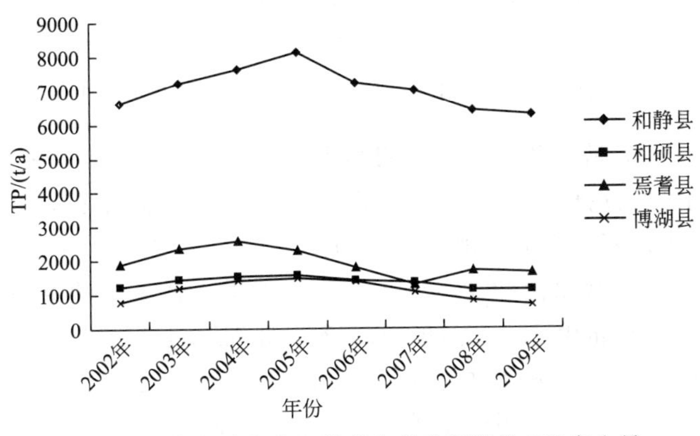

图 2-36 博斯腾湖北四县畜禽养殖污染物 TP 产生量

4. 水产养殖污染

巴州水产业由于自然资源的特点，目前仍以天然捕捞为主，但池塘养殖业已成为全州水产业中发展最快，潜力最大的一个领域。养殖品种由原来的四大家鱼为主发展到目前的30余种，养殖方式从原来的单一传统品种养殖改变为多种品种混养、套养和特种水产品养殖。自治州渔区多分布在博斯腾湖和主要河流周围，州内养殖单位、养殖户均能严格按照国家规定从正规厂家购进和使用渔用药物等投入品，并按照养殖技术规程进行科学管理。

根据调查，2007年博斯腾湖北四县当中，博湖县水产养殖专业户18户，焉耆县水产养殖专业户2户，和静县水产养殖专业户6户，和硕县水产养殖专业户2户。估算水产养殖污染物排放量，见图2-37～图2-40。

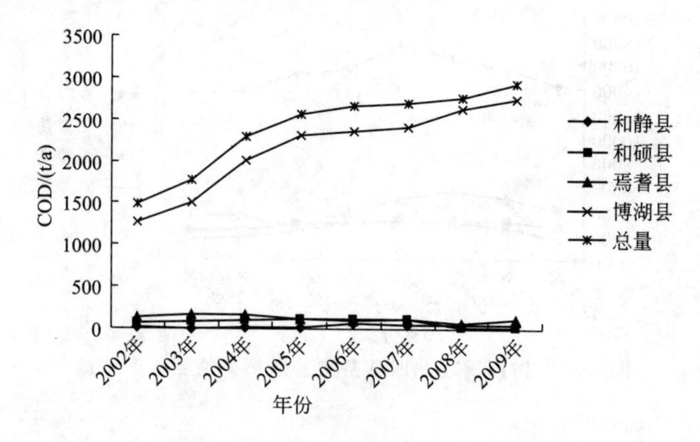

图2-37 博斯腾湖北四县水产养殖业污染物COD产生量

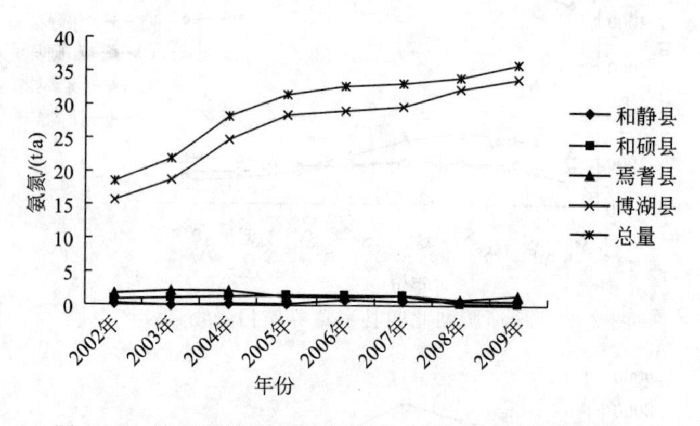

图2-38 博斯腾湖北四县水产养殖业污染物氨氮产生量

2002～2009年期间，博斯腾湖周边北四县水产养殖业污染物COD、氨氮、TN、TP排放量逐年增加，其中COD排放量由2002年的1492.20t/a增加到2009年的2933.69t/a，平均年增加量为205.93t；氨氮排放量由2002年的18.39t/a增加到2009年的36.15t/a，平均年增加量为2.54t；TN排放量由2002年的706.53t/a增加到2009年的1389.04t/a，平均年增加量为97.5t；TP排放量由2002年的104.72t/a增加到2009年的205.89t/a，平均年增加量为14.45t。博湖县水产养殖排放的污染物COD、氨氮、TN、TP占北四县水产养殖业污染物排放总量的90%以上，是污染物排放的主要贡献地区。

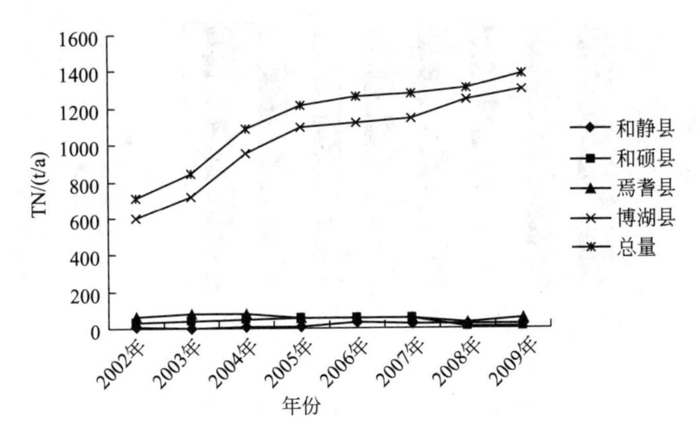

图 2-39　博斯腾湖北四县水产养殖业污染物 TN 产生量

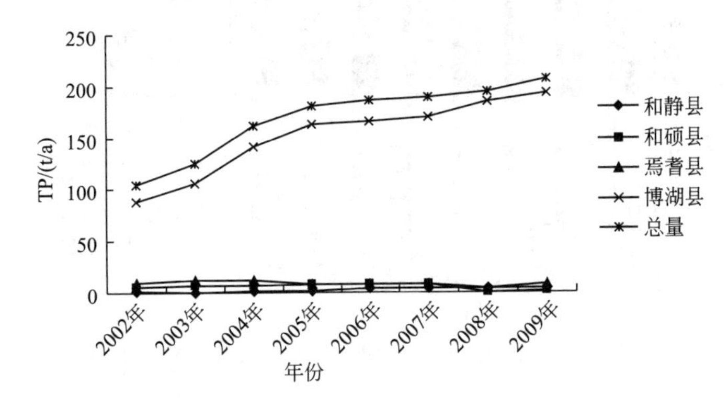

图 2-40　博斯腾湖北四县水产养殖业污染物 TP 产生量

(四) 污染源结构分析

1. 结构分析

在污染源解析的基础上分析博斯腾湖北四县各类污染源产生量来源（旅游业及内源污染物数量较小，未考虑），见图 2-41～图 2-44。

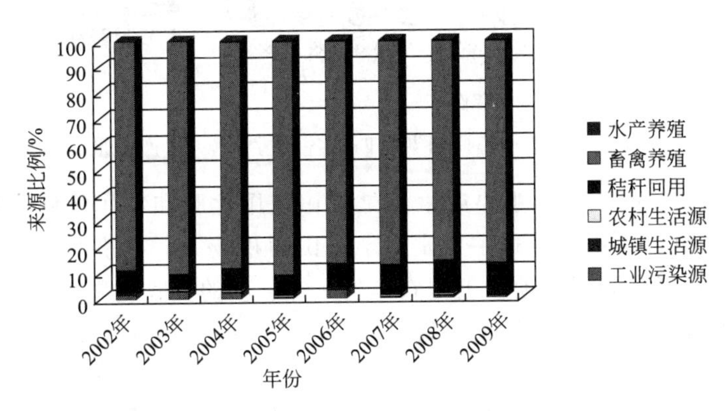

图 2-41　近年博斯腾湖北四县各类污染源 COD 产生量

北四县畜禽养殖业是污染物 COD、氨氮的主要产生源，分别占总量的 85％和 93％以上，这主要是因为畜禽养殖业极为发达，养殖过程中产生的污染物动物粪、尿等中 COD、

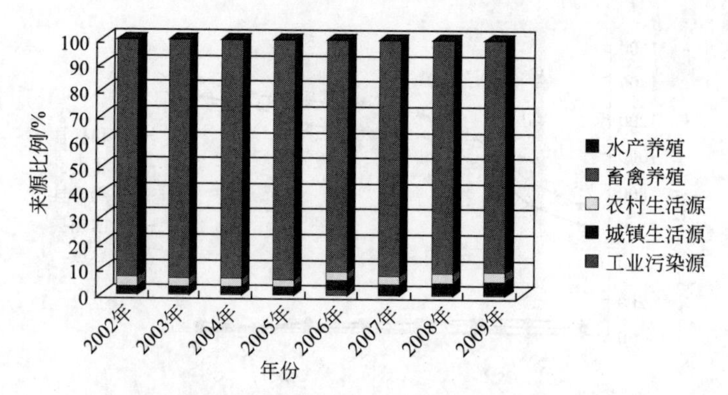

图 2-42　近年博斯腾湖北四县各类污染源氨氮产生量

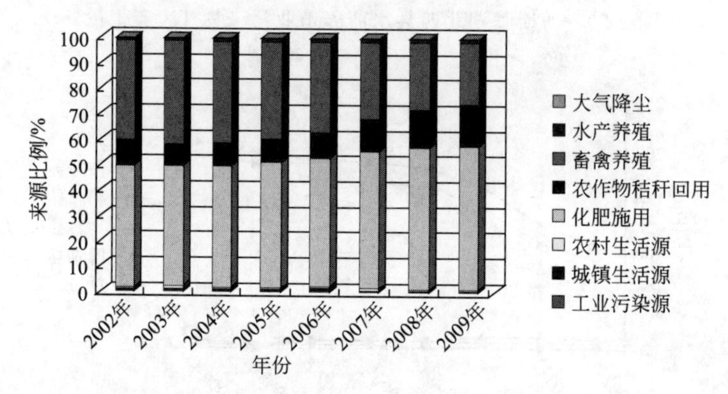

图 2-43　近年博斯腾湖北四县各类污染源 TN 产生量

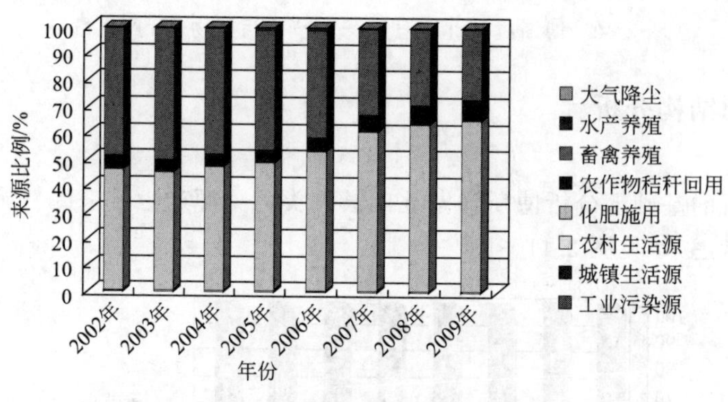

图 2-44　近年博斯腾湖北四县各类污染源 TP 产生量

氨氮含量高；污染物 TN、TP 的主要产生源是农田施用化肥和农作物秸秆回用于农田的过程，占总量的 47%和 46%以上，这主要是由于农田面积较大，在耕种过程中需要施用大量的化肥补充氮、磷，考虑到不同地区土壤农作物对氮、磷的吸收效果不一致，因此农田施用化肥是区域污染物 TN、TP 的主要产生源。

2. 污染产生量分布分析

博斯腾湖北四县主要污染物分地区产生比例关系见图 2-45～图 2-48。

可以看出，博斯腾湖北四县中污染物产生量最大的地区是和静县，2002～2009 年，和静县产生的COD量占北四县COD产生总量的比例逐年降低，由 2002 年的 66%降低到 2009 年的 45%，但依然是 COD 的主要产生地区，和硕县的 COD 产生量呈现逐年增加的趋势，

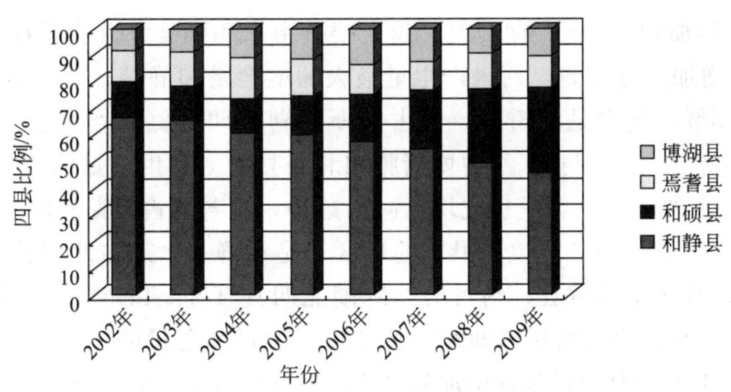

图 2-45 博斯腾湖北四县各地区 COD 产生量比例关系

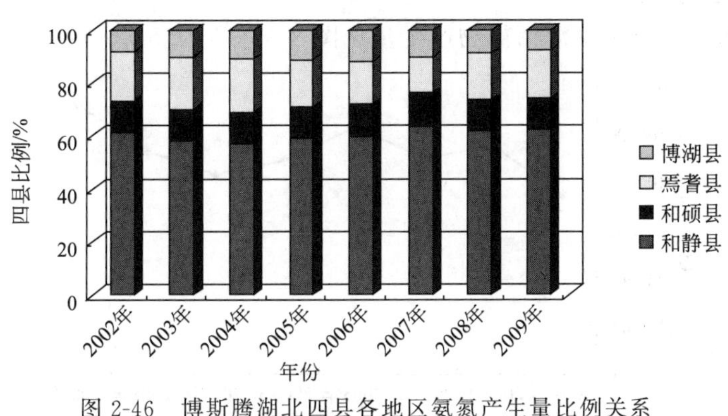

图 2-46 博斯腾湖北四县各地区氨氮产生量比例关系

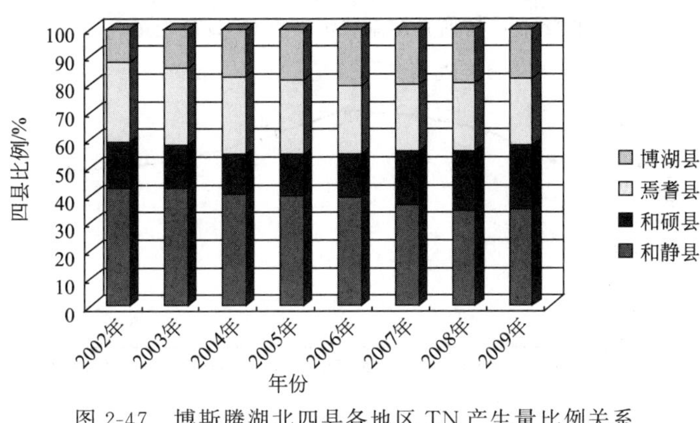

图 2-47 博斯腾湖北四县各地区 TN 产生量比例关系

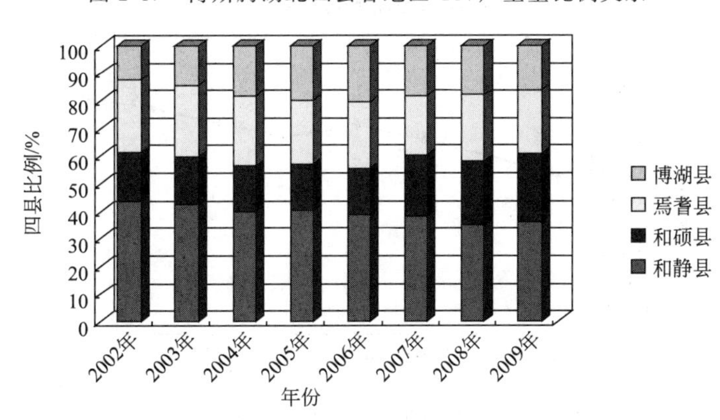

图 2-48 博斯腾湖北四县各地区 TP 产生量比例关系

由 2002 年的 13%增加到 2009 年的 31%，这主要是由于和硕县大力发展农业和畜禽养殖业，导致 COD 产生量增加。近年氨氮污染产生量最大的地区是和静县，约占博斯腾湖北四县产生总量的 60%～63%，其次是焉耆县，约占博斯腾湖北四县氨氮产生总量的 16%～20%，氨氮产生量最小的地区是博湖县，约占博斯腾湖北四县氨氮产生总量的 7%～10%。近年来博斯腾湖北四县产生的氨氮总量呈现先增后减的趋势，但各县占博斯腾湖北四县总量的比例整体变化不大。近年 TN、TP 产生量最大的地区也是和静县，约占北四县 TN、TP 产生总量的 36%～42%，其次是焉耆县，约占博斯腾湖北四县 TN、TP 产生总量的 23%～26%，产生量最小的是博湖县，约占博斯腾湖北四县 TN、TP 产生总量的 12%～19%，近年来博斯腾湖北四县产生的 TN、TP 总量呈现增加的趋势，但各县占北四县总量的比例整体变化不大。

3. 污染物产生量趋势分析

博斯腾湖北四县主要污染源污染物产生量见图 2-49～图 2-52。

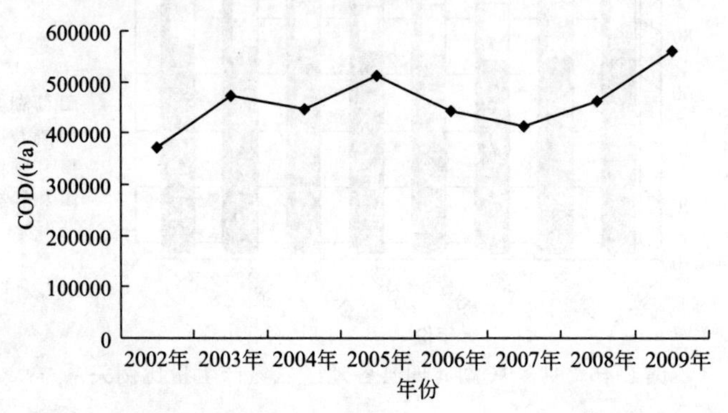

图 2-49　博斯腾湖流域污染物 COD 产生量

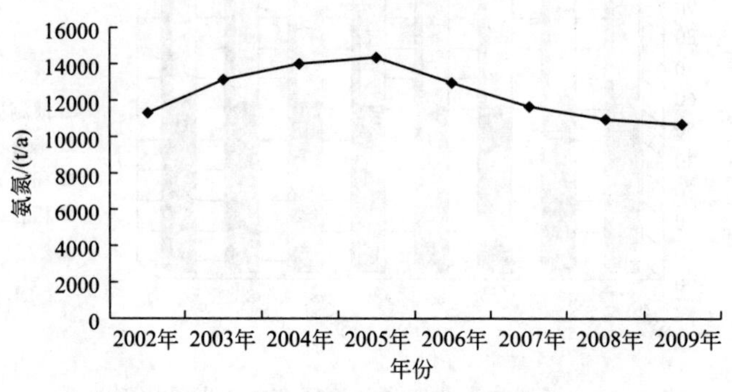

图 2-50　博斯腾湖流域污染物氨氮产生量

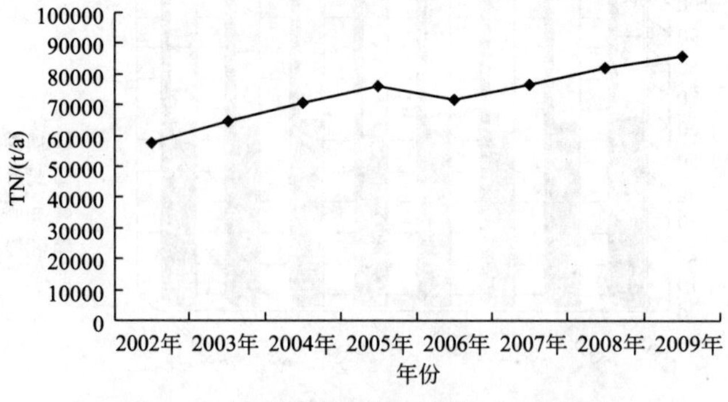

图 2-51　博斯腾湖流域污染物 TN 产生量

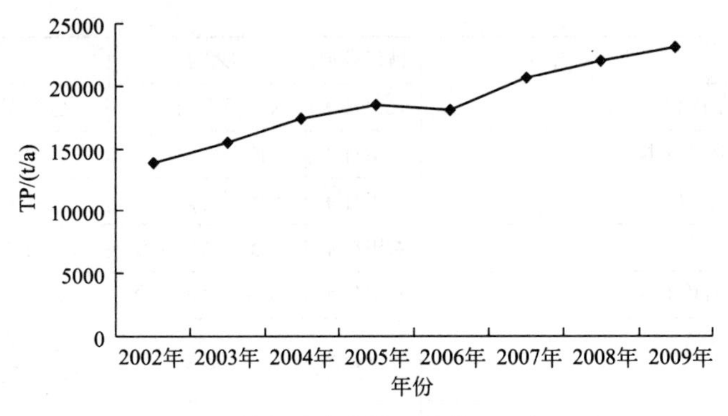

图 2-52　博斯腾湖流域污染物 TP 产生量

2002～2009 年期间，博斯腾湖流域 COD 产生量呈现增加-减少-增加的趋势，其中在 2007 年的时候 COD 产生量较小。氨氮产生量在 2002～2009 年期间呈现先增加后减少的趋势，TN、TP 产生量从 2002～2009 年一直呈增长趋势。

二、博斯腾湖流域排污口调查与分析

北四县重点入湖排污口工业废水情况见表 2-13。北四县重点入湖农田排水排污口情况见表 2-14。北四县重点入湖城镇污水排污口情况见表 2-15。北四县重点入湖工业、生活、农排混合污水排污口情况见表 2-16。

表 2-13　北四县重点入湖排污口工业废水一览

所在县市	编号	入湖排污口名称	排污类型	排入湖流
和静县	1	新疆金特和钢钢铁有限公司排污口	工业废水	入黄水沟
	2	和静县益德卫生纸厂排污口	工业废水	间接入博斯腾湖
	3	库尔勒宏天经贸公司乌拉斯台分公司排污口	工业废水	入开都河
	4	新疆绿原糖业有限公司排污口	工业废水	间接入博斯腾湖
	5	新疆石河子天达番茄制品有限责任公司排污口	工业废水	间接入博斯腾湖
和硕县	6	和硕县屯河番茄制品厂和硕分厂排污口	工业废水	间接入博斯腾湖
焉耆县	7	新疆屯河焉耆番茄制品厂排污口	工业废水	间接入博斯腾湖
	8	新疆屯河投资股份有限公司焉耆食品分公司排污口	工业废水	间接入博斯腾湖
博湖县	9	新疆屯河投资股份有限公司凯泽番茄制品分公司排污口	工业废水	间接入博斯腾湖
	10	博湖县万福辣椒制品有限责任公司排污口	工业废水	间接入博斯腾湖

表 2-14　北四县重点入湖排农田排水污口一览

所在县市	编号	入湖排污口名称	排污类型	排入河流	排污单位
和静县	1	哈尔莫墩镇夏尔莫墩村总干排	农田排水	入开都河	哈尔莫墩镇夏尔莫墩村
	2	哈尔莫墩镇觉伦图尔根村六、七组总干排	农田排水	入乌拉斯台河	哈尔莫墩镇觉伦图尔根村六、七组
	3	哈尔莫墩镇草湖干排	农田排水	入开都河	哈尔莫墩镇
	4	哈尔莫墩镇查孜南草湖总干排	农田排水	入开都河	哈尔莫墩镇
	5	巴润哈尔莫墩镇哈尔乌苏村干排	农田排水	入开都河	巴润哈尔莫墩镇哈尔乌苏村
	6	223 团总干排	农田排水	入博斯腾湖	223 团团场

续表

所在县市	编号	入湖排污口名称	排污类型	排入河流	排污单位
和硕县	7	包尔图牧场干排	农田排水	入博斯腾湖	包尔图牧场六分场、三分场
	8	26团西干排	农田排水	入博斯腾湖	26团
焉耆县	9	东风干排	农田排水	入博斯腾湖	五号渠乡
	10	永宁乡总干排	农田排水	间接入博斯腾湖	光明公社、查干诺尔乡
	11	27团总干排	农田排水	间接入博斯腾湖	27团
	12	团结总干排	农田排水	入博斯腾湖	七个星、茶汉采开、包尔海、五家庄牧场
	13	四十里城子干排	农田排水	入博斯腾湖	四十里城
博湖县	14	本布图镇总干排	农田排水	入博斯腾湖	本布图镇
	15	25团干排	农田排水	入博斯腾湖	25团
	16	乌兰乡总干排	农田排水	入博斯腾湖	乌兰乡
	17	才坎诺尔乡总干排	农田排水	入博斯腾湖	才坎诺尔乡

表 2-15　北四县重点入湖城镇污水排污口一览

所在县市	编号	入湖排污口名称	排污类型	排入湖流	排污单位
和静县	1	和静县铁尔曼区生活污水口	生活污水	入黄水沟	和静县铁尔曼区
	2	和静县城镇污水排放口	城镇污水	间接入博斯腾湖	和静县供排水公司
和硕县	3	和硕县城镇污水排放口	城镇污水	入博斯腾湖	和硕县供排水公司
焉耆县	4	焉耆县城镇污水排放口	城镇污水	间接入博斯腾湖	焉耆县供排水公司
博湖县	5	博湖县城镇污水排放口	城镇污水	间接入博斯腾湖	博湖县供排水公司

表 2-16　北四县重点入湖工业、生活、农排混合污水排污口一览

所在县市	编号	入湖排污口名称	排污类型	排污单位
和静县	1	黄水总干排	工业、生活、农田废水	223团、22团、24团
	2	22团南干排	工业、农田废水	22团、新疆绿原糖业有限公司
和硕县	3	清水河农场西干排	工业、农田废水	清水河农场
焉耆县	4	胜利干排	工业、生活、农田废水	生活污水、五号渠乡、北大渠乡
博湖县	5	博斯腾湖镇总干排	工业、生活、农田废水	博湖县供排水公司等单位

根据调查，北四县主要工矿企业、农田排水及城市污水集中入湖排放口有38处，其中城镇生活污水排污口共5处，工业、生活、农田混合污水排污口共5处，农田排水排污口18处，其他工业企业排污口10处（见图2-53）。

1. 排污口水量调查

流量测定依据国家技术监督局、建设部联合颁布的《河流流量测验规范》（GB 50179—93），1日内进行2次流量测验，2次测验时间间隔4～6h，水量、水质同步监测。对于冬季停产企业的排污口，排污量按调查值统计。调查值一般由各排污企业提供，由各县市水行政主管部门进行核实，并由排污企业盖章确认。

从排污量实测和调查统计成果分析，北四县38处入湖排污口年入湖排污量为$1.4659\times10^{8}m^{3}/a$。入湖排污口中，排污量最大的为和静县黄水总干排，实测年排入博斯腾湖黄水沟

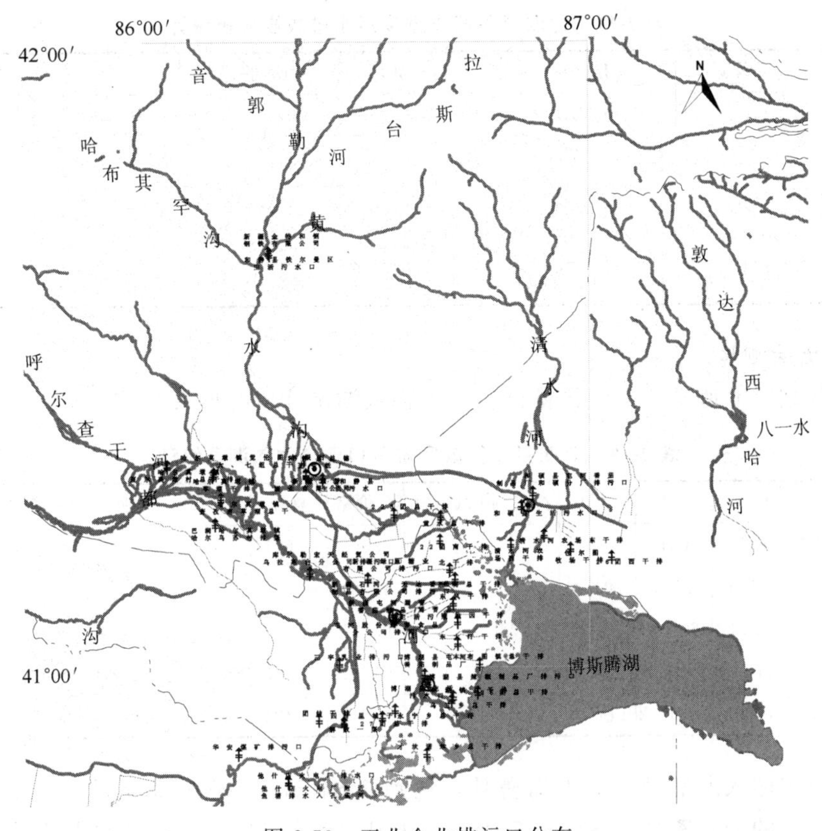

图 2-53 工业企业排污口分布

区污水 $1.3529\times10^{8}\,m^{3}/a$；其次为新疆金特和钢钢铁有限公司工业废水的排污口，污水量为 $3942\times10^{8}\,m^{3}/a$。

博斯腾湖北四县直接排入博斯腾湖的排污量较大，为 $3.0966\times10^{8}\,m^{3}/a$，而通过黄水沟、乌拉斯台河、开都河间接排入博斯腾湖的排污量为 $0.482\times10^{8}\,m^{3}/a$，入博斯腾湖的排污量合计为 $3.5786\times10^{8}\,m^{3}/a$。

由图 2-54 可见，博斯腾湖北四县中废污水入湖量最大的为和静县，其入湖排污量高达 $2.155\times10^{8}\,m^{3}/a$，占排污总量的 60.9%；而和静县河流年径流量为 $40.33\times10^{8}\,m^{3}/a$，污径比达 0.053，其次为焉耆县，其年入湖量为 $1.0135\times10^{8}\,m^{3}/a$，占排污总量的 28.32%。

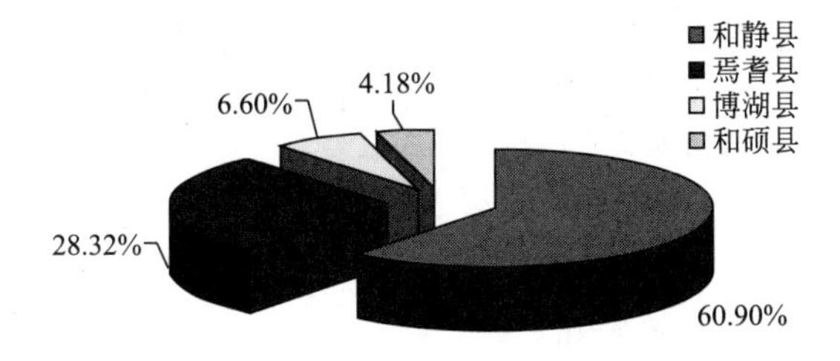

图 2-54 北四县入湖排污口废污水排放量比例

由表 2-17 得出：北四县不同类型废污水排放量中，混合污水的排污量最大，排污量为 $24889.5\times10^{4}\,m^{3}/a$，占排污总量的 69.55%；其次为农田排水，排污量为 $6237.601\times10^{4}\,m^{3}/a$，占排污总量的 17.43%；再次为工业废水，占排污总量的 11.16%；生活污水的排污量最小，排污量为 $667.06\times10^{4}\,m^{3}/a$，仅占排污总量的 1.86%。

表 2-17　北四县不同类型废污水排放量分析统计　　单位：$10^8 m^3/a$

污水类型	和静县	和硕县	焉耆县	博湖县	合计	百分比/%
生活污水	9.461	657.6			667.061	1.86
工业废水	3967	25			3992	11.16
农田排水	914.64	565.45	3949.8	807.711	6237.601	17.43
混合污水	16904	247.6	6184.9	1553	24889.5	69.55
合计	21795.1	1495.65	10134.7	2360.711	35786.16	100

2. 污染负荷测算

按行政区划，北四县各行政区排污口污染物入湖统计情况见表 2-18。

表 2-18　北四县各行政区排污口污染物入湖量统计　　单位：t/a

参数	COD	BOD	SS	氨氮	挥发酚	氰化物	六价铬	总砷	总汞	总铜	总铅	总镉	TDS
和静县	13922	4267	16313	705.0	2.145	0	2.392	1.691	0	2.678	0	1.645	3859.6
和硕县	3639	1210	1766	201.4	0.027	0	1.284	0	0	0.124	0	0.039	20110
焉耆县	22704	5814	20087	340.5	0.056	0	0.111	0.278	0	0.667	0	0.333	248425
博湖县	1364	441.1	329.2	246.8	0.031	0	0.062	0.155	0.031	0.202	0	0.062	13741
合计	41629	11732.1	38495.2	1493.7	2.259	0	3.849	2.124	0.031	3.671	0	2.079	286135.6

溶解性总固体入湖量最大的为焉耆县，达到 248425t/a，占其总量的 86.82%。化学耗氧量入湖量最大的为焉耆县，达到 22704t/a，占其总量的 54.54%；氨氮入湖量最大的为和静县，达到 705t/a，占其总量的 47.20%。由表 2-19 可见，污染物入湖量最多的为溶解性总固体，其次为化学耗氧量。

根据监测流量和水质分析统计（见表 2-19～表 2-21），在所有重点排污口中，溶解性总固体入湖量最大的为焉耆县的团结总干排，年入湖量达 122612t/a，占其总量的 42.85%；COD 入湖量最大的为焉耆县胜利干排（直接入博斯腾湖），年入湖量达 20470t/a，占其总量的 49.17%；氨氮入湖量最大的为 22 团南干排（直接入博斯腾湖），年入湖量达 506.2t/a，占氨氮总量的 27.13%。

表 2-19　北四县重点入湖排污口溶解性总固体入湖量排序统计　　单位：t/a

序号	入湖排污口名称	合计	占比/%
1	团结总干排	122612	42.85
2	四十里城子干排	53360	18.65
3	东风干排	35805	12.51
4	27 团总干排	29407	10.28
5	26 团西干排	16067	5.615
6	永宁乡总干排	7240.8	2.531
7	才坎诺尔乡西干排	6941.8	2.426
8	25 团干排	6306.5	2.204
9	包尔图牧场干排	4043	1.413
10	哈尔莫墩镇草湖干排	1101	0.385

表 2-20　北四县重点入湖排污口 COD 入湖量排序统计　　单位：t/a

序号	入河排污口名称	合计	占比/%
1	胜利干排	20470	35.96
2	新疆绿原糖业有限公司排污口	9150.5	16.07
3	黄水总干排	7413.9	13.02
4	22 团南干排	5528.3	9.711
5	屯河焉耆食品分公司排污口	3654	6.418
6	和硕县城镇污水排放口	3440.6	6.044
7	博斯腾湖镇总干排	1195.8	2.1
8	团结总干排	865.1	1.52
9	东风干排	796.55	1.399
10	新疆金特和钢钢铁有限公司排污口	741.1	1.302

表 2-21　北四县重点入湖排污口氨氮入湖量排序统计　　单位：t/a

序号	入河排污口名称	合计	占比/%
1	22 团南干排	506.2	27.13
2	胜利干排	305.7	16.38
3	博斯腾湖镇总干排	242.3	12.98
4	和硕县城镇污水排放口	195.9	10.5
5	黄水总干排	167.8	8.992
6	和静县城镇污水排放口	154.5	8.28
7	新疆绿原糖业有限公司排污口	74.32	3.983
8	焉耆县城镇污水排放口	71.51	3.832
9	博湖县城镇污水排放口	64	3.43
10	金特和钢排污口	26.81	1.437

三、入湖污染物总量分析

根据收集的文献及资料记载，历年博斯腾湖入湖污染物统计见表 2-22 和图 2-55～图 2-59。

表 2-22　历年博斯腾湖入湖污染物统计　　单位：t/a

年份	TN	TP	COD	BOD	盐分
1988 年	287	13.3	2007	711	327300
1990 年	1216.17	38.35	5244.6	2221.9	630564
1991 年	1606.67	91.94	7163.42	2458.24	791499.4
1992 年	1609.51	100.71	6380.87	2885.63	796525
1993 年	1268.43	68.43	5133.85	2348.47	666515
1994 年	1718.21	112.53	8451.87	2951.6	896679
1995 年	1059.93	58.26	4199.89	2051.6	637568.6

续表

年份	TN	TP	COD	BOD	盐分
1996 年	1830.54	53.06	8780.05	3242.87	919795.4
1997 年	1831.95	65.89	8861.95	3366.58	1006542
1998 年	1833.36	78.71	8943.85	3490.28	1093289
1999 年	1834.78	91.54	9025.75	3613.99	1180036
2000 年	1837.6	104.37	9107.64	3737.69	1266782
2001 年	1300		14000		2251000
2002 年	86.85	18.17	6795.00	3005.20	
2003 年	359.87	7.68	13112.13	6146.61	
2004 年	1044	119.3	16740	6626	2346059.8
2006 年	1480.2		40787	11905	859714

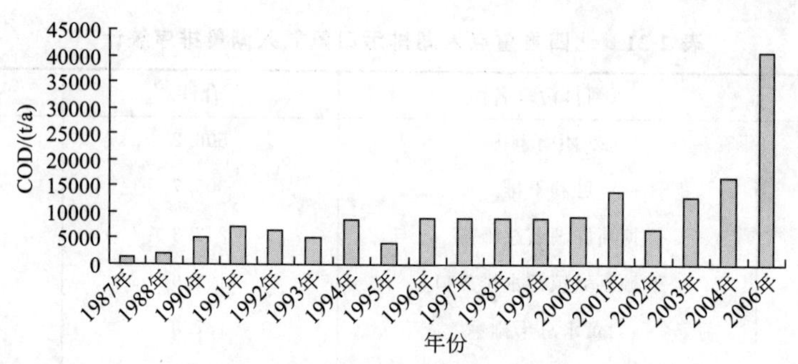

图 2-55　历年入湖污染物 COD 总量变化趋势

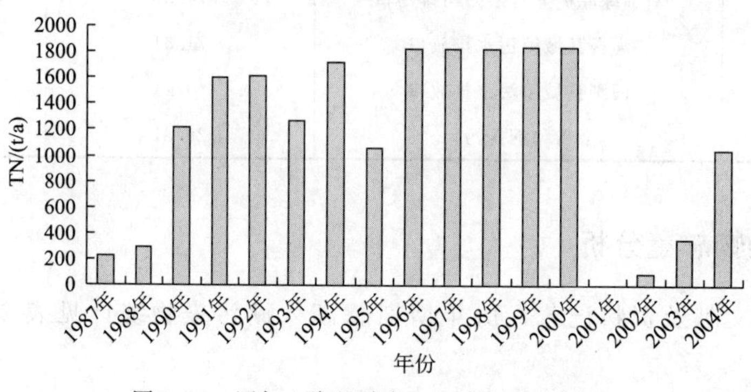

图 2-56　历年入湖污染物 TN 总量变化趋势

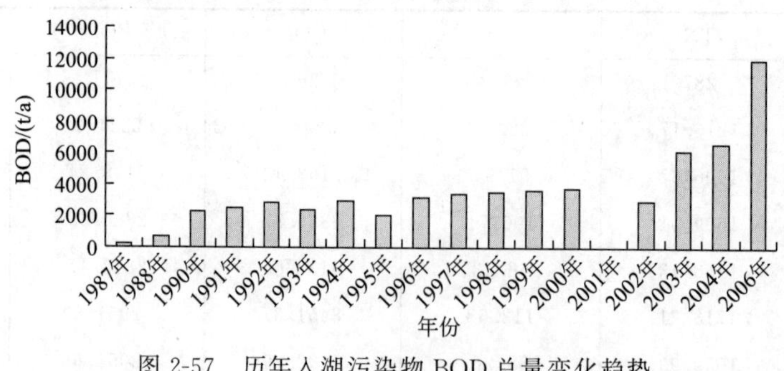

图 2-57　历年入湖污染物 BOD 总量变化趋势

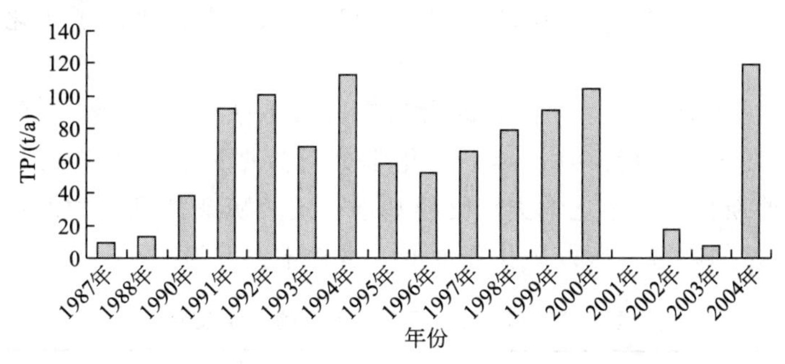

图 2-58　历年入湖污染物 TP 总量变化趋势

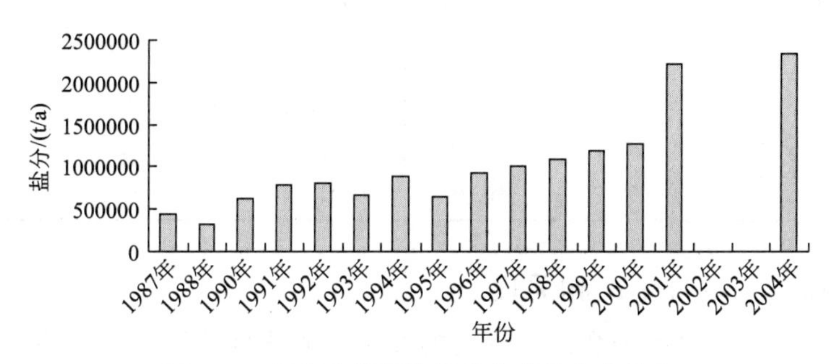

图 2-59　历年入湖污染物盐分总量变化趋势

由上述图表分析可知，近年来排入博斯腾湖的污染物量整体呈上升趋势，其中 COD 入湖量由 1987 年的 1278t/a 增加到 2004 年的 16740t/a，入湖总量增加了 10 多倍；TN 入湖量由 1987 年的 222t/a 增加到 2000 年的 1837.6t/a；TP 入湖量由 1987 年的 9.2t/a 增加到 2004 年的 119.3t/a；盐分入湖量由 1988 年的 327300t/a 增加到 2004 年的 2346059.8 t/a，入湖总量增加了 6 倍多。各种污染物都呈现比较明显的上升趋势。

第三节　博斯腾湖盐分、污染物赋存形式及分布规律

一、博斯腾湖盐分、主要污染物的赋存形式

（一）博斯腾湖水化学特性演变分析

矿化度是由水中的离子表现出来的，是各种离子的综合表现。随着天然水中离子总量的增长，水化学类型也会发生相应的变化。根据天然水化学成分，O. A 阿列金分类法是首先按优势阴离子将天然水划分为 3 大类，然后在每一大类中再根据优势阳离子分成 3 组，最后再按阴阳离子的毫克当量从比例关系分为 4 个类型。水化学类型能表明水体的矿化阶段。

根据历年的监测与研究结果，博斯腾湖矿化度类型经历了如下变化：在 20 世纪 50 年代，水体以碳酸盐为主，矿化类型为 C^{Ca} Ⅰ 型；20 世纪 80 年代中期以后，水体矿化度增高，水体中硫酸盐和氯化物占绝对优势，矿化度类型为 SO_4^{Na} Ⅱ 型；现在水化学类型已变为 SO_4^{Na} Ⅰ 型。在离子含量增长过程中，Ca^{2+}、Mg^{2+} 增长平缓，幅度很小，而 SO_4^{2-}、Cl^- 和 $K^+ + Na^+$ 增长迅速，幅度很大。离子含量依次为：$SO_4^{2-} > Cl^- > HCO_3^- > K^+ > Na^{2+} >$

Mg^{2+}＞Ca^{2+}＞CO_3^{2-}，其所占比例与所处湖区位置有关，而且决定了矿化度的高低和矿化类型。

2010年，通过对博斯腾湖4个区，即大河口区（Ⅰ区）、黑水湾区（Ⅱ区）、黄水沟区（Ⅲ区）、湖心区（Ⅳ区）进行监测，年平均化学分析数据见表2-23。湖区水化学类型主要是SO_4^{Na} Ⅰ，可见博斯腾湖的水化学类型已经基本稳定为硫酸盐型，大河口区既是开都河来水区又是水循环最好的区域，所以矿化程度低，水化学类型为C^{Ca} Ⅰ。

表2-23　2010年博斯腾湖水的化学成分

水样地点	矿化度/(g/L)	阳离子/(g/L)			阴离子/(g/L)				水化学类型
		Ca^{2+}	Mg^{2+}	$K^{+}+Na^{+}$	CO_3^{2-}	HCO_3^{-}	Cl^{-}	SO_4^{2-}	
大河口区	0.678	0.032	0.017	0.014	0.00	0.160	0.014	0.029	C^{Ca} Ⅰ
黑水湾区	1.388	0.057	0.099	0.186	0.012	0.213	0.232	0.420	SO_4^{Na} Ⅰ
黄水沟区	1.691	0.057	0.108	0.245	0.011	0.230	0.279	0.505	SO_4^{Na} Ⅰ
湖心区	1.505	0.057	0.102	0.206	0.011	0.230	0.247	0.444	SO_4^{Na} Ⅰ

（二）矿化度与重要离子的相关性

湖区矿化度变化与主要离子含量有一定的关系。矿化度的增大主要决定于SO_4^{2-}、Cl^{-}和Na^{+}含量的增加，其含量增幅又远较其他离子高。湖水在强烈蒸发作用下趋于浓缩和使盐分聚集的过程，又加速了矿化的发展。

对近5年来博斯腾湖17个点位含量最高的氯离子浓度、硫酸根，以及离子所表现出来的电导率进一步分析可得到如下结论。

1. 氯化物（Cl^{-}）

博斯腾湖氯化物的浓度在15.5～806.0mg/L之间，算术平均值为320.9mg/L。新疆湖泊的氯化物浓度平均值为450.66mg/L，博斯腾湖低于新疆湖泊的平均值。最近5年各个监测点位氯化物浓度值变化情况见图2-60。可以看出7#点氯化物浓度最高，14#点氯化物浓度最低。14#点受开都河入流影响，氯化物浓度一般都在300mg/L以下，而7#点位于处于受纳农业排水的黄水沟区，氯化物浓度最高可达550mg/L左右。大部分湖区氯化物浓度为300～400mg/L。

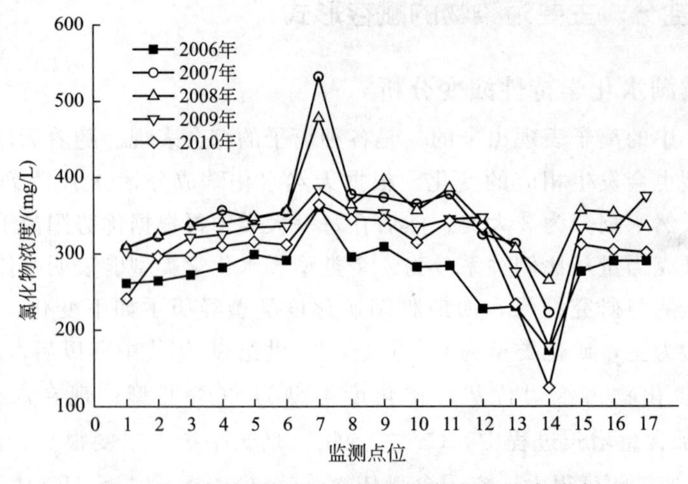

图2-60　博斯腾湖各个监测点位氯化物浓度分布

通过对 2010 年博斯腾湖 17 个点位的矿化度与氯化物浓度之间的关系进行作图分析，得出他们之间的线性关系为：矿化度＝4.5194×氯化物浓度＋107.26，n＝17，R^2＝0.9803，线性关系见图 2-61。

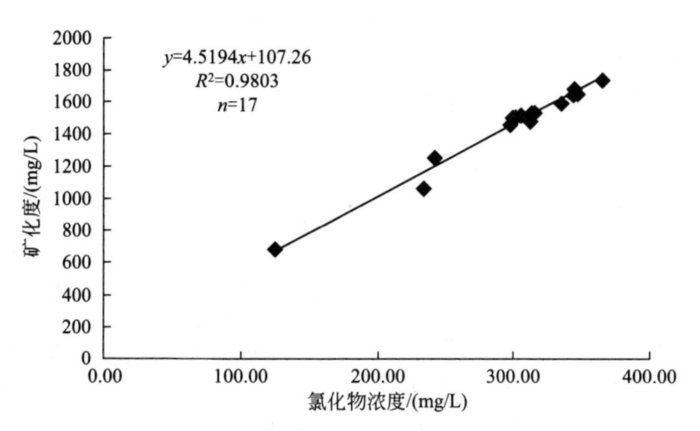

图 2-61　矿化度与氯化物浓度的线性拟合

2. 硫酸盐（SO_4^{2-}）

博斯腾湖硫酸盐浓度在 31.6～946.48mg/L 之间，算术平均值为 471.2mg/L。新疆湖泊的硫酸盐浓度平均值为 427.27mg/L，博斯腾湖高于新疆湖泊的平均值，比长江中下游水体约高 10～20 倍。最近 5 年各个监测点位硫酸盐浓度值变化情况见图 2-62。由图可以看出 14# 点硫酸盐浓度最低，7# 点硫酸盐浓度最高。14# 点是受开都河入流影响，硫酸盐浓度常年处在 450mg/L 以下，低于该湖的平均值。而 7# 点位于处于受纳农田排水的黄水沟区，硫酸盐浓度通常处于 500mg/L 以上，大部分湖区硫酸盐浓度处于 300～600mg/L。2006 年和 2007 年各点位硫酸盐的浓度明显低于 2008 年、2009 年、2010 年这 3 年。

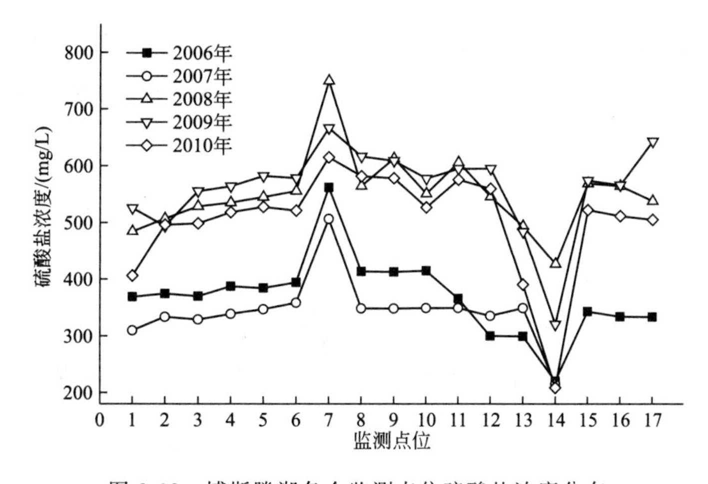

图 2-62　博斯腾湖各个监测点位硫酸盐浓度分布

通过对 2010 年博斯腾湖 17 个点位的矿化度与硫酸盐浓度之间的关系进行作图分析，得出它们之间的线性关系为：矿化度＝2.6855×硫酸盐浓度＋112.29，n＝17，R^2＝0.9803，线性关系见图 2-63。

3. 电导率

当离子组成稳定时，可以用水的电导率来反映矿化度的变化。有研究表明水体的矿化度

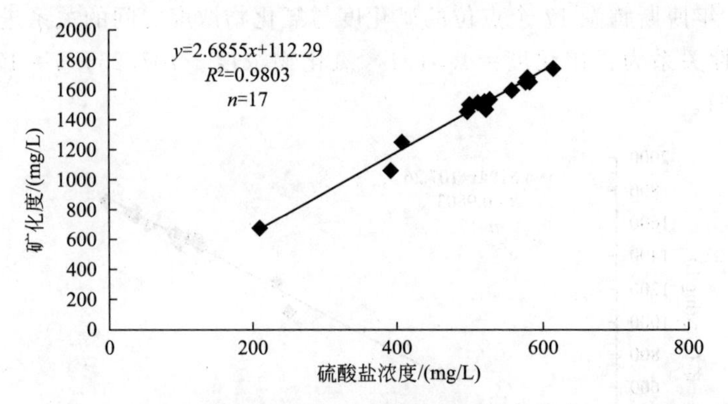

图 2-63　矿化度与硫酸盐浓度的线性拟合

和电导率呈现一定的线性关系。通过测定水中离子的电导率，可以反映矿化度的变化。

博斯腾湖电导率近 10 年来的变化趋势见图 2-64，电导率从 2003～2009 年总体上是不断上升的，2010 年出现明显的下降，这与矿化度的变化一致。

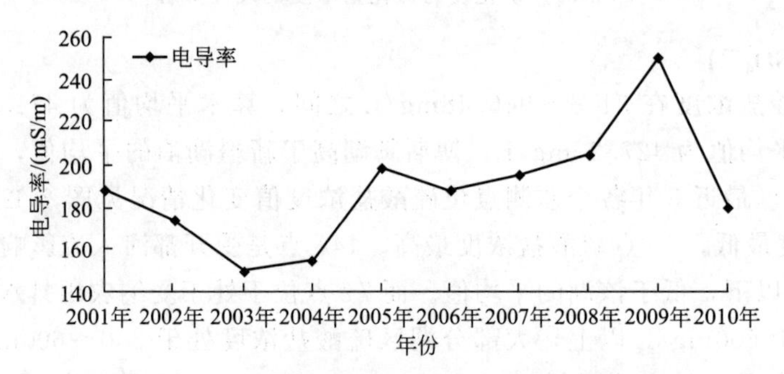

图 2-64　博斯腾湖电导率近 10 年来的变化趋势

最近 5 年各个监测点位电导率变化情况见图 2-65。湖区电导率整体水平处于 200mS/m 左右，14[#] 点电导率最低，7[#] 点电导率最高。说明黄水沟区域的水体污染比较严重，要提高湖区的水质必须重点关注黄水沟地区。

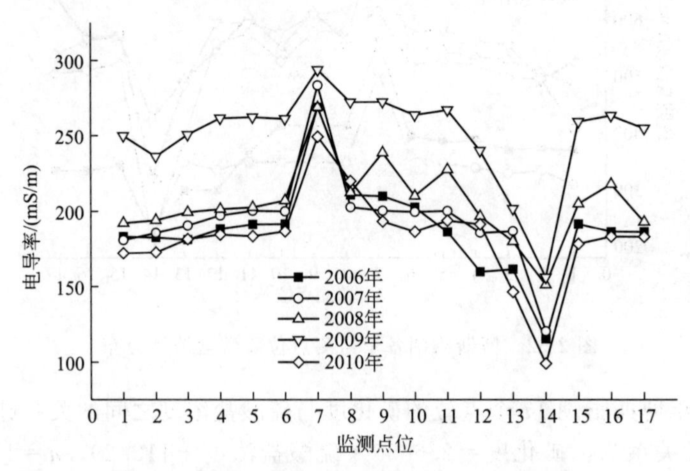

图 2-65　博斯腾湖各个监测点位电导率分布

博斯腾湖矿化度与电导率的线性关系为：矿化度＝7.7653×电导率＋43.084，$n=17$，$R^2=0.8394$，线性关系见图 2-66。

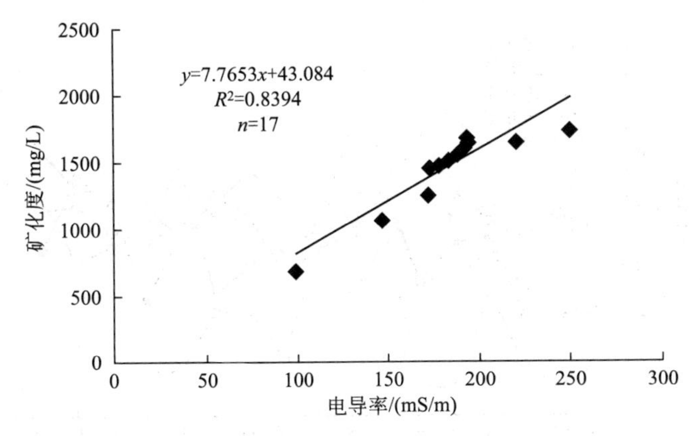

图 2-66 博斯腾湖电导率-矿化度线性拟合

通过对近年来博斯腾湖 14～17 个点位的矿化度与含量最高的硫酸根、氯离子浓度，以及离子所表现出来的电导率之间的关系进行相关性分析可知，它们的变化趋势基本一致，矿化度与水体中占绝对优势的硫酸根、氯离子的浓度以及各种离子综合表现出的电导率都有正相关性。

（三）博斯腾湖主要营养物质的赋存形式

1. 氮的赋存形式及规律

由博斯腾湖 2001～2010 年以来历年的监测数据可知：从 2001～2010 年，湖区历年来 TN 浓度最高为 0.929mg/L，最低为 0.827mg/L，TN 的年平均浓度约为 0.853mg/L。2001～2010 年 10 年大湖区平均 TN 浓度变化趋势见图 2-67。

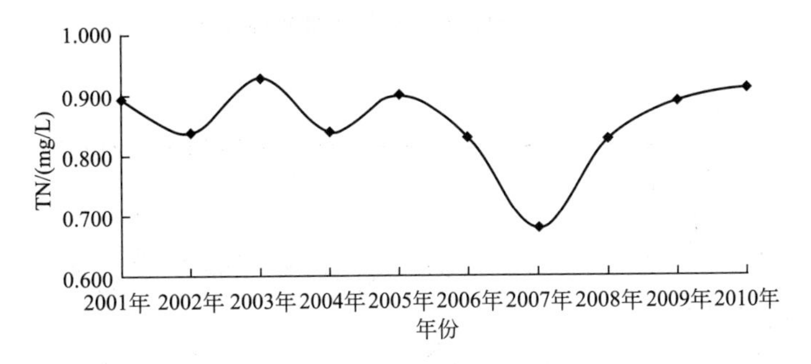

图 2-67 博斯腾湖 TN 浓度年际变化

最近 5 年各个监测点位 TN 浓度值变化情况见图 2-68。可看出 7# 点（黄水沟区）TN 浓度相对高于其他各点，14# 点（大河口区）TN 浓度相对较低。

博斯腾湖氨氮近 10 年的平均浓度均在 0.2mg/L 以下，该指标符合一类水体的质量标准。最近 5 年各个点位氨氮浓度值变化情况及分布见图 2-69 和图 2-70。

整体来看，各年份氨氮的浓度曲线平缓，可见湖区氨氮浓度分布比较均匀。在每条曲线的 7 点（8 点或 9 点）和 14 点会出现氨氮相对高值。7 点、8 点和 9 点位于黄水沟区，氨氮高主要是由于黄水沟区域排入的工业、生活及农业污水造成的，14 点氨氮高说明河口区的 TN 中无机氮百分比高于其他点位。

最近 10 年博斯腾湖的硝酸盐氮含量不稳定，并且逐年减少，硝酸盐氮年平均含量最高不超过 0.30mg/L，亚硝酸盐氮含量很低，一般在 0.003mg/L 以下。

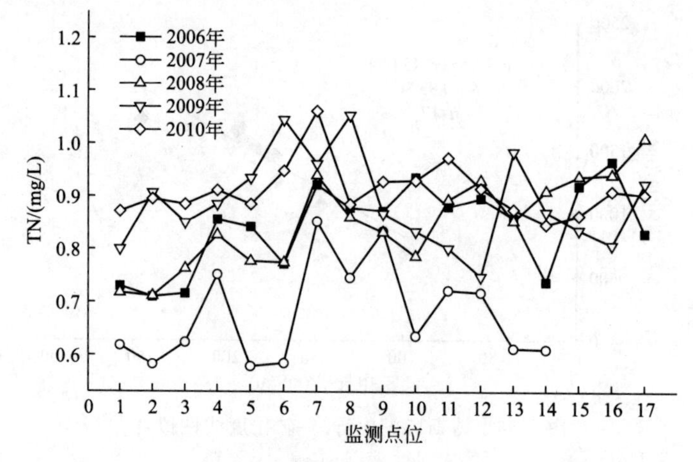

图 2-68 博斯腾湖 TN 浓度分布

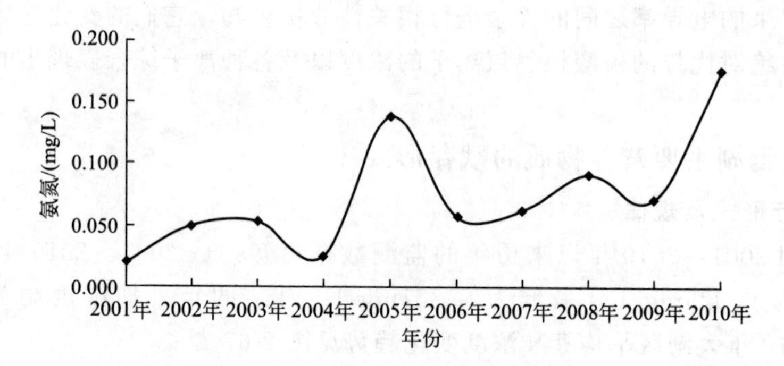

图 2-69 博斯腾湖氨氮浓度年际变化

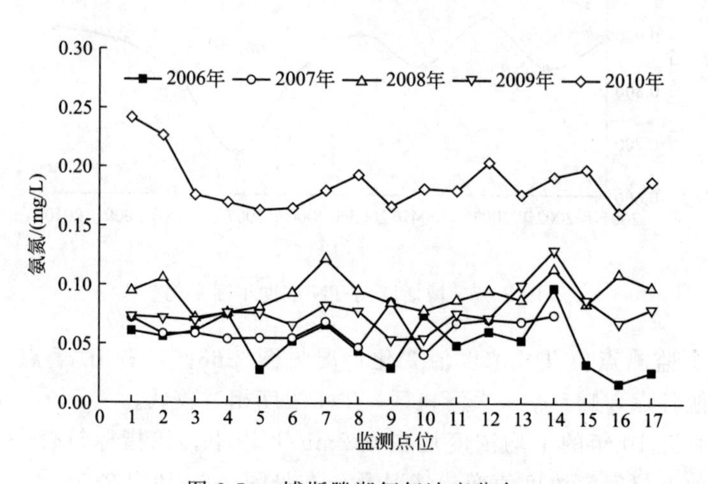

图 2-70 博斯腾湖氨氮浓度分布

图 2-71 为博斯腾湖历年各形态氮所占比例。总体来看，博斯腾湖大多数年份的无机氮所占百分比小于 40%，参照著名的湖泊学家 Vollenweider 关于湖泊生产力与无机氮含量的相关关系，湖泊生产力处于中营养化程度范围，亚硝酸盐氮在 TN 中比例极小，硝酸氮在无机氮中的比例在 2008 年之前均超过了 50%，但是 2009 年、2010 年 2 年氨氮大于硝氮，表明水体开始呈现氨氮的污染。

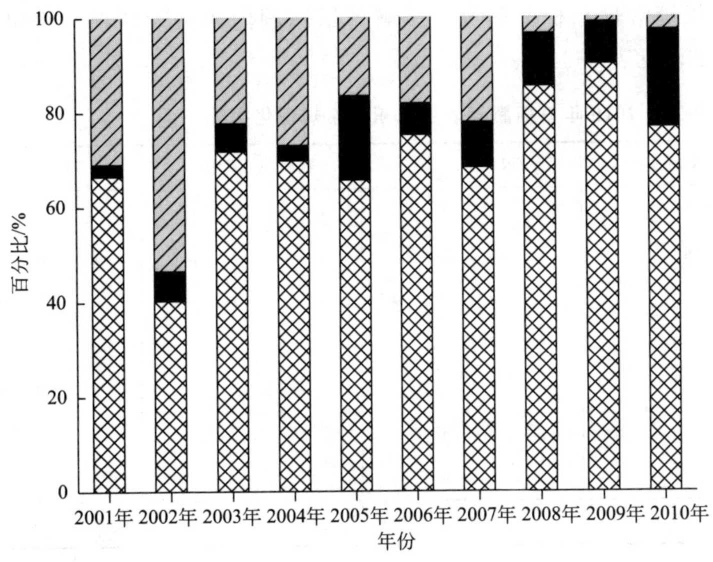

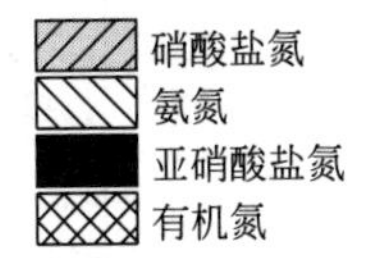

图 2-71 博斯腾湖历年各形态氮所占比例

2. 磷的赋存形式及规律

根据“七五”期间新疆环保所在博斯腾湖富营养化调查，博斯腾湖在 20 世纪 80 年代末期，TP 的年平均值为 0.018mg/L，其中正磷酸含量为 0.007mg/L，PO_4^{3-}-P/TP 占比为 38.9%，PO_4^{3-}-P/TP 主要取决各湖泊的初级生产力及有机物的污染程度，同时还与湖泊的地质、水力条件有关。

2001～2010 年 10 年大湖区平均 TP 浓度变化趋势见图 2-72。

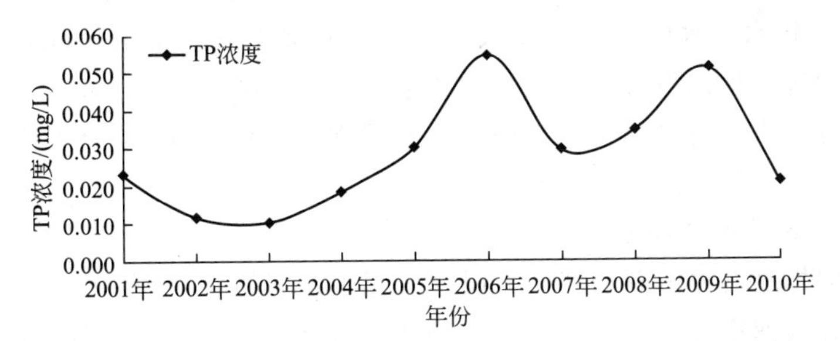

图 2-72 2001～2010 年 10 年大湖区平均 TP 浓度变化趋势

湖区历年来 TP 浓度最高为 0.054mg/L，最低 0.010mg/L，10 年平均浓度约为 0.0283mg/L。参照著名的湖泊学家 Vollenweider 关于湖泊生产力与磷含量的相关关系，TP 浓度所处的是中营养化程度范围，参照地表水质量标准，TP 均属于Ⅲ类水体。

综合分析表明，博斯腾湖 TP 浓度较低（“七五”期间全国调查湖泊的 TP 浓度范围为 0.08～0.388mg/L)，其年际变化表现为缓慢的上升趋势，TP 中溶解性磷酸盐含量比较高（“七五”期间全国调查湖泊溶解性磷酸盐为 0.006～0.127mg/L，大部分湖低于 0.05mg/L)。

二、博斯腾湖底质中污染物的赋存形式

（一）博斯腾湖表层沉积物主要理化性状

1. 沉积物主要理化指标

于 2010 年 9 月、10 月及 2011 年 1 月连续对博斯腾湖大湖区有代表性的 7 个国控点采集

的底质进行TN、TP和氨氮等常规指标的研究，了解博斯腾湖内源污染状况，得出主要污染物的赋存方式和分布规律，见表2-24。

表2-24 2010年博斯腾湖表层沉积物常规理化指标

样品点位名称	pH值	TN/(mg/kg)	氨氮/(mg/kg)	TP/(mg/kg)
1	8.18	924.38	8.72	246.33
2	8.43	1661.25	Nd	244.21
5	7.82	1290.00	2.06	172.60
7	8.02	1608.75	Nd	167.02
11	8.32	1212.19	9.78	210.68
14	8.59	708.75	13.13	282.70
15	8.23	1005.94	21.81	239.23
全湖平均	8.23	1201.61	7.93	223.25

注：Nd表示未检测出。

研究发现：博斯腾湖沉积物的pH值介于7.82～8.59之间，平均值为8.28。沉积物的TP含量介于167.02～282.70mg/kg之间，平均值为223.25mg/kg。较2007年数据有显著升高。沉积物的TN含量介于708.75～1608.75mg/kg之间，平均值为1201.61mg/kg。沉积物的氨氮含量介于0～21.81mg/kg之间，平均值为7.93mg/kg。

对大湖区营养盐水平分布进行综合分析：黄水沟区7#点含量显著高于其他点，TP的含量也最高，其原因是7#点位于黄水沟入湖口，黄水沟水质主要是生活污水和集中在4～10月份排放的农田排水，水中的污染物大多在入湖口处沉积，造成沉积物中TP和有机质含量较高。小湖的各项指标虽然也高于全湖的平均值，但小湖的环境状况与大湖有明显的区别，小湖区广泛分布水生高等植物，湖底常年淤积物多，有机质多为水草等的腐解物质，而受进水水质的影响小，属于内源性污染类型。

2. 沉积物营养物质释放速率

利用柱状底泥样品的模拟现场实验，研究底泥中营养物质释放，确定出博斯腾湖的底泥中盐类营养物的释放速率[mg/(m²·d)]。用柱状采样器从湖中采回样品，以近似现场的环境条件进行模拟实验，从水中营养物的变化计算得出释放速率（见表2-25）。

表2-25 沉积物营养物质的释放量及平均释放速率

时间/d	COD_{Cr}/(mg/L)	氨氮/(mg/L)	TN/(mg/L)	TP/(mg/L)	可溶磷/(mg/L)
0	9.45	0.07	0.67	0.002	0.0
1	16.72	0.43	1.99	0.055	0.013
2	20.36	2.04	3.44	0.092	0.018
3	27.64	2.48	3.88	0.081	0.025
平均释放速率/[mg/(m²·d)]	1.09	0.21	0.19	0.0026	0.0012

2010年博斯腾湖平均水位为1045.59m，水面面积为938.0km²，在此水文条件下，沉积物每年向水体释放营养盐的量见表2-26。

表 2-26 沉积物营养物质的年释放量

释放营养盐	平均释放速率/[mg/(m²·d)]	年释放量	
		kg/a	t/a
COD_{Cr}	1.09	373183.30	373.18
氨氮	0.21	71897.70	71.90
TN	0.19	65050.30	65.05
TP	0.0026	890.16	0.89
可溶磷	0.0012	410.84	0.41

根据湖泊富营养化研究报告数据显示：近年来全湖 TN 年平均沉积量为 153.0t/a，TP 年平均沉积量为 3.58t/a。结合释放试验，博斯腾湖底质中氮的释放占年均沉积量的 42.5%，磷的释放只占年均沉积量的 11.5%。

(二) 博斯腾湖沉积物中磷的赋存形式及其分布规律

总磷包括无机磷和有机磷 2 大部分。无机磷又可分为与钙、镁、铁，铝等结合的磷酸盐；有机磷往往以核酸、植素以及磷脂等为主，而这些不同形态的磷在其释放特征、生物有效性以及对湖泊富营养化的影响等诸多方面都存在很大差别。

1. 分析方法

出于研究方法和目的的需要，湖泊富营养化调查规范规定，将沉积物中的磷形态分为 6 种，即可交换的溶性磷（Ex-P）、其他溶解磷（P-sol）、钙磷（Ca-P）、铝磷（Al-P）、铁磷（Fe-P）和闭蓄态磷（Oc-P），磷的形态分析采用连续分级提取。

2. 分析讨论

(1) 表层沉积物中总磷的量及分布规律。

于 1988 年、2002 年、2010 年分别对博斯腾湖表层沉积物进行了测定，博斯腾湖底质沉积物中总磷的分布特征见图 2-73 和图 2-74。

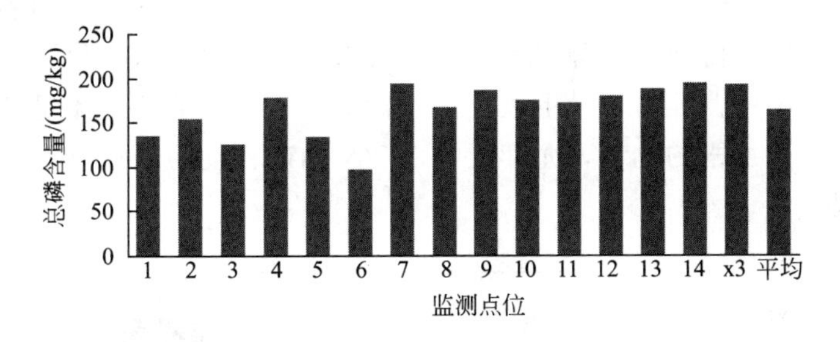

图 2-73 2010 年博斯腾湖表层沉积物中总磷含量

博斯腾湖表层沉积物中 TP 含量除 6# 点（大湖东北岸）明显低以外，其他各采样点的含量都在 126～194mg/kg 之间，7# 点（黄水沟进水区）和 14# 点（开都河入湖口）最高，与水体中的 TP 含量分布一致；7# ～14# 点在湖区的西岸，是各条农田排水干渠的入湖口，不定期通过扬水将农田排水排入湖中，因此这些点位受农田排水的影响比较大，长期的入湖-沉积作用使得该区域 TP 的含量明显高于受人为活动影响较小的扬水站及湖心区。

和国内其他湖泊表层沉积物中磷含量（见图 2-75）比较可以发现，博斯腾湖的 TP 含量显著低于其他湖泊。

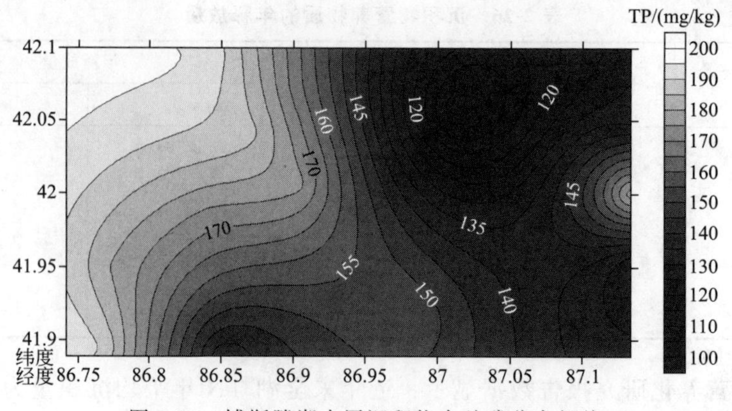

图 2-74　博斯腾湖表层沉积物中总磷分布规律

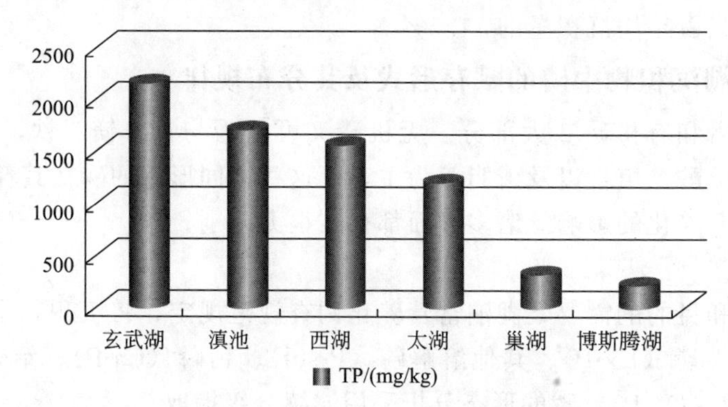

图 2-75　国内湖泊表层沉积物中 TP 含量对比

通过 1988～2010 年间 3 次对博斯腾湖表层沉积物的研究进行对比（见图 2-76）发现近几年博斯腾湖表层沉积物 TP 含量逐年递增，且近年来增速加快。进入 20 世纪 80 年代以来，随着焉耆盆地工业生产的不断发展，工业废水、生活污水以各种形式排入博斯腾湖，带入大量的 TN、TP 等污染物；同时灌区大量使用化肥、农药，致使氮、磷等营养元素流失随排水入湖；加之近年来博斯腾湖降水减少、蒸发量大，使得湖水含盐量迅速上升，沉积在湖底，造成表层沉积物中营养盐含量迅速升高。同时，受焉耆盆地不合理开发造成的影响，博斯腾湖污染有进一步加剧的趋势，尤其近年来 TN 和矿化度污染加重，未来可能的内源污染问题应引起重视。

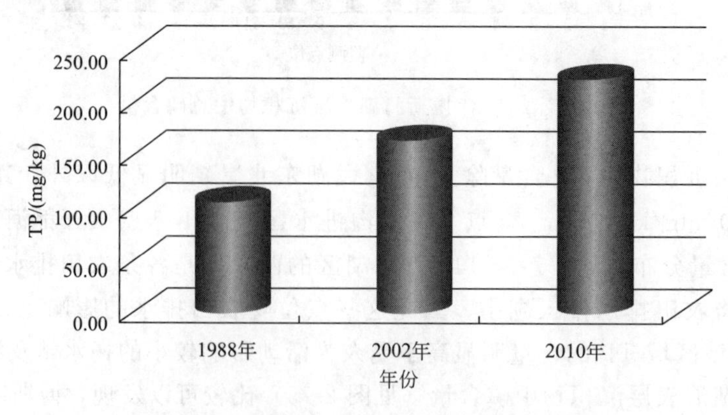

图 2-76　博斯腾湖表层沉积物总磷含量变化

（2）表层沉积物中磷的形态分布特征。

选择4#点、13#点和位于博斯腾湖小湖芦苇区的x3点进行磷形态分析（见表2-27）。结果表明：沉积物不同样本间的差异不大，各种相态无机磷的相对含量没有发生显著的变化。Ca-P含量所占百分比很高，明显高于其他形态的磷，Al-P次之，Fe-P的含量最低，Ca-P和Al-P是无机磷的主要形态。各点不同形态磷的含量比较有着同样的规律：Ca-P＞Al-P＞P-sol＞Ex-P＞Fe-P。

分析原因：Ca-P含量所占百分比很高，这与我国北方和西北方碱性和中性母质中含有大量碳酸盐有关。Fe-P含量低，可能是因为沉积物或水体pH值偏低，有利于其从其他形态中释放出来。绝对数值比较发现，13#点因受到入湖河道和农田排水干渠的影响大于4#点，因此除Al-P外，其他形态磷的含量13#点大于4#点。x3点在博斯腾湖小湖区的平台处，博斯腾湖的小湖区是我国最大的芦苇造纸原料基地之一，常年的水生植物在湖底的沉积和小湖区观光旅游的开发使x3点各形态磷的含量大于相对清洁的4#点。靠近农田干渠排水口和入湖口处Ex-P、其他溶解磷P-sol的含量明显高于非排污口处，说明Ex-P和其他溶解磷P-sol可以作为判断博斯腾湖沉积物质量的指标之一。

表2-27　博斯腾湖表层沉积物中的磷形态　　单位：mg/kg

样本号	可交换磷（Ex-P）	其他溶解磷（P-sol）	铝磷（Al-P）	铁磷（Fe-P）	钙磷（Ca-P）	闭蓄态磷（Oc-P）
4	1	2.1	9.3	0	75.4	0
13	2.4	3.4	5.7	1.1	101.2	3.5
x3	7.4	5	9.9	0	94.8	1.6

（3）表层沉积物中磷的环境意义。

相关研究表明，多数湖泊的初级生产力受磷的限制，湖泊中生物可利用磷的水平成为诱发富营养化的关键因素。近年来由于农田排水、工业废水及生活污水的排放，以及湖泊水生生物死亡残骸等各种来源的氮、磷大量进入博斯腾湖，通过一系列的物理、化学和生物作用，其中一部分逐渐沉积于湖底，形成内负荷，随着湖泊外部环境条件发生变化，又将会从沉积物中释放出来，并随着浓度梯度的变化进入上覆水中，进而引起内源污染，延续湖泊的富营养化。

范成新、侯立军等的研究表明，在低pH值时，不利于沉积物内源磷的释放，高pH值能够促进内源磷的释放，这是因为水体中pH值影响了磷的赋存形态，水体偏酸性时，磷主要以$H_2PO_4^-$形态存在，而水体偏碱性时，则以HPO_4^{2-}形态存在。当磷以$H_2PO_4^-$为主要形态存在时，沉积物吸附作用最大，因而不利于磷的释放，高pH值时有利于磷酸根离子从沉积物中发生解吸，而使更多的内源磷释放到上覆水中。博斯腾湖水体偏碱性，有利于沉积物中磷向上覆水中释放，具备导致水体富营养化的条件。因此，当外源磷负荷得以控制，博斯腾湖沉积物中的内源磷负荷也将会对其富营养化进程产生一定程度的影响。

（三）小结

（1）博斯腾湖底质中TP的分布受人为活动及入湖各排污渠的影响较大，呈现出由西向东TP含量递减的趋势。

（2）表层沉积物中各形态磷的空间分布特征，不仅与各自环境地球化学行为有关，更重要的是受人类排污强度的地区差异性控制。沉积物中形态磷含量与沉积物中细颗粒含量关系密切，大部分采样点表现出沉积物粒径越小，各形态磷含量也越高的特征。

(3) 博斯腾湖各采样点表层沉积物中磷的赋存形态有着同样的规律：Ca-P＞Al-P＞P-sol＞Ex-P＞Fe-P，Ca-P 和 Al-P 是无机磷的主要形态。

(4) 靠近农田干渠排水口和入湖口处 Ex-P、P-sol 的含量明显高于非排污口处，说明 Ex-P 和 P-sol 可以作为判断博斯腾湖沉积物质量的指标之一。

(5) 当外源磷负荷得以控制，博斯腾湖沉积物中的内源磷负荷对其富营养化进程将会产生一定程度的影响。

第三章　博斯腾湖水、盐及污染物时空分布规律及演化趋势模拟

第一节　博斯腾湖水资源量收支及平衡

湖泊是一个有收入水量也有支出水量的水体，在收入大于支出的年份，湖泊年平均水位上升，反之则下降。多数内陆湖泊在天然状态下收支基本平衡，湖水位在一定变幅内变动，多年平均湖水位保持在一个比较稳定的数值。

天然状态下，湖泊的水量平衡方程为：

$$P+R_s+R_g=E+Q_s+Q_g\pm\Delta V \tag{3-1}$$

式中　P——湖面降水量，10^8m^3；

R_s——入湖地表径流量，10^8m^3；

R_g——入湖地下径流量，10^8m^3；

E——湖面水面蒸发量，10^8m^3；

Q_s——出湖地下径流量，10^8m^3；

Q_g——出湖地下径流量，10^8m^3；

ΔV——计算时段内湖水储量的变量，10^8m^3。

根据博斯腾湖水循环特点，可以将博斯腾湖水循环概化如图 3-1 所示。

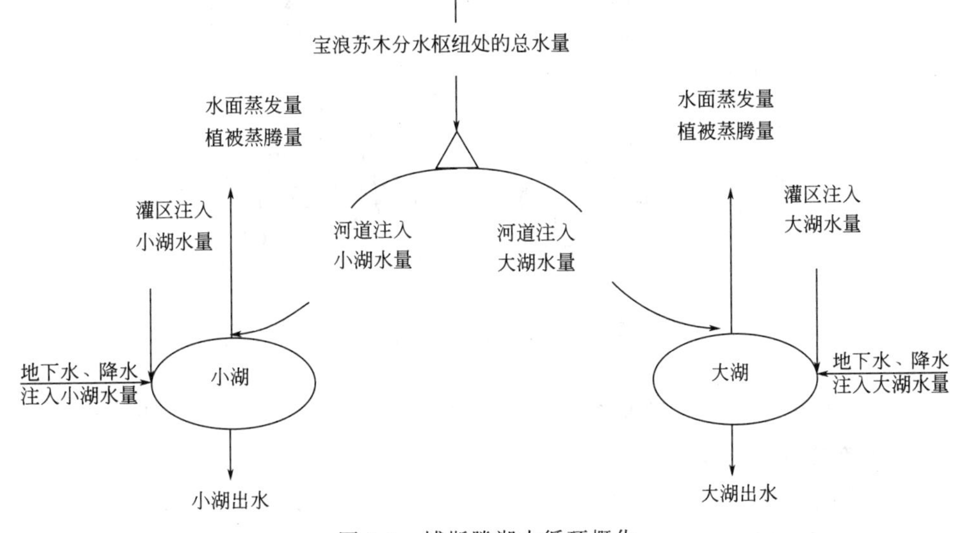

图 3-1　博斯腾湖水循环概化

其水量平衡方程表示为下式：

大湖排出水量＝河道注入大湖水量＋灌区排水汇入大湖水量＋地下水降水补给大湖水量－大、小湖水分交换量－大湖植被蒸腾量±大湖蓄水变化量　(3-2)

小湖排出水量＝河道注入小湖水量＋灌区排水汇入小湖水量＋地下水降水补给小湖水量＋大、小湖水分交换量－大湖植被蒸腾量±小湖蓄水变化量　(3-3)

宝浪苏木分水枢纽处的总水量＝河道注入大湖水量＋河道注入小湖水量　(3-4)

孔雀河的来水由博斯腾湖大湖区泵站扬水、小湖区达吾提闸放水和解放一渠来水等3部分组成，则孔雀河的来流量可表示为下式：

孔雀河塔什店水文站处的入流量＝博斯腾湖大湖区泵站扬水×$(1-R_B)$＋小湖区达吾提闸放水×$(1-R_L)$＋解放一渠来水×$(1-R_C)$　(3-5)

式中　R_B、R_L、R_C——各水量从出口到塔什店水文站的损失率。

由博斯腾湖水循环与盐分迁移特点分析知，可以通过改变解放一渠引水量、开都河东（西）支入湖水量、泵站扬水量及达吾提闸放水量来调节博斯腾湖大、小湖区的水位和水质。增大解放一渠的引水量必将减少开都河入湖淡水量，因此一般情况下不改变解放一渠的引水状况。开都河东、西支入湖水量通过宝浪苏木分水枢纽调节，设定东、西支的分水比例为ρ，则博斯腾湖大、小湖区水量变化由ρ和宝浪苏木分水枢纽处的总水量、大湖出水量、小湖出水量4个变量调控。

一、大湖区的逐年水量估算与水量平衡年际变化

（一）湖区水量估算

1. 湖区降水量

博斯腾湖地区降水量稀少，降水年际变化大，年内分配不均，5～9月份多年平均降水量占全年的79%以上，其中7月降水量最大，约占全年总量的22%，多年平均降水量为(75.26±34.04)mm。湖面多年平均降水补给量为$0.73\times10^8m^3$（1955～2009年）、$0.83\times10^8m^3$（1982～2009年）（见图3-2）。

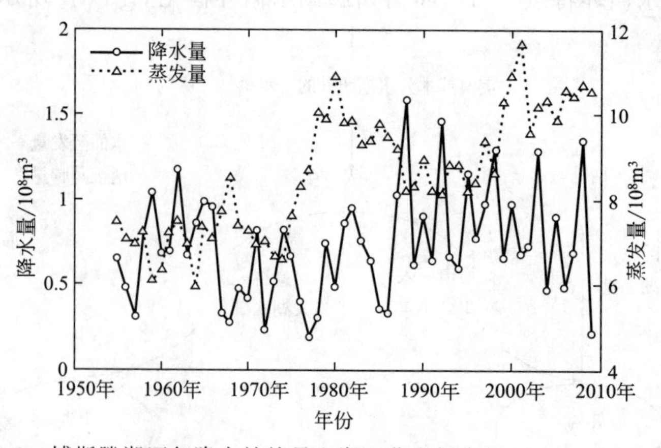

图3-2　博斯腾湖逐年降水补给量和湖面蒸发耗水量（1955～2009年）

2. 湖区水面蒸发耗水量

博斯腾湖地区蒸发皿（E20）数据表明，博斯腾湖的蒸发主要集中在4～8月份，其蒸发量约占全年的72%以上，多年平均蒸发量为（2190.89±370.27)mm。把蒸发皿观测值换

算为水面蒸发，可求得湖面年平均蒸发量，对应于1955～2009年、1982～2009年期间分别为$8.62\times10^8m^3/a$和$9.50\times10^8m^3/a$。

3. 河流水量

1958～2009年间，开都河东支直接入湖河水平均水量为$13.5\times10^8m^3/a$，1982～2009年间为$15.9\times10^8m^3/a$。博斯腾湖唯一出水口位于博斯腾湖西南角-博斯腾湖扬水泵站，1982年投入运行，出湖水量受人为控制，1982～2009年平均出湖水量为$8.0\times10^8m^3/a$。

4. 湖区蓄水量变化

1956～2009年期间的51年中，大湖区年内的湖区水量增量计算结果表明：1956～2009年平均蓄水量变化量为$-0.80\times10^8m^3/a$、1982～2009年为$-0.63\times10^8m^3/a$（见图3-3）；但个别年份湖区蓄水量变化幅度很大，如1983～1986年湖区蓄水量连续呈负值，仅1986年一年湖水体积减小了$8.97\times10^8m^3$；而2002年为丰水年湖区水量增加了$7.74\times10^8m^3$，之后从2003年起至2009年的湖水水位持续下降，7年间湖区蓄水量累计减少$33.45\times10^8m^3$。

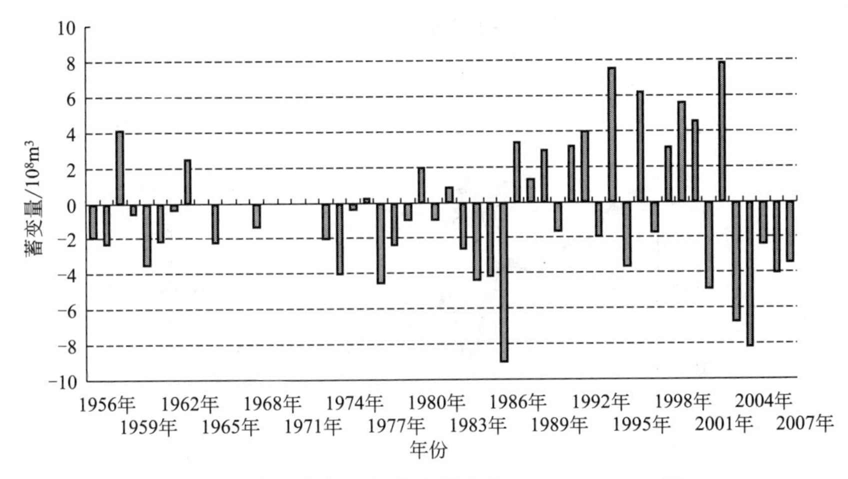

图3-3 博斯腾湖逐年蓄水量变化（1956～2009年）

（二）湖区逐年水量平衡分析研究

据1982～2009年期间博斯腾湖湖区的水量系统估算，平均入湖的地表径流量为$15.9\times10^8m^3$，降水量为$0.83\times10^8m^3$，西泵站出湖水量为$8.02\times10^8m^3$，蒸发量为$9.50\times10^8m^3$，蓄水量变化量为$-0.63\times10^8m^3$。由水量平衡方程推知：大湖的残差水量（残差水量＝地下径流量＋渠道排水量＋计算误差）多年均值为$-0.16\times10^8m^3/a$；其中2000～2003年的残差水量值高达$+9.87\times10^8m^3$（见图3-4）。

其原因有以下几方面。

1. 潜水蒸发

2000～2003年博斯腾湖呈高水位，这4年湖水水位均在1048m以上，2002年达到了近60年来的最高水位1048.65m，湖面面积也达到了最大值$1000.45km^2$，随着湖水高水位运行，地下水位也持续升高，潜水蒸发量剧增。

2. 植被耗水增强

该期间湖区及其周边植被生长茂盛，植被蒸腾作用的增强，也会增加耗水量。

3. 湖水与周边地下水互补关系

由图3-5可知，2006年以来地下水位高于博斯腾湖水位，地下水向湖水补给。但在

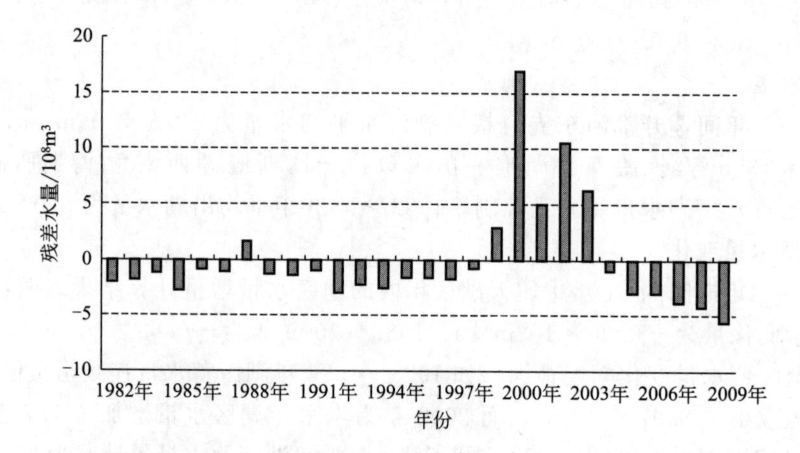

图 3-4 博斯腾湖大湖区残差水量逐年变化（1982～2009 年）

注：残差水量＝地下水＋渠系排水＋估算误差

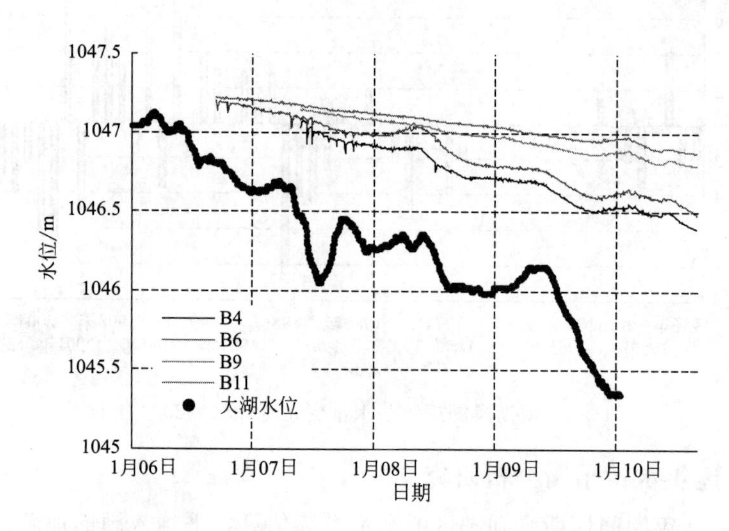

图 3-5 大湖水位与南岸周边地下水逐日水位（2006～2010 年）

注：B4、B6、B9、B11 为博斯腾湖南岸地下水水位钻孔监测断面

2000～2003 年期间，大湖水位可能高于近湖岸地区的地下水位，湖水向周围地下水补给。

4. 大、小湖区水渗流

在 1999～2005 年期间，小湖水位均低于大湖水位。因水位之差，湖区水量可能由大湖向小湖渗流。

5. 估算误差

1990 年后博斯腾湖水文站气象观测撤销，1990～2000 年的气象数据是由博湖县气象站数据替代，2000～2009 年的数据是由焉耆、和静、和硕 3 气象站数据线性插值和均值替代法求得，因此以此为基准的数据计算出来的结果可能存在一定误差。

二、大湖区水量平衡的季节变化

首先估算出入湖区的河流、水渠的水量；再根据水量平衡原理，利用水平衡方程式推算湖区的地下水补给量；从而确立水量平衡的季节变化，并由此得出下列结果。

（1）地表水直接入湖水量由开都河水量和排水渠水量两部分组成。开都河入湖水量高峰期为夏季，其他季节主要受引水工程等人为水量调控；水渠排水量的季节变化则取决于灌溉引用水量和植被实际耗水量。

（2）湖区全年降水量为 75.5mm/a，但由于博斯腾湖地处极端干旱区，降水难以形成地表径流，仅直接降于湖面的雨水才能对湖水起到补给作用，折算水量为 $0.72\times10^8m^3/a$。

（3）地表水出湖水量的唯一出口为博斯腾湖东南隅扬水泵站，同期全年出湖水量为 $5.94\times10^8m^3$，各月调出水量取决于下游需水量，季节变化不明显。

（4）博斯腾湖水位的季节变化 4 月最高，之后水位逐月下降，至 11 月达最低值，水位最大降幅 0.39m，湖区储水量于暖季期间（4～10 月）减少了 $3.99\times10^8m^3/a$、冷季期间（11～次年 3 月）增加了 $1.6\times10^8m^3/a$。

（5）湖面全年蒸发量大致相当于同期的开都河入湖水量（$9.6\times10^8m^3$）。湖水蒸发季节变化十分明显，暖季（4～10 月）的蒸发量最大，占全年的 77.7%（752mm）。

（6）由于地下水的季节变化，周边地区地下水与湖区各月互补水量总和为 $5.3\times10^8m^3/a$，而全年净入湖水量仅为 $0.50\times10^8m^3/a$。

三、水量平衡分析

1958～2009 年（A 时段）、1958～1981 年（B 时段）和 1982～2009 年（C 时段）3 个时段中博斯腾湖水量平衡要素见表 3-1。

表 3-1　博斯腾湖水量平衡要素　　单位：10^8m^3

时段	收入		支出		蓄水量变化	残差水量
	入湖河水 *RI*	降水量 *PI*	出湖水量 *RO*	蒸发量 *EO*	ΔV	ΔVX
B 时段	10.68	0.64	3.38	7.78	－0.92	1.08
C 时段	15.90	0.83	8.02	9.50	－0.63	－0.16
A 时段	13.49	0.74	5.88	8.70	－0.74	0.39

（1）1958～2009 年期间（A 时段），出湖总水量大于入湖总水量，平均每年湖水减少 $0.74\times10^8m^3$，湖水面积缩小 $1.33km^2$，水位下降 4.06mm，残差水量 $0.39\times10^8m^3$。

（2）1958～1981 年期间（B 时段），出湖总水量略小于入湖总水量；湖水体积平均每年减少 $0.92\times10^8m^3$，湖水面积由 1958 年的 $992km^2$ 变为 1981 年的 $956.98km^2$，残差水量 $1.08\times10^8m^3$。

（3）1982～2009 年期间（C 时段），出湖总水量大于入湖总水量，平均每年湖水减少 $0.63\times10^8m^3$，湖水面积由 1982 年的 $961.16km^2$ 变为 2009 年的 $923km^2$，残差水量 $0.16\times10^8m^3$。

（4）以 1982 年为界，B、C 前后两段时间相比，水量平衡各要素均呈上升趋势，其中入湖河水与出湖水量增幅较大，这与 1982 年解放一渠的停用，扬水泵站的修建有直接关系。1982 年开始，解放一渠停止使用，增加了开都河东支入湖水量，同时扬水泵站投入运行，致使泵站出湖水量大大增加，并且 1999 年开始的塔河综合治理工程也是泵站出湖水量增加的原因之一。

(5) 1958～2009 年期间博湖逐年残差水量（ΔVX）(见图 3-6) 显示：残差水量总体呈现下降、上升、下降的变化趋势。大致可以分为 4 个阶段：A 阶段为 1958～1965 年（1962 年除外），$\Delta VX>0$；B 阶段为 1973～1998 年（1973 年、1974 年除外），$\Delta VX<0$；C 阶段为 1999～2003 年，$\Delta VX>0$；D 阶段为 2004～2009 年，$\Delta VX<0$。

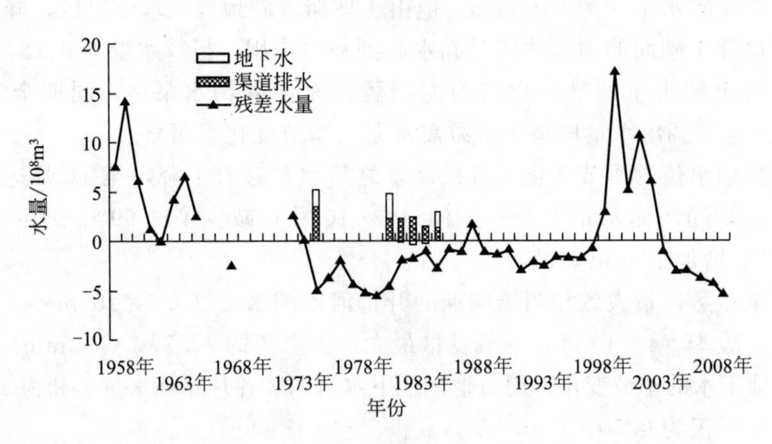

图 3-6　博斯腾湖逐年残差水量（1958～2009 年）

四、小结

(1) 影响博斯腾湖水量平衡的要素为开都河东支入湖水量、扬水泵站出湖水量、降水量、蒸发量、农田灌渠排水量、地下径流量。研究期间，降水量、蒸发量、开都河东支入湖水量与扬水泵站出湖水量各要素季节变化均比较明显，降水量较少，年际变化不大，蒸发量与扬水泵站出湖水量均逐年呈波动上升趋势，东支入湖水量年际变化较大。

(2) 1958～1981 年期间与 1982～2009 年期间两段时间的水量平衡情况相比，水量平衡各要素均呈上升趋势，其中入湖河水与出湖水量增幅较大。1982 年修建了扬水泵站，大湖直接通过泵站把水引到小湖区，再通过达吾提闸输水给孔雀河，扬水泵站的使用使大湖区地表出湖水量大幅提升；与此同时解放一渠停止使用，而这也增加了入湖地表水量。

(3) 就各要素在水量平衡中所占的比例来说，水量变化主要受开都河东支入湖水量、扬水泵站出湖水量以及蒸发量的影响，而这与气候变化和人类活动密切相关。东支入湖水量下降主要原因就是焉耆盆地农业灌溉用水的大幅度增加致使开都河的引水量大增；开都河径流量偏枯也是入湖水量减少的原因之一。自 1982 年扬水泵站投入使用后，出湖水量受人为控制，较 1982 年之前（1958～1981 年期间年均 $3.38\times10^8m^3/a$）相比，出湖水量迅速增加，1982～2009 年年均为 $8.02\times10^8m^3/a$。

(4) 1958～2009 年期间，残差水量年际变化较大，波动范围为（-5.62～16.96）$\times10^8m^3/a$。其中 A、C 2 个阶段，未知水量大于 0，且个别年份尤其偏大。B、D 阶段，未知水量小于 0。残差水量变化的主要原因包括：①地下水位升高、潜水蒸发量增加；②植被蒸腾作用带走水分；③博湖水位高低变化导致与博湖与地下水进行互补；④农田灌渠排水。综上所述，水量平衡研究结果显示残差水量年际变化较大，博斯腾湖水量变化主要受到开都河东支入湖水量、扬水泵站出湖水量以及蒸发量的影响。

第二节　焉耆盆地的盐量收支与平衡

一、盆地盐量来源与数据基础

焉耆盆地的盐分源于外围山区成土母质中易溶矿物质，经过淋溶作用后，再由地表径流和地下水带入盆地。长期以来盆地内处于积盐过程，在大面积改土治碱之前，盐分大多贮存在土体内，尤其在湖滨地带（参见《博斯腾湖保护治理和资源开发规划》，1984 年）。对于现代焉耆盆地而言，由于山区地表受水土开发活动的干扰较小，汇入河流水体的矿化度较稳定（见图 3-7），故逐年输入盐量大小仍主要取决于河流出山径流量大小。

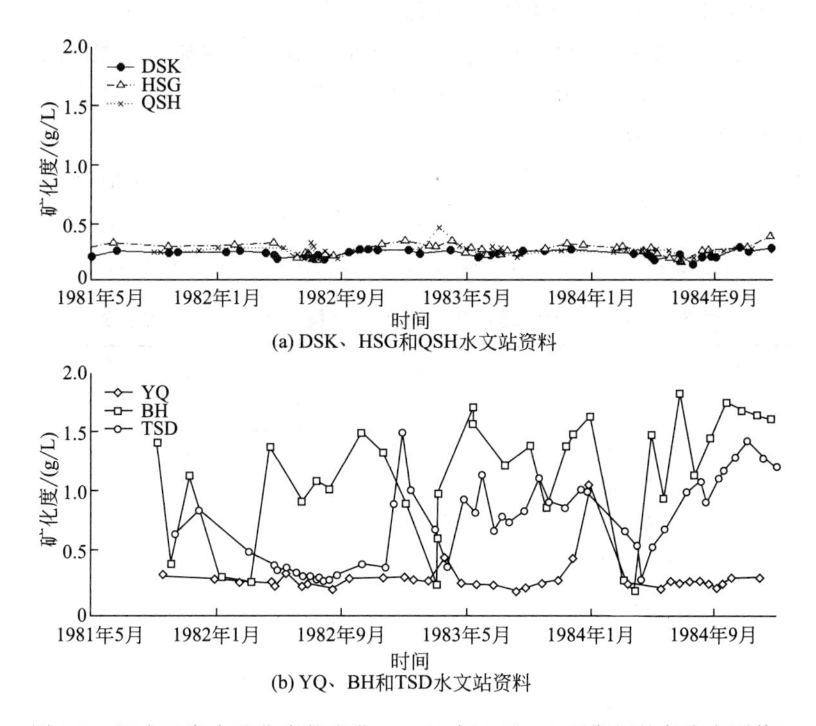

(a) DSK、HSG和QSH水文站资料

(b) YQ、BH和TSD水文站资料

图 3-7　河水及湖水矿化度的变化（1981 年 5 月～9 月期间的各次实测值）

盆地中盐量排出的唯一出口是河流孔雀河。孔雀河（塔什店水文站）流量和矿化度，不仅受湖水水位、湖水循环因素的影响，而且还与人为水利设施密切相关。以盆地输出河流-孔雀河塔什店水文站水量资料为逐年观测数据，其河水矿化度仅有 1981～1984 年期间大山口（DSK）、焉耆（YQ）、黄水沟（HSG）、清水河（QSH）、博斯腾湖（BH）和塔什店（TSD）6 个站的实测资料，由图 3-7 可知二者的观测值均有较大的年际波动。尽管输出河流的水量有逐年观测数据，但由于矿化度不稳定、又无逐年监测数据，因此估算盆地长时间序列的逐年输出盐量仍十分困难。

二、焉耆盆地的盐量收支

1. 河流带入盆地的盐量

利用现有矿化度数据，可计算汇入河流带入盆地的盐量各年变化（见图 3-8）。

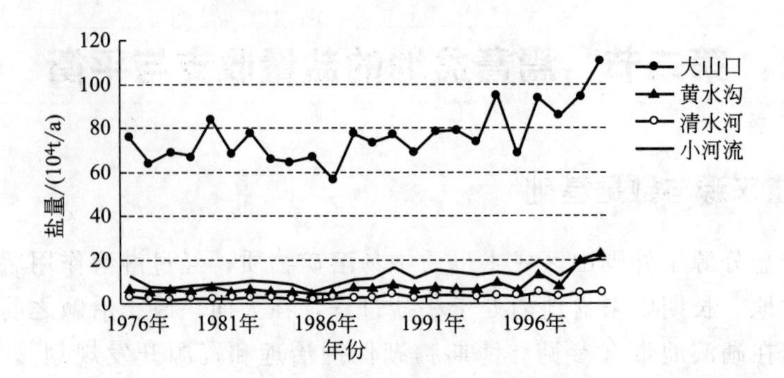

图 3-8 1976～1999 年期间河流带入盆地盐量的年变化

计算结果表明：1976～1999 年河流带入盆地的盐量平均为（99.6±21.0）$\times10^4$ t/a，其中 88% 源于开都河、黄水沟、清水河 3 条主要河流。由于河水矿化度相对稳定，其盐量的年变化主要取决于河流流量的变化，变化幅度可达（72～160）$\times10^4$ t/a。

2. 地下水带入盆地的盐量

地下水带入盆地的盐量由两部分组成（见表 3-2）：一是山谷地下水，其矿化度为 0.28g/L，带入盐量为 1.5$\times10^4$ t/a；二是侏罗纪地层中的地下水，矿化度为 3.0g/L、带入盐量为 4.4$\times10^4$ t/a；二者合计约 5.8$\times10^4$ t/a，远远小于河水带入的盐量。

表 3-2 焉耆盆地的河水和地下水的水量、矿化度及盐量收支

项目	河流	年均流量±δ /($\times10^8$ m³/a)	矿化度 /(g/L)	盐量 /($\times10^4$ t/a)
主要流入河流①	开都河	33.26±12.52	0.23	76.50±12.52
	黄水沟	3.10±1.76	0.26	8.06±4.59
	清水河	1.23±0.41	0.25	3.08±1.01
	年平均盐量	37.59	0.23	87.64
其他流入河流	乌拉斯台河	1.06	0.40	4.24
	惠水沟	0.21	0.44	0.92
	乌拉什塔拉沟	0.50	0.48	2.40
	泉水沟	0.30	0.40	1.20
	其他径流	0.65	0.62	4.03
	年平均盐量	2.72	0.47	12.79
地下水带入	山区河谷	0.53	0.28	1.48
	侏罗纪地层	0.15	3.00	4.35
	平均			5.83
流出河流②	孔雀河	12.52±3.11	0.51～1.08	106.5～130.87③
生物摄取盐量	芦苇带出			2.30

① 水量：1976～1999 年平均值；矿化度：1981～1984 年平均值。

② 水量：1954～2000 年平均值。

③ 1983～1985 年，1994～1996 年间盐量变幅。

3. 孔雀河带出盆地的盐量

据 1982～1985 年及 1994～1996 年的观测资料，孔雀河带出的盐量发生了如下变化：1975～1982 年使用解放一渠输水，导致出湖盐量偏小（如 1982 年河水带出盆地的盐量仅为

59.5×10⁴t)。1983年之后、扬水泵站输水工程代替了解放一渠向下游输水，使得入湖淡水和出湖湖水同时增加，还促进了湖水循环，盆地的出盐量呈增加趋势。1983～1985年、1994～1996年的6年期间通过塔什店水文站断面带出的盐量为（106.5～130.87）$\times 10^4$t/a（平均值为117.3$\times 10^4$t/a)(见表3-3和图3-9)。

表3-3 孔雀河（塔什店断面）带出焉耆盆地的盐量

年份	水量 /10^8m³	矿化度 /(g/L)	盐量 /10^4t
1982年	11.67	0.51	59.52
1983年	11.98	0.89	106.62
1984年	11.25	1.08	121.50
1985年	11.46	0.99	113.45
1994年	12.38	0.86	106.47
1995年	13.23	0.95	125.02
1996年	13.14	1.00	130.87

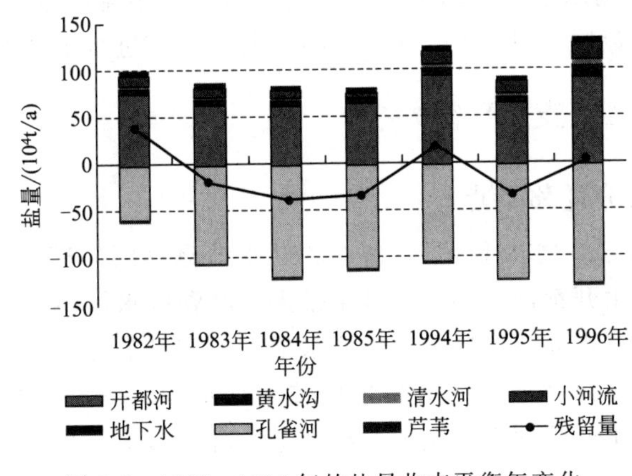

图3-9 1982～1996年的盐量收支平衡年变化

4. 生物收获带出的盐量

焉耆盆地是中国最大芦苇产地之一，芦苇收获带出的盐量约2.3$\times 10^4$t/a，其中从大湖区带出盐量约0.8$\times 10^4$t/a，小湖区带出盐量约1.5$\times 10^4$t/a，由此推算出生物带出的盐量平均值$SBE=2.3\times 10^4$t/a，暂且当作常量。

三、焉耆盆地的盐量平衡分析

1983～1985年与1994～1996年期间的6年，一方面由地表径流和地下水带入盆地的总盐量均值为106.3$\times 10^4$t/a；另一方面由孔雀河、芦苇收获带出盆地的总盐量为119.6$\times 10^4$t/a，由此推算盆地内积盐净增量为-13.3×10^4t/a，即呈排出盐量大于输入盐量的趋势。但若考虑输入盆地盐量的年际变化幅度，盆地积盐增量仍有“正负”交替现象呈现。

同上述情景比较，扬水泵站启用之前1975～1982年期间，盆地内的盐量平衡可能呈相反趋势。以1982年为例，从盆地内实际带出的盐分仅为61.8$\times 10^4$t/a，若不考虑输入盐量的年际变化，照此推知：焉耆盆地内积盐净增量将达到$+44.4\times 10^4$t/a。

第三节 博斯腾湖区盐量收支与盐量平衡

一、湖区盐量来源与数据基础

博斯腾湖大湖区盐量根本来源与盆地相同，即由周边山区成土母质经淋溶作用汇集于地表径流中，最终以河流或地下水形式带入湖区。然而，直接汇入湖区的盐量是由入湖河水、农田排水所带入的；由于盆地内部长期以来的积盐过程，尤其是近些年来绿洲内部的土地开垦、引水灌溉规模扩大，改土治碱工程实施，使得河流出山径流、地下水在入湖之前水量及矿化度均发生了较大变化。

开都河东支作为唯一能够直接入湖的河流，其水体矿化度数据以距入湖口最近的焉耆水文站（YQ 站）为依据，可获数据的观测期为 1981～1984 年；逐年水量资料可以利用宝浪苏木闸长序列的逐年水量记录值为依据。

1983 年开始孔雀河扬水泵站是湖区唯一的出水口，逐年流出水量可作为计算盐量输出的依据之一；但矿化度数据仅对 1981～1994 年期间的 11 年进行了观测。

二、博斯腾湖区盐量收支及平衡

（一）博斯腾湖盐分迁移特点

“盐随水来，盐随水去，水去盐留”，博斯腾湖水盐运移同样遵循这一有序的自然规律。大、小湖区的盐分主要由开都河水和灌区排水带入，经湖区水循环后，部分盐聚集于大湖区东南角，部分盐由泵站扬水和达吾提闸自然放水带走。相对于总入盐量，地下水、降水、沙尘等带入的盐分量很小，芦苇带走的盐分量也较小，而湿地蒸腾和湖区水面蒸发不带走盐分，因此湖水盐分变化主要受地表径流带入和带走的盐分影响。开都河东、西支入湖口水体矿化度一般在 0.3g/L 以下，约为灌区排水矿化度的 1/7。由此可知，当焉耆盆地灌溉面积及灌区建设稳定的情况下，亦即灌区排入湖区的水盐不会有太大的变化时，博斯腾湖水体的

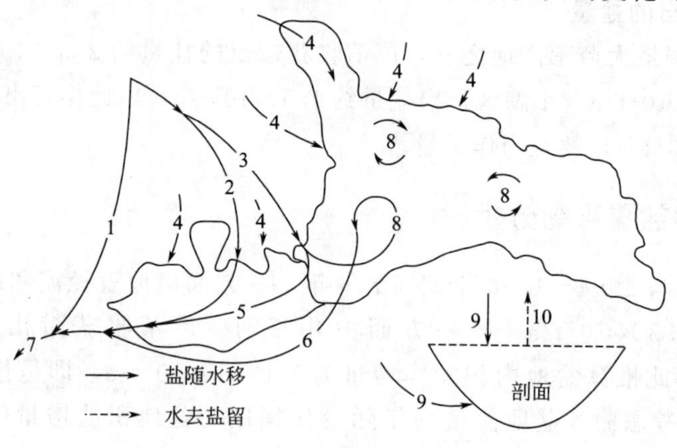

图 3-10 博斯腾湖水盐迁移示意

1—解放渠引水；2—开都河西支入流；3—开都河东支入流；4—灌区排水入湖；5—小湖区自然过水通道出流；6—泵站扬水输水干渠出流；7—汇入孔雀河；8—主导风向及扬水等形成的湖流；9—地下水（降水）入湖；10—水面蒸发和湿地蒸腾

盐浓度主要靠开都河水稀释，然后靠泵站扬水及开闸放水带走部分盐分。博斯腾湖水盐迁移示意如图 3-10 所示。

（二）博斯腾湖水盐平衡

1. 早期的水盐平衡

博斯腾湖曾长期是淡水湖，据现代观测资料推算，早期的博斯腾湖平均水位维持在 1049m 以上，大、小湖面积 $1800km^2$，其中大湖水面面积约 $1200km^2$。原始的博斯腾湖水盐平衡状况（指焉耆盆地无人类活动或人类活动影响微弱时）见表 3-4。

表 3-4　博斯腾湖早期水盐平衡

项目	入湖量						出湖量					变动量
	开都河	各小河	湖面降水	承压水	其他	小计	孔雀河	蒸散发	外渗	其他	小计	ΔW
水量/10^8m^3	32.00	3.90	1.20	0.60		37.70	20.70	13.30	0.70		37.70	0
矿化度/(g/L)	0.22	0.22	0	0.26		0.214	0.364	0	0.36		0.214	
盐量/10^4t	70.40	8.58	0	1.56	0	80.50	75.40	0	2.50	2.60	80.50	0

注：“其他”项目指湖内生物吸收转化及泥沙胶结沉淀盐量。

早期的博斯腾湖之所以能长期保持淡水湖特性，在于水盐吞吐的平衡及入湖水量均属低矿化淡水。早期博斯腾湖入湖水量较近数十年约多 50%，自湖吐入孔雀河的水量约为近期的 2 倍。该河之水流出铁门关，并与塔里木河汇合后注入罗布泊，哺育了闻名于世的楼兰文化，并使面积达数千平方公里的罗布泊延续至 20 世纪 70 年代才干涸。

2. 1955～1982 年的水盐平衡

1955～1982 年，博斯腾湖水量平衡见表 3-5。盐量平衡见表 3-6。

（1）水量平衡分析：本阶段，博斯腾湖大、小湖水量互通，所以将大、小湖在一起进行水量平衡分析。本阶段平均每年入湖水量比出湖水量少，为 $(26.2-26.7)\times10^8m^3=-0.5\times10^8m^3$。1955 年平均湖水位为 1048.32m，大、小湖合计贮水量为 $86.0\times10^8m^3$（其中小湖的储水量为 $20\times10^8m^3$）；到 1982 年平均水位为 1046.82m，大、小湖合计储水量为 $71.65\times10^8m^3$。28 年中湖水储量减少 $14.35\times10^8m^3$，平均每年减少 $0.51\times10^8m^3$。与水量平衡计算结果比较每年少 $0.01\times10^8m^3$，与进出湖水量和比较，相对误差为 0.01%，说明本阶段水量平衡基本符合实际。

（2）盐量平衡分析：该阶段，每年入湖盐量比出湖盐量多 35.8×10^4t，湖水处于积盐阶段。经过 28 年湖水内盐量增加为 $(275+28\times35.8)\times10^4t=1277\times10^4t$。1982 年平均湖水容积为 $71.65\times10^8m^3$，则计算应得湖水矿化度为 1.783g/L。此值正好处于 1981 年实测的 1.80g/L 和 1983 年实测的 1.75g/L 之间，并且盐量平衡差值与出入湖盐量比较，相对平衡差值仅为 0.01%，说明以上盐量分析结果基本正确。

3. 1983～1995 年的水盐平衡

1983～1995 年，博斯腾湖水量平衡见表 3-7。盐量平衡见表 3-8。

（1）水量平衡分析：本阶段由于西泵站扬水枢纽投入运行，大湖进出水道与小湖进出水道全部分开，所以大湖小湖分别进行水量平衡。小湖进出水量保持平衡，与实际储量变化相符。大湖平均每年多流出水量 $0.23\times10^8m^3$，1983 年大湖年平均湖水位为 1046.73m，湖内储水量为 $68.8\times10^8m^3$，到 1995 年，大湖平均湖水位为 1046.59m，湖内储水量为 $67.45\times10^8m^3$，共减少储水量 $1.35\times10^8m^3$，平均每年减少 $0.1\times10^8m^3$，与水量平衡计算的结果相差 $0.13\times10^8m^3$，相对于进出湖水量和，平均误差为 0.4%。

表 3-5 博斯腾湖 1955～1982 年 28 年间水量平衡（大、小湖合计）

入湖量/$10^8 m^3$							出湖量/$10^8 m^3$				湖水量平衡/$10^8 m^3$					
开都河	农田排水	降水	承压水	各小河	其他	小计	孔雀河	蒸散发	外渗	小计	年出入湖水量差	本时段初储水量	本时段末储水量	实测每年水量差	平衡差值	相对平衡误差
22.1	1.86	0.95	0.53	0.78		26.2	10.6	15.5	0.62	26.7	−0.5	86	71.65	−0.51	0.01	0.01

表 3-6 博斯腾湖 1955～1982 年 28 年间盐量平衡（大、小湖合计）

项目	入湖量/$10^8 m^3$							出湖量/$10^8 m^3$				盐量平衡/$10^8 m^3$					
	开都河	农田排水	降水	承压水	各小河	其他	小计	孔雀河	蒸散发	外渗	小计	年出入湖盐量差	本时段初湖水总盐量	本时段末湖水总盐量	实测每年盐量差	平衡差值	相对平衡误差
矿化度/(g/L)	0.28	2.03	0	0.26	0.35		0.396	0.565	0	1.30	0.258		0.32	1.783			
盐量/10^4t	61.9	37.8	0	1.37	2.73	6.17	103.8	59.9	0	8.06	68.0	35.8	275.2	1277	35.78	0.02	0.01

注：本表系大湖、小湖苇沼为一体计算结果。

表 3-7 博斯腾湖 1983～1995 年 13 年间水量平衡（大、小湖合计）

项目	入湖量/$10^8 m^3$							出湖量/$10^8 m^3$				湖水量平衡/$10^8 m^3$					
	开都河	农田排水	降水	承压水	各小河	其他	小计	孔雀河	蒸散发	外渗	小计	年出入湖水量差	本时段初储水量	本时段末储水量	实测每年水量差	平衡差值	相对平衡误差
大湖	13.7	1.44	0.91	0.52	0		16.57	7.50	8.94	0.36	16.8	−0.23	68.8	67.45	−0.10	0.13	0.4
小湖	6.94	0.46	0.34	0	0		7.74	3.60	3.92	0.22	7.74	0	1.2	1.2	0	0	0
大、小湖合计	20.64	1.90	1.25	0.52			24.31	11.1	12.86	0.58	24.54	−0.23	70.0	68.65	−0.10	0.13	0.3

表 3-8 博斯腾湖 1983～1995 年 13 年间盐量平衡（大、小湖合计）

项目	入湖量/$10^8 m^3$							出湖量/$10^8 m^3$				盐量平衡/$10^8 m^3$					
	开都河	农田排水	降水	承压水	各小河	其他	小计	孔雀河	蒸散发	外渗	小计	年出入湖盐量差	本时段初湖水总盐量	本时段末湖水总盐量	实测每年盐量差	平衡差值	相对平衡误差
矿化度/(g/L)	0.28	2.03	0	0.26	0.35		0.396	0.565	0	1.30	0.258		0.32	1.783			
盐量/10^4t	61.9	37.8	0	1.37	2.73	6.17	103.8	59.9	0	8.06	68.0	35.8	275.2	1277	35.78	0.02	0.01

(2) 盐量平衡分析：本阶段，大湖每年出湖盐量比入湖盐量多 18.4×10^4t，主要是人工扬水出流后，排出湖内矿化度较高的湖水较多。同时，入湖淡水量有所增加，促使大湖矿化度从 1986 年开始逐渐下降。1983 年大湖出水量为 68.8×10^8m^3，实测矿化度为1.75g/L，湖内总盐量为 1204×10^4t，经过 13 年到 1995 年，湖内盐量减少到 1204×10^4t$-13\times18.4\times10^4$t$=964.8\times10^4$t。1995 年平均大湖容积为 67.45×10^8m^3，则计算得到此时湖水矿化度应为 1.43g/L，只差 0.03g/L，相对误差为 2%，并且相对平衡误差仅为 0.94%，说明大湖盐量平衡基本正确。小湖进出湖盐量基本平衡，入湖比出湖每年多 0.07×10^4t，使小湖矿化度略有上升。到 1995 年，计算得小湖的矿化度为 0.855g/L，比实测 0.82g/L 多出 0.035g/L，平衡误差 4.2%。

4. 1996～2002 年的水盐平衡

1996～2002 年，博斯腾湖水盐平衡见表 3-9。本阶段博斯腾湖水盐平衡规律和前一阶段结论一致。

表 3-9 博斯腾湖 1996～2002 年水盐平衡

项目		入湖量						出湖量					变动量
		开都河	农田排水	降水	地下水	降尘	小计	大湖扬水出	小湖出流	蒸散发	生物作用	小计	ΔW
大湖	水量/10^8m^3	17.12	1.60	0.98			19.70	7.56		10.21		17.77	1.93
	矿化度/(g/L)	0.255	2.805					1.27		0			
	盐量/10^4t	43.62	44.88	0.30	−2.30	6.20	92.70	95.82		0	8.00	103.82	−11.12
小湖	水量/10^8m^3	7.54	1.26	0.38			9.18		6.00	3.95		9.95	−0.77
	矿化度/(g/L)	0.255	2.805						0.926	0			
	盐量/10^4t	19.21	35.34				54.55		55.52	0	15.00	70.52	−15.97
全湖	水量/10^8m^3	24.66	2.86	1.36			28.88	7.56	6.00	14.16		27.72	1.16
	矿化度/(g/L)	0.255	3.197					1.27	0.926	0			
	盐量/10^4t	62.83	80.22	0.30	−2.30	6.20	147.25	95.82	55.52	0	23.00	174.34	−27.09

5. 2003～2010 年的水盐平衡

2003～2010 年，博斯腾湖水盐平衡见表 3-10。本阶段，博斯腾湖矿化度升高主要原因是大湖来水量降低到历史最低水平，同时该阶段农田排水带入的盐量增幅较大，尽管大湖区扬水站出流量在增大，但仍不能抵消盐分的累积过程，导致矿化度增高。

表 3-10 博斯腾湖 2003～2010 年水盐平衡

项目		入湖量						出湖量					变动量
		开都河	农田排水	降水	地下水	降尘	小计	大湖扬水出	小湖出流	蒸散发	生物作用	小计	ΔW
大湖	水量/10^8m^3	13.11	3.80	1.00			17.90	10.04		10.45		20.49	−2.59
	矿化度/(g/L)	0.255	3.197					1.27		0			
	盐量/10^4t	33.40	121.49	0.30	−2.30	6.20	159.08	127.57		0	8.00	135.57	23.51
小湖	水量/10^8m^3	7.96	1.26	0.39			9.60		7.73	4.04		11.77	−2.17
	矿化度/(g/L)	0.255	3.197						0.926	0			
	盐量/10^4t	20.27	40.28				60.56		71.56	0	15.00	86.56	−26.00
全湖	水量/亿 10^8m^3	21.06	5.06	1.38			27.51	10.04	7.73	14.50		32.26	−4.75
	矿化度/(g/L)	0.255	3.197					1.27	0.926	0			
	盐量/10^4t	53.67	161.77	0.30	−2.30	6.20	219.64	127.57	71.56	0	23.00	222.13	−2.49

第四节　博斯腾湖咸化趋势数值模拟

上述盐量收支平衡直接分析法，通过各项盐量收支计算值，可直接反映湖水储盐量的来源和增量，在实际应用中较普遍；但此方法由于很大程度上受到地下水、农田排水监测难度的限制，还忽略了水面蒸发浓缩作用，缺少对各种因子相互作用的解析过程，难以揭示湖水咸化的机制与调控途径。因此，本研究以盐量平衡为基础，把影响湖水咸化的原因分解为水量、矿化度、水面蒸发等咸化因子，从物理机理上建立了一个湖水水质咸化数值分析模型，通过解析各因子之间的相互关系，定量地阐明不同时期各因子对湖水矿化度稳定性的影响，模拟推测博斯腾湖湖水在不同情景下可能出现的极值矿化度。

博湖流域的盐量收支可在盆地和博湖主湖区两个空间尺度上分别进行估算。

焉耆盆地内的盐量平衡方程式：

$$\Delta S_B = S_{BR} + S_{BG} - S_{BK} - S_{BE} \tag{3-6}$$

式中　ΔS_B——盆地内的积盐增量；

S_{BR}——河水带入盆地的盐量；

S_{BG}——地下水带进的盐量；

S_{BK}，S_{BE}——孔雀河、生物摄取的盐量（如芦苇收获带走的盐量）。

同理，湖区的盐量平衡方程式：

$$\Delta S_L = S_I - S_O - \delta \tag{3-7}$$

$$S_I = S_R + S_D + S_{pr} + S_{dt} + \delta S_G \tag{3-8}$$

$$S_O = S_P + S_E \tag{3-9}$$

式中　ΔS_L——湖水中积盐增量；

δ——湖底沉淀盐量；

S_I，S_O——入湖，出湖的盐量，其中 S_I 由河水、农田排水、降水、沙尘以及地下水带入湖区的净盐量，即 S_R、S_D、S_{pr}、S_{dt}、δS_G 组成，S_O 由湖水经扬水泵站带出的盐量（S_P）和湖区生物收获带出的盐量（S_E）组成。

湖水咸化原因是湖区水盐失衡和湖水蒸发浓缩作用。湖区水量由出入湖水量（V_I、V_O）、湖水蒸发量（V_e）以及湖水体积增量（ΔV_L）成分组成。湖区盐量收支不仅与水量有关，还受矿化度（C_I、C_O）制约（见图 3-11），此外还受降尘、降水、生物作用及湖水沉淀的影响。当湖区水盐收支量一定时，湖水矿化度（C_L）还与湖水蓄水量（V_L）有关。

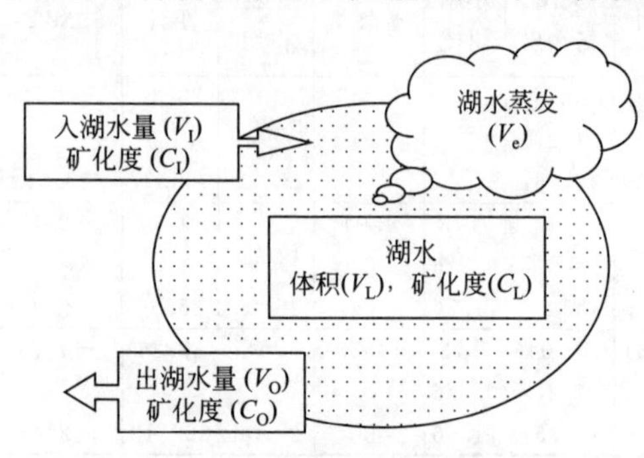

图 3-11　湖水咸化因子及其相互关系

如图 3-11 所示，设单位时间内湖水溶盐增量为 dS/dt，盐量平衡方程式（3-7）可改写为：

$$dS_L/dt = S_I - S_O - \delta \tag{3-10}$$

式（3-10）可写为：

$$\frac{dS_L}{dt} = (V_I C_I + S_{dt}) - (V_O C_O + S_E) - \delta \tag{3-11}$$

式中，V_I 的组成为河水流量 V_R、农田排水量 V_D、地下水净流入量 V_G 和湖区降水量 V_{pr}，

$$V_I = V_R + V_D + V_{pr} + V_G \quad (3\text{-}12)$$

式中，由于V_D、V_G无系统观测资料，无法直接估算V_I；但通过水量平衡计算方法，入湖水量V_I可由水面蒸发量V_e、出湖水量V_O和湖水增量ΔV_L计算得出：

$$V_I = V_e + V_O + \Delta V_L \quad (3\text{-}13)$$

另外，湖水可溶盐增量与湖水矿化度、湖底沉淀盐量之间有如下关系：

$$\frac{dS_L}{dt} = \frac{d(C_L V_L)}{dt} \quad (3\text{-}14)$$

将式（3-14）代入式（3-11）可得：

$$\frac{d(C_L V_L)}{dt} = C_I V_I - C_O V_O + (S_{dt} - S_E) - \delta \quad (3\text{-}15)$$

将式（3-15）分解展开，并把V_I表达式（3-13）代入式（3-15），再做$\Delta V_L = dV_L/dt$、$\lambda = 1/V_L$、$S_C = S_{dt} - S_E$ 的替换，整理可得：

$$\frac{dC_L}{dt} + \lambda C_L \Delta V_L = \lambda(V_e + V_O + \Delta V_L)C_I - \lambda V_O C_O + \lambda S_C - \lambda\delta \quad (3\text{-}16)$$

式中，C_O缺少实测资料，因而引入盐分交换率r概念如式（3-17）所示（其物理含义可认作湖水盐分混合程度）：

$$r = C_O / C_L (0 < r \leqslant 1) \quad (3\text{-}17)$$

再将r代入式（3.10），并暂且忽略湖底沉淀盐量δ，整理可得湖水咸化支配方程式：

$$\frac{dC_L}{dt} + C_L(\lambda \Delta V_L + \lambda r V_O) = \lambda[(V_e + V_O + \Delta V_L)C_I + S_C] \quad (3\text{-}18)$$

上式中将湖水平均矿化度C_L作为未知函数，S_C近似地看作是常数，其余变量均看作是时间t的已知函数，这样式（3-18）就是关于未知函数C_L的微分方程式。由于式（3-18）不仅可分析各咸化因子之间的定量关系及其湖水咸化原因，而且还可分析其各变量“关于时间的动态过程”。

基于湖水咸化方程式（3-18），建立可用于数值计算和模拟的“湖水咸化模型”，关键环节是确立不确定变量的参数值大小。在咸化方程式（3-18）中，若以“年”为单位时间（dt），则除了r和C_I两个不确定变量作为参数外，其他变量在1960～1999年期间都有观测数据。若得知r和C_I两个参数之一，则利用式（3-18）可推知另一个变量。对于C_I而言，其大小不仅取决于河水、农田排水以及地下水影响，而且无法推测其变化幅度，就目前的资料几乎不可能对其直接逐年推算。因此，首先考虑确立“盐分交换率r”的参数值，之后再推算C_I参数值变化范围。

1. 湖水盐分交换率 r

对于C_I而言，其大小不仅取决于河水、而且受农田排水以及地下水等的影响，就目前的资料几乎不可能对其直接推算；但是对于盐分交换率$r(r = C_O/C_L)$，根据1983～1994年期间的观测数据，发现r值较稳定，年际变化为$r = 0.69 \pm 0.06$（见图3-12），简便起见可近似地作为常量参数。

2. 入湖水体矿化度 C_I

把湖水盐分交换率作为常数$r = 0.70$，将1960年的$C_L = 0.38$g/L（C_L，1960）作为初期值（C_O），其他年份的C_L缺测值插值替代；其余变量均采用逐年资料，利用方程式（3-11）可反演推算入湖水体矿化度逐年值（见图3-13）。

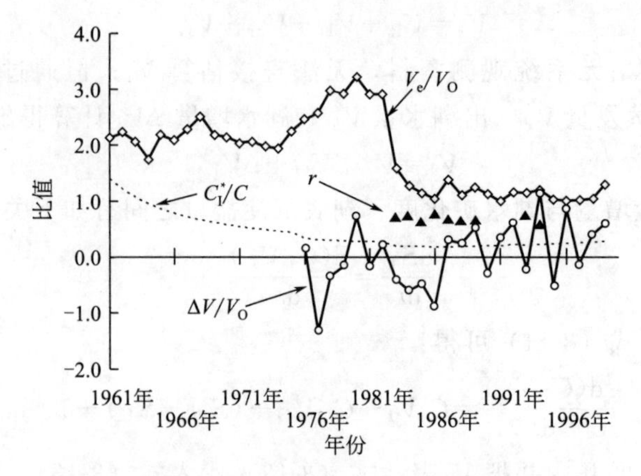

图 3-12　博斯腾湖的水量及矿化度比值的年变化

(C_I^* 分别为 $C_{I,A}=0.63$g/L，$C_{I,B}=0.49$g/L，$C_{I,C}=0.34$g/L)

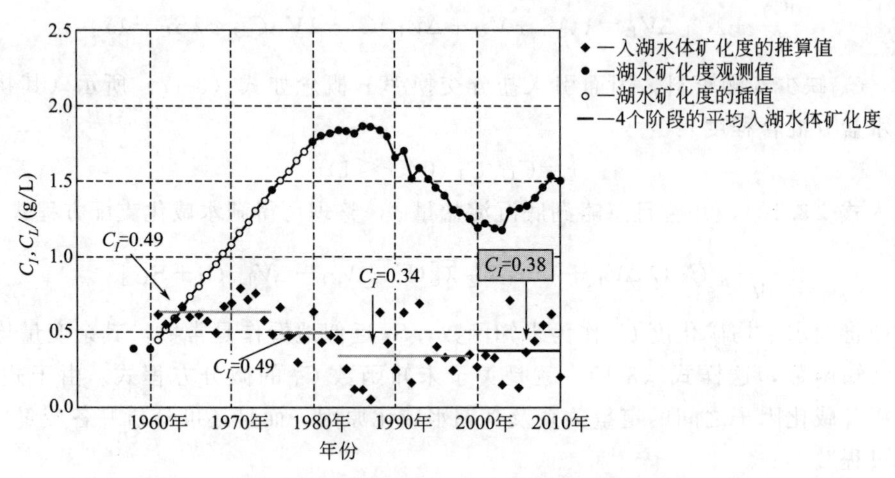

图 3-13　入湖水体矿化度（C_I）逐年计算值（1960～2010 年）

由于推算值受到各种观测值及推算值的误差的影响，其年际变化幅度较大，即 $C_I=(0.48\pm0.20)$g/L。但是就其多年平均来看，入湖水体矿化度的降低趋势。这里，将入湖水体的矿化度划分为以下 4 个阶段。

① 阶段 A（1960～1975 年）：推算的入湖水体矿化度其平均值 $\overline{C}_{I,A}=0.63$g/L。该时期是水文上的枯水年；并使用宝浪苏木分水闸引开都河之水入孔雀河；其间湖水水位较低，湖区流出的水量年平均流出量仅为 $\overline{V}_O=3.38\times10^8\mathrm{m}^3/\mathrm{a}$。

② 阶段 B（1976～1982 年）：推算的入湖水体矿化度其平均值 $\overline{C}_{I,B}=0.49$/L。使用宝浪苏木分水闸引开都河之水到孔雀河，同时 1975 年开始使用解放一渠直接给孔雀河供水，湖区流出的年均水量约为 $\overline{V}_O=3.38\times10^8\mathrm{m}^3/\mathrm{a}$。

③ 阶段 C（1983～1999 年）：入湖水体矿化度的平均值 $\overline{C}_{I,C}=0.34$g/L。这一时期，为了避免湖水水位过低时孔雀河水倒灌于湖区，人们使用拦截坝切断了孔雀河和小湖区的连接，湖水的流出量完全依靠扬水泵站来调节，同时对流出的水量及其矿化度开始观测。

④ 阶段 D（2000～2010 年）：入湖水体矿化度的平均值 $\overline{C}_{I,D}=0.38$g/L。该阶段前期的 1994～2002 年为开都河流量的上升期，后期为开都河流量的下降期；同时博斯腾湖西岸堤坝上建设 2 个生态闸（连接大、小湖的水路通道，受人为控制）。

3. 湖水咸化数值模型的实现

设湖水盐分交换率 $r=0.7$、$S_C=5.4\times10^4$ t/a，把入湖水体矿化度各阶段的平均值（见图 3-13）作为参数代入方程式（3-11）中，对微分方程进行“离散化”处理，经程式语言编写代码程序，建立湖水咸化数值模型。

第五节　近 50 年来湖水咸化过程的驱动因子分析

将 1961～2010 年期间的 C_I/C_L、V_e/V_O逐年值的散点绘于“咸化因子本底图”上得到图 3-14 和图 3-15。

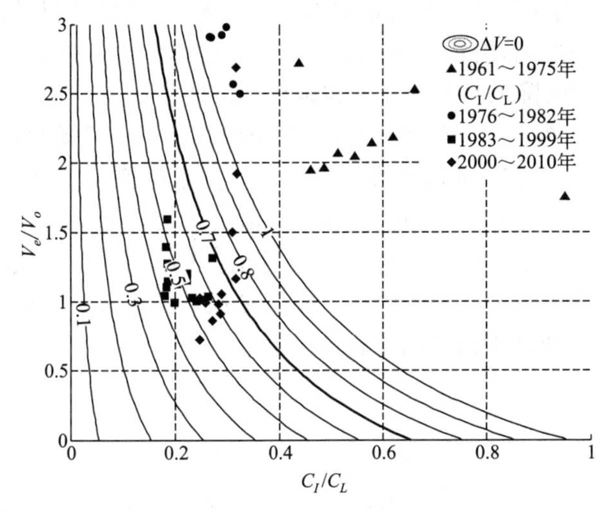

图 3-14　大湖水位不变情景下，维持湖水矿化度稳定时 r 与 V_e/V_O、C_I/C_L 三者之间的定量关系（线—r 变量；散点—V_e/V_O 与 C_I/C_L 各时期数据）

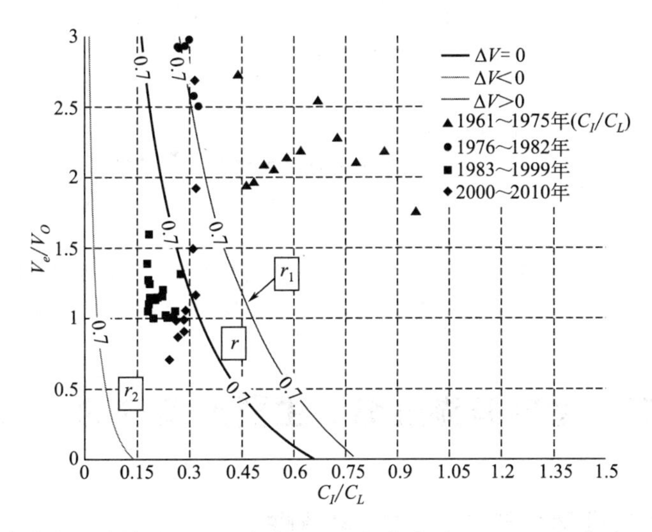

图 3-15　博斯腾湖水位变动情景下（下降时 $\Delta V<0$，静止时 $\Delta V=0$，上升时 $\Delta V>0$），维持湖水矿化度稳定 r 与 V_e/V_O、C_I/C_L 三者之间的定量关系［等值线—r_1、r、$r_2=0.7$ 分别对应于水位上升、静止和下降；散点—V_e/V_O 与 C_I/C_L 各时期数据］

由图 3-15 可知：

① 1961～1975 年的散点距离 $r=0.7$ 等值线最远，即矿化度比值 C_I/C_L 偏高，湖水矿化度表现为最不稳定的状态，湖水咸化过程较快。导致 C_I/C_L 值偏高的原因是 20 世纪 60 年代开荒洗盐、农田排水渠等使得 C_I 增高，以及 C_L 的基础值偏低造成。

② 1976～1982 年的散点分布于 $r_1=0.7$(当 $\Delta V/V_O$ 的标准偏差 $\sigma=+0.6$ 时，水位升高）的等值线附近；虽然矿化度比值 C_I/C_L 减小了，可是水量比值 V_e/V_O 增加；因此只有当湖水位上升时（而实际情况相反），湖水矿化度才能保持稳定。这表明该期间湖水咸化的影响因子主要是出湖水量 V_O 的减少；其原因是开都河直接输水至（经解放一渠）孔雀河，致使出湖水量减少。

③ 1983～1999 年的散点分布在 $r=0.7$ 和 $r_2=0.7$（当 $\sigma=-0.6$ 时，水位下降）等值线之间。无论矿化度之比 C_I/C_L、水量之比 V_e/V_O 都减少了，除湖水水位下降的情况之外，湖水呈淡化趋势。这时期内，尽管入湖盐量增加了，但解放一渠停用和气候偏湿，增加了河水入湖水量。这不仅使得湖水位升高和出湖水量 V_O 的增加，还降低了入湖水体的整体矿化度 C_I，这说明湖水矿化度的降低是气候和人为调控的结果。

④ 2000～2010 年散点图大部分位于 $r=0.7$ 等值线附近，而且矿化度（C_I/C_L）比值变化幅度很窄（0.25～0.32）。这说明湖水咸化因子主要受水位变动（ΔV）和 V_e/V_O 比值影响。例如，虽然 2000～2001 年和 2003 年 V_e/V_O 比值显著高（见图 3-16），但由于湖水水位上升（参照，$r_1=0.7$ 等值线），散点位置分布 r_1 等值线的左下方，湖水矿化度偏低。2004 以后尽管 V_e/V_O 比值减小，但由于湖水水位下降（参照，$r_2=0.7$ 等值线），散点位置仍位于 r_2 等值线的右上方，致使湖水仍呈咸化趋势。

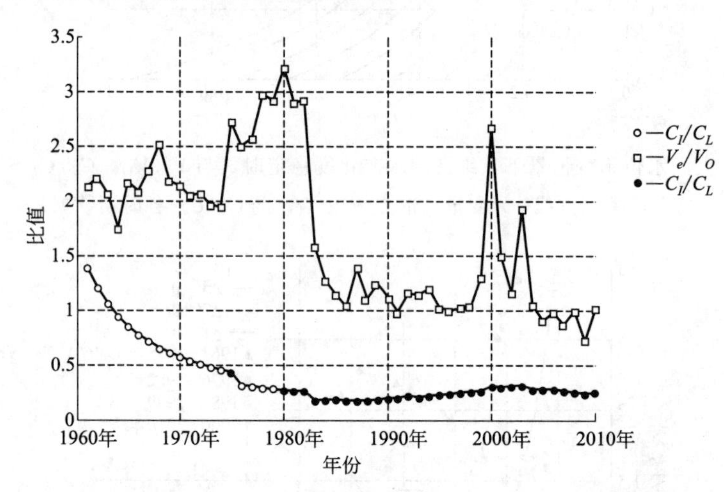

图 3-16　1961～2010 年期间矿化度之比与水量之比的逐年变化

C_I—入湖水体矿化度；C_L—湖水矿化度；V_e—湖区蒸发耗水量；V_O—湖区流出水量

第六节　博斯腾湖盐分、主要污染物的分布规律

一、博斯腾湖大湖区风生湖流水动力学特性

风场是影响湖泊水动力的重要因素，它可以改变水体运动速率和方向，影响各种物质在湖泊内的输移扩散。因此根据博斯腾湖的风力变化状况，利用水动力学模型进行数值模拟，

分析不同风向、风速对湖泊流场结构的影响，从而为进一步研究湖泊盐分和污染物的输移扩散提供理论依据。

（一）计算条件

1. 地形条件

采用巴州水利局2000年实测湖底地形资料，根据实测资料建立模型网格，考虑计算精度、计算工作量的关系，确定计算网格大小为500m×500m，具体如图3-17所示。

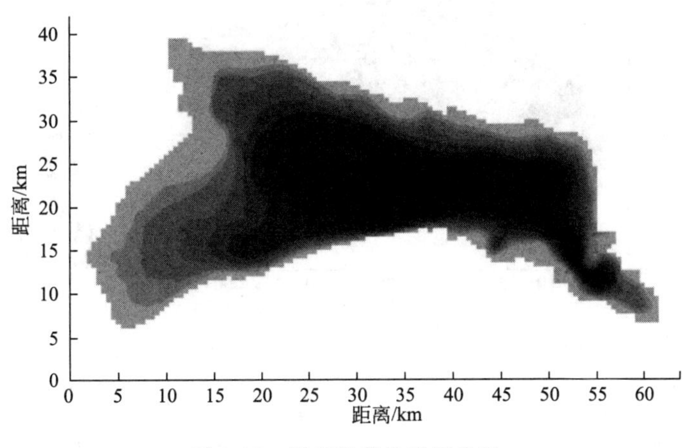

图3-17　博斯腾湖地形概化图

2. 初始条件

初始条件的变量包括流速、水位。因流速没有实测资料，故取初始流速为零。即 $u(\xi,\eta,t_0)=0$，$v(\xi,\eta,t_0)=0$，$w(\xi,\eta,t_0)=0$。水位的初始状态选择典型中水位1045m。

3. 边界条件

本模型的边界包括3个部分：湖岸边界、入湖边界、出湖边界。

（1）湖岸边界。

$$u=0, v=0, w=0 \tag{3-19}$$

$$\frac{\partial z}{\partial n}=0 \tag{3-20}$$

$$\frac{\partial c}{\partial n}=0 \tag{3-21}$$

（2）入湖边界。根据开都河水文统计特征值，采用枯水年特征入湖流量 $Q=65.0\text{m}^3/\text{s}$，作为模型计算的最不利条件，$u$、$v$ 由入湖流量和河流入湖口横断面面积得出，z 为入湖口处水位。

（3）出湖边界。大湖区出湖水量主要是靠东、西泵站提水至孔雀河，而泵站是靠人工调节的，因此根据其调度准则，采用枯水年特征出湖流量 $Q=22.0\text{m}^3/\text{s}$，作为枯水年条件下东西泵站的代表提水流量，$u$、$v$ 由入湖流量和河流入湖口横断面面积得出，z 为湖泵站出流水位。

（二）模型验证率定

武汉水利水电大学《博斯腾湖可持续水资源管理应用研究》报告曾对博斯腾湖湖流进行过系统的研究，模型的验证率定通过模型计算成果与《博斯腾湖可持续水资源管理应用研究》报告中的成果对比，来验证本模型的适用性。

《博斯腾湖可持续水资源管理应用研究》报告研究成果显示：“在3m/s的西北风作用

下，在湖北部形成一顺时针方向的主环流，湖南部形成一逆时针方向的主环流，局部水域存在较小尺度的次生环流。总体规律是南北两岸湖流从西向东；中部湖流从东往西，最大湖流流速不超过 0.11m/s，湖心流速在 0.03m/s 左右”。

本模型在 3m/s 的西北风作用下所得的计算结果如图 3-18 所示。

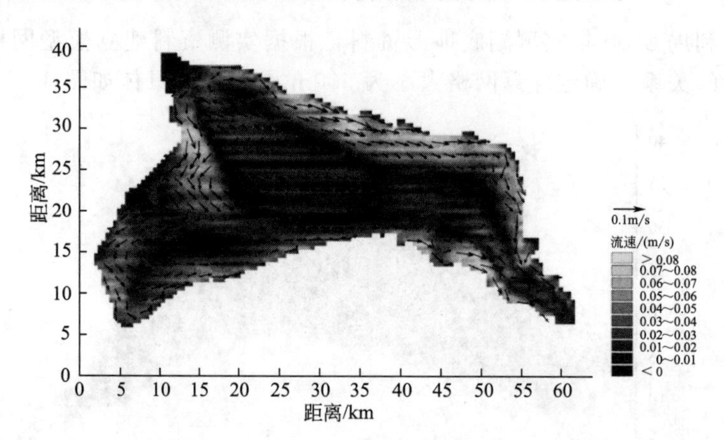

图 3-18　西北风（NW）在风速为 3m/s 时大湖区的流场

由上图可以看出，在 3m/s 西北风作用下，湖北部和南部形成一个顺时针和逆时针方向的环流，湖中心流速在 0.03～0.04m/s，大湖区水域最大流速在 0.1m/s 左右，与上述研究成果较为吻合，说明本模型符合湖泊水动力学理论，且与相关研究成果基本吻合，本模型可用来预测不同工况下的大湖区的流场。

（三）模型计算

1. 模型计算工况

根据巴音郭楞蒙古自治州近 50 年的地面气候资料统计，该地区多年常见风向为 NW、SW、NE、E、S，多年平均风速约为 2.3m/s，主导风向为 NW、SW，春夏两季风速相对较大，多年平均最大风速分别为 3.2m/s、3.3m/s，秋冬两季风速相对较小，多年平均最小风速分别为 1.4m/s、1.4m/s。

为了揭示流量、风速及风向变化对湖流结构的影响，拟定不同的工况进行模拟计算，具体模拟工况内容如下。

① 工况 1：静风条件下模拟吞吐流对湖流结构的影响。

② 工况 2：同风速（多年平均风速为 2.3m/s），不同风向（多年常见风向 NW、SW、NE、E、S）条件下，模拟风向变化对湖流结构的影响。

③ 工况 3：不同风速（主导风向 NW 下，多年平均最大、最小风速分别为 3.2m/s、1.4m/s；主导风向 SW 下，多年平均最大、最小风速分别为 3.3m/s、1.4m/s），同风向条件下（主导风向 NW、SW），模拟风速变化对湖流结构的影响。

本次模拟采用风力条件具体参数如表 3-11 所列。

表 3-11　模型计算工况

工况编号	工况 1	工况 2					工况 3	
		工况 2-1	工况 2-2	工况 2-3	工况 2-4	工况 2-5	工况 3-1	工况 3-2
风速	0	2.3			1.4	3.2	1.4	3.3
风向	—	NW	SW	NE	E	S	NW	SW

2. 计算成果及分析

（1）工况 1：静风条件下湖体流场分布。

根据以上计算条件对博斯腾湖静风条件下湖体的流场进行模拟计算。大湖区流场计算成果如图 3-19 所示。

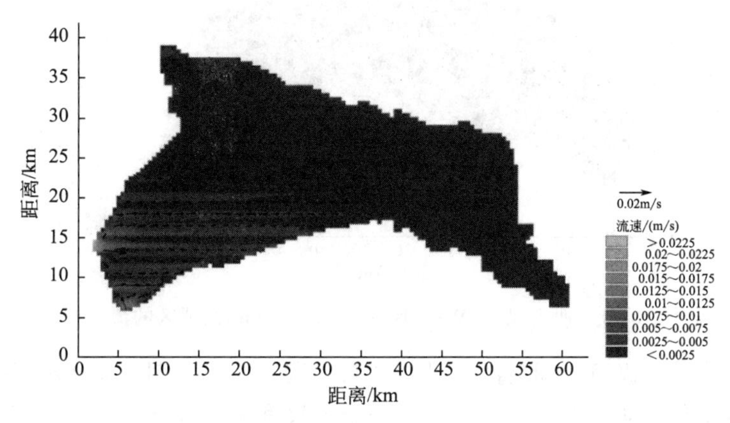

图 3-19　静风时大湖区的流场图

由上可见，该工况下静风状态只有吞吐流作用，因此在大湖区西南部受吞吐流的作用局部区域出现较强的流场，出入湖流速较大，流速达到 0.02m/s，大湖区中心流速在 0.002m/s 左右，可以认为几乎静止，说明开都河入湖后受吞吐流的影响沿湖西岸出孔雀河，未能与湖中心水体交换，只是在大湖区西南部形成小范围的流场，对大湖区内的水体流场没有影响。

（2）工况 2：同风速，不同风向作用下湖体流场分布。

根据上述计算条件对博斯腾湖在多年常见的风向情况下，多年平均风速为 2.3m/s 时湖体的流场进行模拟计算。

① 风向 NW，风速 2.3m/s 时大湖区流场计算成果如图 3-20 所示。

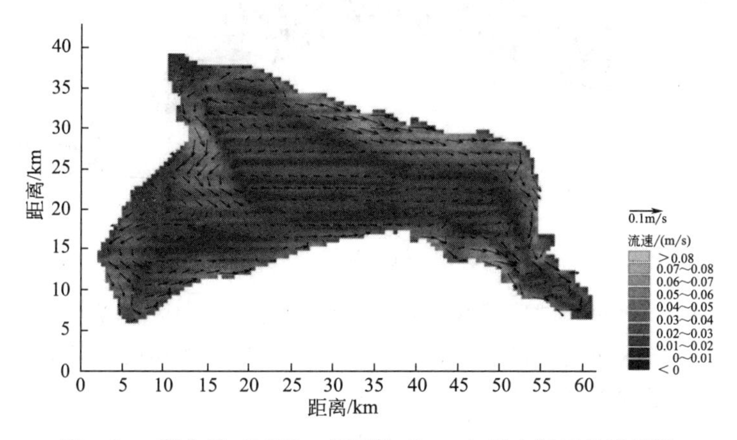

图 3-20　西北风（NW）、风速为 2.3m/s 时大湖区的流场图

由图 3-20 可见，风向为西北风时开都河入湖后河水沿西岸向南流动，在大湖区北部和南部湖水沿着岸边有较强的东向流动；在大湖区的中部，主要是西向流动；在大湖区北部形成顺时针环流，南部形成逆时针环流，而西南部受风向和吞吐流的同时作用，形成了小尺度的逆时针环流。整体来看，大湖区水域流速差异较大，由于岸边效应，易产生较强沿岸流且流速较大，而湖中心受地形条件的限制流速较小。

② 风向 SW，风速 2.3m/s 时大湖区流场计算成果如图 3-21 所示。

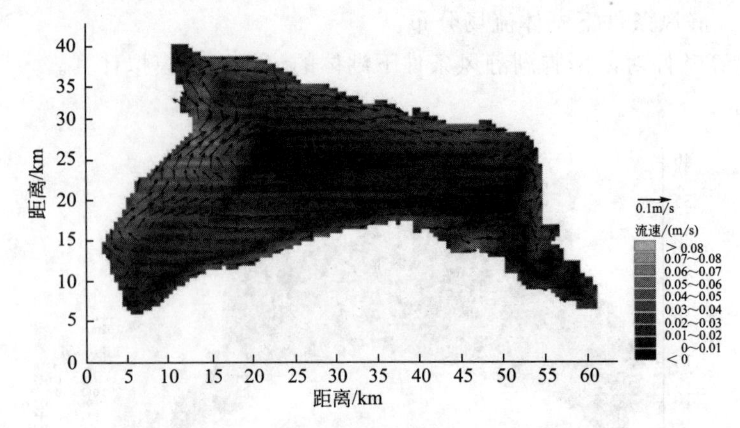

图 3-21 西南风（SW）、风速为 2.3m/s 时大湖区的流场图

风向为西南风时开都河入湖后河水沿西岸向北流动，在大湖区北部和西部湖水沿着岸边有较强的东向和北向流动；大湖区整体形成一个大尺度顺时针环流，西北部形成小尺度顺时针环流，而西南部受风向的影响，吞吐流的作用减弱，局部区域内流场只受到泵站出水影响。大湖区西岸水域流速较大，湖中心水域流速相对较小。从流场形态来看，西南风的作用有利于大湖区水体的交换。

③ 风向 NE，风速 2.3m/s 时大湖区流场计算成果如图 3-22 所示。

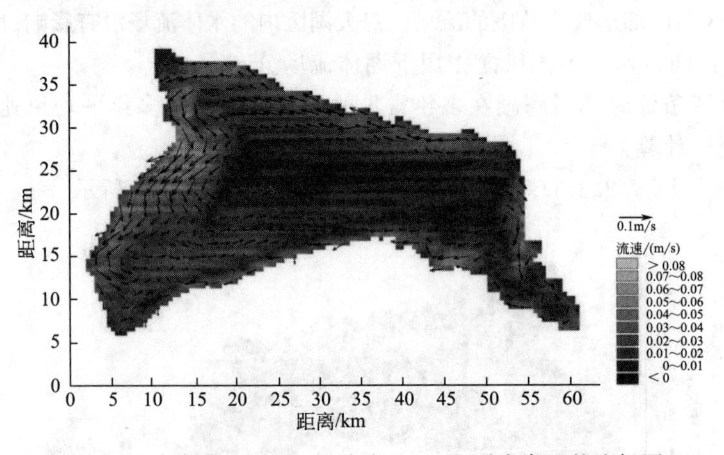

图 3-22 东北风（NE）、风速为 2.3m/s 时大湖区的流场图

风向为东北风时开都河入湖后河水沿西岸向南流动，大湖区流场与西南风作用下的流场相反，不同的是在大湖区西南部流场明显加强，形成小尺度的逆时针环流。从水域流速分布来看，大湖区西部流速较大，中部和东部流速相对较小。

④ 风向 E，风速 2.3m/s 时大湖区流场计算成果如图 3-23 所示。

风向为东风时开都河入湖后河水向东流动，在大湖区北部湖水沿岸有较强的西向流动，在大湖区东部和西北部形成小尺度的逆时针环流，在大湖区的东南不形成小尺度的顺时针环流。与东北风作用相比大湖区内小尺度环流增多，受大湖区东部环流的影响，开都河入湖后河水向东流动，有利于大湖区水体交换。

⑤ 风向 S，风速 2.3m/s 时大湖区流场计算成果如图 3-24 所示。

风向为南风时开都河入湖后河水沿西岸向北流动，大湖区流场与西南风作用下的流场基

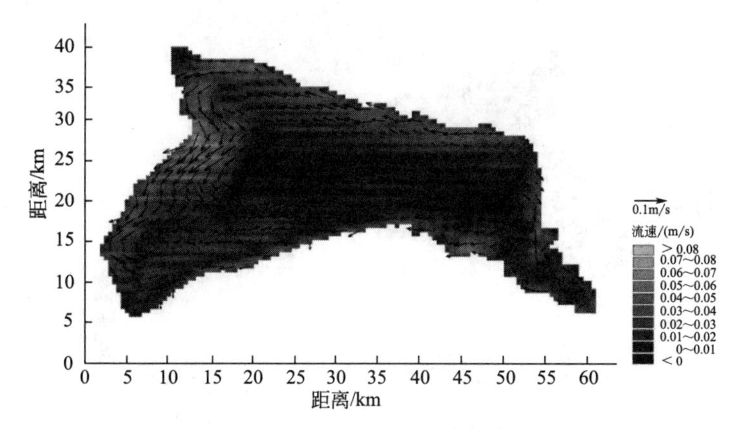

图 3-23 东风（E）、风速为 2.3m/s 时大湖区的流场图

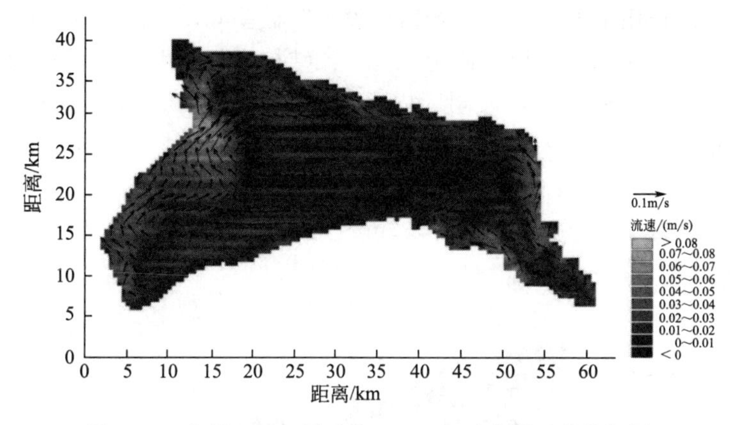

图 3-24 南风（S）、风速为 2.3m/s 时大湖区的流场图

本相同，没有明显变化。大湖区水域流速分布与西南风作用的水域流速相比，北岸和西岸流速减小，而湖中心流速有所增大，更利于大湖区水体交换。

（3）工况 3：不同风速，同风向作用下湖体流场分布。

根据上述计算条件对博斯腾湖在主导风向 NW、SW 情况下，不同风速时湖体的流场进行模拟计算。

① 风向 NW，风速分别为 1.4m/s、3.2m/s 时大湖区流场计算成果如图 3-25、图 3-26 所示。

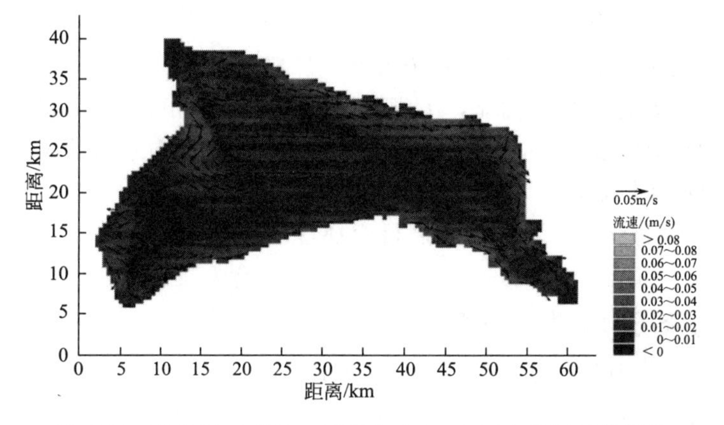

图 3-25 西北风（NW）、风速为 1.4m/s 时大湖区的流场图

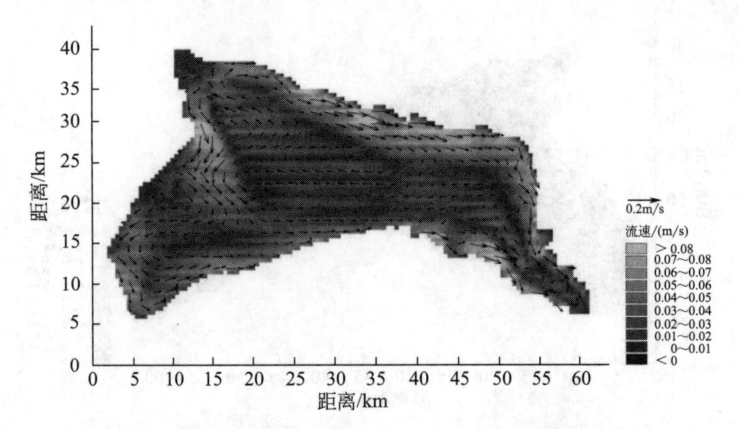

图 3-26 西北风（NW）、风速为 3.2m/s 时大湖区的流场图

在不同的风速的作用下的大湖区流场结构没有明显差异，其流向和风向基本一致，水域流速分布较为均匀，风速越大水域流速越大，环流结构变得越明显；风速为 1.4m/s 时，大湖区西南部存在逆时针环流雏形，大湖区内水域平均流速为 0.02m/s；风速为 3.2m/s 时，西南部形成逆时针环流，大湖区北部和南部的环流强度明显增加，大湖区内水域流速也明显增加，平均流速为 0.05m/s。

② 风向 SW，风速分别为 1.4m/s、3.2m/s 时大湖区流场计算成果如图 3-27、图 3-28 所示。

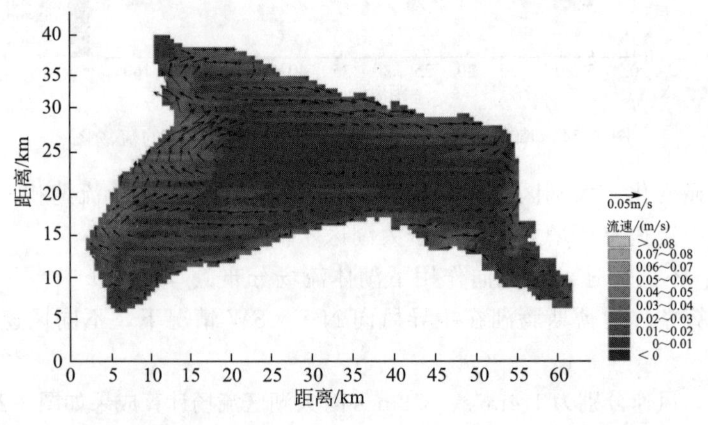

图 3-27 西南风（SW）、风速为 1.4m/s 时大湖区的流场图

风向为 SW，风速为 1.4m/s 时，整个大湖区形成一个大尺度顺时针环流，西北部形成小尺度顺时针环流，环流结构不明显，大湖区内水域流速较小，平均流速为 0.018m/s；风速为 3.3m/s 时，环流强度增加，环流结构变得明显，大湖区内水域流速增大，平均流速为 0.06m/s。在该风向作用下，开都河入湖后河水沿西岸向北流动，受大尺度顺时针环流的影响，有利于开都河河水与大湖区内水体进行交换，随着风速的增大，环流强度增加流速增大，从而增强了水体的交换能力。

(四) 风场与流场的相关性分析

博斯腾湖大湖区流场及流速大小随风向和风速的变化而变化，且有一定的相关性。当风速从静风逐渐增大时，大湖区流场的环流结构逐渐明显，流速也随之增大。

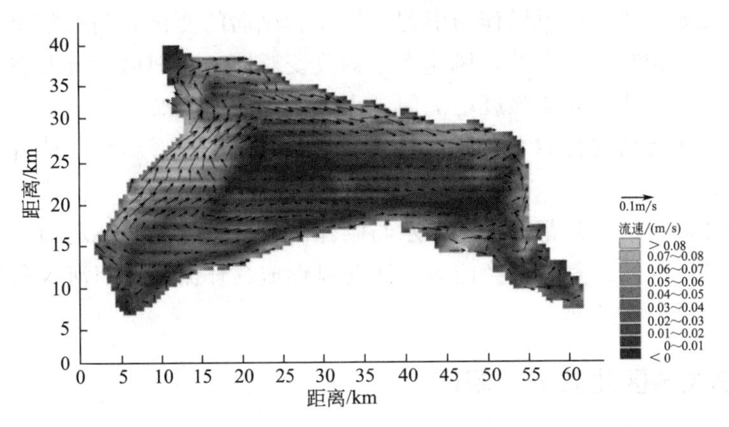

图 3-28　西南风（SW）、风速为 3.3m/s 时大湖区的流场图

为了进一步研究风速对大湖区水域流场的变化，采用本模型模拟在 NW 和 SW2 个主导风向作用下，风速分别为 0（静风）、0.5m/s、0.8m/s、1.1m/s、1.4m/s、1.7m/s、2.0m/s、2.3m/s、2.6m/s、2.9m/s、3.2m/s、3.5m/s 时，不同的风速对大湖区水域平均流速的影响，模拟结果如图 3-29、图 3-30 所示。

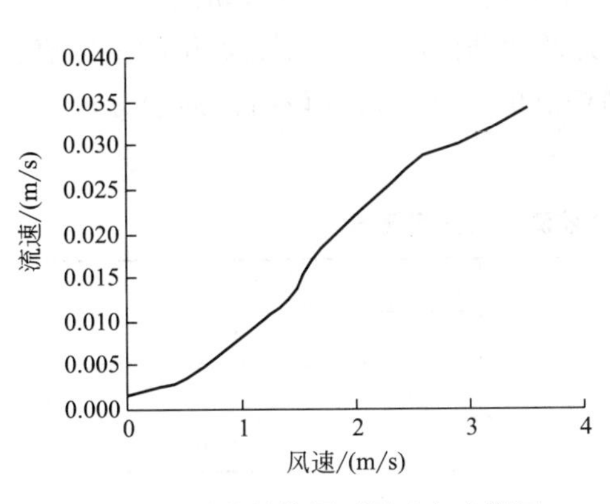

图 3-29　西北风作用下风速与大湖区水域平均流速的关系

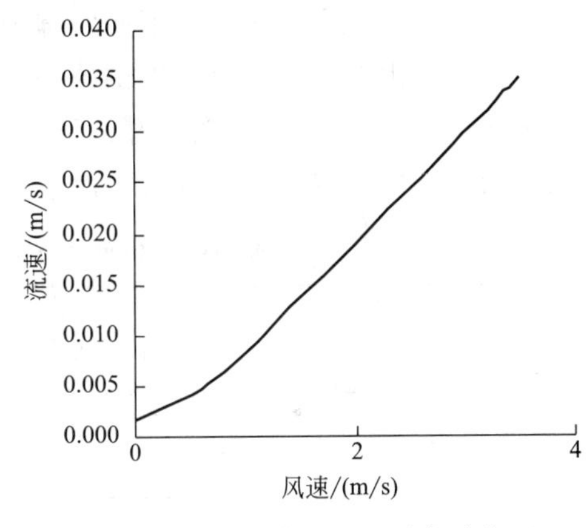

图 3-30　西南风作用下风速与大湖区水域平均流速的关系

由图 3-29、图 3-30 可以看出，在不同风向作用下，随着风速的增加，大湖区平均流速也随之增大，风速与流速呈一定的线性关系，在不同风向作用时，大湖区流场结构发生改变，对流速大小几乎没有影响，风速的增加能够促使湖流流速和环流强度增加，增强了大湖区水体的交换能力。

（五）小结

通过对博斯腾湖地区多年常见的风向、风速情况下的博斯腾湖环流进行模拟计算，主要结论如下。

（1）大湖区流场的驱动力主要是风向、风速，吞吐流影响较小。

（2）吞吐流对大湖区水域流速影响较小，由于出、入湖流量相比于大湖区面积和水体体积很小，且均偏于大湖区西南部，因此，大湖区吞吐驱动的能量对湖流结构影响非常有限，驱动作用只限于开都河入湖河口到东、西泵站一带，只引起较弱的环流。

（3）大湖区流场主要是由风场作用引起，风速、风向的变化立刻引起流场的变化，而风向对博大湖区环流结构有显著影响，风速大小的改变对博斯腾湖风生流形态的影响不大，风速越大湖区水域流速越大，环流强度增加便于大湖区水体的交换。

（4）大湖区的环流结构受到大湖区边界几何形状和湖底地形影响，环流结构的方向并不一定与风向一致。

（5）不同的环流结构对开都河入湖河水与湖体的混合程度具有一定的影响，西南风形成的环流有利于大湖区水体的整体交换能力，西北风形成的环流使开都河入湖后较快地引出大湖区，不利于大湖区水体交换。

二、博斯腾湖大湖区盐分分布规律

本研究选取了2000年1月～2009年12月的系列资料进行盐分现状模拟计算，在此计算的基础上，初步分析了博斯腾湖盐分的分布规律。现状分析中主要考虑入湖水流量变化对大湖区水盐的影响，同时考虑湖中盐分在风作用下水体的稀释作用。

（一）计算条件

1. 初始条件

流速初场：采用高水位工况下博斯腾湖大湖区零流速分布作为计算启动值。

盐分初场：由新疆环保部门提供的2000年5月的大湖区的14个相关点位的监测值进行估定（见表3-12）。估算原则为：靠近某点位的网格点的盐分直接取该站位的盐分；大致在某两点之间的网格点取2个盐分的均值。

表3-12　2000年5月份14个监测点盐分实测值　　单位：mg/L

点位	1#	2#	3#	4#	5#	6#	7#
实测值	1064	1126	1278	1122	1130	1030	1338
点位	8#	9#	10#	11#	12#	13#	14#
实测值	1194	1280	1068	1168	1188	1098	696

2. 边界条件

（1）出入湖流量条件：根据收集的资料，采用2000～2009年逐月实测资料，包括开都河东支入湖流量；西泵站、东泵站逐月扬水量，即孔雀河流量；黄水沟入湖流量（包括大湖区北部所有小河）；大湖区逐月湖面蒸发水量。

（2）出入湖盐分条件：出入湖盐分资料采用2000～2009年逐月实测的盐分资料，包括开都河东支入湖盐分；黄水沟入湖盐分；孔雀河出湖盐分。

（3）风力条件及温度条件：在博斯腾湖水质模拟计算中，风驱动力是重要影响因素，本次计算主要考虑多年风力条件下博斯腾湖污染物浓度分布规律，选取博斯腾湖流域焉耆站各月的多年平均风力资料作为计算边界条件，具体见表3-13。

表3-13　多年平均风力条件和温度条件

月份	一月	二月	三月	四月	五月	六月
风向	E　ENE	E　ENE	E　ESE	SW	ENE	NW
风速/(m/s)	1.2	1.4	2.6	2.9	2.8	2.3
温度/℃	−12.7	−6.7	1	5	11	17

续表

月份	七月	八月	九月	十月	十一月	十二月
风向	ENE	E　NW	SW	SW	SW	SW
风速/(m/s)	1.7	1.6	1.7	1.7	1.6	1.9
温度/℃	23	15	10	−7	−8	−10

(二) 模型验证率定

为了验证本模型的适用性，依据2000年5月和9月大湖区的14个监测点位的盐分实测值来验证模型，根据以上计算条件，以2000年5月的实测值为初始值，模拟时间自2000年5月至9月，通过2000年9月的计算值与实测值的对比来验证模型的精确度，计算值与实测值的对比见表3-14。

表3-14　14个监测点盐分计算值与实测值对比　　单位：mg/L

点位	1#	2#	3#	4#	5#	6#	7#
实测值	1204	1208	1204	1256	1202	1236	1360
计算值	1033	1007	1082	1130	1137	1165	1488
相对误差/%	14.2	16.6	10.1	10	3.4.4	5.7	9.4
点位	8#	9#	10#	11#	12#	13#	14#
实测值	1274	1342	1278	1252	1288	1256	1160
计算值	1394	1329	1306	1325	1320	1302	944
相对误差/%	9.4	1.2	2.2	5.8	2.5	3.3	18.6

由上表可以看出，盐分计算值与2000年9月实测值较为一致，最大相对误差为18.6%，大部分监测点相对误差在10%以内。因此，本模型可以用来预测大湖区2000～2009年10年内的盐分空间分布。

(三) 模型计算工况

依据上述计算条件，以2000年5月湖内14个监测点实测盐分分布资料为初始值，对模型进行验证并率定参数，模拟2000～2009年10年内大湖区盐分分布规律。

(四) 模型计算成果及分析

1. 盐分年内分布规律计算成果及分析

(1) 盐分年内分布规律计算成果。

根据博斯腾湖大湖区2000～2009年10年逐月盐分分布计算成果，以月为统计单位，得出10年平均逐月盐分分布规律成果，如图3-31～图3-42所示。

1月份主导风向为东风或东北偏东风，平均风速较小，仅有1.2m/s，此时仅有环流趋势，环流结构尚未成形。由图3-31可以看出，1月份大湖区平均盐分为1200mg/L，大湖区整体呈现出由北向南逐渐下降的盐分扩散带。开都河盐分较低，入湖后在吞吐流和风生流的共同作用下，盐分混合程度加剧，形成一条自西向东的混合带，并在湖口向东22km处与大湖区湖水混合均匀；黄水沟入湖盐分较高，但由于入湖流量较小，入湖后很快混合均匀；孔雀河出湖口浓度为500～600mg/L。

2月份主导风向仍然为东风或东北偏东风，但由于平均风速不大，只会使整个湖区初步形成一个逆时针环流趋势。由图3-32可以看出，大湖区平均盐分为1200mg/L，大湖区北岸呈现出由西北向东南方向逐渐下降的盐分扩散带；大湖区西南岸由西向东形成小范围扩散

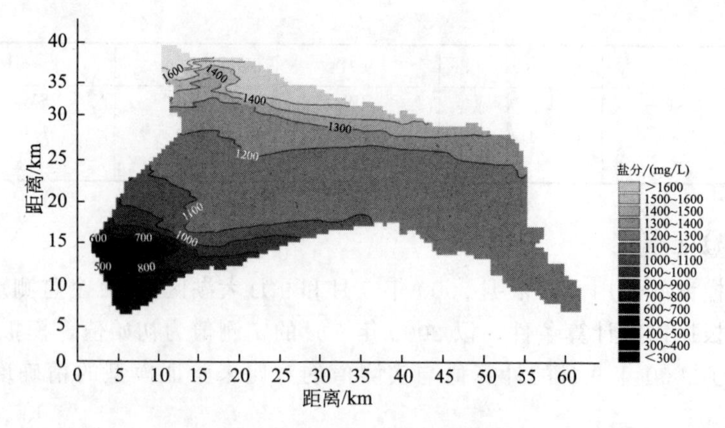

图 3-31　2000～2009 年 10 年平均 1 月份大湖区盐分分布

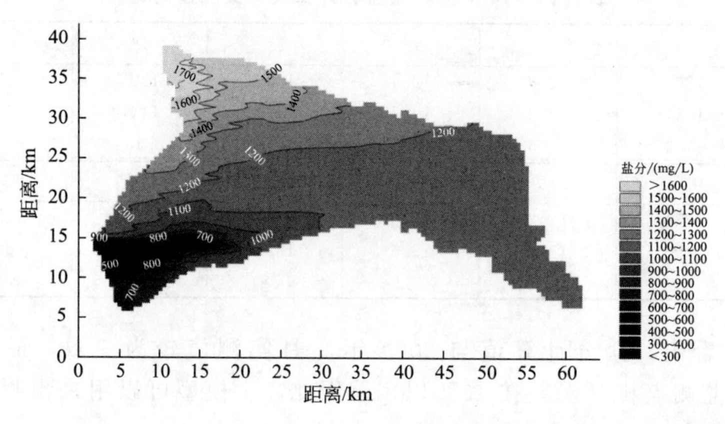

图 3-32　2000～2009 年 10 年平均 2 月份大湖区盐分分布

带。具体而言，黄水沟入湖盐分大于 1600mg/L，并沿西岸向南形成扩散带；开都河入湖盐分在 300mg/L 左右，由于西南部存在小尺度逆时针环流，使得自西向东扩散带有所延长，河水在入湖口向东 24km 处与大湖区湖水混合均匀；由于西南角小区域内混合程度较弱，致使孔雀河出口浓度升至 700mg/L 左右。

3 月份主导风向主要是东风或东南偏东风，并且平均风力较大。由图 3-33 可以看出，3 月大湖区平均盐分与 2 月相比有所上升。大湖区西北岸的盐分整体向西岸扩散；大湖区西南岸的小范围扩散带有向南岸偏移的趋势。具体而言，黄水沟附近区域存在小尺度逆时针环流

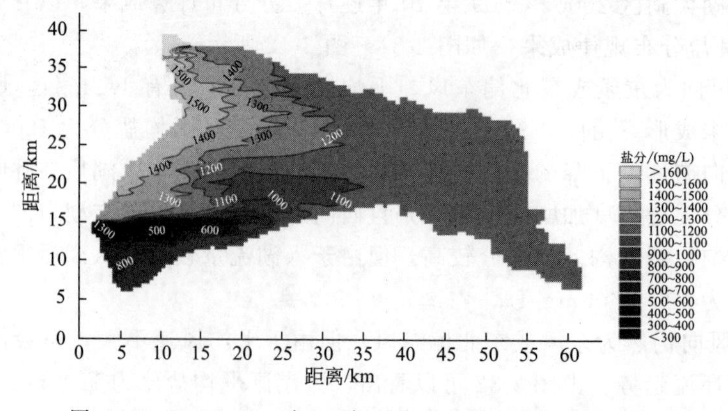

图 3-33　2000～2009 年 10 年平均 3 月份大湖区盐分分布

并且湖水有较强向西流动的趋势，使得西北部湖水混合程度加剧，扩散带范围增广，有向湖心扩散的趋势；开都河入湖后，由于风力作用，湖水自西向东流速增强，使得扩散带范围进一步增加，在入湖口向东 33km 处混合均匀；西南角小区域内湖水混合程度较 2 月更弱，致使孔雀河出湖口盐分升至 800～900mg/L。

4 月份主导风向为西南风，平均风力较大，致使大湖区整体形成一个大尺度顺时针环流。由图 3-34 可以看出，4 月大湖区平均盐分与 3 月相比有所下降，西岸盐分向东扩散形成自西向东逐渐降低的扩散带；大湖区西南岸的小范围扩散带南北宽度有所增加。具体而言，黄水沟入湖河水在西北部小尺度环流的作用下，很快与湖水混合均匀；由于西南风的影响，开都河入湖口北部环流强度大于湖口南部，盐分混掺程度明显，沿西岸自南向北形成混合带，并在湖口以北 10km 处混合均匀；开都河入湖口南部混合带自西向东绵延 25km；孔雀河出口盐分依然维持在 800～900mg/L。

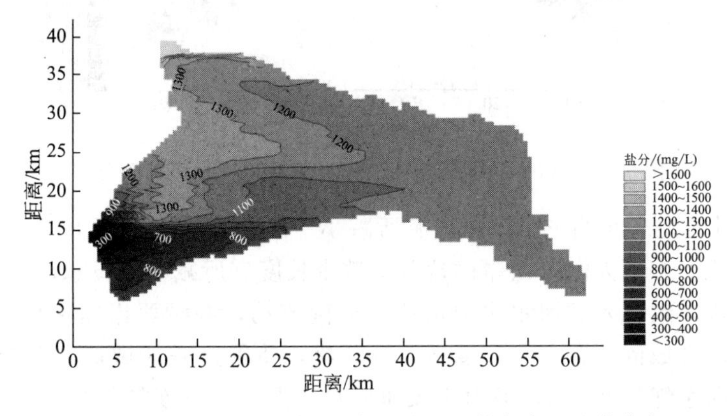

图 3-34　2000～2009 年 10 年平均 4 月份大湖区盐分分布

5 月份主导风向为东北偏东风，风速依然较大，致使大湖区整个范围形成大尺度逆时针环流，并且环流结构较明显，水流速度较大。由图 3-35 可以看出，5 月大湖区平均盐分与 4 月相当，西岸盐分扩散逐渐趋于混合；大湖区西南岸的小范围扩散带长度有所增加。具体而言，黄水沟入湖河流沿西岸向南流动，形成混合带，在入湖口以南 24km 处混合均匀；由于开都河入湖口南部流场明显增强，并存在小尺度逆时针环流，促使湖口南部混合程度加剧，并明显大于湖口北部，其混合带主要出现在湖口以南，自西向东绵延 27km；孔雀河出口浓度降至 600～700mg/L。

6 月份主导风向为西北风，风速较大。由图 3-36 可以看出，6 月大湖区平均盐分与 5 月

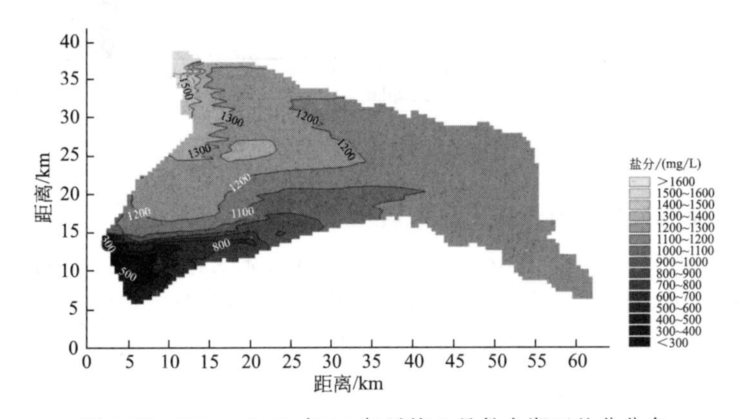

图 3-35　2000～2009 年 10 年平均 5 月份大湖区盐分分布

相当，西岸的盐分继续向东扩散；大湖区西南岸的小范围扩散带长度继续增长。具体而言，大湖区北岸形成一个顺时针环流，使黄水沟入湖河水沿北岸向东部流动，形成自西向东10km的混合带；大湖区南岸形成一个逆时针环流，同时西南部存在逆时针小尺度环流，致使西南地区浓度混合程度较5月份更加明显，并在湖口以南自西向东形成30km的混合带；孔雀河出口浓度依然维持在600～700mg/L。

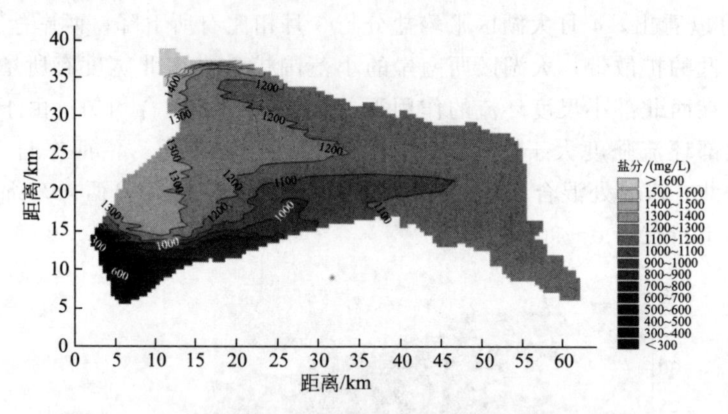

图 3-36　2000～2009年10年平均6月份大湖区盐分分布

7月份主导风向为东北偏东风，风速有所减小。由图3-37可以看出，7月大湖区平均盐分与6月相比有所上升。大湖区西岸的盐分扩散带长度有所减小，黄水沟附近区域存在小尺度逆时针环流趋势，致使入湖河水主要沿西岸向南流动，并沿西岸向南形成11km扩散带；开都河入湖口以南区域依然存在小尺度逆时针环流，使得这一区域盐分混合程度更加明显，混合带仍沿南岸向东绵延22km，但由于风速稍减，混合带宽度较6月份有所减小；孔雀河出湖口盐度仍维持在600～700mg/L。

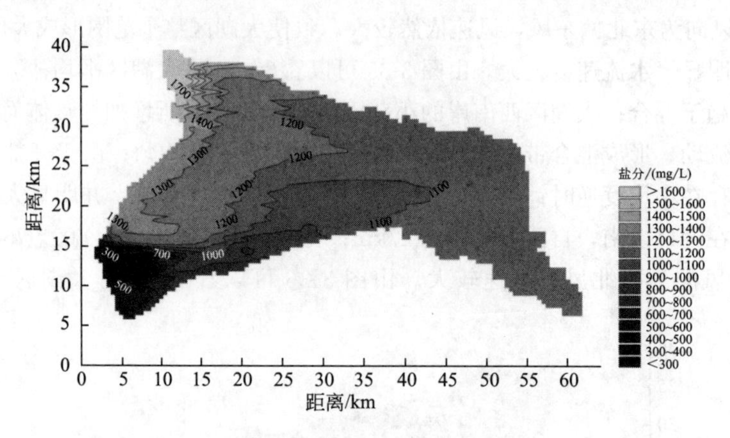

图 3-37　2000～2009年10年平均7月份大湖区盐分分布

8月份主导风向为东风或西北风，风速减小至1.6m/s。由图3-38可以看出，8月大湖区平均盐分与7月相当，西岸的盐分浓度扩散带没有明显变化；大湖区西南岸的小范围扩散带长度继续减小。具体而言，由于黄水沟附近存在小尺度逆时针环流趋势，使得混合带仍沿西岸向南绵延；开都河入湖口以南地区存在逆时针小尺度环流，使得混合带沿南岸向东扩散，但由于风速的减小使得混合带长度减至21km；经过5月、6月、7月、8月四个月的长期置换，孔雀河出湖口盐分降至500～600mg/L。

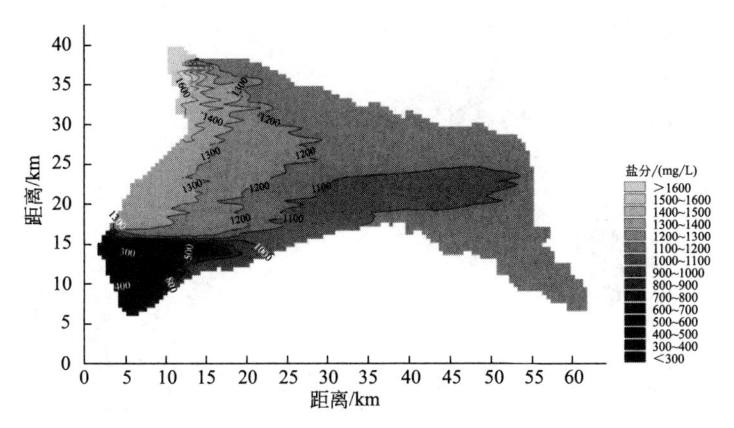

图 3-38　2000～2009 年 10 年平均 8 月份大湖区盐分分布

9 月份主导风向为西南风，风速为 1.7m/s，在大湖区形成大尺度顺时针环流趋势。由图 3-39 可以看出，9 月大湖区平均盐分有所上升，西岸的盐分继续向东扩散；具体而言，黄水沟附近由于存在小尺度顺时针环流的趋势，使其扩散带向东偏移。由于风的作用，开都河入湖口以北的环流强度大于湖口以南，以致扩散带从湖口南部渐渐向北部迁移，河水在湖口以东 21km 和湖口以北 7km 处各自混合均匀。孔雀河出湖浓度依然为 500～600mg/L。

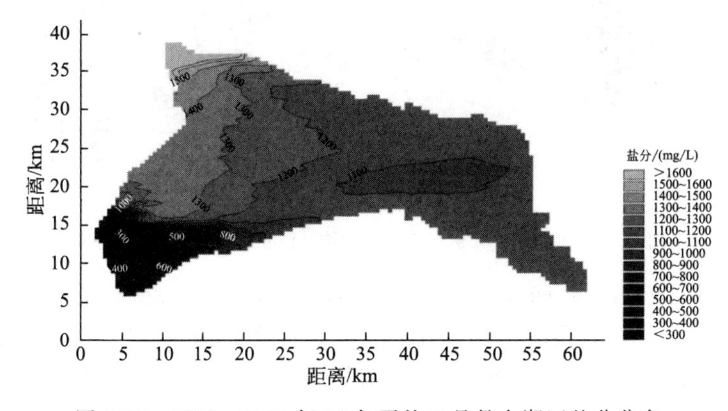

图 3-39　2000～2009 年 10 年平均 9 月份大湖区盐分分布

10 月份主导风向仍为西南风，平均风速不变，依然是 1.7m/s，由图 3-40 可以看出，10 月大湖区平均盐分维持不变在 1200mg/L。大湖区西岸的盐分向北扩散，主要是受到风向的影响；大湖区西南岸小范围扩散带，其沿西岸向北的扩散显著增大。具体而言，继续受到环流结构的影响，黄水沟入湖口的浓度混合带已经明显迁移到沿北岸向东的方向，并自西向东绵延 19km。开都河入湖口的浓度混合带沿西岸向北迁移的趋势也很明显，河水在湖口以东 28km 和湖口以北 9km 处各自混合均匀。孔雀河出湖浓度降至 400～500mg/L。

11 月份主导风向仍为西南风，风速较之前没有大变化。由图 3-41 可以看出，11 月大湖区平均盐分仍在 1200mg/L，西岸的盐分继续向北扩散；西南岸小范围扩散带沿西岸向北扩散的趋势更加明显。具体而言，持续受环流结构的影响，使黄水沟入湖口的混合带完全迁移，河水沿北岸向东 23km 处混合均匀。而开都河入湖口的混合带也有明显向北的偏移，河水在湖口以东 32km 和湖口以北 15km 处各自混合均匀。并且在混合广度上湖口以北的混合带比湖口以南范围更广。由于西北角地区 2 个月来的盐分置换程度减弱，孔雀河出湖浓度又升至 500～600mg/L。

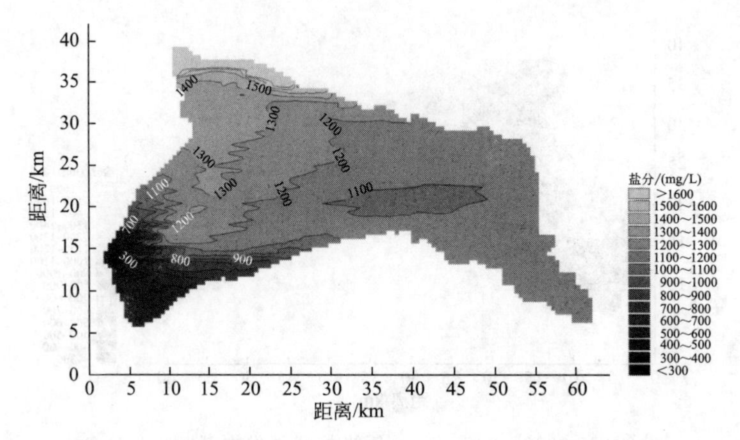

图 3-40　2000～2009 年 10 年平均 10 月份大湖区盐分分布

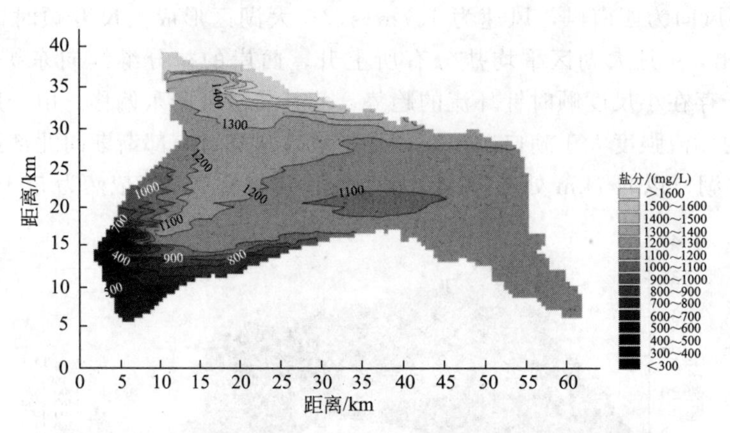

图 3-41　2000～2009 年 10 年平均 11 月份大湖区盐分分布

12 月份主导风向依然为西南风，风速增至 1.9m/s。由图 3-42 可以看出，12 月份大湖区平均盐分较 11 月份相比有所下降，西岸与北岸的扩散带情况受环流结构的影响越加明显，大湖区西南岸的小范围扩散带，沿西岸向北和沿南岸向东的扩散带逐渐加长。具体而言，黄水沟入湖口的混合带沿北岸自西向东长度增至 31km，宽度也有所增加。开都河入湖口以北的混合带长度增至 18km，宽度也明显增加。开都河入湖口以南河水自西向东流动 28km 后混合均匀。西南角地区盐度置换更加减弱，孔雀河出湖盐度增至 600～700mg/L。

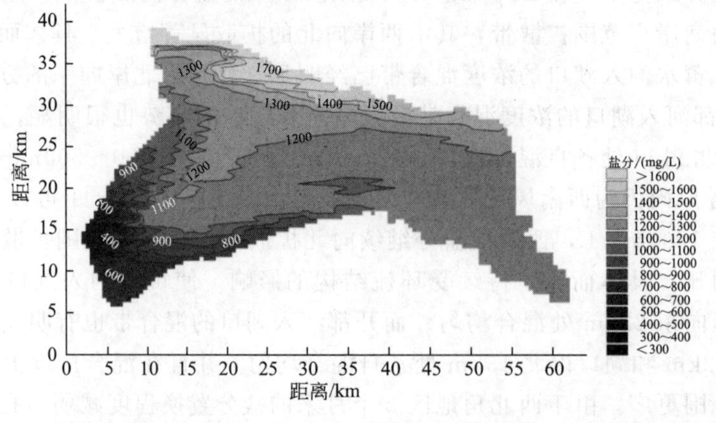

图 3-42　2000～2009 年 10 年平均 12 月份大湖区盐分分布

（2）盐分年内变化规律分析。

采用以上计算结果，在大湖区内选取 8 个反映盐分变化的特征点（具体布置如图 3-43 所示），分别是 A 点（黄水沟入湖口）、B 点（开都河入湖口）、C 点（大湖区出水口）、D 点（大湖区出水口东侧）、E 点（湖中心）、F 点（湖中心）、G 点（大湖区东部）、H 点（大湖区东部），以此分析大湖区盐分的年内变化规律。

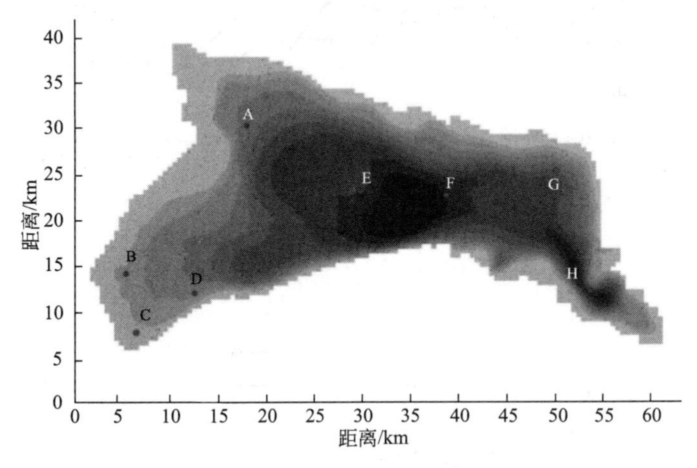

图 3-43　大湖区特征点选取位置

① 黄水沟入湖后大湖区内 A 点的年内变化趋势如图 3-44 所示。

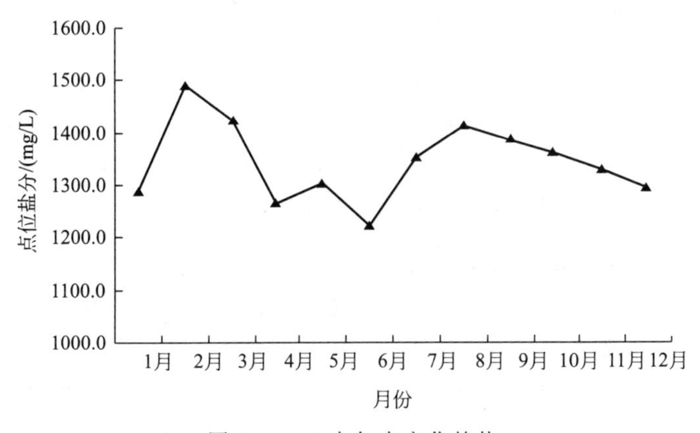

图 3-44　A 点年内变化趋势

由图 3-44 可以看出，A 点受黄水沟入湖盐分的影响年内变化较大，其中 2 月份影响最大，6 月份影响较小，整体来看年内变化呈下降趋势。

② 开都河入湖后大湖区内 B、C、D 点的年内变化趋势如图 3-45 所示。

由图 3-45 可以看出，B 点受开都河入湖盐分的影响年内变化较大，5 月影响较大，9 月影响较小；C、D 点相对 B 点比较平稳，说明开都河入湖后受到风生湖流和吞吐流的作用，能够与湖水混合，整体来看年内变化呈下降趋势。

③ 大湖区内 E、F（湖中心）、G、H（湖东部）点的年内变化趋势如图 3-46 所示。

由图 3-46 可以看出，E、F、G、H 点变化尺度较小，相对 A、B、C、D 点变化比较平稳，说明湖中心与湖北部受开都河与黄水沟入湖的影响较小，在风生湖流的作用湖体混合较为均匀，年内没有较大变化。

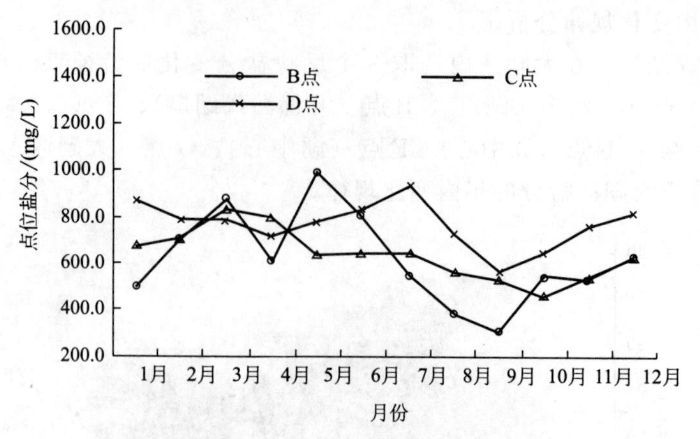

图 3-45　B、C、D 点年内变化趋势

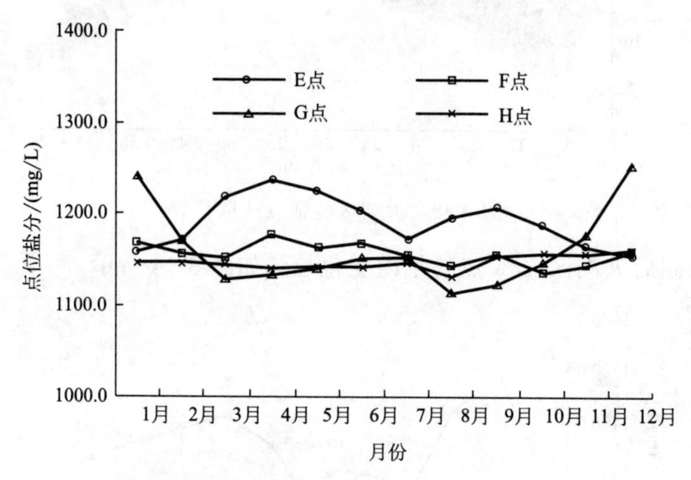

图 3-46　E、F、G、H 点年内变化趋势

2. 盐分年际分布规律计算成果及分析

根据博斯腾湖大湖区 2000～2009 年 10 年逐月盐分分布计算成果，以年为统计单位，得出 10 年逐年平均盐分布规律成果如图 3-47～图 3-56 所示。

由图 3-47 看出，在 2000 年，由于博斯腾湖为大型浅水湖泊，湖水循环能力弱，而开都

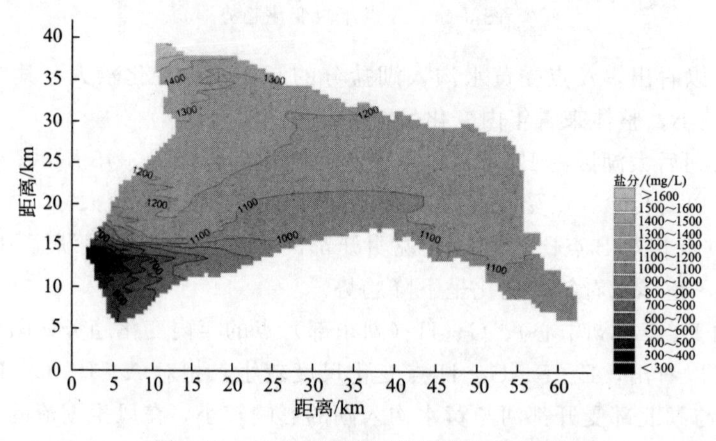

图 3-47　2000 年大湖区年平均盐度分布

河入湖口和孔雀河出湖口相隔很近，水盐置换范围有限，在环流的作用下，开都河入湖河水在小范围内与湖区水体进行交换。湖区大部分区域盐分浓度在1000～1300mg/L；开都河入湖口河水盐度为300～400mg/L；黄水沟入湖口盐度大于1600mg/L；孔雀河出湖口浓度为500～600mg/L。开都河入湖口附近自西向东浓度逐渐增加；大湖区大部分区域由西北向东南形成逐渐下降的盐分扩散。

由图3-48可以看出，2001年大湖区大部分区域浓度没有显著变化。随着时间的推移，开都河入湖口附近流场带动淡水进一步向大湖内部流动，水盐置换范围向湖内不断扩大，扩散带明显南移。开都河湖口附近由西向东形成28km的混合带，由南向北形成8km的混合带。

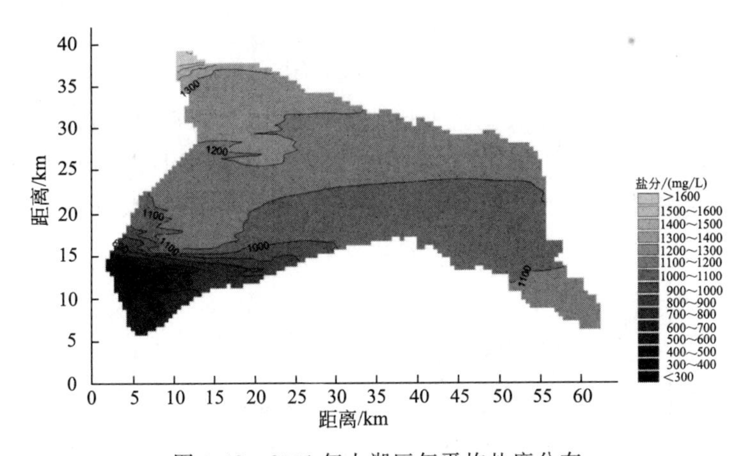

图3-48 2001年大湖区年平均盐度分布

由图3-49可以看出，2002年大湖区平均盐分没有显著变化。而由于水盐置换范围进一步扩大，使得黄水沟附近高浓度区域逐渐减小，开都河湖口附近由西向东形成26km的混合带，由南向北形成9km的混合带，并且整体有向湖中部扩散的趋势。

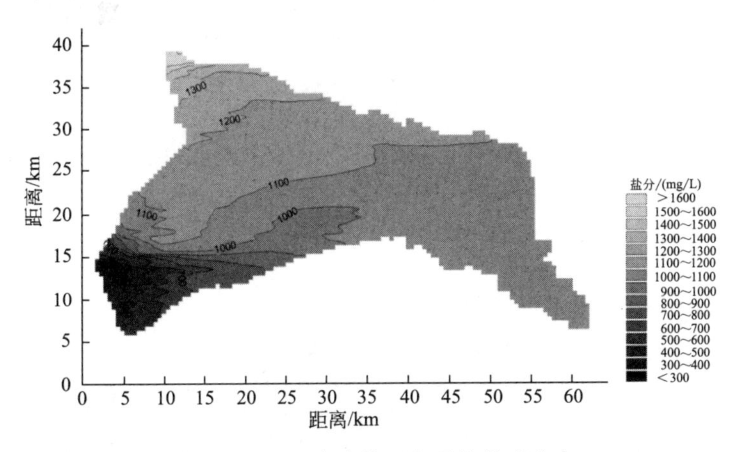

图3-49 2002年大湖区年平均盐度分布

由图3-50可以看出，经过4年的水盐置换过程，2003年大湖区平均盐分降至1100mg/L，开都河河水对大湖区的盐分稀释作用进一步向湖中部扩展，黄水沟附近水域的盐分浓度也进一步降低，与湖水混合比较均匀，但是大湖区整体盐分浓度并没有显著改变，出湖盐分依然维持在500～600mg/L。

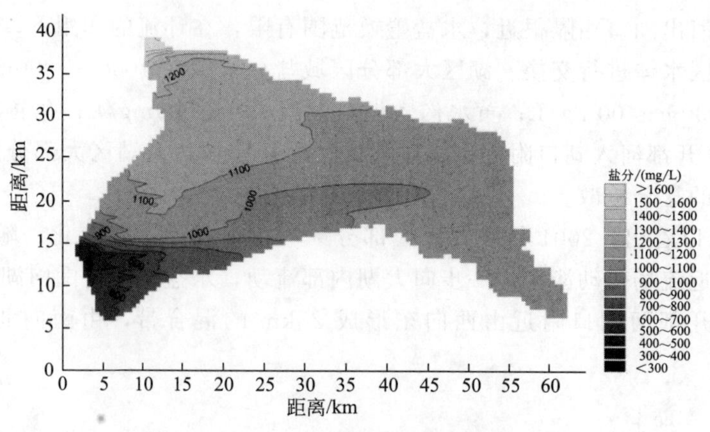

图 3-50 2003 年大湖区年平均盐度分布

由图 3-51 可以看出，2004 年大湖区平均盐分较 2003 年有显著的升高，北岸盐分向南扩散。开都河湖口附近由西向东形成 24km 的混合带，由南向北形成 8km 的混合带。黄水沟入湖口附近混合带开始明显显现，并由于风的影响沿北岸向东扩散。同时，孔雀河出湖口浓度升至 700～800mg/L。

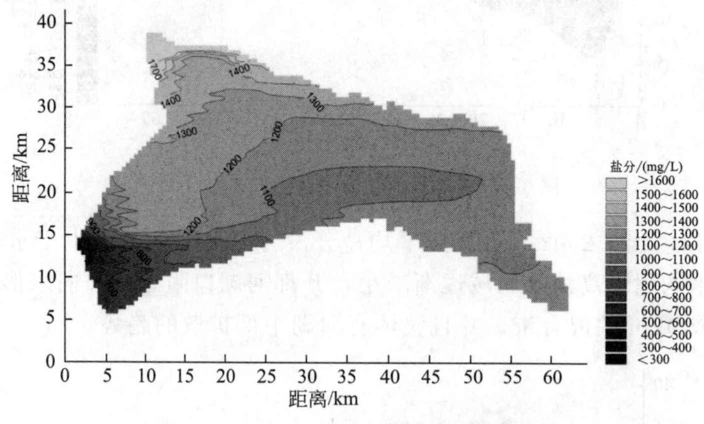

图 3-51 2004 年大湖区年平均盐度分布

由图 3-52 可以看出，2005 年大湖区平均盐分继续升高为 1300mg/L。北岸盐分继续向南扩散。黄水沟入湖口附近混合带宽度有所增加。开都河入湖口附近受到湖口南北部小尺度

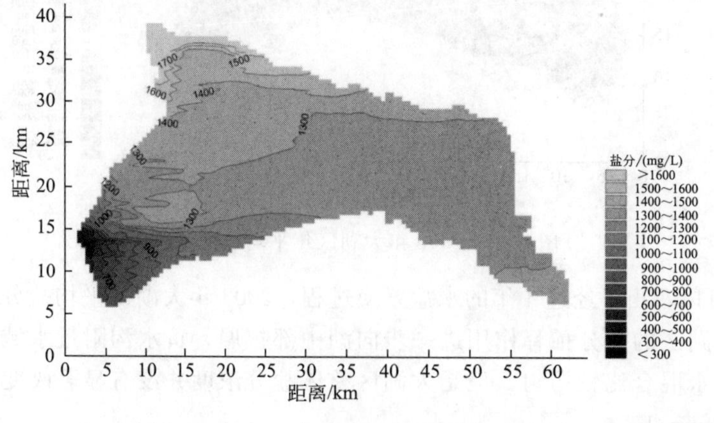

图 3-52 2005 年大湖区年平均盐度分布

环流的持续影响，水盐置换范围进一步向大湖区中东部扩展，在湖口以南由西向东形成30km的混合带；湖口以北由南向北形成7km的混合带。

由图3-53可以看出，2006年大湖区平均盐分仍然维持在1300mg/L。黄水沟入湖盐分增加，使湖体盐分也随之增加，混合带范围继续扩大，同时大湖区西南部盐分混合更加均匀，混合带向大湖区东部扩展的趋势也更加明显。

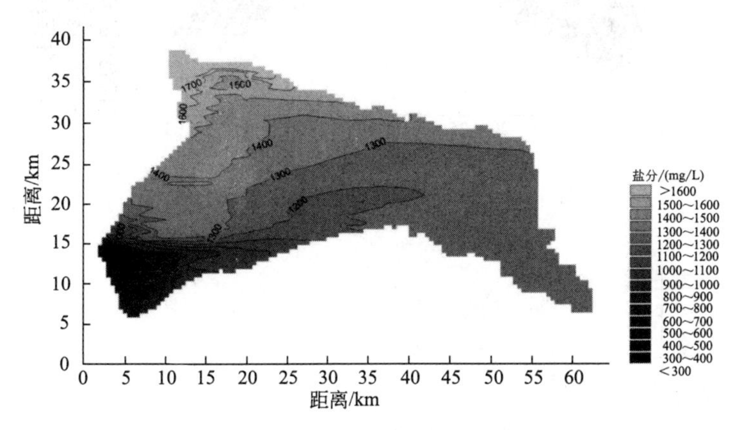

图3-53 2006年大湖区年平均盐度分布

由图3-54可以看出，2007年大湖区平均盐分仍为1300mg/L，开都河入湖淡水与湖水混合，在小范围内使湖体盐分略有下降。在开都河湖口以南由西向东形成26km的混合带；湖口以北由南向北形成9km的混合带。

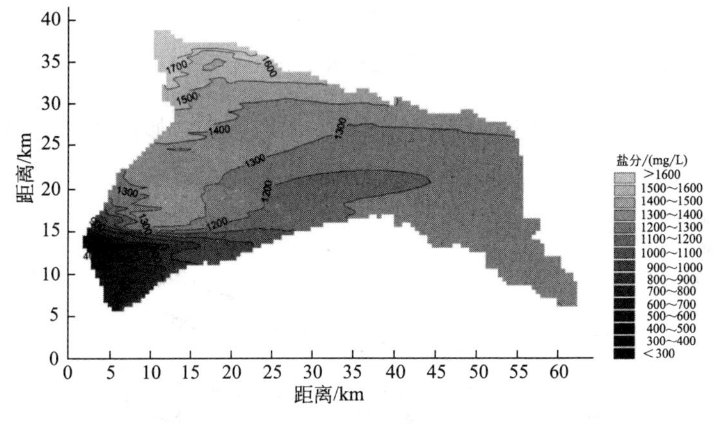

图3-54 2007年大湖区年平均盐度分布

由图3-55可以看出，2008年大湖区平均盐分有所上升为1400mg/L。北岸盐分明显向南扩散。黄水沟入湖口附近混合带宽度明显增加，沿北岸向东扩散的范围继续增大。在开都河湖口以南由西向东形成26km的混合带；湖口以北由南向北形成7km的混合带。此时孔雀河出口浓度回升至700～800mg/L。

由图3-56可以看出，2009年大湖区平均盐分继续上升至1500mg/L，受黄水沟入湖盐分增高的影响，使大湖区北部盐分高于1600mg/L。开度河湖口以南由西向东形成28km的混合带；湖口以北由南向北形成9km的混合带。同时，孔雀河出湖口浓度也升至800～900mg/L。

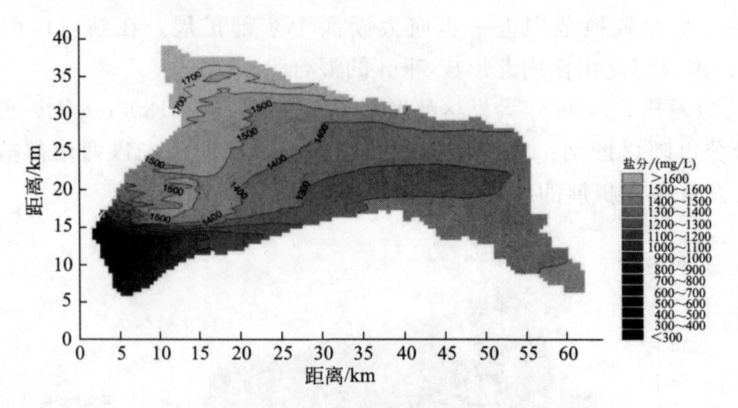

图 3-55　2008 年大湖区年平均盐度分布

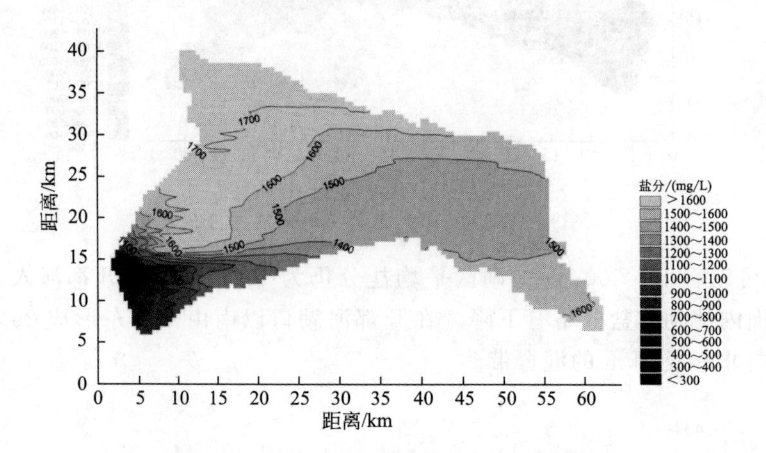

图 3-56　2009 年大湖区年平均盐度分布

采用以上年际计算结果，根据大湖区内选取 8 个特征点（如前图 3-43 所示），对大湖区内 8 个点位的年际变化趋势进行分析，变化趋势如图 3-57 所示。

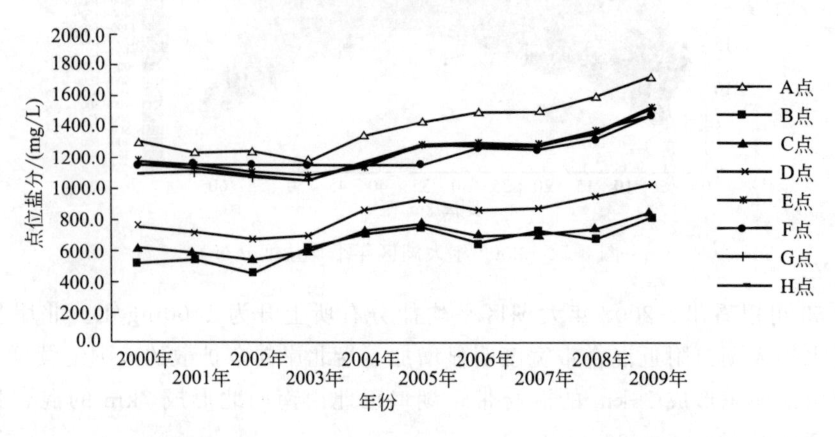

图 3-57　A、B、C、D、E、F、G、H 点年际变化趋势

由图 3-57 可以看出，A、B、C、D、E、F、G、H 点年际变化相对比较平稳，8 个特征点在 2009 年达到最大值，分别为 1736mg/L、815mg/L、853mg/L、1028mg/L、1480mg/L、1480mg/L、1514mg/L、1531mg/L，其中 A 点最小值在 2003 年为 1172mg/L，B 点最小值

在 2002 年为 446mg/L，C 点最小值在 2002 年为 533mg/L，D 点最小值在 2002 年为 665mg/L，E 点最小值在 2003 年为 1108mg/L，F 点最小值在 2003 年为 1150mg/L，G 点最小值在 2003 年为 1052mg/L，H 点最小值在 2003 年为 1047mg/L，整体来看 8 个特征点位的变化呈上升趋势。

（五）小结

通过对博斯腾湖大湖区盐分的模拟计算及分析，所得主要结论如下。

1. 盐分年内分布规律

（1）大湖区整体盐分扩散形态情况为：1 月、2 月份为 1000～1400mg/L；3 月份升至 1000～1500mg/L；4～6 月降为 1000～1300mg/L；7～12 月回升至 1000～1400mg/L。

大湖区盐分扩散带的变化情况为：1 月份自北向南逐渐扩散；2 月份扩散带转为自西北到东南逐渐扩散；3 月份整体西移；4 月份扩散带转为自西向东逐渐扩散；5 月份整体西移；6 月份继续西移；7 月份相邻两盐分等值线线宽度减小；8 月份没有明显变化；9 月份整体东移；10 月份扩散带整体向东南转动，自西北向东南方向扩散；11 月份继续向北转动；12 月份方向转为自北向南逐渐扩散。大湖西北部有小范围扩散带，1～3 月及 5～8 月的扩散带均以沿南岸向东扩散为主；4 月份及 9～12 月份的扩散带，其沿西岸向北和沿南岸向东的扩散都很明显。大湖区东部地区由于离出入湖口较远，同时大湖区水体置换作用较弱，致使此区域年内变化微弱。

（2）大湖区内 A 点（黄水沟入湖口）、B 点（开都河入湖口）、C 点（大湖区出水口）、D 点（大湖区出水口东侧）、E 点（湖中心）、F 点（湖中心）、G 点（大湖区东部）、H 点（大湖区东部）8 个特征点位的年内主要是受入湖河流及湖体流场的影响。其中 A 点受黄水沟入湖盐分的影响，2 月影响较大，6 月影响较小；B 点受开都河入湖盐分的影响，5 月影响较大，9 月影响较小，C、D 点相对 B 点比较平稳，由于开都河入湖后受到风生湖流和吞吐流的作用，能够与湖水混合；E、F、G、H 点变化尺度较小，由于湖中心与湖北部受开都河与黄水沟入湖的影响较小，在风生湖流的作用湖体混合较为均匀，年内没有较大变化。

2. 盐分年际分布规律

（1）大湖区平均盐分分布变化情况为：2000～2002 年为 1000～1300mg/L，2003 年降至 900～1200mg/L，2004 年升至 1000～1400mg/L，2005～2007 继续上升至 1000～1500mg/L，2008 年大幅上升至 1300～1600mg/L，2009 年继续升至 1400～1700mg/L。

大湖区盐分扩散形态为：10 年间盐分扩散方向均为西北向东南形成逐渐扩散。大湖西北部有小范围扩散带，10 年间其沿西岸向北和沿南岸向东的扩散都很明显，只是长度、宽度有少许变化。

（2）大湖区内 A 点（黄水沟入湖口）、B 点（开都河入湖口）、C 点（大湖区出水口）、D 点（大湖区出水口东侧）、E 点（湖中心）、F 点（湖中心）、G 点（大湖区东部）、H 点（大湖区东部）8 个特征点位年际变化相对比较平稳，都在 2009 年达到最大值，最小值成区域分布，其中 A 最小值在 2003 年，B、C、D 点最小值在 2002 年，E、F、G、H 点最小值在 2003 年，整体来看 8 个特征点位的变化呈上升趋势。

三、博斯腾湖大湖区污染物分布规律

（一）计算条件

1. 初始条件

流速初场：采用高水位工况下博斯腾湖大湖区零流速分布作为计算启动值。

BOD、COD 浓度初场：采用 2000 年 5 月大湖区 14 个监测点的实测水质监测资料作为 BOD、COD 浓度初始分布场，以此为基础开始计算，具体见表 3-15。

表 3-15　2000 年 5 月份 14 个监测点 BOD、COD 浓度值　　单位：mg/L

点位	1#	2#	3#	4#	5#	6#	7#
BOD 实测值	2.1	2.36	2.46	2.2	1.89	2.0	2.51
COD 实测值	28.79	18.45	25.34	21.89	21.89	13.28	13.28
点位	8#	9#	10#	11#	12#	13#	14#
BOD 实测值	2.41	2.36	2.2	1.89	1.89	2.05	2.05
COD 实测值	28.79	9.83	8.1	9.83	9.83	11.55	12.14

2. 边界条件

（1）出入湖流量条件：根据收集的资料，采用 2000～2009 年逐月实测资料，包括开都河东支入湖流量；西泵站、东泵站逐月扬水量，即孔雀河流量；黄水沟入湖流量（包括湖区北部所有小河）；湖区逐月湖面蒸发水量。

（2）出入湖水质条件：出入湖水质资料采用 2000～2009 年逐月实测 BOD、COD 水质资料，包括开都河东支入湖 BOD、COD；黄水沟入湖 BOD、COD；孔雀河出湖 BOD、COD。

（3）风力条件及温度条件：详见前述章节风力条件及温度条件。

（二）模型验证率确定

1. BOD 的模型验证

为了验证模型的适用性，依据 2000 年 5 月和 9 月大湖区的 14 个监测点位的 BOD 实测值来验证 BOD 的计算模型，根据以上计算条件，以 2000 年 5 月的实测值为初始值，模拟时间自 2000 年 5 月至 9 月，通过 2000 年 9 月的计算值与实测值的对比来验证模型的精确度，计算值与实测值的对比见表 3-16。

表 3-16　14 个监测点 BOD 计算值与实测值对比　　单位：mg/L

点位	1#	2#	3#	4#	5#	6#	7#
实测值	2.10	2.36	2.46	2.20	1.89	2.00	2.51
计算值	2.09	2.26	2.19	2.25	2.3	2.36	2.79
相对误差/%	0.5	4.3	10.9	2.3	21.7	18	11.2
点位	8#	9#	10#	11#	12#	13#	14#
实测值	2.41	2.36	2.20	1.89	1.89	2.05	2.05
计算值	2.61	2.66	2.49	2.29	2.22	2.48	2.02
相对误差/%	8.3	12.7	13.2	21.2	17.5	20.1	1.5

由上表可以看出，BOD 计算值与 2000 年 9 月实测值较为一致，最大相对误差为 21.7%，大部分监测点相对误差在 20%以内。因此，本模型可以用来预测大湖区 2000～2009 年 10 年的 BOD 浓度分布。

2. COD 的模型验证

依据 2009 年 5 月和 9 月大湖区的 14 个监测点位的 COD 实测值来验证 COD 的计算模型，根据以上计算条件，以 2009 年 5 月的实测值为初始值，模拟时间自 2009 年 5 月至 9 月，通过 2009 年 9 月的计算值与实测值的对比来验证模型的精确度，计算值与实测值的对比见表 3-17。

表 3-17　14 个监测点 COD 计算值与实测值对比　　　单位：mg/L

点位	1#	2#	3#	4#	5#	6#	7#
实测值	24	28	27	27	22	26	28
计算值	22	30	29	33	25	28	31
相对误差/%	8.3	7.1	7.4	22.2	13.6	7.7	10.8
点位	8#	9#	10#	11#	12#	13#	14#
实测值	28	24	25	24	23	24	13
计算值	30	27	23	22	20	20	15
相对误差/%	7.2	12.5	8.0	8.3	13.1	16.7	15.4

由上表可以看出，COD 计算值与 2009 年 9 月实测值较为一致，最大相对误差为 22.2%，大部分监测点相对误差在 20% 以内。因此，COD 计算模型可以用来预测大湖区 2000～2009 年 10 年的 COD 浓度分布。

（三）模型计算工况

依据上述计算条件，以 2000 年 5 月湖内 14 个监测点实测 BOD、COD 分布资料为初始值，对模型进行验证并率定参数，模拟 2000～2009 年 10 年内大湖区 BOD、COD 浓度的分布规律。

（四）模型计算成果及分析

1. BOD 计算结果及分析

（1）BOD 年内分布规律计算成果及分析。

① BOD 年内分布规律计算成果：根据博斯腾湖大湖区 2000～2009 年 10 年逐月 BOD 分布计算成果，以月为统计单位，得出 10 年平均逐月 BOD 分布规律成果如图 3-58～图3-69 所示。

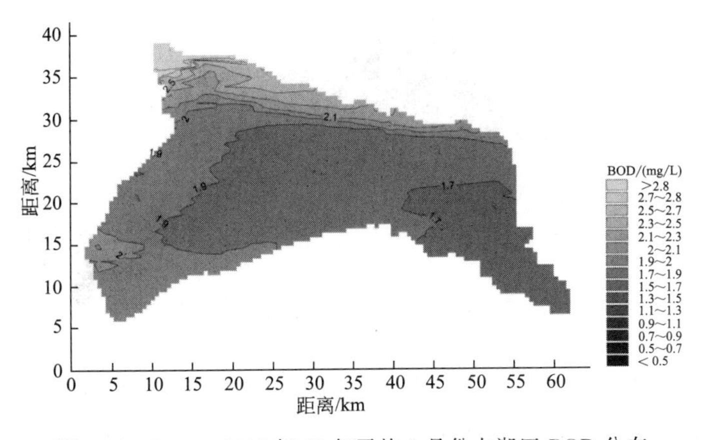

图 3-58　2000～2009 年 10 年平均 1 月份大湖区 BOD 分布

1 月份主导风向为东风或东北偏东风，平均风速较小，只有 1.2m/s，所以环流结构还未能成形，只是有环流趋势。如图 3-58 所示，大湖区平均 BOD 浓度小于 2mg/L。黄水沟入湖 BOD 浓度大于 3mg/L，在湖口向南约 5km 处和湖水混合均匀。开都河入湖口 BOD 浓度大于 2mg/L，由于吞吐流只作用小尺度区域，环流趋势也不明显，所以扩散带很短，自西向东长 8km 左右。孔雀河出口 BOD 浓度小于 2mg/L，不受入湖水质的影响。

2 月份主导风向仍然是东风或东北偏东风，但由于平均风速不大，只会使整个大湖区初步形成一个逆时针环流的趋势。如图 3-59 所示，大湖区平均 BOD 浓度小于 2.5mg/L。黄水沟入湖 BOD 浓度大于 3mg/L，并沿西岸向南形成扩散带。开都河入湖 BOD 浓度大于 2mg/L 由于入湖 BOD 浓度和大湖区平均浓度相差很小，所以虽有西南部小强度逆时针环流存在，但没有明显的浓度混合带。孔雀河出口 BOD 小于 2mg/L。

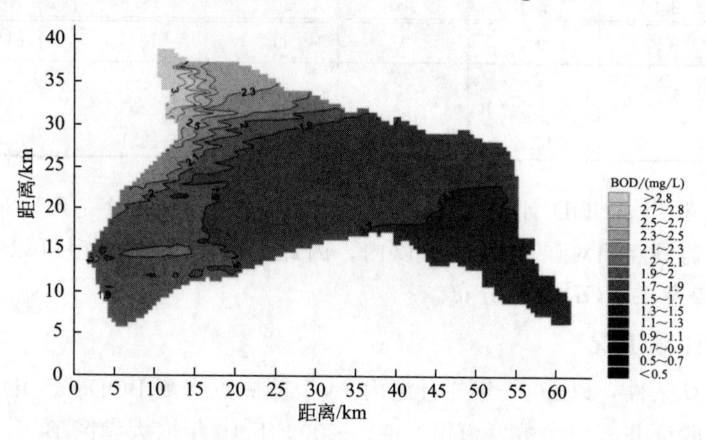

图 3-59　2000～2009 年 10 年平均 2 月份大湖区 BOD 分布

3 月份主导风向主要是东风或东南偏东风，并且平均风力较大。如图 3-60 所示，大湖区平均 BOD 浓度小于 2.5mg/L。黄水沟入湖后，湖水向西流动的趋势较强，西北部的小尺度逆时针环流使得西北部湖水混合程度加大，扩散带范围增广。开都河入湖后，由于风力作用，湖水自西向东流动程度加强，但由于入湖河水 BOD 浓度和大湖区整体相差很小，所以混合带依然不明显。孔雀河出湖口 BOD 小于 2mg/L。

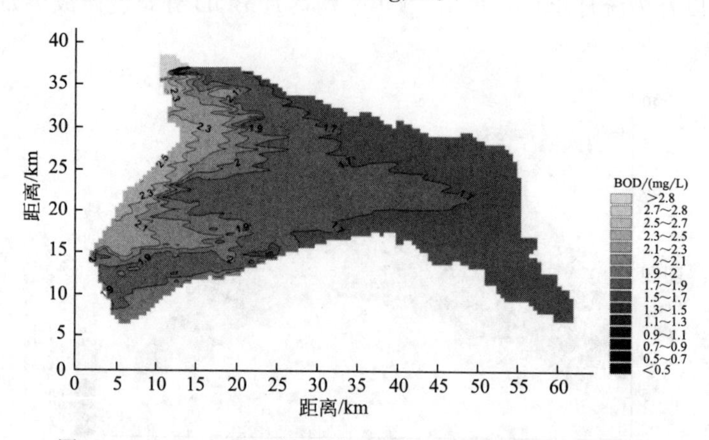

图 3-60　2000～2009 年 10 年平均 3 月份大湖区 BOD 分布

4 月份主导风向是西南风，平均风力较大，会使大湖区整体形成一个大尺度顺时针环流。如图 3-61 所示，大湖区平均 BOD 浓度小于 2mg/L。黄水沟入湖河水由于西北部小尺度环流的作用，很快就和湖水混合均匀。开都河入湖口处，由于西南风的影响，湖口北部环流强度大于湖口南部，再加上 3 月末湖口以北大湖 BOD 本底浓度升高，所以在湖口北部 BOD 浓度混掺明显。孔雀河出口 BOD 浓度小于 2mg/L。

5 月份主导风向为东北偏东风，风速依然较大，会在湖区整个范围形成逆时针环流，并且环流结构较为明显，水流速度也较大。如图 3-62 所示，大湖区平均 BOD 浓度依然小于 2mg/L。黄水沟入湖河流将会随着全湖大尺度环流而沿着西岸向南流动，形成混合带，在入

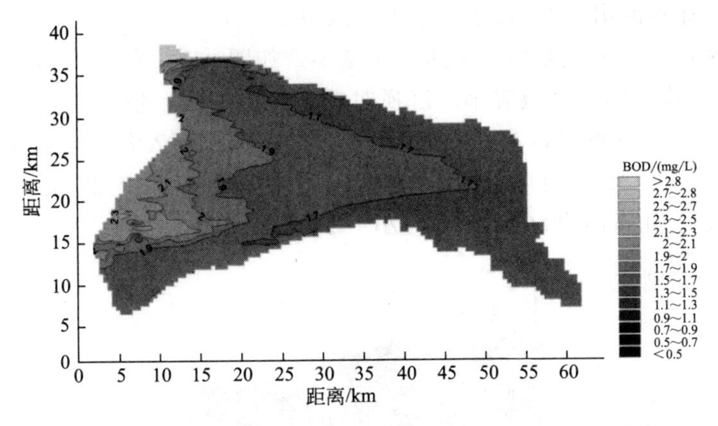

图 3-61　2000～2009 年 10 年平均 4 月份大湖区 BOD 分布

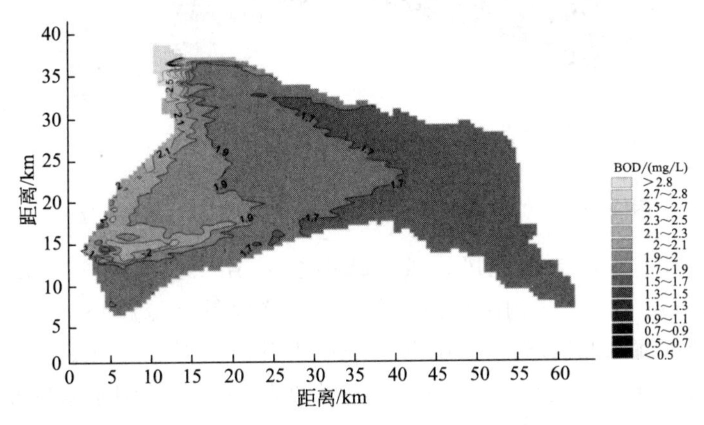

图 3-62　2000～2009 年 10 年平均 5 月份大湖区 BOD 分布

湖口以南 14km 处混合均匀。由于风的作用，开都河入湖口南部流场明显加强，形成小尺度的逆时针环流，使这一区域混掺程度加大，并明显大于湖口以北。所以混合带主要出现在湖口以南，自西向东绵延 18km。孔雀河出口 BOD 浓度小于 2mg/L。

6 月份主导风向为西北风，风速较大。如图 3-63 所示，大湖区平均 BOD 浓度小于 2mg/L。湖北岸形成一个顺时针环流，使黄水沟入湖河水沿北岸向东部流动，形成自西向东的混合带 13km。在湖南岸形成逆时针环流，并且在西南部形成一个逆时针的小尺度环流，所以开都河入湖口的 BOD 混合区已经渐渐向湖口南部偏移。在湖口以南自西向东形成

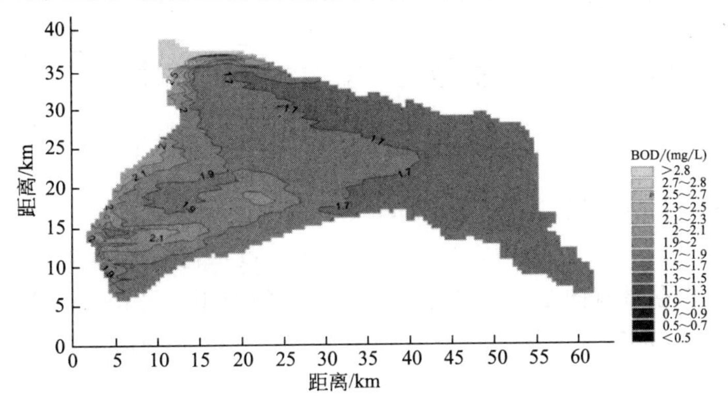

图 3-63　2000～2009 年 10 年平均 6 月份大湖区 BOD 分布

14km 的混合带。孔雀河出口 BOD 浓度小于 2mg/L。

7 月份主导风向为东北偏东风，风速有所减小。如图 3-64 所示，大湖区平均 BOD 浓度小于 2mg/L。在黄水沟附近区域有小尺度逆时针环流的趋势，使得入湖湖水主要沿西岸向南流动，形成扩散带，在湖口以南 22km 处混合均匀。开都河入湖口以南区域依然存在小尺度逆时针环流，但此时无论湖口以南或以北区域的 BOD 本底浓度都和入湖浓度相差很小，所以混合带不明显。孔雀河出口 BOD 浓度小于 2mg/L。

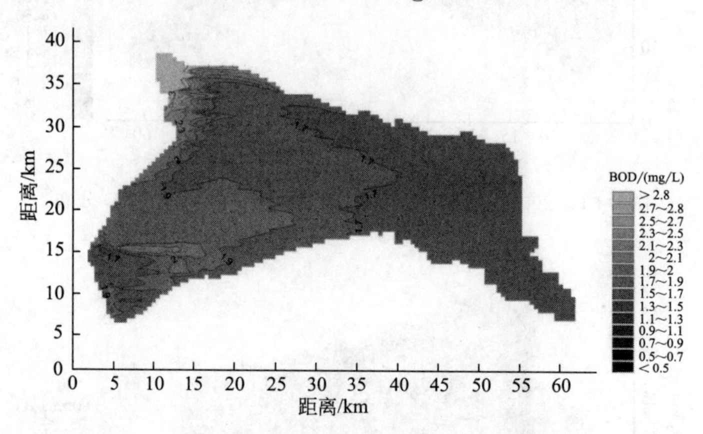

图 3-64　2000～2009 年 10 年平均 7 月份大湖区 BOD 分布

8 月份主导风向为东风或西北风，风速减小至 1.6m/s。如图 3-65 所示，大湖区平均 BOD 浓度小于 2.5mg/L。黄水沟附近由于有小尺度逆时针环流趋势，所以混合带仍沿西岸向南绵延。致使开都河以北区域的 BOD 浓度有所上升，大于 2mg/L。虽然开都河口以南地区存在逆时针小尺度环流，但是入湖河水 BOD 浓度和湖口以南湖水浓度相差很小，所以混合带不明显。孔雀河出口 BOD 浓度小于 2mg/L。

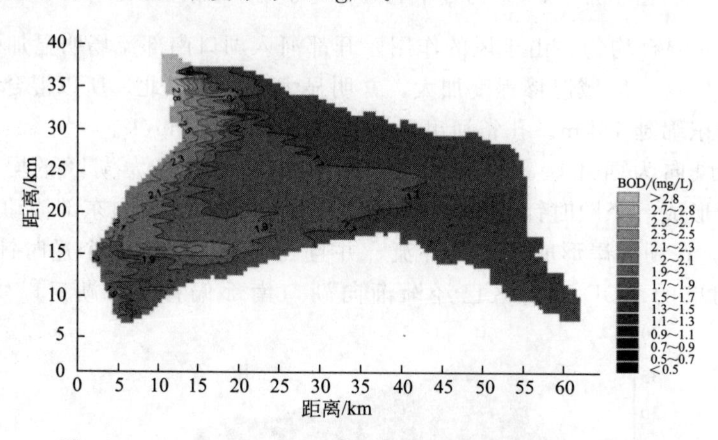

图 3-65　2000～2009 年 10 年平均 8 月份大湖区 BOD 分布

9 月份主导风向为西南风，风速为 1.7m/s，在大湖区形成大尺度顺时针环流的趋势。如图 3-66 所示，大湖区平均 BOD 浓度小于 2mg/L。黄水沟附近由于存在小尺度顺时针环流的趋势，所以其扩散带有向东偏移的趋势。由于风的作用，开都河入湖口以北的环流强度大于湖口以南，所以 BOD 浓度大于 2mg/L，开都河以北区域的浓度稀释混合能力增强。孔雀河出口 BOD 浓度小于 2mg/L。

10 月份主导风向仍为西南风，平均风速不变，依然是 1.7m/s，如图 3-67 所示，大湖区

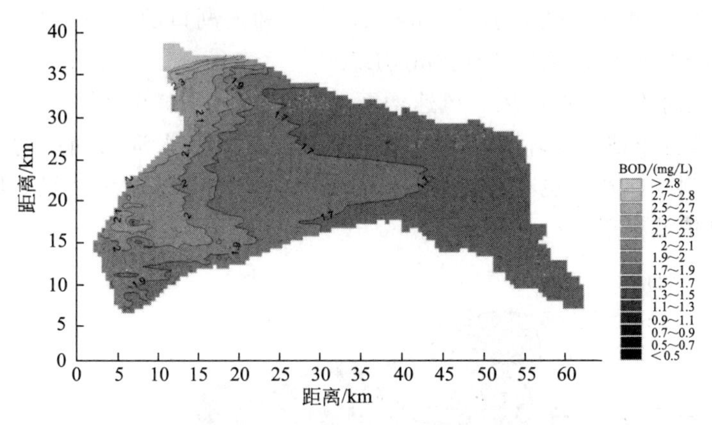

图 3-66　2000～2009 年 10 年平均 9 月份大湖区 BOD 分布

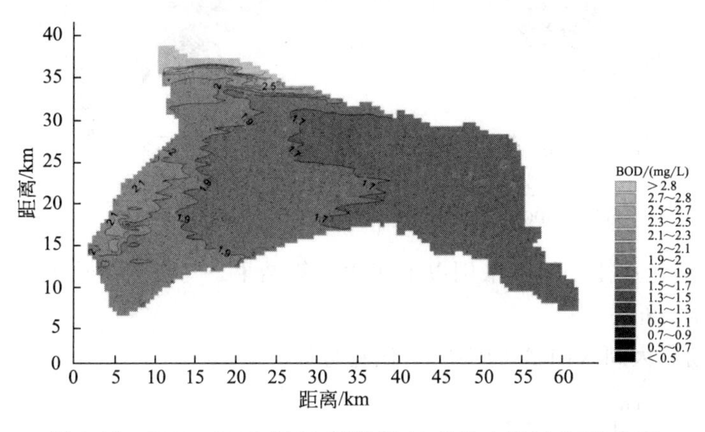

图 3-67　2000～2009 年 10 年平均 10 月份大湖区 BOD 分布

平均 BOD 浓度小于 2mg/L。继续受到环流结构的影响，黄水沟入湖口的浓度混合带已经明显迁移到沿北岸向东的方向，自西向东绵延 18km。开都河入湖口附近的湖水 BOD 浓度大部分在 2mg/L 以下，和入湖河水 BOD 浓度相差很小，混合带不明显。孔雀河出口 BOD 浓度小于 2mg/L。

11 月份主导风向仍为西南风。风速较之前没有大的变化。如图 3-68 所示，持续受环流结构的影响，使黄水沟入湖口的混合带完全迁移，河水沿北岸向东 22km 处混合均匀。而开

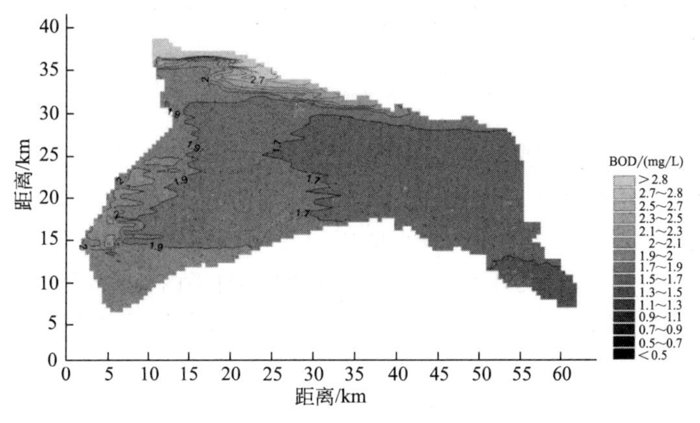

图 3-68　2000～2009 年 10 年平均 11 月份大湖区 BOD 分布

都河入湖口的BOD浓度几乎全部小于2mg/L，所以和入湖口的BOD浓度差更小，混合带更不明显。孔雀河出口BOD浓度小于2mg/L。

12月份主导风向依然为西南风，风速增至1.9m/s。如图3-69所示，大湖区平均浓度小于2mg/L。混合带分布情况受环流结构的影响愈加明显。黄水沟入湖口的混合带沿北岸自西向东长度增至35km，宽度也有所增加。开都河入湖口附近浓度依然没有明显变化。孔雀河出口BOD浓度依然小于2mg/L。

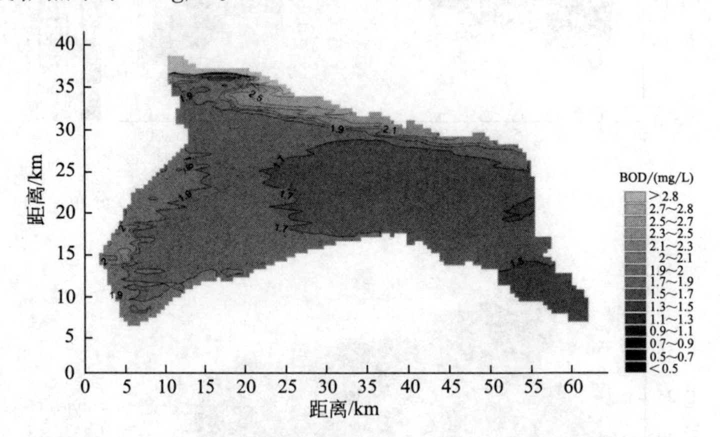

图3-69　2000～2009年10年平均12月份大湖区BOD分布

② BOD年内变化规律分析：采用以上年内计算结果，对大湖区内8个特征点位的BOD年内变化规律进行分析。

a. 黄水沟入湖后大湖区内A的年内变化趋势如图3-70所示。

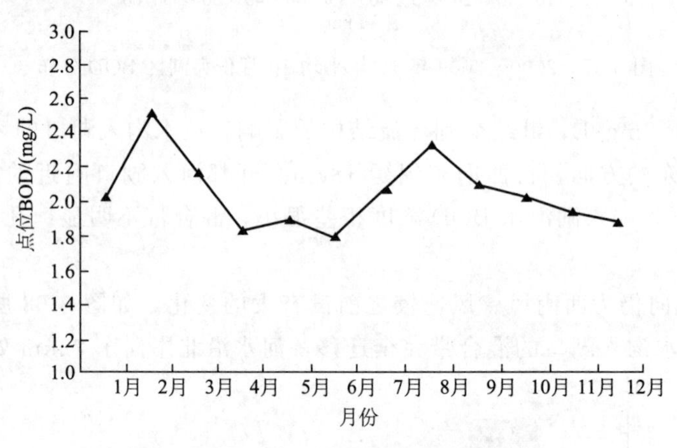

图3-70　A点年内变化趋势

由图3-70可以看出，A点受黄水沟入湖BOD的影响年内变化较大，其中2月影响最大，6月影响较小，整体来看年内变化呈下降趋势。

b. 开都河入湖后大湖区内B、C、D点的年内变化趋势如图3-71所示。

由图3-71可以看出，B点受开都河入湖BOD的影响年内变化较大，12月影响较大，7月影响较小；C、D点相对B点比较平稳，说明开都河入湖后受到风生湖流和吞吐流的作用，能够与湖水混合，整体来看年内变化呈下降趋势。

c. 大湖区内E、F（湖中心）、G、H（湖东部）点的年内变化趋势如图3-72所示。

由图3-72可以看出，E、F、G、H点变化尺度较小，相对A、B、C、D点变化比较平

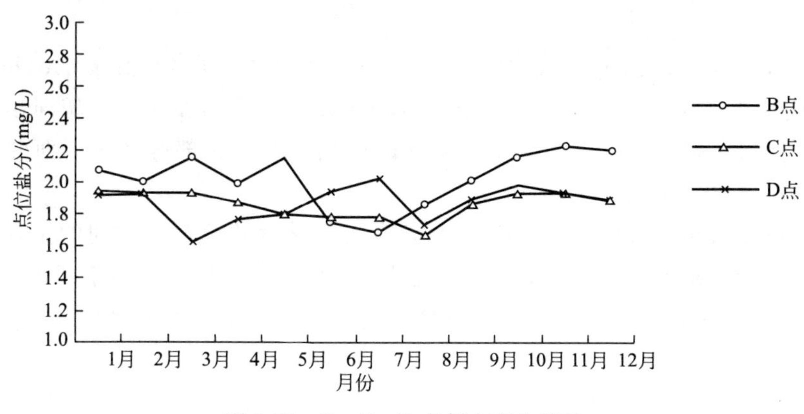

图 3-71 B、C、D 点年内变化趋势

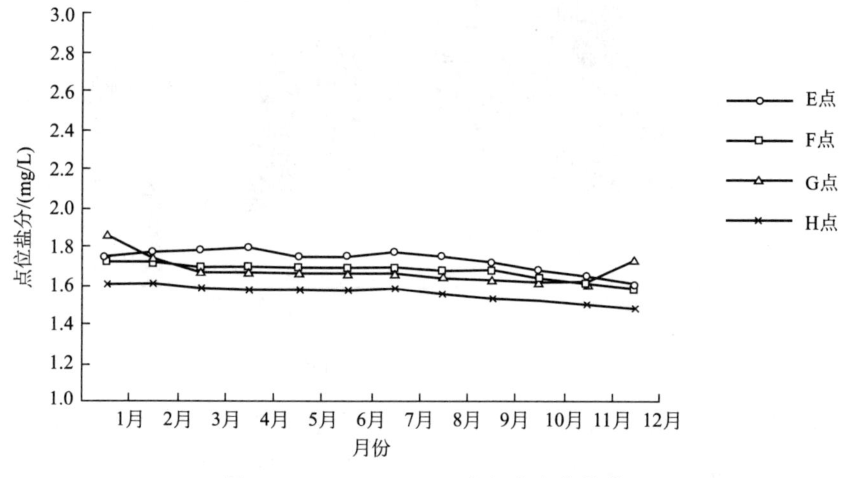

图 3-72 E、F、G、H 点年内变化趋势

稳，说明湖中心与湖北部受开都河与黄水沟入湖的影响较小，在风生湖流的作用湖体混合较为均匀，年内没有较大变化。

（2）BOD 年际分布规律计算成果及分析。

① BOD 年际分布规律计算成果：根据博斯腾湖大湖区 2000～2009 年 10 年逐月 BOD 分布计算成果，以年为统计单位，得出 10 年逐年平均 BOD 布规律成果如图 3-73～图 3-82

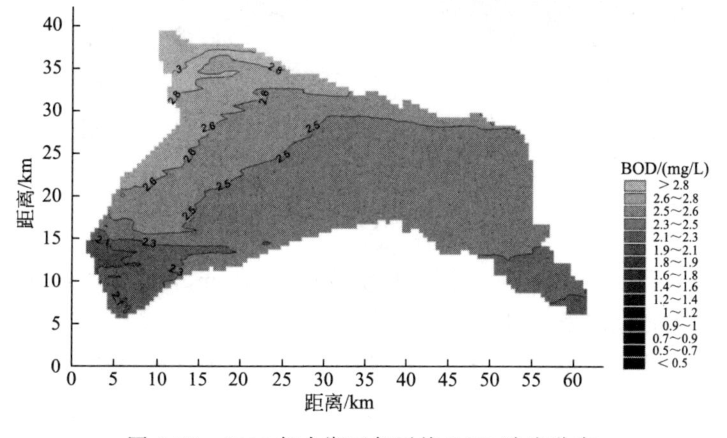

图 3-73 2000 年大湖区年平均 BOD 浓度分布

所示。

由图 3-73 可以看出，2000 年大湖区大部分区域 BOD 浓度在 2～3mg/L；开都河入湖口河水 BOD 浓度约为 2.1mg/L；黄水沟入湖口 BOD 浓度大于 3mg/L；孔雀河出湖口浓度小于 2mg/L。开都河入湖口附近自西向东浓度逐渐增加；湖区大部分区域由西北向东南形成逐渐下降的 BOD 浓度扩散带。

由图 3-74 可以看出，2001 年大湖区平均浓度有显著变化。随着时间的推移，开都河入湖口附近流场带动淡水进一步向大湖区内部流动，水体交换范围向湖内不断扩大，浓度等值线明显向东南移动。开都河湖口附近不存在明显混合带，黄水沟附近混合带沿北岸向东形成 10km 的混合带。

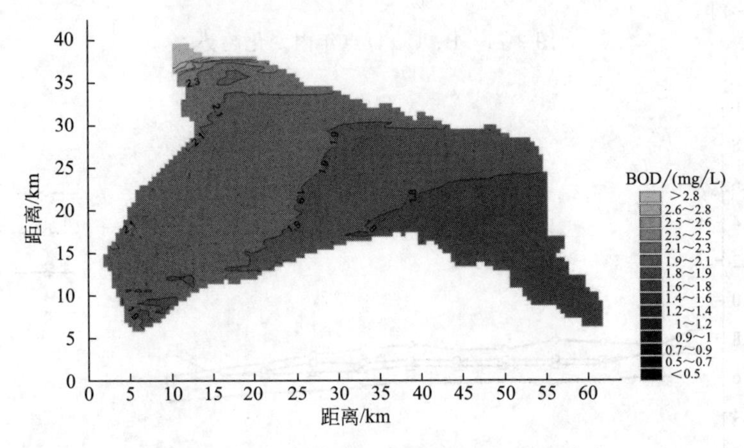

图 3-74　2001 年大湖区年平均 BOD 浓度分布

由图 3-75 可以看出，2002 年大湖区平均浓度没有显著变化。但平均浓度等值线明显向西北偏移，并且 1.8mg/L，1.9mg/L，2.1mg/L 浓度线间的宽度明显减小。

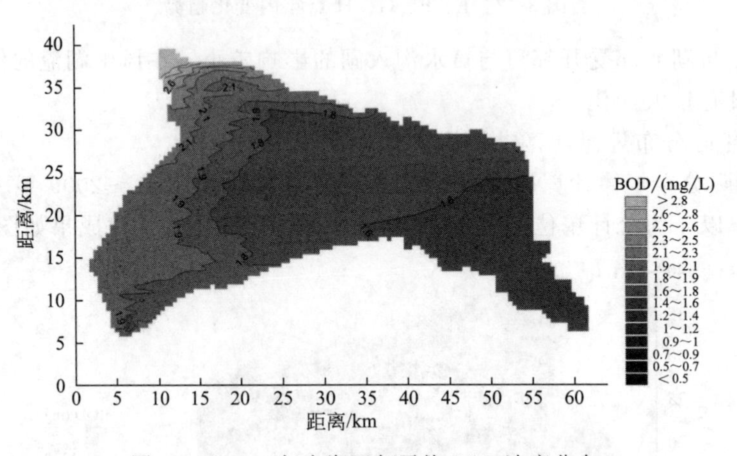

图 3-75　2002 年大湖区年平均 BOD 浓度分布

由图 3-76 可以看出，2003 年大湖区平均浓度依然为 2mg/L。大湖区浓度等值线向东南偏移，出湖浓度依然维持在 2mg/L 以下。

由图 3-77 可以看出，2004 年大湖区平均浓度较 2003 年有显著的升高，大湖区浓度等值线明显向东南方向迁移。黄水沟入湖口附近混合带仍沿北岸向东扩散。但孔雀河出湖口浓度维持不变。

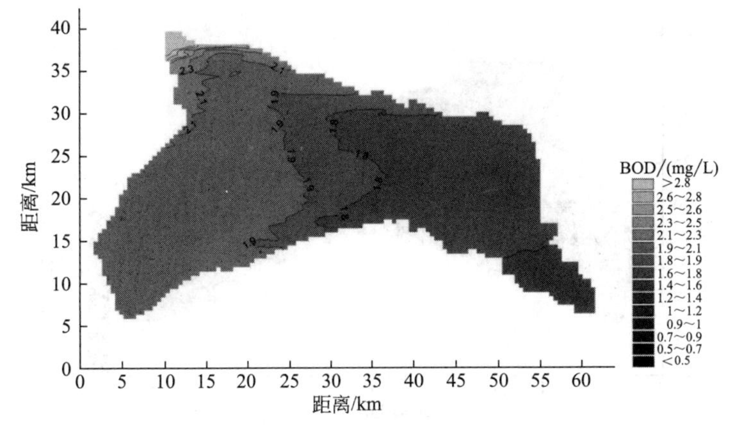

图 3-76　2003 年大湖区年平均 BOD 浓度分布

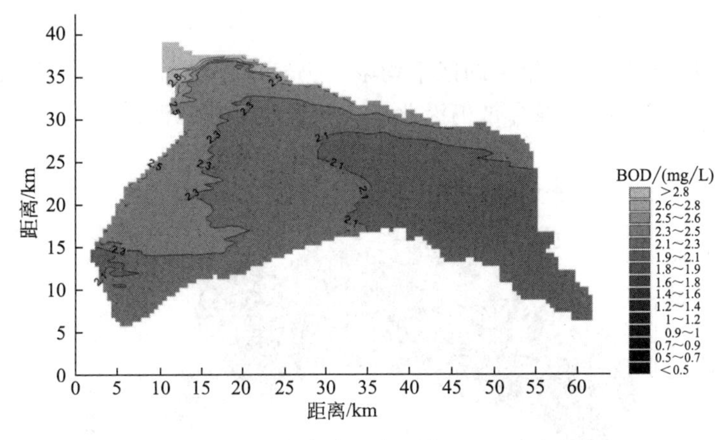

图 3-77　2004 年大湖区年平均 BOD 浓度分布

由图 3-78 可以看出，随着水盐交换的持续进行，2005 年大湖区平均浓度没有显著变化，但是大湖区浓度等值线继续大范围向东南移动；浓度线间距也显著增大。黄水沟入湖口附近混合带仍沿北岸向东扩散。孔雀河出湖口浓度维持不变。

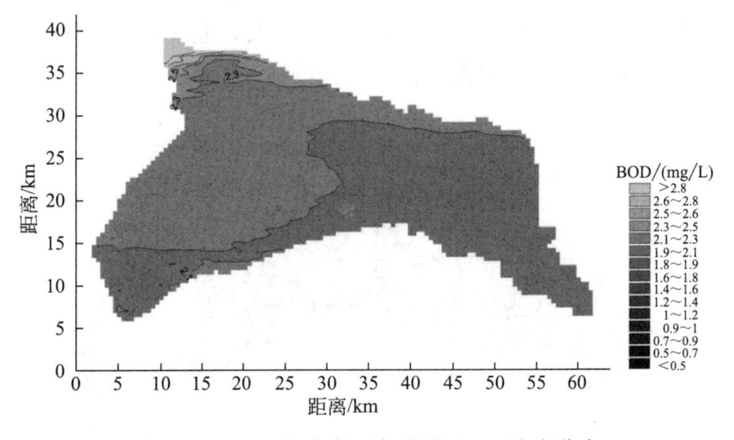

图 3-78　2005 年大湖区年平均 BOD 浓度分布

由图 3-79 可以看出，2006 年大湖区平均浓度减小到 2mg/L 以下。黄水沟附近河水混合程度更加明显，混合带范围继续扩大，混合带向大湖区西岸扩展明显。同时，大湖区西南区

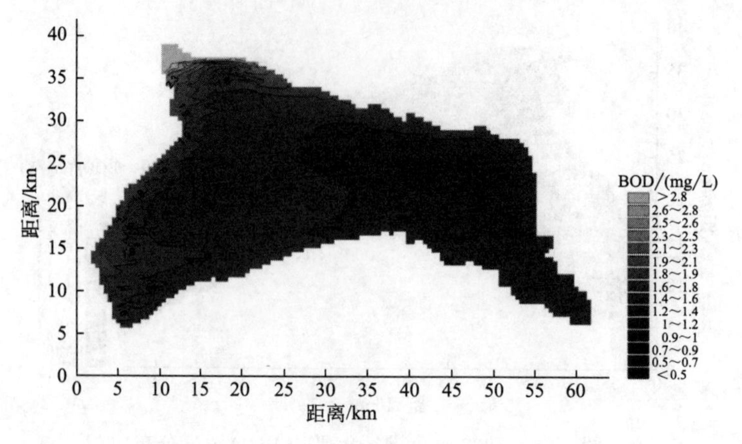

图 3-79 2006 年大湖区年平均 BOD 浓度分布

出现 BOD 混合带。

由图 3-80 可以看出，2007 年大湖区平均浓度仍然维持在 2mg/L 以下。浓度等值线向东北部迁移。黄水沟入湖口附近混合带仍沿北岸向东扩散。孔雀河出湖口浓度维持不变。

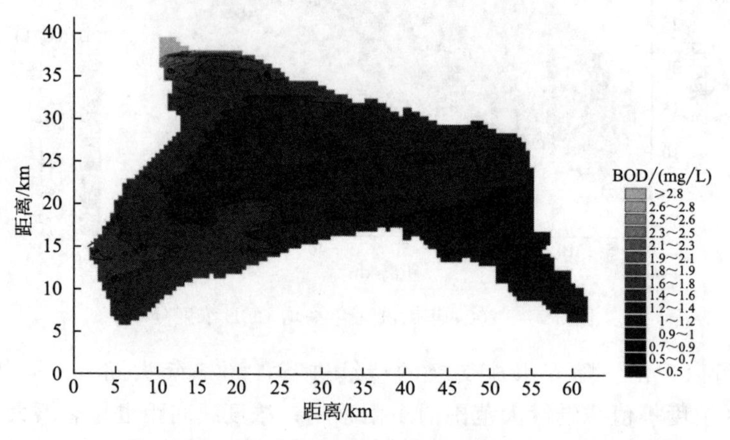

图 3-80 2007 年大湖区年平均 BOD 浓度分布

由图 3-81 可以看出，2008 年大湖区平均浓度变化不大，但浓度等值线方向转为大湖区西岸由西向东逐渐递减。黄水沟入湖口附近混合带仍沿北岸向东扩散。孔雀河出湖口浓度维持不变。

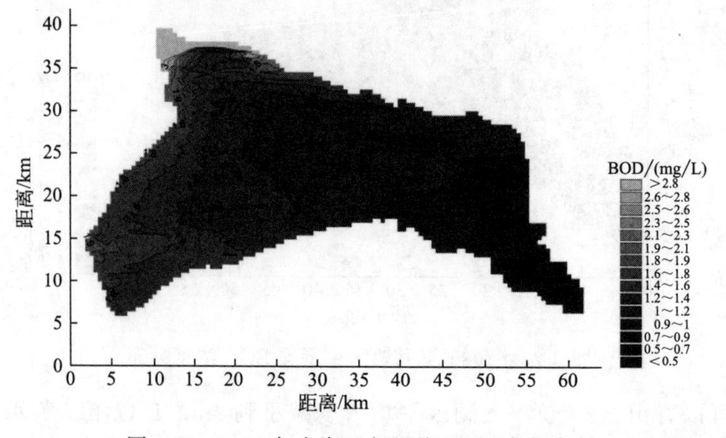

图 3-81 2008 年大湖区年平均 BOD 浓度分布

由图 3-82 可以看出，2009 年大湖平均浓度仍小于 2mg/L，在西向东的浓度等值线明显向东偏移，沿西岸 BOD 浓度升高。黄水沟入湖口附近混合带仍沿北岸向东扩散。孔雀河出湖口浓度维持不变。

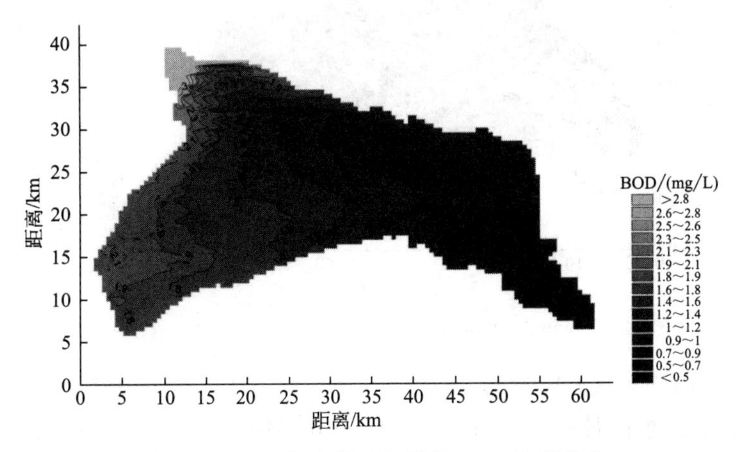

图 3-82　2009 年大湖区年平均 BOD 浓度分布

② BOD 年际变化规律分析：大湖区内 8 个点位的年际变化趋势如图 3-83 所示。

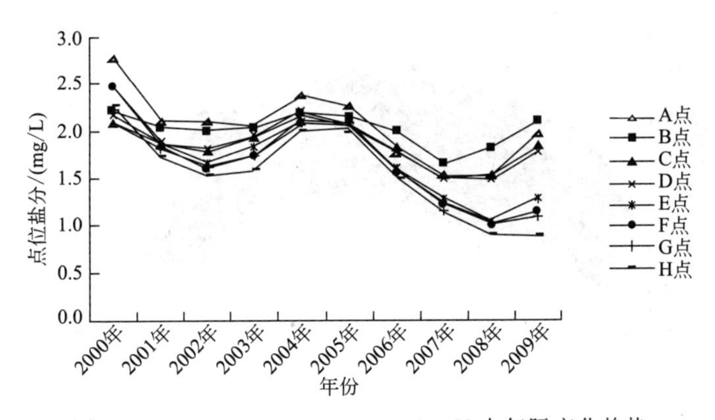

图 3-83　A、B、C、D、E、F、G、H 点年际变化趋势

由图 3-83 可以看出，A、B、C、D、E、F、G、H 点年际变化尺度较大，8 个特征点在 2000 年达到最大值，分别为 2.77mg/L、2.21mg/L、2.09mg/L、2.18mg/L、2.48mg/L、2.47mg/L、2.48mg/L、2.26mg/L；在 2007 年达到最小值，分别为 1.5mg/L、1.63mg/L、1.51mg/L、1.49mg/L、1.27mg/L、1.23mg/L、1.23mg/L、1.14mg/L。8 个特征点位年际分布呈 W 形，在 2000 年、2004 年、2009 年呈上升趋势，在 2002 年、2007 年呈下降趋势，整体来看 8 个特征点位的年际变化呈下降趋势。

2. COD 计算结果及分析

（1）COD 年内分布规律计算成果及分析。

① COD 年内分布规律计算成果：根据博斯腾湖大湖区 2000～2009 年 10 年逐月 COD 分布计算成果，以月为统计单位，得出 10 年平均逐月 COD 分布规律成果如图 3-84～图 3-95 所示。

1 月份大湖区西南部及东南部 COD 平均浓度均小于 20mg/L，湖中 COD 浓度混合比较均匀，变化尺度较小，基本处于 20～28mg/L。但湖区北部浓度等值线密集扩散带范围较小，浓度空间变化尺度较大，COD 浓度自北向南依次递减。

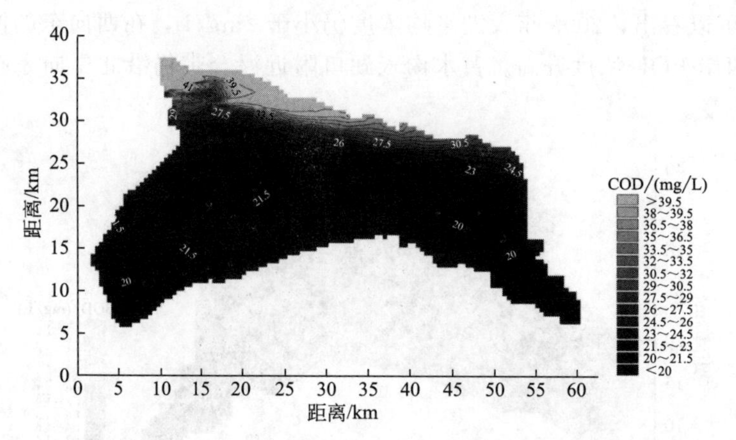

图 3-84　2000～2009 年 10 年平均 1 月份大湖区 COD 分布

2 月份大湖区西南部 COD 浓度升至 20～21.5mg/L，而东南部的 COD 浓度仍小于 20mg/L。大湖区北部扩散带较 1 月有所增加，COD 浓度自西北向东南依次递减，大湖区东部大部分区域 COD 浓度小于 21.5mg/L。

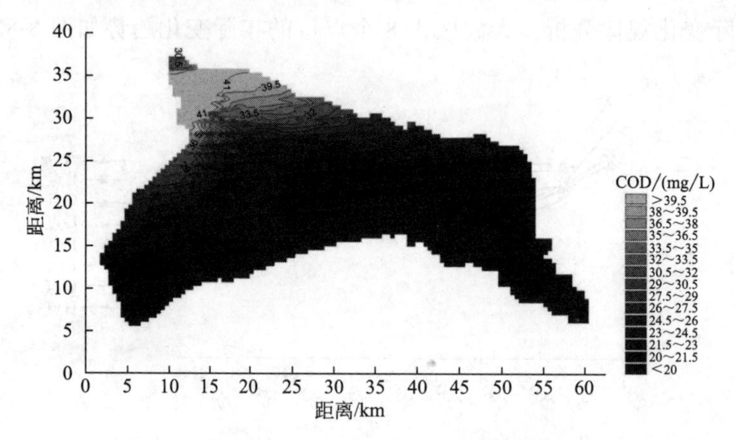

图 3-85　2000～2009 年 10 年平均 2 月份大湖区 COD 分布

3 月份大湖区西部 COD 浓度进一步向湖中心扩散，扩散带变化尺度在大湖区西部变化较大，浓度由 35mg/L 自西向东依次递减。大湖区东部地区 COD 浓度小于 21.5mg/L。

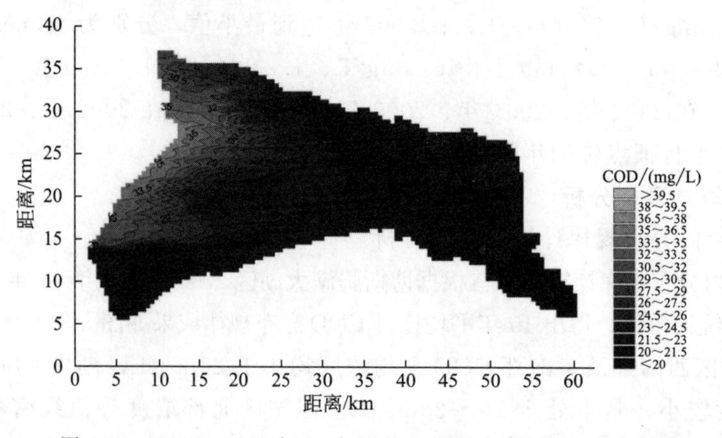

图 3-86　2000～2009 年 10 年平均 3 月份大湖区 COD 分布

4 月份 COD 浓度逐渐扩散到大湖区东部。浓度由 30.5mg/L 自西向东依次递减，在开都河入湖口以北区域 COD 浓度大于 30.5mg/L。大湖东部其他地区浓度仍维持在 21.5mg/L 以下。

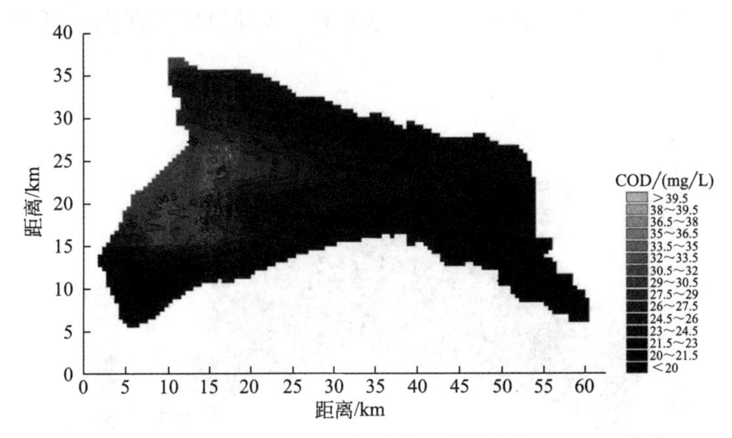

图 3-87　2000～2009 年 10 年平均 4 月份大湖区 COD 分布

5 月份 COD 浓度扩散带继续向东部扩散。黄水沟附近有小范围的扩散带，大湖区西部浓度逐渐混合均匀平均为 26.9mg/L，形成自西向东的扩散带，COD 浓度逐渐下降。

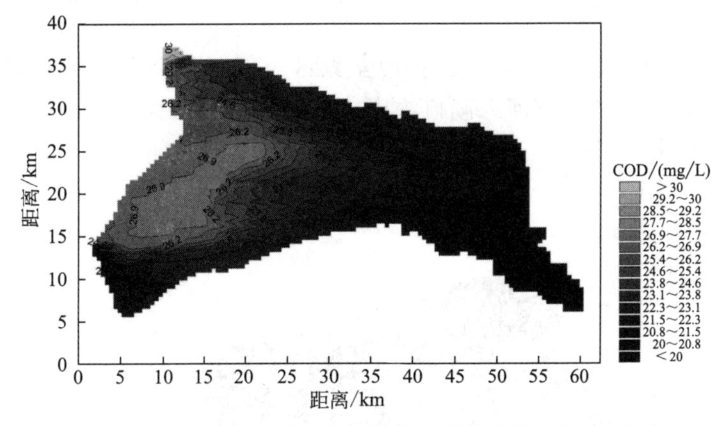

图 3-88　2000～2009 年 10 年平均 5 月份大湖区 COD 分布

6 月份 COD 浓度扩散带继续向东部扩散。大部分扩散均以湖心西南部浓度大于 26.9mg/L 浓度带为中心向外围扩散，浓度逐渐降低至 21.5mg/L。大湖东南部 COD 浓度

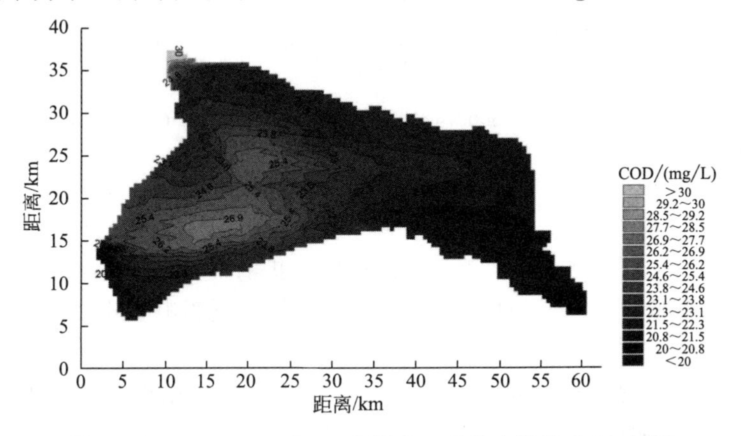

图 3-89　2000～2009 年 10 年平均 6 月份大湖区 COD 分布

仍小于 20.8mg/L，基本不受影响。

7 月份大湖区内浓度扩散带与 6 月份相比逐渐趋于混合，浓度逐渐减小至 20.8mg/L，但浓度带较上月略向东部扩散。大湖西北部的黄水沟入湖口以及西南部开都河入湖口均存在小范围浓度扩散带。

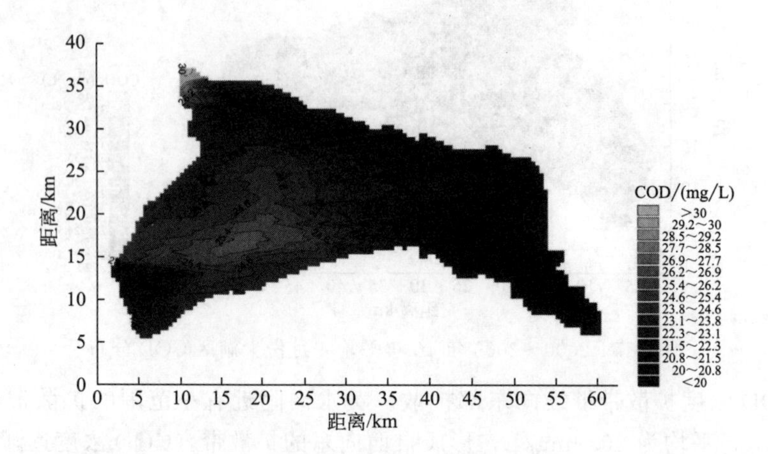

图 3-90　2000～2009 年 10 年平均 7 月份大湖区 COD 分布

8 月份大湖区内 COD 浓度扩散带已扩散至湖区东部，整个大湖区内 COD 浓度趋于混合。同时，大湖区西南部的开都河入湖口浓度扩散带的范围增大。大湖区东南部 COD 浓度小于 20.8mg/L，仍未受到影响。

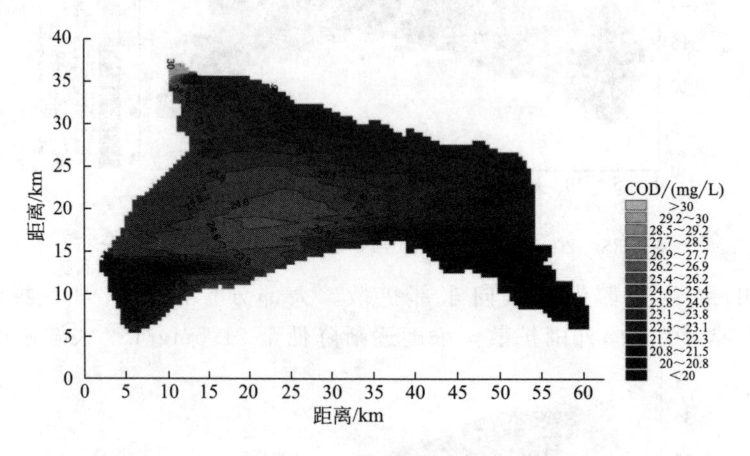

图 3-91　2000～2009 年 10 年平均 8 月份大湖区 COD 分布

9 月份大湖区中心 COD 浓度扩散带逐渐缩小，浓度降至 24.6mg/L。大湖区西南部开都河入湖口浓度扩散带的范围进一步增大，并与湖中心较高的 COD 浓度带混合。

10 月份大湖区中心 COD 浓度扩散带向西扩散，扩散带中心浓度大于 24.6mg/L 并向外围扩散，浓度逐渐降低至 20.8mg/L。大湖东南部开始受到影响，小于 20.8mg/L 的范围有所减小。

11 月份大湖区中心浓度扩散带范围有所减小，在大湖区东南部逐渐混合，同时大湖区东南部的浓度与 10 月相比有所增加。

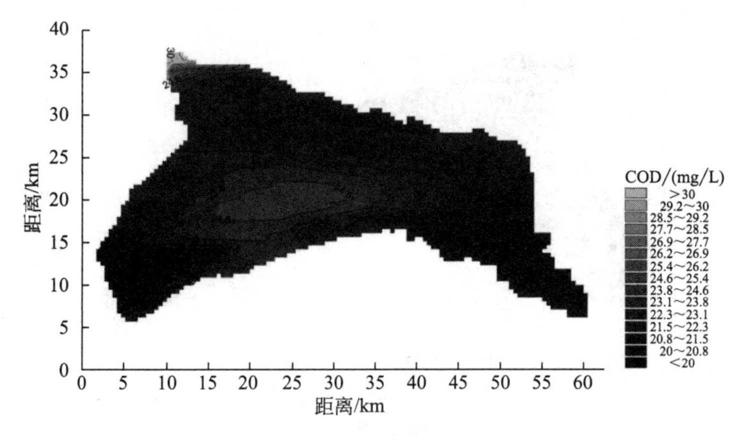

图 3-92　2000～2009 年 10 年平均 9 月份大湖区 COD 分布

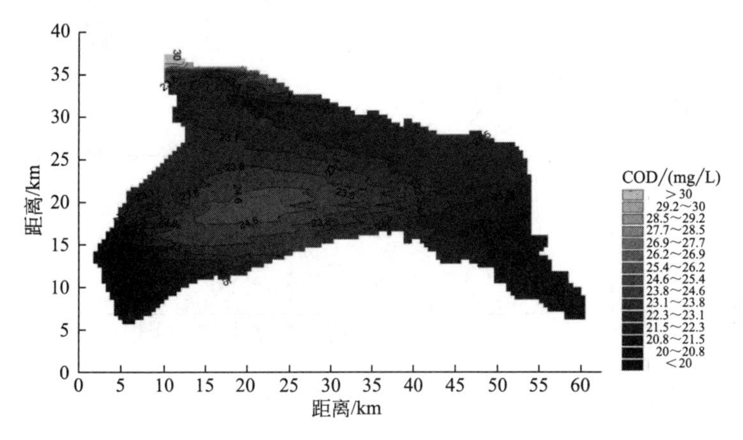

图 3-93　2000～2009 年 10 年平均 10 月份大湖区 COD 分布

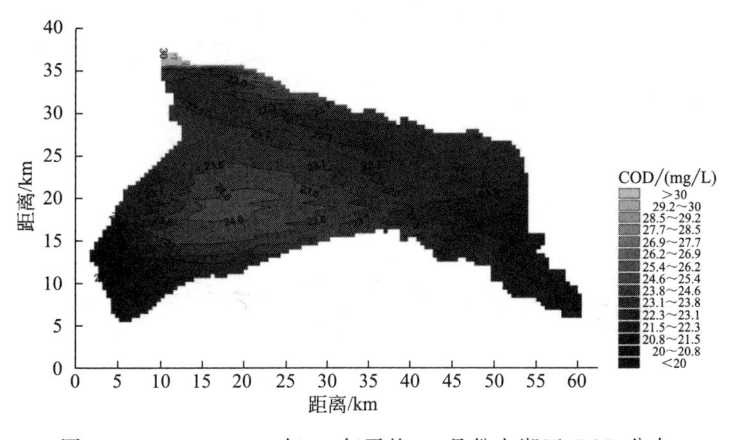

图 3-94　2000～2009 年 10 年平均 11 月份大湖区 COD 分布

12 月份大湖区中心浓度基本混合，平均浓度在 23mg/L，同对大湖东南部浓度也逐渐混合，与 11 月份相比 COD 浓度有所增大，混合浓度为 21.5mg/L。

② COD 年内变化规律分析：采用以上年内计算结果，分析大湖区内 8 个特征点位的 COD 年内变化规律。

a. 黄水沟入湖后大湖区内 A 的年内变化趋势如图 3-96 所示。

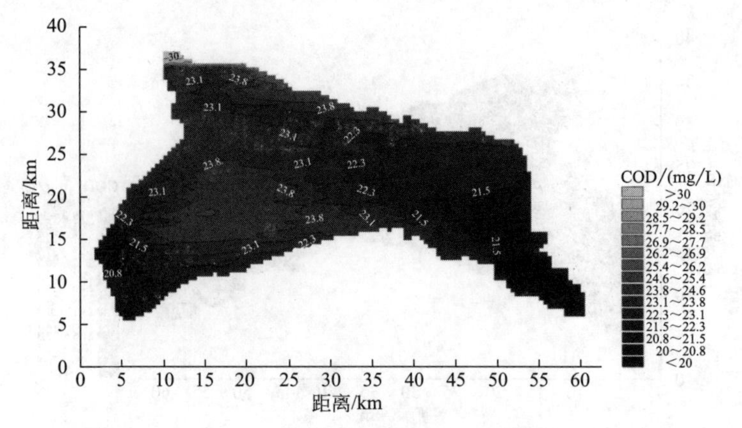

图 3-95 2000～2009 年 10 年平均 12 月份大湖区 COD 分布

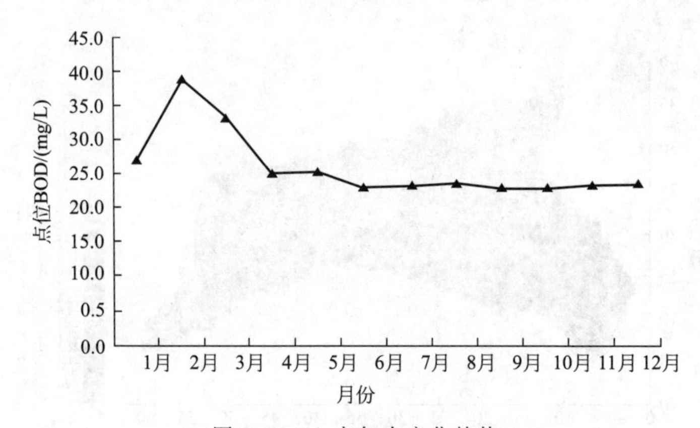

图 3-96 A 点年内变化趋势

由图 3-96 可以看出，A 点受黄水沟入湖 COD 的影响年内变化较大，其中 2 月影响最大，6 月影响较小，整体来看年内变化呈下降趋势。

b. 开都河入湖后大湖区内 B、C、D 点的年内变化趋势如图 3-97 所示。

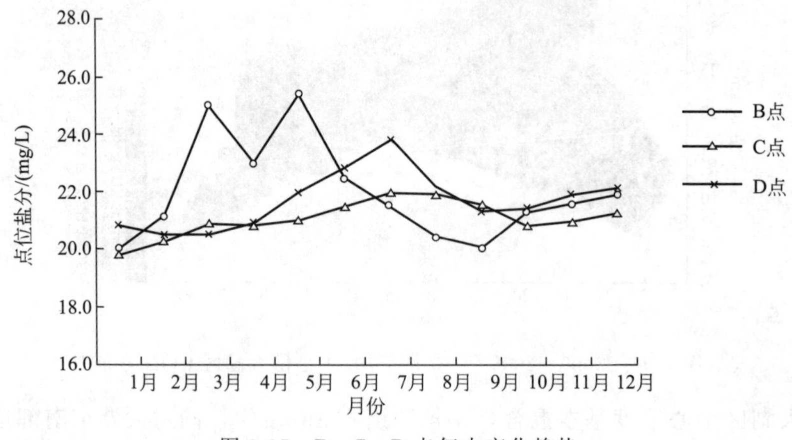

图 3-97 B、C、D 点年内变化趋势

由图 3-97 可以看出，B 点受开都河入湖 COD 的影响年内变化较大，5 月影响较大，9 月影响较小；C、D 点相对 B 点比较平稳，说明开都河入湖后受到风生湖流和吞吐流的作用，能够与湖水混合，整体来看年内变化呈下降趋势。

c. 大湖区内 E、F（湖中心）、G、H（湖东部）点的年内变化趋势如图 3-98 所示。

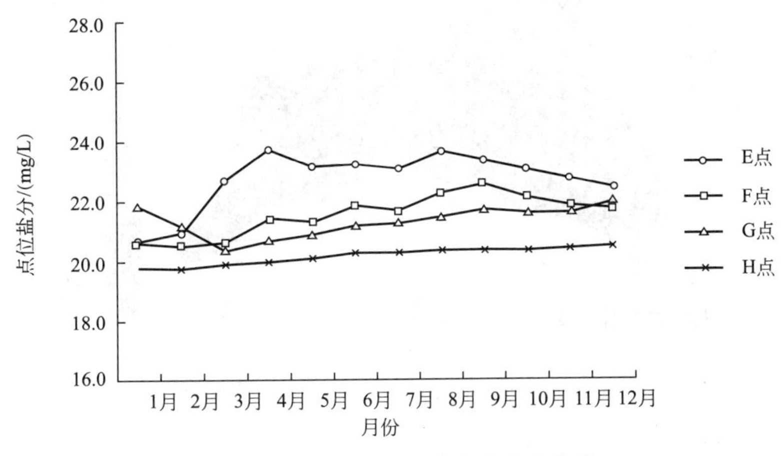

图 3-98　E、F、G、H 点年内变化趋势

由图 3-98 可以看出，E、F、G、H 点变化尺度较小，相对 A、B、C、D 点变化比较平稳，说明湖中心与湖北部受开都河与黄水沟入湖的影响较小，在风生湖流的作用湖体混合较为均匀，年内没有较大变化。

（2）COD 年际分布规律计算成果及分析。

① COD 年际分布规律计算成果：根据博斯腾湖大湖区 2000～2009 年 10 年逐月 COD 分布计算成果，以年为统计单位，得出 10 年逐年平均 COD 布规律成果如图 3-99～图 3-108 所示。

由图 3-99 可以看出，2000 年大湖区中心区域的 COD 浓度最小为 16.1mg/L，岸边浓度较大为 21.4mg/L。此时，黄水沟入湖口附近浓度最大，最大值高于 28.9mg/L。

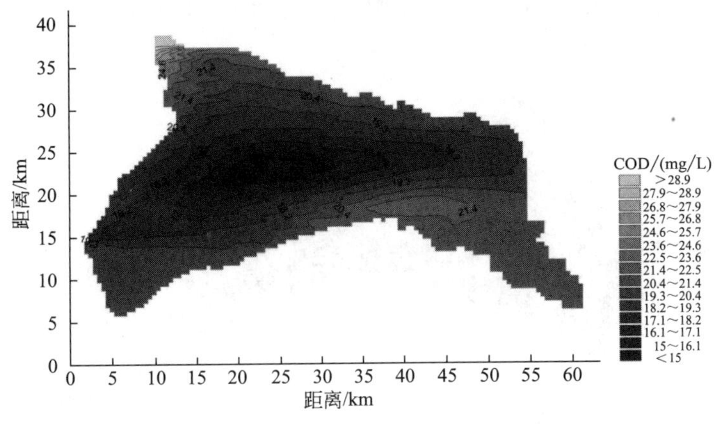

图 3-99　2000 年大湖区年平均 COD 浓度分布

由图 3-100 可以看出，2001 年大湖区内 COD 浓度空间变化尺度较小，平均浓度小于 20mg/L，黄水沟入湖口附近存在小范围浓度扩散带，并且 COD 浓度自西向东逐渐降低，由 21.4mg/L 降至 18.2mg/L。大湖东南部浓度大于 19.3mg/L。

由图 3-101 可以看出，2002 年大湖区内 COD 平均浓度均小于 20mg/L。在黄水沟入湖口附近产生自西北向东南的浓度扩散带，浓度由大于 30mg/L 逐渐降至 20.4mg/L。开都河入湖口处也产生自西向东的浓度扩散带，浓度从小于 16.1mg/L 升至 18.2mg/L。

由图 3-102 可以看出，2003 年大湖区内 COD 平均浓度小于 22.5mg/L，并且 COD 浓度

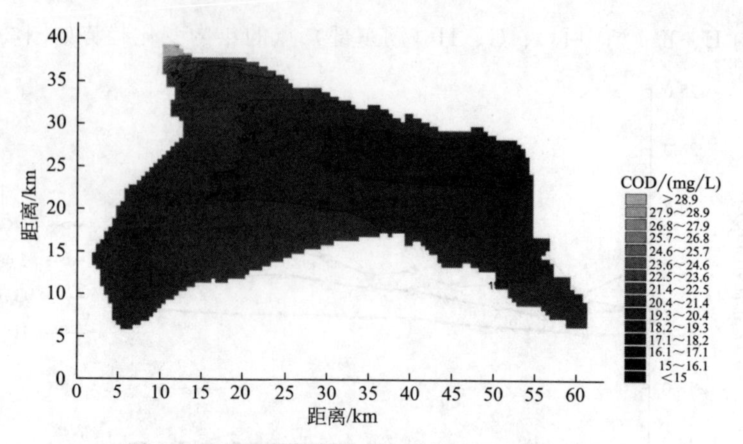

图 3-100　2001 年大湖区年平均 COD 浓度分布

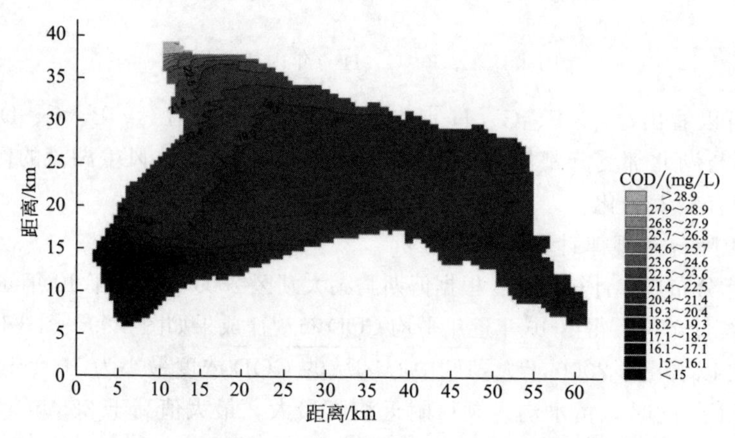

图 3-101　2002 年大湖区年平均 COD 浓度分布

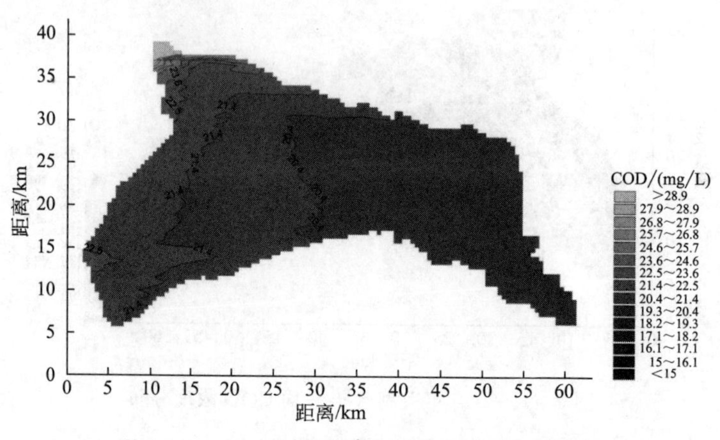

图 3-102　2003 年大湖区年平均 COD 浓度分布

自西向东逐渐降低。只有黄水沟入湖口附近和开都河入湖口附近存在 COD 浓度大于 22.5mg/L 的小范围区域，主要是由于黄水沟和开都河入湖浓度较大。

由图 3-103 可以看出，2004 年大湖区内 COD 浓度小于 22.5mg/L，并且 COD 浓度自西向东逐渐降低，大湖区东部 COD 平均浓度在 20.4mg/L。黄水沟入湖口附近的高浓度的扩散带向湖中心扩散。而开都河入湖口也有明显的自西向东的浓度扩散带，浓度由小于 15mg/L 升至 19.3mg/L。

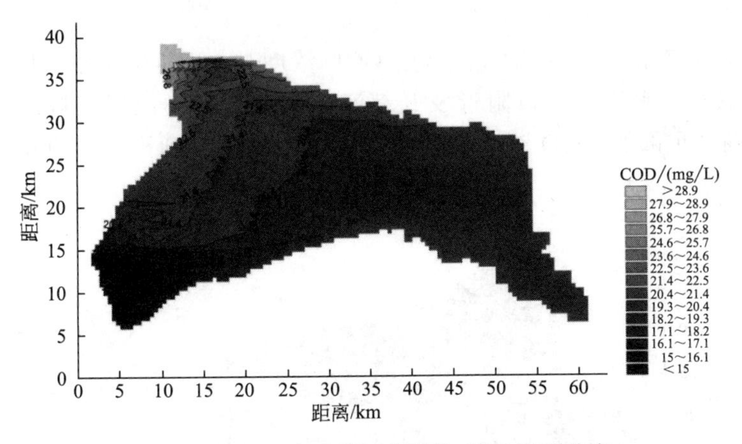

图 3-103　2004 年大湖区年平均 COD 浓度分布

由图 3-104 可以看出，2005 年大湖区内 COD 平均浓度有所上升，其分布仍然是自西北向东南逐渐减小。而大湖区东部小部分区域 COD 浓度升至 20.4mg/L。黄水沟入湖口附近的扩散带范围加大，且 COD 浓度较 2004 年有所增加。

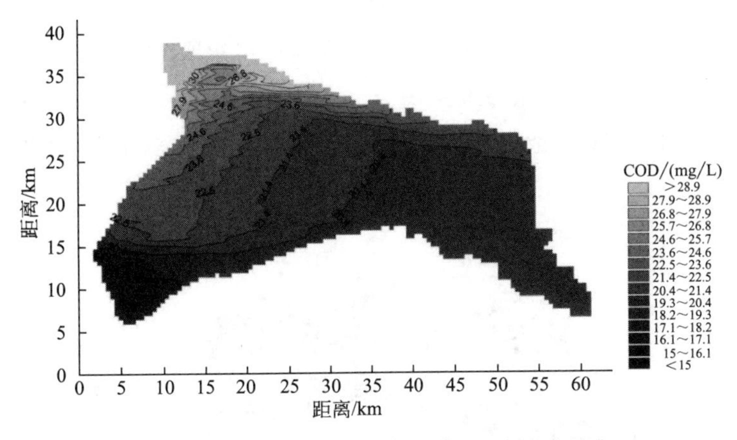

图 3-104　2005 年大湖区年平均 COD 浓度分布

由图 3-105 可以看出，2006 年大湖区内 COD 浓度继续增加，COD 浓度由西北部向东南部逐渐减小，大湖区东南部的 COD 浓度仍然维持在 20.4mg/L，其余大湖区东部 COD 浓度

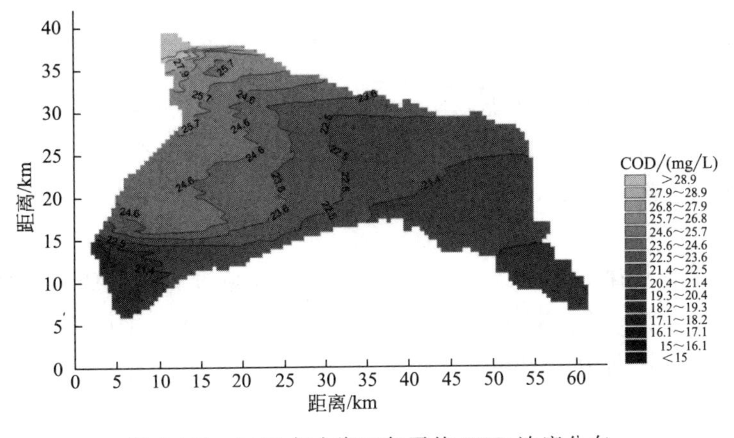

图 3-105　2006 年大湖区年平均 COD 浓度分布

有所上升，部分区域已经超过 20mg/L。

由图 3-106 可以看出，2007 年大湖区内 COD 浓度与 2006 年相比有所下降，基本维持在 23.5mg/L，只有黄水沟入湖口附近及开都河入湖口附近小范围区域的 COD 浓度大于 23.5mg/L。大湖区东部的 COD 浓度继续增加，东南部也受到影响，COD 浓度升至 19～21mg/L。

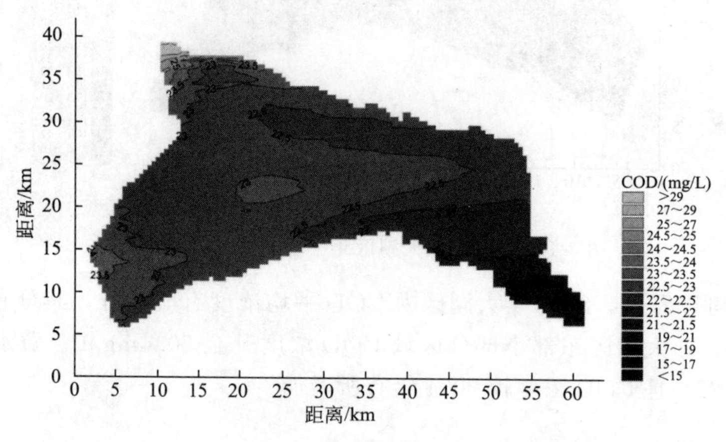

图 3-106　2007 年大湖区年平均 COD 浓度分布

由图 3-107 可以看出，2008 年大湖区内 COD 浓度有所增大，并且 COD 浓度自西向东逐渐减小。大湖区东北部 COD 浓度大于 22.5mg/L，东南部与 2007 年相比没有明显变化。

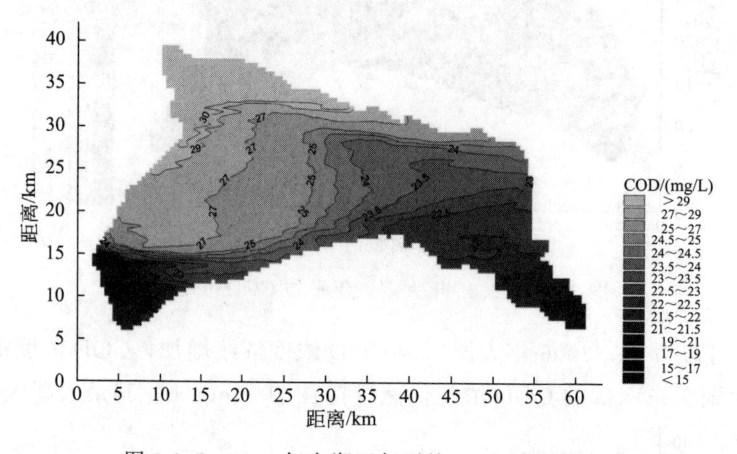

图 3-107　2008 年大湖区年平均 COD 浓度分布

由图 3-108 可以看出，2009 年大湖区内 COD 浓度有明显增大，大湖区西北部 COD 浓度为 30mg/L，并自西向东逐渐减小，受开都河入流影响，开都河入湖口 COD 浓度小于 24mg/L，大湖区内大部分区域 COD 浓度大于 24mg/L。大湖区东部 COD 浓度与 2008 年相比有所升高。

② COD 年际变化规律分析：大湖区内 8 个点位的年际变化趋势如图 3-109 所示。

由图 3-109 可以看出，A、B、C、D、E、F、G、H 点年际变化尺度较大，8 个特征点在 2009 年达到最大值，分别为 23.8mg/L、26.0mg/L、25.1mg/L、24.9mg/L、22.8mg/L、22.5mg/L、22.4mg/L、21.4mg/L；在 2002 年达到最小值，分别为 20.7mg/L、16.0mg/L、16.7mg/L、17.3mg/L、18.5mg/L、18.5mg/L、18.7mg/L、18.4mg/L，整体来看 8 个特

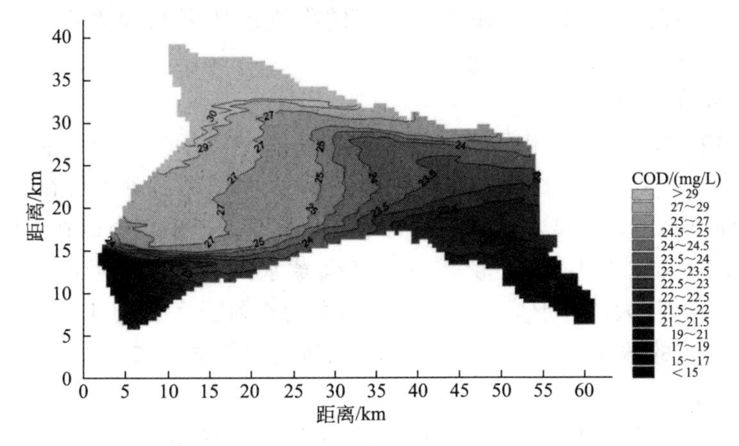

图 3-108　2009 年大湖区年平均 COD 浓度分布

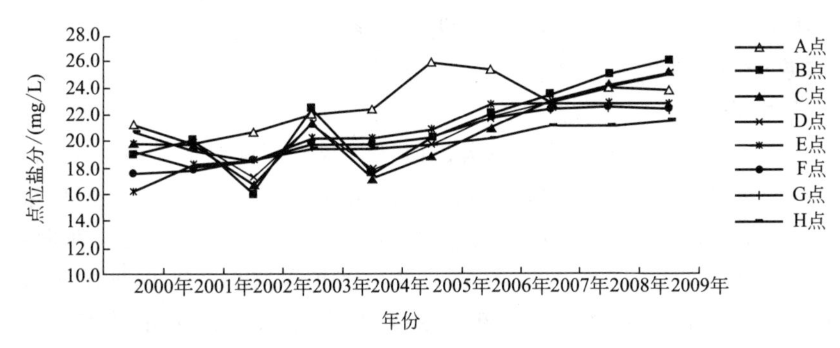

图 3-109　A、B、C、D、E、F、G、H 点年际变化趋势

征点位的年际变化呈上升趋势。

（五）小结

通过对博斯腾湖大湖区 BOD、COD 的模拟计算及分析，所得主要结论如下。

1. BOD 浓度分布规律的主要结论

（1）BOD 年内分布规律。

① 大湖区平均 BOD 浓度变化不明显。1 月份小于 2mg/L；2 月份和 3 月份在 2.5mg/L 以下；4～7 月份又降至 2mg/L 以下；8 月份在 2.5mg/L 以下；9～10 月份又降至 2mg/L 以下。开都河入湖 BOD 浓度和大湖区平均浓度没有显著差别，所以在大湖区西岸混合带不明显。黄水沟入湖 BOD 浓度较高，根据风向和风速的不同其扩散带变化情况为：1 月、2 月、4 月、6 月、9～12 月共 8 个月份，其扩散带沿湖北岸向东扩散；3 月、5 月、7 月、8 月共 4 个月，其扩散带沿湖西岸向南扩散。孔雀河年内出湖 BOD 浓度均在 2mg/L 以下，水质不受影响。

② 大湖区内 A 点（黄水沟入湖口）、B 点（开都河入湖口）、C 点（大湖区出水口）、D 点（大湖区出水口东侧）、E 点（湖中心）、F 点（湖中心）、G 点（大湖区东部）、H 点（大湖区东部）8 个特征点位的年内变化主要是受入湖河流及湖体流场的影响。其中 A 点受黄水沟入湖 BOD 的影响，2 月影响较大，6 月影响较小；B 点受开都河入湖 BOD 的影响，12 月影响较大，7 月影响较小，C、D 点相对 B 点比较平稳，由于开都河入湖后受到风生湖流和吞吐流的作用，能够与湖水混合；E、F、G、H 点变化尺度较小，由于湖中心与湖北部受

开都河与黄水沟入湖的影响较小，在风生湖流的作用湖体混合较为均匀，年内没有较大变化。

（2）BOD年际分布规律。

① 大湖区平均BOD浓度变化不大，2000年为2～3mg/L；2001～2003年小于2mg/L；2004年和2005年浓度升至2～2.5mg/L；2006～2009年浓度一直维持在2mg/L以下。在10年内，开都河河水BOD浓度和大湖区平均浓度没有显著差别，所以在大湖区西岸混合带不明显。黄水沟入湖河水BOD浓度较高，10年间黄水沟入湖口附近混合带沿北岸向东扩散，致使2000～2007年大湖区形成自西北向东南方向逐渐下降的BOD浓度扩散带，2008～2009年形成自西向东的浓度扩散带。10年间，孔雀河出湖湖水浓度基本维持在2mg/L以下，水质不受影响。

② 大湖区内8个特征点位年际变化相对比较平稳，都在2000年达到最大值，8个特征点位年际分布呈W形，在2000年、2004年、2009年呈上升趋势，在2002年、2007年呈下降趋势，整体来看8个特征点位的年际变化呈下降趋势。

2. COD浓度分布规律的主要结论

（1）COD年内分布规律。

① 大湖区平均COD浓度变化范围不大，但扩散带范围随时间推移由西向东逐渐加深。大湖区内扩散带分布状况：1月份COD浓度自北向南依次递减；2月份COD浓度自西北向东南依次递减；3月份COD浓度自西向东依次递减；4月份COD浓度自西向东依次递减；5～8月份大湖区西部以浓度值大于26.9mg/L的浓度扩散带为中心向外围扩散，浓度逐渐降低至21.5mg/L；9～12月份大湖区西部以浓度值大于24.6mg/L的浓度扩散带为中心向外围扩散，浓度逐渐降低至20.8mg/L。大黄水沟入湖口附近，全年COD浓度均保持在30mg/L左右，并形成小范围浓度扩散带。开都河入湖口附近的浓度基本维持在20.8mg/L左右，并形成小范围浓度扩散带。

② 大湖区内8个特征点位的年内变化主要是受入湖河流及湖体流场的影响。其中A点受黄水沟入湖COD的影响，2月影响较大，6月影响较小；B点受开都河入湖COD的影响，5月影响较大，9月影响较小，C、D点相对B点比较平稳，由于开都河入湖后受到风生湖流和吞吐流的作用，能够与湖水混合；E、F、G、H点变化尺度较小，由于湖中心与湖北部受开都河与黄水沟入湖的影响较小，在风生湖流的作用湖体混合较为均匀，年内没有较大变化。

（2）COD年际分布规律

① 大湖西部浓度分布情况如下：2000年大湖区中心浓度为16mg/L，岸边浓度较高为21.4mg/L；2001年COD浓度为21.4mg/L，自西向东逐渐下降至18.2mg/L；2002年大湖区西部的COD平均浓度小于20.4mg/L；2003～2004年COD浓度为22.5mg/L，自西向东逐渐扩散下降至20.4mg/L；2005～2009年受黄水沟入流的影响大湖区西部浓度逐年上升，影响带范围也逐年向东部扩散。

大湖区东部COD浓度分布情况为：2000～2002年，大湖区东部COD浓度由2000年的21.4mg/L逐年下降至19.3mg/L；2003～2004年，大湖区东部COD浓度小于20.4mg/L；2005年COD浓度小于21.4mg/L；2006～2008年COD浓度维持在22.5mg/L，该区域浓度逐渐混合且数值逐年上升；2009年浓度显著上升至24.5mg/L以上。在10年内，开都河入湖口附近COD浓度各年变化较大。黄水沟入湖口附近COD浓度常年维持较高值。

② 大湖区内8个特征点位年际变化尺度较大，8个特征点在2009年达到最大值，分别为23.8mg/L、26.0mg/L、25.1mg/L、24.9mg/L、22.8mg/L、22.5mg/L、22.4mg/L、21.4mg/L；在2002年达到最小值，分别为20.7mg/L、16.0mg/L、16.7mg/L、17.3mg/L、18.5mg/L、18.5mg/L、18.7mg/L、18.4mg/L，整体来看8个特征点位的年际变化呈上升趋势。

四、结论

通过对博斯腾湖水体中盐分和污染物来源的分析，估算博斯腾湖的盐分含量，确定进出博斯腾湖的主要污染物。建立数学计算模型模拟博斯腾湖盐分及主要污染物BOD、COD的分布规律，进一步了解盐分和主要污染物BOD、COD对博斯腾水质的影响关系，并对盐分及主要污染物进行模拟预测，指导该地区的水盐治理，保护博斯腾湖水环境，防止大湖区由淡水湖变为咸水湖。

(1) 建立了博斯腾湖三维水流盐度、水流水质数学模型，并对其进行求解。其中考虑博斯腾湖入湖水位差引起的吞吐流、入湖盐度差引起的密度流及风生湖流3种水力交换因素。

(2) 采用实测湖底地形资料建立模型网格，收集了出入湖水量、出入湖盐度、污染物浓度及气象等相关资料，并辅以监测数据，完成了数学模型的验证与相关参数率定。

(3) 采用历史出入湖水量、出入湖盐度、污染物浓度及气象等资料为计算条件，运用已建数学模型计算出相应条件下大湖区盐分、污染物浓度的分布，分析盐分、污染物浓度随时间空间的变化规律。

(4) 以多年常见风向、风速为主要影响因素，拟定不同计算工况，研究了大湖区的水动力学特性，得出以下结论。

① 大湖区流场的驱动力主要是风向、风速，吞吐流影响较小。

② 大湖区吞吐量对大湖区环流影响较小，作用只限于从开都河入口到东、西泵站一带，且环流较弱。

③ 大湖区湖流主要是由风流持续作用引起的，风速、风向的变化立刻引起流场的变化，对大湖区环流结构影响显著。

④ 不同的环流结构对湖水混合程度具有影响，西南风形成的环流有利于大湖区水体整体交换，西北风形成的环流使开都河入湖后较快地引出大湖区，不利于大湖区水体交换。

⑤ 由于大湖区边界几何形状和湖底地形的限制，形成的环流结构的方向并不一定与风向一致。

(5) 通过对大湖区盐分年内和年际分布规律的模拟计算分析，得出以下结论。

① 大湖区年内盐分扩散形态为：1月份自北向南逐渐扩散；2月份扩散带转为自西北到东南逐渐扩散；3月份整体西移；4月份扩散带方向转为自西向东逐渐扩散；5月份整体西移；6月份继续西移；7月份相邻两浓度等值线宽度减小；8月份没有明显变化；9月份整体东移；10月份扩散带整体自西北向东南逐渐扩散；11月份继续向北转动；12月份方向转为自北向南逐渐扩散。大湖西北部有小范围浓度扩散带，1～3月份及5～8月份的扩散带均以沿南岸向东扩散为主；4月份及9～12月份的扩散带，其沿西岸向北和沿南岸向东的扩散都很明显。大湖东部地区由于离出入湖口较远，同时大湖水流置换作用较弱，致使此区域年内变化微弱；从大湖区内8个特征点位的年内变化趋势来看，大湖区盐分主要是受入湖河流及湖体流场的影响。

② 大湖区年际盐分扩散形态为：10年间扩散方向均为西北向东南形成逐渐下降，大湖西北部有小范围浓度扩散带，10年间其沿西岸向北和沿南岸向东的扩散都很明显，只是长度宽度有少许变化；从大湖区内8个特征点位的年际变化趋势来看，大湖区盐分整体呈上升趋势，其中2009年最大。

（6）通过对大湖区BOD年内和年际分布规律的模拟计算分析，得出以下结论。

① 大湖区BOD年内分布规律及变化趋势来看：大湖区平均BOD浓度变化不明显，平均浓度小于3mg/L，达到Ⅰ类水质标准。开都河河水BOD浓度和大湖区平均浓度没有显著差别，在大湖区西岸混合带不明显。

黄水沟入湖河水BOD浓度较高，根据风向和风速的不同其扩散带变化情况为：1月、2月、4月、6月、9月、12月共6个月份，其扩散带沿湖北岸向东扩散；3月、5月、7月、8月共4个月，其扩散带沿湖西岸向南扩散。孔雀河年内出湖BOD浓度均在2mg/L以下，水质不受影响。从大湖区内8个特征点位的年内变化趋势来看，大湖区BOD浓度受入湖河流及湖体流场的影响较小，整体水平达到Ⅰ类水质标准。

② 从大湖区BOD年际分布规律及变化趋势来看：在10年内，开都河河水BOD浓度和大湖区平均浓度没有显著差别，在大湖区西岸混合带不明显。黄水沟入湖河水BOD浓度较高，10年间黄水沟入湖口附近混合带沿北岸向东扩散，致使2000～2007年大湖区形成自西北向东南方向逐渐下降的BOD浓度扩散带；2008年和2009年形成自西向东的浓度扩散带。10年间，孔雀河出湖湖水浓度基本维持在2mg/L以下，水质不受影响。从大湖区内8个特征点位的年际变化趋势来看，8个特征点位年际分布呈W形，在2000年、2004年、2009年呈上升趋势，在2002年、2007年呈下降趋势，整体来看8个特征点位的年际变化呈下降趋势。

（7）通过对大湖区COD年内和年际分布规律的模拟计算分析，得出以下结论。

① 从大湖区COD年内分布规律及变化趋势来看：大湖区平均COD浓度变化范围不大，但扩散带随时间推移由西向东逐渐扩散。大湖区主要扩散形态在1月份为COD浓度自北向南依次递减；2月份自西北向东南依次递减；3月份自西向东依次递减；4月份自西向东依次递减；5～8月份以大湖区西部为中心向外围扩散，浓度逐渐下降；9～12月份大湖区中心浓度没有明显变化，浓度扩散主要体现在开都河入湖口一带。在大湖区西北部的黄水沟入湖口附近，全年COD浓度均保持在30mg/L左右，并形成小范围浓度扩散带。从湖区内8个特征点位的年内变化趋势来看，大湖区COD浓度受入湖河流及湖体流场的影响较大，大湖区已受到污染，为Ⅲ类水质。

② 从大湖区COD年际分布规律及变化趋势来看，在10年内，大湖区平均COD浓度变化不大。大湖区西部浓度分布情况为：2000年大湖区中心浓度为16mg/L，岸边浓度较高，为21.4mg/L；2001年浓度由21.4mg/L自西向东逐渐下降至18.2mg/L；2002年西部大部分地区的COD浓度小于20.4mg/L；2003～2004年浓度由22.5mg/L自西向东逐渐下降至20.4mg/L；2005～2009年西部大部分地区浓度逐年上升，影响带也逐年向东部扩散。大湖区东部浓度分布情况为：2000～2002年，大湖区东部COD浓度由2000年的21.4mg/L逐年下降至19.3mg/L；2003～2004年，大湖区东部COD浓度小于20.4mg/L；2005年COD浓度小于21.4mg/L；2006～2008年，COD浓度一直维持在22.5mg/L左右；2009年浓度显著上升，COD浓度值为24.5mg/L。从大湖区内8个特征点位的年际变化趋势来看，8个特征点在2009年达到最大值，在2002年达到最小值，整体来看8个特征点位的年际变化呈上升趋势。

第二篇

博斯腾湖污染成因及污水生物强化净化技术研究

第四章 博斯腾湖污染成因

第一节 咸化成因分析

一、自然因素

1. 气候因素

促使博斯腾湖形成内陆盐湖的因素虽然很多，如气候、水文、水文地质、土壤化学成分，特别是易溶盐类的存在等因素，但关键因素是湖泊本身的水量平衡状况，或水循环的程度，亦为水量支出中是以出流为主，还是以蒸发为主。

博斯腾湖处于天山南坡焉耆盆地中，气候干燥少雨、温差悬殊、蒸发量大。盆地年平均气温为8～8.6℃、年降水量为50～80mm、年蒸发量高达2000～2450mm，超过降水量30倍以上，湿润系数仅为0.025～0.032。强烈蒸发致使水体大量损耗。湖的南北山地皆由古生代或更老的沉积岩和火成岩组成，在西北部及西部山麓带，有中生代及新第三纪的陆相沉积，是分选较差的砂岩、砂质泥岩及透镜状的煤层。这些岩层的特点是盐分较重，其中常有盐类结晶出现，是地表水、地下水盐分主要来源。湖周分布的土壤主要有盐化草甸土或盐化胡杨林土-盐化草甸沼泽土-草甸盐土-典型盐土。典型盐土占有湖滨平原广大范围。湖滨平原的土壤和地下水中都含有不同程度的盐分，这些盐分和由农田排出的高矿化水一起都会补给湖泊。

综上所述，处于干旱内陆地区的湖泊，因湿润系数较小，蒸发强烈，一旦水流出路不畅，水循环主要依靠蒸发，而四周盐分不断供给时（借地表水、地下水补给），必将发育成为盐湖。

2. 地理因素

在封闭的干旱内陆盆地，水资源分布决定了盐分的分布，盐分随水流聚集于盆地的低洼处，水分蒸发而盐分积累于地表，即常说的“干排盐”。从盆地、流域、灌区、农田和土壤剖面不同尺度上分析，内陆盆地盐分在不同地段，以不同形式积累于土壤中，在水资源大规模开发之前，水资源分布是以河流为主的线性分布，大量盐分通过河水搬运到河流的尾闾湖；大规模水土开发后，水资源由线状逐步转为面状分布，经灌溉淋洗土壤中的盐分，通过排水系统输送到容泄区和下游河道，总之盐分都聚集于盆地内，湖泊成为易溶盐的聚积区。

大、小湖区的盐分主要由开都河水和灌区排水带入。博斯腾湖周边区域广泛分布着盐土、荒漠土和干旱土，这种土壤的易溶盐分随降水和地表径流进入湖中，对湖水的矿化度上升起到了促进作用。

3. 补给源因素

博斯腾湖矿化度指标的年内变化受开都河来水、农田排水、孔雀河出流或扬水以及地下水补给状况等多种因素的影响。不同阶段的研究均证明：在河水大量进入大湖和农田排水尚未大量排入大湖的洪水期，矿化度偏低；而在枯水期，由于淡化水量的减少和农田排水量的增加，矿化度偏高，在年内存在周期性的变化，但幅度却很小。

4. 水循环因素

由于西泵站设计不合理，来自黄水沟和大湖西北岸的高矿化度农田排水和来自开都河的淡水在大湖中部不能充分混合，形成的大湖的矿化度分布规律为：黄水沟和大湖西北岸附近的矿化度最高；开都河入流的大湖西南角（尤其是大河口附近）矿化度最低；湖泊中心区域和东部的矿化度分布较为均匀。因此，虽然1983年湖西部扬水站投入运行，博斯腾湖的积盐情况得到缓解，但是西泵站扬出的湖水矿化度低，带出盐分较少，相对而言，不利于湖泊矿化度的降低。

二、人为因素

1. 焉耆盆地灌溉引用水量不断增加，减少了入湖淡水量

开都河是流经焉耆盆地后进入博斯腾湖的，由于焉耆盆地灌溉引水量的不断增加，致使进入博斯腾湖的河水量不断减少，这是造成博斯腾湖长期进出水量不平衡的主要原因。

到1981年，盆地引水量已达$16.46\times10^8m^3$，以后灌溉面积虽继续扩大，但由于加强灌溉管理，实行按方收费，灌溉定额明显降低，所以到1989年引水量反而有所减少。另外，博斯腾湖北部源于天山山区的黄水沟、清水河、曲惠沟、茶汗通古等4条小河，天然年径流量共计$4.27\times10^8m^3$。新中国成立前，以上四河有$3.9\times10^8m^3$水量入湖；新中国成立后由于出山口后年径流量大多被灌溉引用，现在各河一般均无水直接进入博斯腾湖，只有黄水沟在洪水期才有少量余水进入博斯腾湖。估算1955～1982年四河年平均入湖水量为$0.78\times10^8m^3$，而到1983年以后则无水入湖。

2. 修建了解放一渠，后来又不断扩大，并且修建宝浪苏木分水闸和黄水沟分洪闸，减少了直接入博斯腾湖大湖的淡水水量

由于孔雀河下游灌溉用水量的增加，人们开挖了绕过博斯腾湖而从开都河直接引水到孔雀河的解放一渠。解放一渠不断扩大引水量，从1952～1960年平均每年输水$4.38\times10^8m^3$，1961～1982年平均每年输水增至$2.4\times10^8m^3$（1975～1982年年平均输水$4.38\times10^8m^3$）；1983年以后，为了加大开都河入博斯腾湖水量，以淡化博斯腾湖水质，才将该渠年输水量控制在$1\times10^8m^3$；1991年以后再减少为$0.5\times10^8m^3$以下。再者，为了增加孔雀河水量，于1957年建成宝浪苏木分水闸，增加开都河通过小湖区直接进入孔雀河的水量，使得进入大、小湖的分水比从原来的0.75∶0.25变为0.51∶0.49。1975年后，发现博斯腾湖变成微咸水湖后，才调整加大进入大湖水量，将比例变为0.6∶0.4。1988年重建的宝浪苏木分水枢纽，使分水可以全由人工控制，分水比进一步控制为0.67∶0.33。黄水沟分洪闸的修建，也减少了黄水沟进入大湖的洪水量。

3. 农田排水的高盐量排水入湖，入湖水量增加有限，而入湖盐量大增

由于焉耆盆地灌区长期只灌不排或多灌少排，造成土地次生盐渍化。为改变这种情况，1962～1982年逐步建设农田排水系统。据有关部门统计，1955～1982年平均每年排入博斯腾湖水量为$1.86\times10^8m^3$，排入盐量平均每年37.8×10^4t左右。1983～1995年年平均排入水量为 1.90×10^8 m^3（大湖 1.44×10^8 m^3，小湖 0.47×10^8 m^3），排入盐量年平均值却增加到 43.2×10^4 t 左右。到了 2002～2004 年，年平均排入水量为 2.64×10^8 m^3，排入盐量年平均值却增加到 63.48×10^4 t 左右。2004 年至今，年平均排入水量为 3.80×10^8 m^3，排入盐量年平均值却增加到 121.49×10^4 t 左右，几乎较“十五”期间增长 1 倍。

凡参与大湖水盐平衡的各因子都能对湖水矿化度产生不同程度的影响。就现实而言，博斯腾湖矿化度的主要影响项当首推现有水盐基底，其次为开都河的入湖水量、盆地农田排水量、扬出水量、湖面降水量、蒸发量等。博斯腾湖 1955～2010 年 50 多年的开发历史为我区内陆湖水资源利用提供了充分有益的经验和教训。1983 年由于利用不当，淡水湖变成微咸水湖，1983～2003 年，修建博斯腾湖西泵站扬水枢纽和输水渠道，扬水枢纽增加大湖排入孔雀河水量，迫使博斯腾湖水量循环受人工控制，并且增加了排出大湖的盐量，通过人工调节促使大湖水质由微咸水向淡水方向发展。2004～2010 年，在博斯腾湖上游开都河上游天然来水连续偏丰的情况下，流域耗水及农田排水大幅增加，尽管这一时间段内博斯腾湖出流排盐也较大，但是仍然不能抵消由于流域农业开发带来的盐分积累，导致博斯腾湖矿化度的反弹。

因此，博斯腾湖在短期内矿化度明显升高，主要是人为因素引起的，是人为活动改变了水盐、水量平衡关系的结果。其中农田排水带入盐量占博斯腾湖入湖盐量的 80%，因此流域农业灌溉规模的大幅度增加是博斯腾湖咸化的主要原因。

第二节　有机污染及富营养化成因

博斯腾湖湖区水质中，其中Ⅲ区水质最差，此处是主要工业生活及农田排污水的入湖处；开都河入口区水质最好，因为此湖区临近开都河的入湖口，有大量的淡水由此汇入，并且博斯腾湖的出口东西泵站均在此区域，水体交换能力较强。从有机污染的角度，博斯腾湖水体污染物中，BOD_5值较低并可满足Ⅰ类标准（1996 年至今），表明水体中可以被微生物分解的有机物占比较低，水体中有机物大部分是难以生物分解的有机物。COD_{Mn}值一般可以满足Ⅲ类标准，但是总体呈现恶化的变化趋势，同样是表征水中还原性污染物质的指标的COD_{Cr}值，只有在较丰水的年份 2002 年和 2006 年满足Ⅲ水类标准，其余年份的COD_{Cr}浓度均为Ⅳ水类标准。历年来排入博斯腾湖的污染物量整体呈上升趋势，其中 COD 入湖量由 1987 年的 1278t 增加到 2004 年的 16740t，入湖总量增加了 10 多倍，污染物呈现比较明显的上升趋势，“十一五”期间，由于节能减排力度的加大，近年来博斯腾湖水污染物排放总量又开始呈现下降的趋势。

影响博斯腾湖水质的污染源类型有工业污染源、生活污水及农田排水，1962 年以前，焉耆盆地基本无废水进入博斯腾湖，之后，由于大面积垦荒，洗盐治碱，农田排水系统逐步联网，博斯腾湖成为盆地农田排水的唯一归宿。处于平原区的湖、库，由于流域内土壤含氮、磷等影响性物质，经河流或地表径流冲刷搬运，在水体中蓄积，造成水土中水生生物过度繁殖，透明度下降，溶解氧不足，水质下降，容易发展为富营养性湖。博斯腾湖的咸化、有机污染和富营养化的变化趋势各不相同，显示了彼此成因的复杂性。

从有机污染的角度，博斯腾湖水体污染物中，BOD_5值较低并可满足Ⅰ类标准（1996 年至今），表明水体中可以被微生物分解的有机物占比较低，水体中有机物大部分是难以生物分解的有机物。COD_{Mn}值一般可以满足Ⅲ类标准，但是总体呈现恶化的变化趋势，同样是表征水中还原性污染物质的指标的 COD_{Cr} 值，只有在较丰水的年份 2002 年和 2006 年满足Ⅲ水类标准，其余年份的 COD_{Cr} 浓度均为Ⅳ水类标准。从全湖各区水质看，黄水沟区水质最差，此处是主要工业生活及农田排污水的入湖处；开都河入口区水质最好，因为此湖区临近开都河的入湖口，有大量的淡水由此汇入，并且博斯腾湖的出口东西泵站均在此区域，水体交换能力较强。

从富营养化的角度，博斯腾湖在 80 年代末期 1996～1998 年营养化程度较低，处于贫营养状态；2000 年开始成为中营养状态，并持续至 2010 年。从全湖各区营养水平分布看，大湖湖心区营养水平最低。原因可能是由于大湖湖心区面积较大，水深较小，受风力和水体密度差的影响水质容易混合均匀，同时在没有直接受到污染的情况下，自净能力较强。而其余各区（大河口区、黄水沟区和黑水湾区）由于受到焉耆盆地工业、生活排放的污废水和农田排水的直接影响，营养状态指数评价值偏高，水质较差，其中大河口区最为严重。但是受开都河、黄水沟来流和西泵站出流的影响，湖水容易完全混合，水体更新周期较短。各湖区总氮（TN），化学需氧量（COD_{Mn}）和透明度（SD）的权重均较大，是博斯腾湖水质恶化的主导因子。

农田排水、工业废水和生活污水是目前造成博斯腾湖污染的主要原因。历年来排入博斯腾湖的污染物量整体呈上升趋势。博斯腾湖流域 2009 年统计总人口 53 万人（含团场），开垦种植灌溉面积 14.7×10^4ha，灌溉用水 13.66×10^8 m^3，农田排水进入博斯腾湖的年排放量约为 4.8×10^8 m^3。焉耆盆地北 4 县生活污水产生量在逐年增加，而目前新建的污水处理厂还没有一家通过验收并正常运行，造成大量的生活污水直接进入博斯腾湖。盆地所属 4 个县的工业经济水平在增长，而实际上因为多种因素，产生的工业废水达标处理率低，工业废水排放量和污染物排放总量增加。焉耆盆地每年有超过 600×10^4 m^3 的工业废水和近 1300×10^4 m^3 的生活污水以各种方式通过农排渠和黄水沟进入博斯腾湖，带入大量污染物，其中 COD_{Cr}、TN、TP 等营养盐随农田排水、工业废水和生活污水入湖，致使博斯腾湖污染加重。

博斯腾湖水环境容量研究结果表明，博斯腾湖 TN、COD_{Mn}、可溶盐允许负荷量分别为 650.71t、5664.48t、41.585×10^4t。从近年的入湖污染物排放量统计可以看出，博斯腾湖入湖污染物均远高出以上容量测算结果，因此博斯腾湖流域的总量控制管理任重而道远。

第五章　低温环境下污水生物强化净化技术研究

博斯腾湖流域秋冬季节较长，气温极低，对微生物的生长、繁殖、新陈代谢及生化反应速率具有不利影响，污水处理厂出水难以实现全年持续稳定达标排放，成为博斯腾湖水污染成因之一。因此，针对低温环境下污水生物强化净化技术开展系统研究，掌握低温下微生物在降解污染物过程中的行为特征及规律，建立微生物强化适应低温生境的方法，筛选集成适合博斯腾湖流域低温条件下的污水生物强化净化技术，为博斯腾湖流域内污水处理工艺全年稳定运行、博斯腾湖水体功能改善提供技术支撑。

序批式活性污泥法（SBR）作为活性污泥法的典型工艺，处理设施简单，具有很强的脱氮除磷功能，另外有抗冲击负荷、运行费用低，便于实现自动控制等优点，在实际的工程中已经取得了良好的应用效果。移动床生物膜反应器（MBBR）法吸取了传统的活性污泥法和生物接触氧化法两者的优点，是一种新型、高效的复合水处理工艺，处理效果良好。本部分研究以 SBR 和 MBBR 作为活性污泥法和生物膜法代表工艺，研究内容包括：①通过对低温条件下活性污泥絮体存在形态的研究，探讨低温下微生物行为及存在状态；②以出水 pH、出水 COD 去除率以及蛋白质浓度等作为主要评判指标考察 SBR（序批式活性污泥法）和 MBBR（移动床生物膜反应器）工艺在低温条件下的运行状况，并探索包括进水 pH、进水 COD、水力停留时间等在内的组合工艺的操作参数；③分别探讨 SBR 工艺、MBBR 工艺低温与中温下运行状况的对比，并分析 2 个工艺在低温条件下运行的优缺点；④深入研究降温过程中活性污泥微生物适冷性及有机物降解效能。

第一节　低温下序批式活性污泥法和移动床生物膜反应器性能比较

一、活性污泥低温条件下沉降性能研究

从某污水厂二沉池取一定量污泥，各取 1.5L 分别在中温（25～30℃）和低温（5～15℃）条件下进行曝气培养，采用额定功率为 8.5W 的曝气泵进行曝气，曝气量为 2.7L/min，每隔 24h 取一次样，对活性污泥形态进行观察。

1. 活性污泥形态

经过 7～8d 的培养，活性污泥颗粒粒径大小逐渐保持稳定，污泥絮体形态变化趋于稳定，图 5-1 是活性污泥培养过程的变化状况。

由图 5-1 可以看到，在活性污泥培养 1d 之后，大多污泥呈分散状态，污泥颗粒粒径较

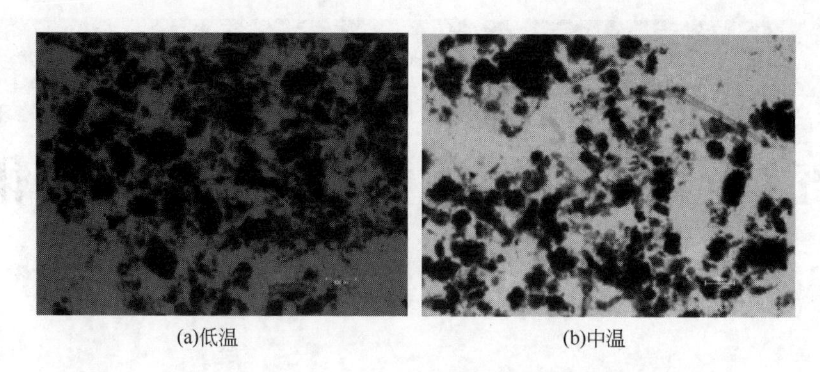

(a)低温　　(b)中温

图 5-1　第 1 天颗粒污泥培养

小。低温下培养污泥［见图 5-1（a）］粒径主要集中在 88～110μm，可观察到的最大粒径为 203μm；中温下培养污泥［见图 5-1（b）］污泥颗粒粒径主要集中在 105～114μm，最大可观测粒径为 191μm。低温与中温下培养的污泥并没有出现太大差异。

在污泥的初始培养阶段，污泥中的微生物对周围环境有一个适应过程，该过程持续时间根据微生物种群组成而不等，待微生物经历驯化期后才能发挥正常的生理功能。因此在该阶段 2 种温度条件下污泥变化不大。

从图 5-2 观察到，活性污泥培养 4d 之后，污泥絮体开始逐渐形成，污泥颗粒粒径逐渐变大。低温下培养污泥［见图 5-2（a）］粒径主要集中在 123～150μm，可观察到的最大粒径为 163μm；中温下培养污泥［见图 5-2（b）］污泥颗粒粒径主要集中在 126～182μm，最大可观测粒径为 196.26μm。中温下培养的污泥粒径大于低温下污泥粒径。

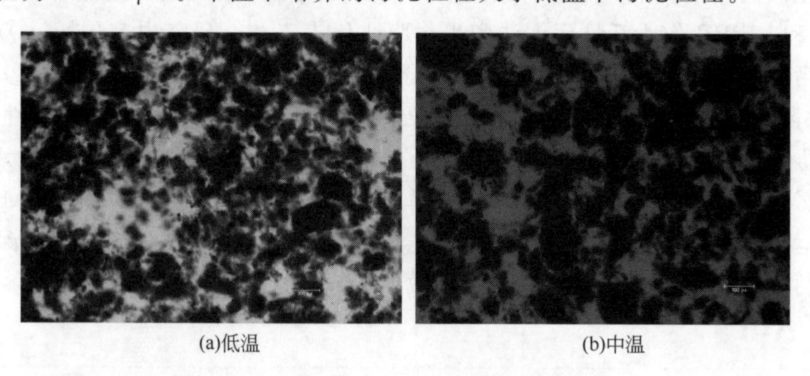

(a)低温　　(b)中温

图 5-2　第 4 天颗粒污泥培养

在此培养阶段，中温条件下污泥表现出了更高的生长速率和更好的絮凝性，由于温度是影响分子运动快慢的决定性因素，在中温条件下的微生物能迅速适应环境条件并保持较高的活性；低温下微生物要经过更长时间的适应期，同时微生物生长速度相对偏慢，絮凝性差。

由图 5-3 可知，活性污泥培养 7d 之后，污泥絮体逐渐形成稳定结构，污泥颗粒粒径增大到相对稳定的大小。低温下培养污泥［见图 5-3（a）］粒径主要集中在 120～160μm，可观察到的最大粒径为 206.68μm；中温下培养污泥［见图 5-3（b）］污泥颗粒粒径主要集中在 144～190μm，最大可观测粒径为 224.82μm。培养到此阶段，低温和中温下培养的污泥粒径与前两天相比变化不大。

在此培养阶段，中低温下污泥逐渐达到其稳定结构，表明各种微生物基本适应中低温环境，并表现出较高的生长速率；同时低温条件下的微生物仍反映出其受低温抑制而导致的颗

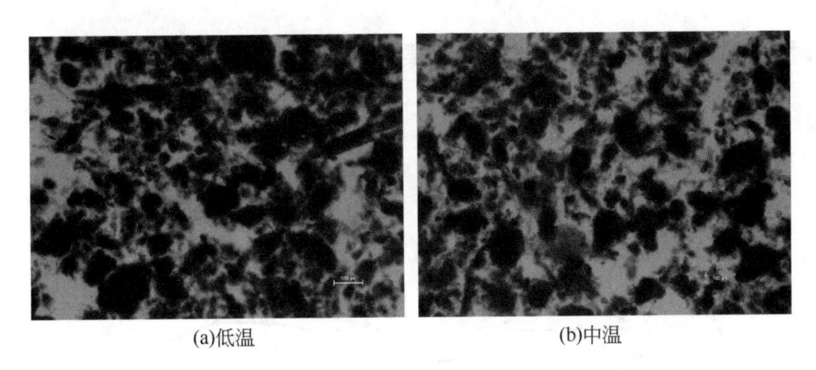

图 5-3　第 7 天颗粒污泥培养

粒污泥粒径相对较小现象。

2. 低温与中温沉降性能对比

由图 5-4 可以看出，低温条件下，培养的污泥絮体前 3 天变化比较小，污泥仍呈分散状态，从第 4 天开始缓慢增大，并存在一定的波动，直径逐渐稳定在 130～150μm 之间。中温下，污泥絮体第 2 天迅速增大，其后培养过程中，污泥絮体粒径大小变化不大，并逐渐稳定在 150～170μm 之间。与低温相比，中温下污泥絮体达到稳定状态更快，并具有更好的絮凝结构。

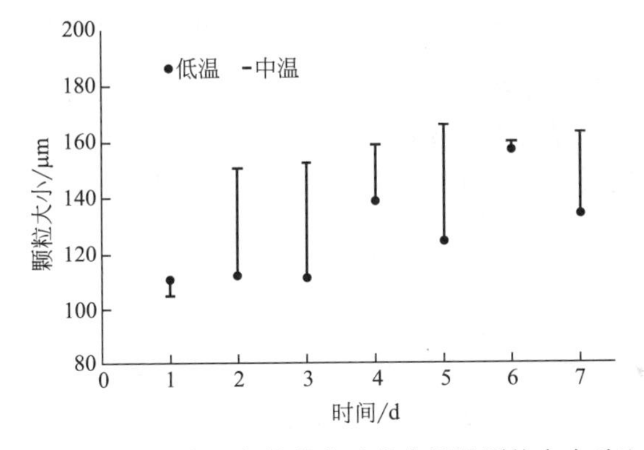

图 5-4　低温与中温条件培养过程中污泥颗粒大小对比

3. 污泥沉降实验

通过污泥沉降实验，对比观察在中低温条件下污泥的沉降性能，进一步研究污泥受低温条件的影响。分别取低温和中温下曝气池中污泥混合样，在 100mL 量筒中进行沉降，观察并记录其沉降数据如表 5-1 所列。

表 5-1　污泥沉降实验数据

时间/min	1	3	5	10	15	20	30
低温/mL	98	97	96.5	95	94	91	87
中温/mL	98	97	96.5	94.5	93	90	85.5

通过对比沉降实验可以看出，在污泥沉降的初始阶段，低温与中温条件下沉降速率基本保持一致；5～10min 之间，沉速开始出现变化，中温污泥沉降速率高于低温沉降速率；在 30min 后可得出其沉降比为 SV%低温＝87%，SV%中温＝85.5%，虽然二者差异并不明显，但在低温条件下，由于水黏度等物理性质的变化，易导致污泥絮体沉降性能变差，沉淀时间延长。

二、低温对 SBR、MBBR 污水处理效果影响研究

1. 反应器内温度变化研究

反应器内运行温度对生化反应的正常进行起直接的影响作用，反应器内运行温度变化情况见图 5-5。

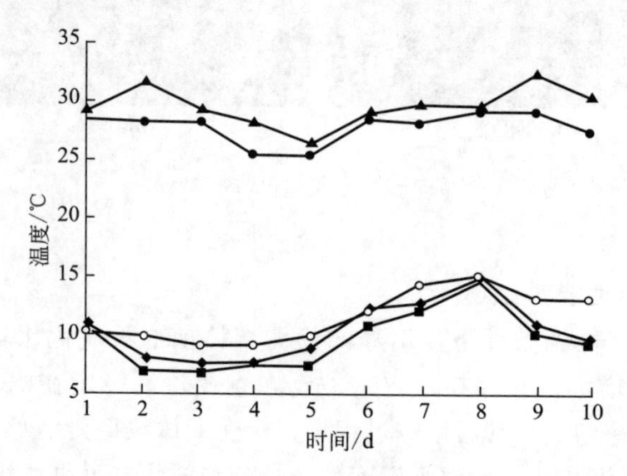

图 5-5 反应器内运行温度变化

●—SBR_1；■—SBR_2；▲—$MBBR_1$；◆—$MBBR_2$；○—室温

由图 5-5 可见：相同环境温度条件下，$MBBR_1$ 比 SBR_1、$MBBR_2$ 比 SBR_2 内运行温度平均要高 0.5～1.5℃，并且二者温度波动都并不明显。低温反应器运行温度比室温略低，这是因为温度对生物膜反应器性能的影响主要表现在对生化反应速率方面的影响，生化反应速率与温度之间的关系为：

$$r_T = r_{20}\theta^{(T-20)} \tag{5-1}$$

式中 r_T——水温在 T℃时的生化反应速率，mol/(L·s)；

r_{20}——水温在 20℃时的生化反应速率，mol/(L·s)；

θ——温度系数，对于生物膜法来讲，θ 值为 1.02～1.08，其典型值为 1.035，而对活性污泥，θ 值为 1.00～1.08，典型值为 1.04；

T——温度，℃。

因此在反应器运行温度低于 20℃的条件下，MBBR 的生化反应速率相对更高，反应时能够放出更多的热量，更能够适应低温环境，受温度条件影响更小。

2. 低温对 COD 去除效果的影响

当进水 COD 为 190～210mg/L 时，反应器出水 COD 的变化情况见图 5-6。由图 5-6 可见，SBR_1 出水 COD 为 41.6～52.3mg/L，SBR_2 出水 COD 为 46.4～56.4mg/L，$MBBR_1$ 出水 COD 为 34.6～48.5mg/L，$MBBR_2$ 出水 COD 为 52.6～66.2mg/L，平均去除率分别约为 76.5%，73.6%，79.5%，69.2%。各反应器出水 COD 均呈先增大后减小再增大的趋势，低温反应器的 COD 去除率低于常温反应器。常温下，MBBR 处理效果更好；低温下，SBR 处理效果更好。

3. 低温对 pH 值的变化的影响

反应器内 pH 值的变化情况见图 5-7。在反应器进入正常运行后，受低温影响，$MBBR_2$ 在运行不久后出现酸化现象，最低 pH 值达 4.38 左右，而 SBR_2 的 pH 值受温度影响较小，pH 值基本保持在正常范围之内。对于在第 5 天调节低温条件下运行的反应器的 pH 值，$MBBR_2$ 反应器内再次出现酸化现象。

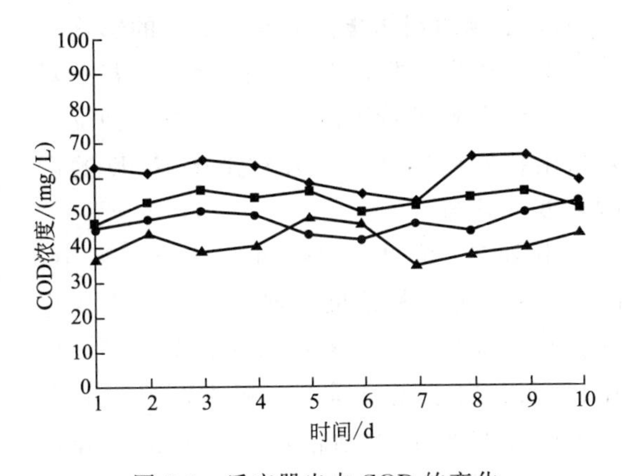

图 5-6 反应器出水 COD 的变化

●—SBR_1；■—SBR_2；▲—$MBBR_1$；◆—$MBBR_2$

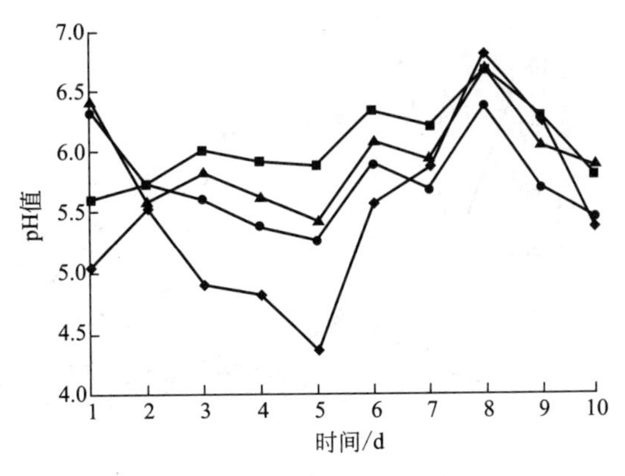

图 5-7 反应器内 pH 值的变化

●—SBR_1；■—SBR_2；▲—$MBBR_1$；◆—$MBBR_2$

从适冷性的角度考虑，为适应温度降低的变化，微生物体内会增加不饱和脂肪酸的含量，有利于微生物的生存。微生物在降解有机物生物的同时会分泌部分可溶性微生物产物(SMP)，其中含部分酸性物质如腐植酸、核酸、富里酸、有机酸、氨基酸等。MBBR 反应器在低温下容易出现酸化，可能是因为在曝气过程中，生物膜中微生物相对集中，分泌酸性物质量较大，使 pH 值降低。因此，在实际的工艺运行中需要调节 pH 值，以维持 MBBR 反应器的正常运行。而 SBR 反应器在低温下 pH 值变化较小可能是因为微生物单体比较分散，适冷性表现不足，分泌酸性物质相对较少。

4. 低温对溶解氧（DO）变化的影响

废水中的 DO 关系着反应器生化反应速率，对废水的脱氮除磷有重要影响。通过测定反应器的 DO，比较了 MBBR 和 SBR 反应器的污泥代谢活性。在第 5 天，反应器运行 18h 后停止曝气，反应器中 DO 的变化情况见图 5-8。

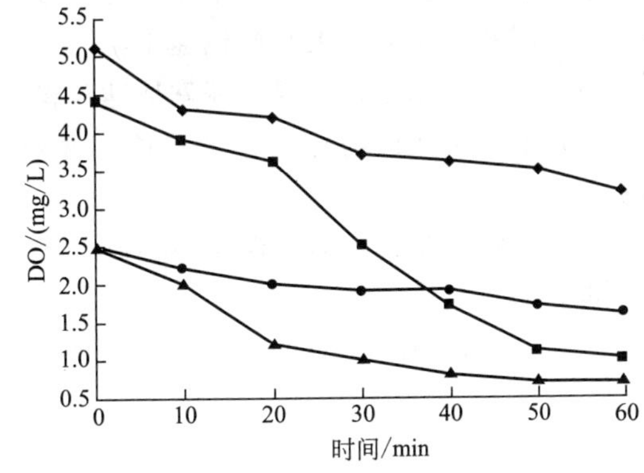

图 5-8 反应器中 DO 的变化

●—SBR_1；■—SBR_2；▲—$MBBR_1$；◆—$MBBR_2$

由图 5-8 可见，在同一时间点，SBR_2、$MBBR_2$ 的 DO 明显比 SBR_1、$MBBR_1$ 的 DO 高，而且 $MBBR_2$ 的 DO 比 $MBBR_1$ 平均高 1.2mg/L；在常温条件下，SBR_1、$MBBR_1$ 的 DO 迅速降低，并稳定在 0.7～1.7mg/L；在低温条件下，SBR_2、$MBBR_2$ 的 DO 降低较慢（$MBBR_2$ 的 DO 维持在 3.6mg/L 左右）。

在低温条件下 DO 降低较慢一方面是与氧传递速率降低有关；另一方面是因为氧气在低温下有更高的溶解度，同时微生物活性差，氧利用率低。研究表明，在限制氧的条件下，氧传递速率和水温的共同影响会使生物膜中微生物活性受到严重影响。在停止曝气后，$MBBR_2$ 的 DO 比 SBR_2 的 DO 高，降低速率相对缓慢，表明 MBBR 中微生物代谢速率比曝气阶段明显减弱，而 SBR 中微生物代谢仍保持一定的水平。$MBBR_1$ 在一定时间内 DO 降至 0.7mg/L，而其他反应器 DO 维持在 1～3.2mg/L。以上现象说明对于 MBBR 好氧阶段，特别是在低温条件下，及时曝气补充溶解氧对于维持微生物代谢速率以及反应器的正常运行至关重要。

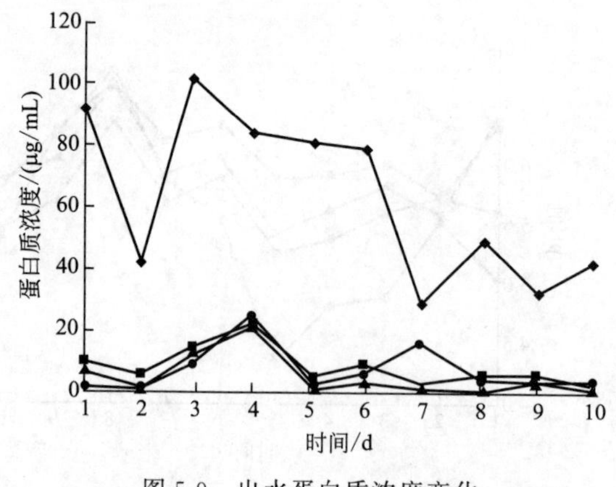

图 5-9 出水蛋白质浓度变化

●—SBR_1；■—SBR_2；▲—$MBBR_1$；◆—$MBBR_2$

5. 低温对出水蛋白质含量变化的影响

对于微生物胞外聚合物的分泌，着重对蛋白质的含量进行了测定，以反映 2 种反应器微生物的适冷能力以及对出水 COD 的影响程度（见图 5-9）。

由图 5-9 可见：在运行的整个过程中，除 $MBBR_2$ 外，其他反应器蛋白质浓度变化都较小，维持在 0～30μg/mL；与 SBR_1 相比，SBR_2 出水蛋白质浓度更高，因为低温稳定运行的 SBR 的活性污泥中有机成分含量高于常温运行的 SBR 系统，这主要是由低温系统中活性污泥胞外分泌物增加所致；$MBBR_1$ 与 $MBBR_2$ 相比，$MBBR_2$ 的出水蛋白质浓度更大，最大浓度达 102μg/mL，这一方面是由于在低温挂膜的过程中，微生物会分泌更多 EPS 来适应环境变化，促进营养物质的吸附、水解及生物膜形成，同时防止原生动物吞噬；另一方面是由于悬浮颗粒沉降性变差，由于填料受到水力剪切力的作用，使少量微生物残体脱落破碎在水中，使蛋白质浓度增大。以上两点也是目前 MBBR 低温条件下运行中出水 COD 偏高的主要因素。

6. 小结

（1）低温下，污泥颗粒从第 4 天开始缓慢增大，直径逐渐稳定在 130～150μm 之间；中温下，污泥絮体从第 2 天开始迅速增大，并逐渐稳定在 150～170μm 之间。

（2）与低温相比，中温污泥絮体达到稳定状态更快，并具有更好的絮凝结构。

（3）低温下活性污泥工艺低温适应性差，生化反应速率低，微生物产生相对较少的蛋白质。

（4）生物膜工艺相对低温适应性好，容易出现酸化并分泌较多蛋白质，对出水 COD 造成一定影响。

总体而言，MBBR 工艺更为适合在博斯腾湖流域低温环境下进行废水处理。

第二节 降温过程中活性污泥微生物适冷性及有机物降解效能

本部分研究通过模拟降温过程，研究不同碳源（葡萄糖、乙酸钠及二者混合）条件下，微生物细胞膜 PLFA 含量（饱和与不饱和脂肪酸比例变化）、TTC 脱氢酶活性及出水 EPS（蛋白质、多糖）、COD 含量变化，研究微生物活性、传质效率、传氧效率、污染物去除水平，探究低温下活性污泥微生物适冷性和碳源利用水平，阐明随温度降低活性污泥有机物降解效能及规律。实验步骤如下：

（1）25℃下培养活性污泥，过滤去除其中的杂物，在理想条件下进行培养；

（2）取适量活性污泥，分三组分别置于三角瓶中，在 15℃条件下进行低温培养，设 3 个碳源水平（葡萄糖、乙酸钠、二者混合）；

（3）温度降至 10℃，同样设 3 个 C/N 水平，一个培养周期后测定其中微生物 TTC 脱氢酶活性。

(4) 单周期酶活性及 EPS、COD、TTC 脱氢酶活性测定，阶段性测定 PLFA 含量，反映整体变化。

(5) 温度降至 5℃，培养及测定方式同步骤 (2)。

(6) 温度回升至 10℃，培养及测定方式同步骤 (2)。

(7) 温度回升至 15℃，培养及测定方式同步骤 (2)。

一、分析与讨论

所有反应器在运行 14d 后达到稳定状态，COD 去除率在 80% 以上。进水浓度在 400mg/L 上下浮动，出水在 10～54.6mg/L 范围内。平均 COD 去除率：B_1(91.5%)＞A_1(90.7%)＞A_2(86.6%)＞B_2(83.7%)，有机负荷为 0.40kg COD/(m^3·d)。B_2的出水相对不稳定，A_2和 B_2的 COD 去除率比 A_1 和 B_1 低 5%～7.5%，见图 5-10。

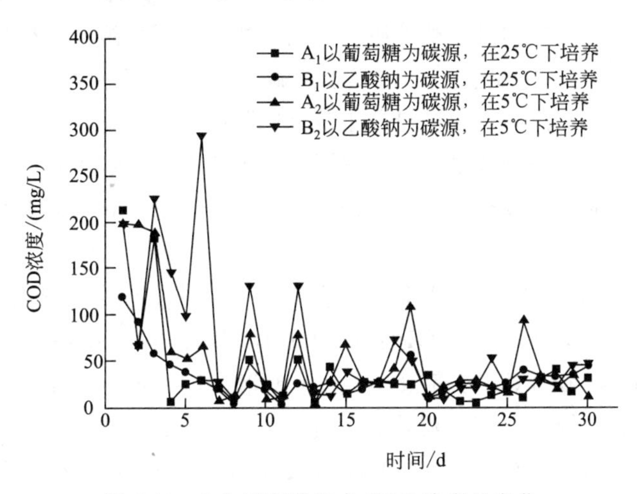

图 5-10　4 个反应器出水 COD 浓度的变化

与 A_1 和 B_1 相比，A_2 和 B_2 在低温下都表现出了较大的不适应性，最高的 COD 浓度达到 295.9mg/L。在启动的前 14 天，B_2 表现出较差的适应性，随着反应器的运行，活性污泥中的微生物经历了驯化过程，对低温环境表现出一定的适应性。另外，虽然低温降低了微生物的活性，但微生物仍然有一定的有机物降解能力，降解效能与碳源有关，这取决于微生物对底物的喜好程度。

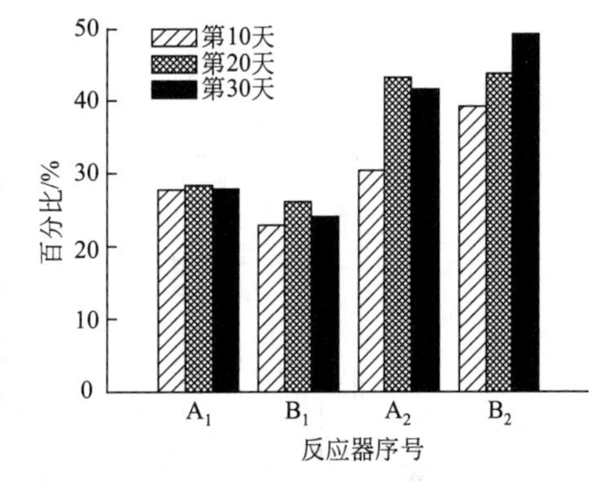

图 5-11　反应器全操作过程中不饱和脂肪酸在 PLFA 中所占百分比的变化

(A_1 在 25℃下以葡萄糖为进水；B_1 在 25℃以乙酸钠为进水；A_2 在 5℃下以葡萄糖为进水；B_2 在 5℃下以乙酸钠为进水)

图 5-11 是整个实验过程中 4 个反应器不饱和脂肪酸在 PLFA 中所占百分比的变化。不饱和脂肪酸含量在 5℃有显著增加。在采样的第 10 天、第 20 天、第 30 天，A_2 中的不饱和脂肪酸含量比 A_1 中的不饱和脂肪酸含量分别高 2.61%，14.81%，13.66%，同时 B_2 中的不饱和脂肪酸含量比 B_1 中的不饱和脂肪酸含量高 16.33%，17.56%，24.96%。A_2 和 B_2 有它们各自的脂肪酸含量过渡，随时间呈增加趋势。A_2 在第 20 天、第 30 天的不

饱和脂肪酸含量分别为 43.17%和 41.46%，B_2 中的不饱和脂肪酸含量在各个阶段都高于 A_2 中的不饱和脂肪酸含量。

温度降低时，膜流动性会减弱，有机体必须调整其磷脂组成进而调整膜的流动性以适应环境变化。不饱和脂肪酸的增加使膜的熔点降低同时在低温下保持良好的流动性。以上数据表明，低温下不饱和脂肪酸的增加是一个缓慢的过程，而不是一暴露到低温下就产生的应激反应。PLFA 的变化代表微生物种群的变化，因此也反映低温环境对微生物的驯化和选择。与以葡萄糖为碳源的微生物相比，以乙酸钠为碳源的微生物需要将自身的不饱和脂肪酸含量调整到相对更高的水平以适应低温环境。在后续的研究中，应该通过提高微生物不饱和脂肪酸比例的强化方式来提高微生物的活性，提高膜的流动性，改善传质速率。

图 5-12 反映了在第 10 天、第 20 天和第 30 天时各反应器中优势微生物菌群的变化。PLFA 生物标记代表了四类：基础生物量、革兰氏阳性菌、革兰氏阴性菌和真核生物。5℃下，A_2 的革兰氏阳性菌表现出先减后增的趋势，B_2 逐渐递减。A_2 革兰氏阴性菌先增后减，B_2 逐渐上升。结果表明，低温下革兰氏阴性菌含量高于革兰氏阳性菌。低温适应性可能与两类细菌细胞壁中不同含量的肽聚糖和脂多糖含量有关。据报道，单烯不饱和脂肪酸具有更好的流动性，而饱和的和多分支的脂肪酸更加稳定。因此，低温下，微生物的冷适应性是由种群变化和 PLFA 组成变化共同实现的。

图 5-13 是反应器运行末期 PLFA 数据（见表 5-2）的主成分分析结果。主成分分析表明，因子 C18：3 w6c（6，9，12），C12：0anteiso，C13：0anteiso C14：0iso 3OH ，C15：0anteiso，C19：0anteiso 在 PC1 上有较高负荷，C14：1iso E，C15：1iso G，C18：1 w9c，C18：1 w7c 在 PC2 上有较高负荷。温度是造成 PLFA 成分差异的主要影响因素，同时 A_1 和 A_2 的差异表现在 PC1 和 PC2 上，PC1 负荷较高的因子大多为支链脂肪酸，为革兰氏阳性菌的生物标记，PC2 负荷较高的因子多为单烯不饱和脂肪酸，为革兰氏阴性菌的生物标记，可以得出温度作为主要影响因素直接导致革兰氏阳性菌和革兰氏阴性菌在不同温度条件下的差异，同时可以通过对 PLFA 的主成分分析反映出来。

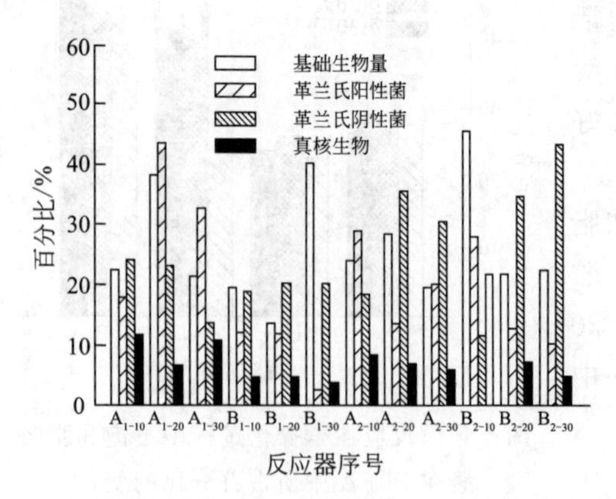

图 5-12　第 10 天、第 20 天和第 30 天时各反应器中优势微生物菌群的变化

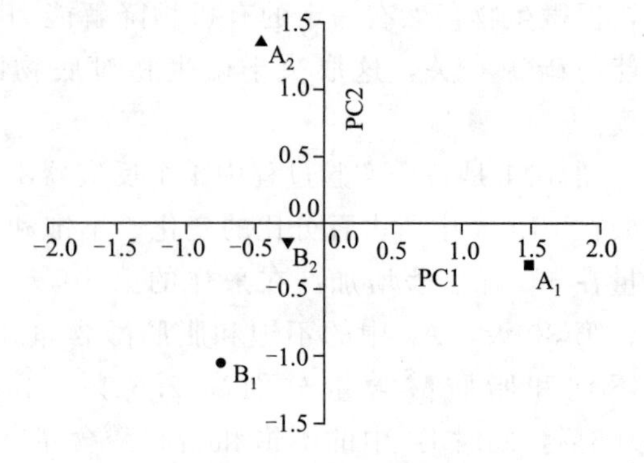

图 5-13　反应器运行末期 PLFA 数据的主成分分析结果

图 5-14 是 4 个反应器中活性污泥微生物菌群的 DGGE 分析，对 7 条有代表性的条带进行测序和比对，表 5-2 为 4 个反应器中活性污泥的 PLFA 数据。B1 与 *Pseudomonas fluorescens* 相近，这种菌与 KB-Lip 蛋白有关联，具有较高的低温活性和适应性。B2 与 *Pseudomonas putida* 相近，具有低温生长、冰冻生存和产生冷激蛋白等特性。B1 与 B2 只在葡萄糖碳源低温下存在，表明其具有相应的低温适应性，并且葡萄糖可以作为其优势碳源。B3 与 *Variovorax paradoxus* 相近，这种菌属于 *Comamonadaceae* 科。B4 与 *Acinetobacter* sp 相近，这种菌在脂肪酶的冷冲击影响研究中有所提及。B5 与 *Collimonas fungivorans* 相近，这种菌在填充床反应器低温运行中有过报道。B6 与 *Advenella kashmirensis* 相近，这种菌属于 *Alcaligenaceae* 科。B7 与 *Thauera* sp. 相近，这种菌属于 *Rhodocyclaceae* 科。B6 与 B7 只为中温下的优势菌种，表明它们在低温环境下受到了限制。

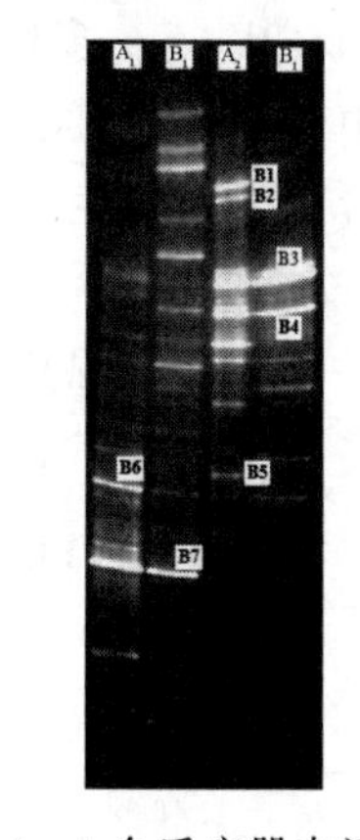

图 5-14　4 个反应器中活性污泥微生物菌群的 DGGE 分析

表 5-2　4 个反应器中活性污泥 PLFA 数据

因子	A_1	B_1	A_2	B_2	因子	A_1	B_1	A_2	B_2
C11:0 anteiso	1.21	ND	1.6	0.8	C17:1 anteiso w9c	0.69	ND	ND	ND
C12:0 iso	0.59	ND	ND	0.33	C17:0 iso	1.02	ND	ND	0.54
C12:0 anteiso	1.41	ND	ND	0.43	C17:0 anteiso	1.69	ND	0.81	0.27
C12:00	1.59	ND	2.55	0.94	C17:0 cyclo	ND	ND	1.53	0.56
C13:0 anteiso	2.38	ND	ND	ND	C17:0 iso 3OH	ND	ND	ND	0.97
C13:00	0.48	ND	ND	ND	C17:0 2OH	ND	ND	ND	0.79
C13:0 iso 3OH	ND	ND	ND	0.41	C17:00	0.86	ND	0.85	0.37
C14:0 iso	1.32	ND	1.05	ND	C17:1 iso w5c	ND	ND	ND	9.06
C14:0 anteiso	2.16	ND	0.81	ND	C18:1 iso H	1.21	ND	ND	ND
C14:00	2.72	5.98	4.37	2.17	C18:3 w6c (6,9,12)	6.52	ND	0.74	0.47
C14:1 iso E	ND	ND	1.62	ND	C18:0 iso	5.68	ND	ND	ND
C14:1 w5c	ND	ND	1.03	ND	C18:1 w9c	4.25	3.77	5.22	4.42
C15:1 iso G	0.55	ND	2.16	0.9	C18:1 w7c	4.02	2.09	7.82	6.09
C15:1 anteiso A	ND	ND	1.08	ND	C18:00	12.89	22.02	10.16	12.83
C15:0 iso	1.56	2.55	3.5	2.46	C17:0 2OH	1.13	ND	0.9	ND
C15:0 anteiso	7.76	ND	2.67	1.31	C18:1w7c 11-methyl	ND	ND	1.05	ND
C15:1 w5c	2.84	9.66	1.97	9.29	C17:0 iso 3OH	ND	ND	2.06	ND
C14:0 iso 3OH	0.46	ND	ND	ND	C19:0 iso	ND	ND	ND	0.54
C16:0 iso	1.83	ND	1.65	0.74	C19:0 anteiso	1.07	ND	ND	ND
C16:0 anteiso	1.07	ND	1	0.31	C19:0 cyclo w8c	ND	ND	ND	0.46
C16:0 iso 3OH	ND	ND	ND	0.31	C19:1 w9c	3.07	ND	ND	ND
C16:0 2OH	ND	ND	ND	0.23	C19:0 cyclo w8c	0.68	ND	ND	ND
C16:1 w7c	3.35	8.52	14.23	18.33	C18:1 2OH	0.59	ND	ND	ND
C16:1 w9c	ND	ND	4.54	ND	C20:0 iso	0.89	ND	ND	ND
C16:1 w5c	ND	ND	ND	0.48	C20:00	ND	ND	1.33	0.66
C16:00	19.73	45.4	21.71	22.5	C20:1 w7c	0.71	ND	ND	ND

注：ND 表示未测出。

Shannon-Wiener 多样性指数用来反映 PLFA 的丰富度和均匀度，进而反映种群结构的多样性。由表 5-3 可知，A_1 的多样性指数高于 A_2 和 B_2 的多样性指数，25℃时，温度和碳源条件适合微生物的生长，因此表现较高的多样性指数（见表 5-3）。5℃时，微生物受低温限制，PLFA 种类减少。另外，种群驯化和不饱和脂肪酸的增加会对 PLFA 多样性变化有贡献。多样性指数与碳源有关，在低温下以葡萄糖为碳源的微生物比乙酸钠为碳源的微生物具有更高的多样性指数，表明葡萄糖为碳源的反应器具有更高的种群多样性。

表 5-3　各反应器中 PLFA 的 Shannon-Wiener 多样性指数（在第 10 天、第 20 天和第 30 天取样）

反应器	A_1			B_1			A_2			B_2		
	第 10 天	第 20 天	第 30 天	第 10 天	第 20 天	第 30 天	第 10 天	第 20 天	第 30 天	第 10 天	第 20 天	第 30 天
指数	1.27	1.46	1.30	0.89	0.95	0.69	1.38	1.13	1.21	1.23	0.98	1.08

二、小结

（1）5℃条件下与 25℃条件下相比，COD 去除率会降低 5%～7.5%，低温下以葡萄糖为底物的反应器比以乙酸钠为底物的反应器运行更稳定。

（2）随时间变化，低温导致细胞膜中不饱和脂肪酸比例的升高是个逐渐变化的过程，而不是一进入到低温环境就产生的应激反应，以乙酸钠为碳源的微生物中不饱和脂肪酸的比例更高，达到整个 PLFA 比例的 43.2%。

（3）PLFA 生物标记表明：低温条件下革兰氏阴性菌比革兰氏阳性菌富集程度更高，Shannon-Wiener 多样性指数与底物种类有关，以葡萄糖为碳源的微生物比以乙酸钠为碳源的微生物多样性指数更高（1.21∶0.69）

（4）16S rRNA 表明：以葡萄糖为碳源的 *Pseudomonas fluorescens*，*Pseudomonas putida*，*Collimonas fungivorans* 菌种和以乙酸钠为碳源的 *Variovorax paradoxus*，*Acinetobacter* sp. 菌种在低温下为优势菌种，大多数属于革兰氏阴性菌。

第三篇

博斯腾湖湖滨湿地保育与生态修复实践

第六章 博斯腾湖湖滨湿地保育

第一节 博湖芦苇湿地面积及芦苇产量的变化

博斯腾湖湿地主要分布在西南小湖区、大湖西北和黄水沟一带（见图 6-1），那里盛产芦苇，目前已由当地企业进行统一生产管理。根据现场调查资料显示，博斯腾湖湿地植被中芦苇种群占绝对优势，占全部生物量的 90%以上，可以分为 4 种不同的生态类型：淡水沼泽芦苇、咸水沼泽芦苇、低盐草甸芦苇和高盐草甸芦苇。

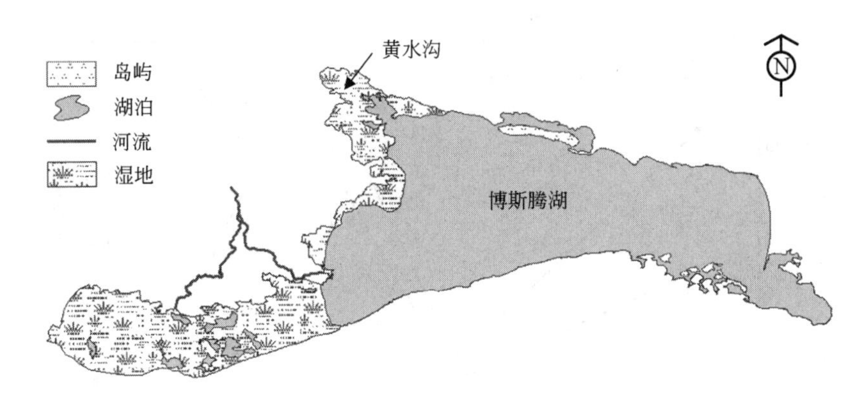

图 6-1 博斯腾湖湿地分布

(1) 黄水沟：黄水沟位于乌喀公路以东，二十四团、清水河农场及包尔图牧场以南，焉耆县五号渠乡、东风干排以北，黄水沟两侧直至大湖口处。

(2) 大湖西北岸：位于大湖以西，焉耆县东风干排以南到西南大河口（开都河东支入湖口），博斯腾湖塔温觉肯乡、木布图乡、乌兰再格森乡以东地带。

(3) 西南小湖区：位于大湖以西，孔雀河以北，解放一渠以东的焉耆县四十里城子乡、二十七团、焉耆永宁乡、博斯腾湖查干诺尔乡、才坎诺尔乡以南地带。西南小湖区可分为四片：四十里城子以南片、苦水沟片、达乌逊克热片、再格森湖片。其中，四十里城子以南片位于焉耆四十里城乡和二十七团场以南，解放一渠以东，孔雀河以北，苦水沟和乌图湖以西地带。南北长 10km，东西宽 10km，面积约 15×10^4 亩[1]（包括北面少量的荒地）。苦水沟片位于二十七团劳改农场以东，二十七团九连及焉耆县永宁乡以南，查干诺尔乡及开都河西支以西，科克湖以北地带。南北长 6～7km，东西宽 2～5km，面积约 3×10^4 亩。达乌逊克热片位于开都河西支以东，才坎诺尔乡以南，达乌逊湖以北，再格森湖以西地带，东西长

[1] 1 亩＝666.67m^2。

10km，南北宽 2km，面积约 3×10^4 亩。再格森湖片位于古孜丹湖，那木肯湖以东，孔雀河以北，大湖以西，再格森湖周围，面积大约为 10×10^4 亩。本区芦苇湿地面积为 $388km^2$（1981 年调查），占全区湿地总面积的 98%。

20 世纪 60 年代以前，博斯腾湖芦苇资源十分丰富，是我国最大的集中产芦苇区之一。据 1981 年中国科学院新疆地理所的袁方策等的调查显示，芦苇蕴藏量为 24.73×10^4t，过去为一类、二类的芦苇片，已演变为四类芦苇区或放牧地。另据程其畴研究表明至 1993 年芦苇蕴藏量已下降至 22.6×10^4t。近年来由于对芦苇资源加强了管理，博斯腾湖芦苇湿地面积略有回升，产量在 $20\times10^4t/a$ 左右。

20 世纪 70 年代到 2010 年 5 个时期大湖区面积经历了下降上升持续下降的过程（见图 6-2），5 个时期最大面积出现在 2000 年，为 $1026.56km^2$，最小面积是 1990 年的 $924.85km^2$，2000～2010 年湖面面积呈现持续下降趋势。而芦苇面积呈现持续上升趋势，1990 年湖面面积最小，为 $202.71km^2$。遥感资料分析结果表明，近年来湖滨湿地面积稳中有升，到 2010 年增长到了 $423.74km^2$。近年来虽然博斯腾湖大湖区水位持续下降，但芦苇湿地的面积不降反升，这与人们对湿地功能重要性认识的加强及地方政府与企业的投入密切相关。

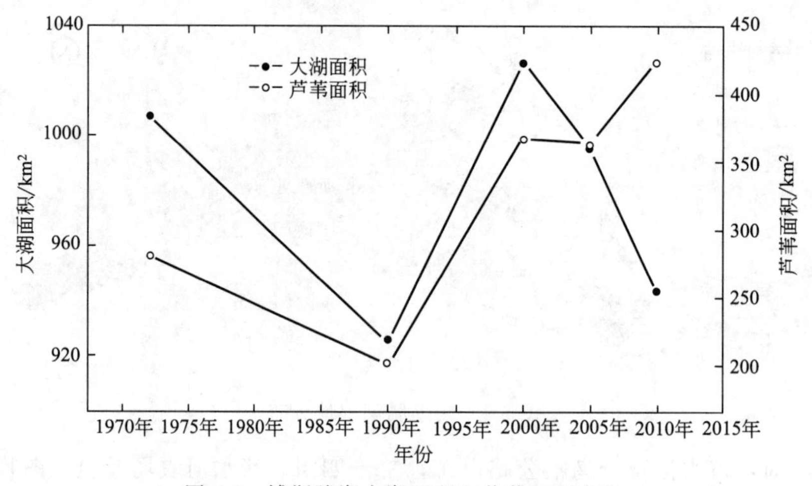

图 6-2　博斯腾湖大湖面积和芦苇面积变化

第二节　博斯腾湖湿地生态要素相关性分析

根据博斯腾湖主要水生植物群落的典型性，设置 7 个水体采样点：a. 香蒲建群种（少量芦苇）（向阳湖闸）；b. 金鱼藻单一种（黄水沟）；c. 普生轮藻建群种（少量金鱼藻、眼子菜）（6#）；d. 普生轮藻建群种（少量眼子菜）（12#）；e. 普生轮藻单一种（2#）；f. 芦苇建群种（少量香蒲）（21#）；g. 眼子菜建群种（少量普生轮藻、狸藻）（25#）。

对以上设置的各个采样点采集水样，采用常规的检测方法对总氮（TN）、总磷（TP）、化学需氧量（COD_{Mn}）、透明度（SD）、叶绿素（Chla）、溶解氧（DO）和五日生化需氧量（BOD_5）7 个指标进行检测。

因子分析的基本目的就是用少数几个因子去描述许多指标或因素之间的联系，即将相关性比较密切的几个变量归在同一类中，每一类变量就成为一个独立的新变量——因子，用因子代替原始变量，不仅能以较少的几个因子反映原资料的大部分信息，浓缩了信息，而且还能揭示研究对象之间的相互关系，尤其是成因上的关系。本研究采用主成分法提取因子，选用 Varimax 最大方差旋转法使具有较大因素载荷量的变量个数减到最低限度。采用博斯腾湖各水生植物群落所在水域 2010～2011 年主要水质指标 TN、TP、COD_{Mn}、BOD_5、SD、Chla、DO 的数据，利用 SPSS17.0 统计软件进行因子分析。

一、水质主要营养指标的因子分析

从表 6-1 中可以看出，由于前 2 个因子的方差贡献占方差总贡献的 79.613%，因此前 2 个因子已能较好地反映出各个变量的变化情况，故原数据可以提取 2 个因子（$F1$、$F2$）。

表 6-1　因子解释原有变量总方差

因子	初始特征值			提取平方和载入			旋转平方和载入		
	合计	方差/%	累计/%	合计	方差/%	累计/%	合计	方差/%	累计/%
1	4.459	63.696	63.696	4.459	63.696	63.696	4.165	59.501	59.501
2	1.114	15.917	79.613	1.114	15.917	79.613	1.408	20.113	79.613
3	0.893	12.758	92.372						
4	0.340	4.854	97.225						
5	0.132	1.88	99.105						
6	0.050	0.717	99.822						
7	0.012	0.178	100						

由表 6-2 可知，TN、TP、COD、BOD_5、Chla 和 DO 在 $F1$ 因子上有较高的载荷，因此 $F1$ 主要解释了这几个变量。因子 $F1$ 的正方向是 TN、TP、COD、BOD_5 和 Chla，负方向是 DO，说明 TN、TP 和有机物的污染程度越高，Chla 含量越高，DO 越小，则 $F1$ 值越大；反之亦然。同理 $F2$ 解释了透明度这一个变量，因子 $F2$ 的正方向是透明度，说明透明度越高，则 $F2$ 值越大；反之亦然。

采用回归法建立 $F1$、$F2$ 两个因子的表达方程：

$$F1=0.248Tn+0.168Tp+0.225Cod+0.227Bod+0.179Sd+0.222Chla-0.101Do \tag{6-1}$$

$$F2=0.185Tn-0.140Tp+0.126Cod+0.062Bod+0.819Sd+0.048Chla+0.304Do \tag{6-2}$$

式中，Tn、Tp、Cod、Sd、Bod、$Chla$、Do 分别是 TN、TP、COD、SD、BOD_5、Chla、DO 原始变量的标准化变量。

表 6-2　旋转后的因子载荷矩阵

营养因子	$F1$	$F2$	营养因子	$F1$	$F2$
TN	0.859	0.025	SD	−0.031	0.983
TP	0.833	−0.357	Chla	0.880	−0.143
COD	0.817	−0.035	DO	−0.710	0.524
BOD_5	0.887	−0.128			

将 7 个采样点水质参数的年均值经标准化处理后，代入 $F1$、$F2$ 的方程式，可得到每个采样点 $F1$、$F2$ 的结果，根据计算结果得出 7 个水生植物群落采样点年均水质因子得分柱状图 6-3 和图 6-4。

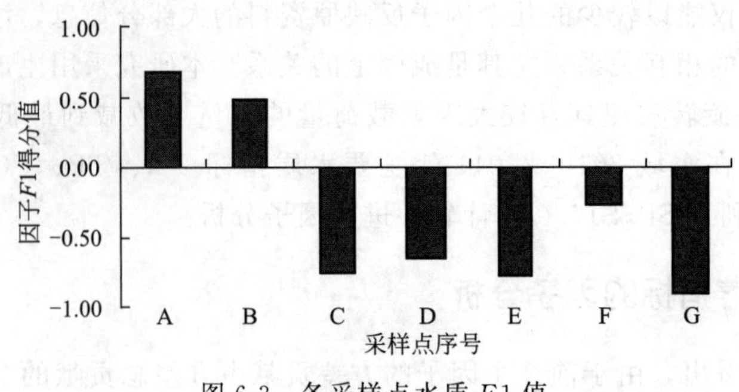

图 6-3 各采样点水质 $F1$ 值

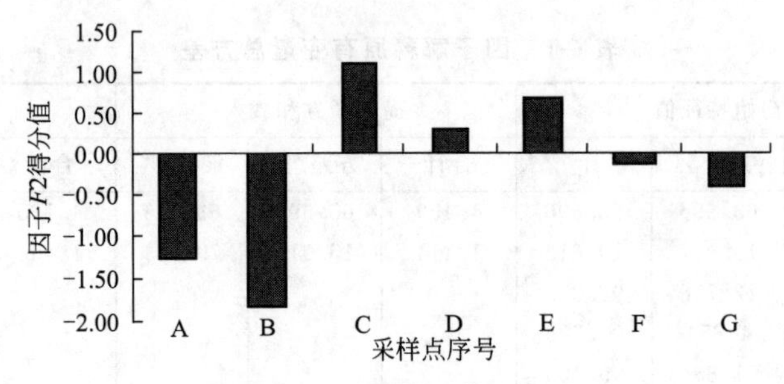

图 6-4 各采样点水质 $F2$ 值

水质因子得分柱状图存在正值和负值，其中正值表明某采样点在该因子上的得分水平高于整体样本的平均水平，负值则表明某采样点在该因子上的得分水平低于整体样本的平均水平。

G 眼子菜建群种（少量普生轮藻、狸藻）、E 普生轮藻单一种、C 普生轮藻建群种（少量金鱼藻、眼子菜）、D 普生轮藻建群种（少量眼子菜）、F 芦苇建群种（少量香蒲）在表征 TN、TP、COD、BOD_5、Chla 和 DO 的因子 $F1$ 上都低于平均水平，这表明眼子菜群落、普生轮藻群落、芦苇群落在水体互相作用影响过程中对水体中的氮、磷、有机物、叶绿素的净化消除作用明显，有利于水体维持较丰富的溶解氧。B 金鱼藻单一种、A 香蒲建群种（少量芦苇）在表征 TN、TP、COD、BOD_5、Chla 和 DO 的因子 $F1$ 上都明显高于平均水平，这表明金鱼藻群落、香蒲群落在水体互相作用影响过程中对水体中的氮、磷、有机物、叶绿素的净化消除作用较差，不利于水体维持较丰富的溶解氧，甚至会因为自身的生长特性而增加这类污染物的含量。总的来说在降低水体中 TN、TP、有机物、Chla，维持较丰富的溶解氧方面，不同水生植物水环境效益高低排序为：眼子菜建群种（少量普生轮藻、狸藻）＞普生轮藻单一种＞普生轮藻建群种（少量金鱼藻、眼子菜）＞普生轮藻建群种（少量眼子菜）＞芦苇建群种（少量香蒲）＞金鱼藻单一种＞香蒲建群种（少量芦苇）。

C 普生轮藻建群种（少量金鱼藻、眼子菜）、E 普生轮藻单一种、D 普生轮藻建群种（少量眼子菜）在表征透明度的因子 $F2$ 上都高于平均水平，这表明普生轮藻群落在水体互相作用影响过程中有利于水体保持良好的透明度。F 芦苇建群种（少量香蒲）、G 眼子菜建群种（少量普生轮藻、狸藻）、A 香蒲建群种（少量芦苇）、B 金鱼藻单一种在表征透明度的因子 $F2$ 上都明显低于平均水平，这表明芦苇群落、眼子菜群落、香蒲群落、金鱼藻群落在水体互相作用影响过程中不利于水体保持良好的透明度。总的来说在保持水体良好的透明度方面，不同水生植物水环境效益高低排序为：普生轮藻建群种（少量金鱼藻、眼子菜）＞普生轮藻单一种＞普生轮藻建群种（少量眼子菜）＞芦苇建群种（少量香蒲）＞眼子菜建群种（少量普生轮藻、狸藻）＞香蒲建群种（少量芦苇）＞金鱼藻单一种。

采用综合营养状态指数法，选取透明度、COD_{Mn}、TN、TP、叶绿素a为指标，对博斯腾湖主要水生植物群落所对应的水体进行富营养化评价（图6-5）。

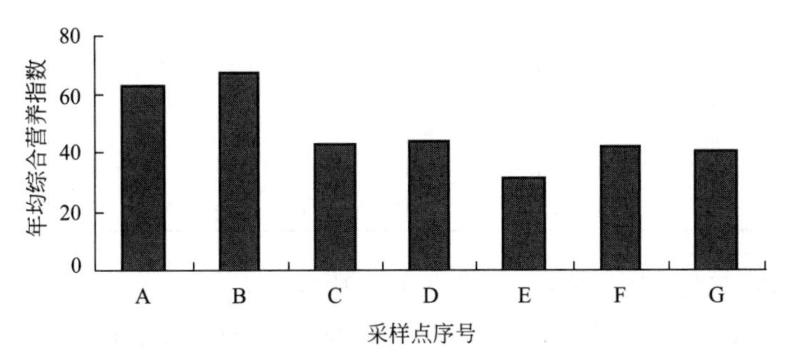

图6-5 水生植物群落水体综合营养指标

除B金鱼藻单一种、A香蒲建群种（少量芦苇）这2个水生植物群落所对应的水体综合营养指数在60～70之间，达到中度富营养水平，其他水生植物群落所对应的水体综合营养指数均在30～50之间，处于中营养水平。总体上看，博斯腾湖主要水生植物群落所对应的水体年均综合营养化程度排序为：金鱼藻单一种＞香蒲建群种（少量芦苇）＞普生轮藻建群种（少量眼子菜）≈普生轮藻建群种（少量金鱼藻、眼子菜）≈芦苇建群种（少量香蒲）≈眼子菜建群种（少量普生轮藻、狸藻）＞普生轮藻单一种。

二、水质主要咸化指标的因子分析

从表6-3中可以看出，由于前3个因子的方差贡献占方差总贡献的87.079%，因此前3个因子已能较好地反映出各个变量的变化情况，故原数据可以提取3个因子（$T1$、$T2$、$T3$）。

表6-3 因子解释原有变量总方差

因子	初始特征值			提取平方和载入			旋转平方和载入		
	合计	方差/%	累计/%	合计	方差/%	累计/%	合计	方差/%	累计/%
1	5.223	58.032	58.032	5.223	58.032	58.032	3.563	39.593	39.593
2	1.546	17.181	75.213	1.546	17.181	75.213	2.79	31.005	70.598
3	1.068	11.866	87.079	1.068	11.866	87.079	1.483	16.480	87.079
4	0.645	7.17	94.249						
5	0.361	4.014	98.262						
6	0.104	1.16	99.423						
7	0.033	0.369	99.791						
8	0.019	0.207	99.998						
9	0	0.002	100						

由表6-4可知，钾、钠、钙、镁、总硬度、酸度和电导率在$T1$因子上有较高的载荷，因此$T1$主要解释了这几个变量。因子$T1$的正方向是钾、钠、钙、镁、总硬度和电导率，负方向是酸度，说明钾、钠、钙、镁、总硬度的含量越高，电导率越高，酸度越小，则$T1$值越大；反之亦然。同理$T2$解释了悬浮物这一个变量，因子$T2$的正方向是悬浮物，说明悬浮物越高，则$T2$值越大；反之亦然。因子$T3$的正方向是总碱度，说明总碱度越高，则$T3$值越大；反之亦然。

表 6-4 旋转后的因子载荷矩阵

咸化因子	$T1$	$T2$	$T3$
钾	0.836	−0.277	0.156
钠	0.739	−0.639	−0.008
钙	0.746	0.49	−0.385
镁	0.954	0.097	−0.238
总硬度	0.916	0.236	−0.298
总碱度	0.469	0.106	0.779
悬浮物	0.156	0.853	0.311
酸度	−0.804	0.101	−0.177
电导率	0.885	−0.082	0.121

采用回归法建立 $T1$、$T2$、$T3$ 三个因子的表达方程：

$$T1=-0.015K-0.016Na+0.410Ca+0.284Mg+0.339ZYD-0.318ZJD+0.033SSP-0.005Ph+0.050DDL$$

$$T2=0.256K+0.199Na-0.256Ca-0.061Mg-0.132ZYD+0.563ZJD+0.075SSP-0.235Ph+0.205DDL$$

$$T3=-0.114K-0.388Na+0.129Ca-0.047Mg+0.011ZYD+0.357ZJD+0.619SSP+0.002Ph-0.014DDL$$

式中 K、Na、Ca、Mg、ZYD、ZJD、SSP、Ph、DDL 分别是钾、钠、钙、镁、总硬度、总碱度、悬浮物、酸度和电导率原始变量的标准化变量。

将 7 个采样点水质参数的年均值经标准化处理后，代入 $T1$、$T2$、$T3$ 的方程式，可得到每个采样点 $T1$、$T2$、$T3$ 的结果，根据计算结果得出 7 个水生植物群落采样点年均水质咸化因子得分柱状图 6-6～图 6-8。

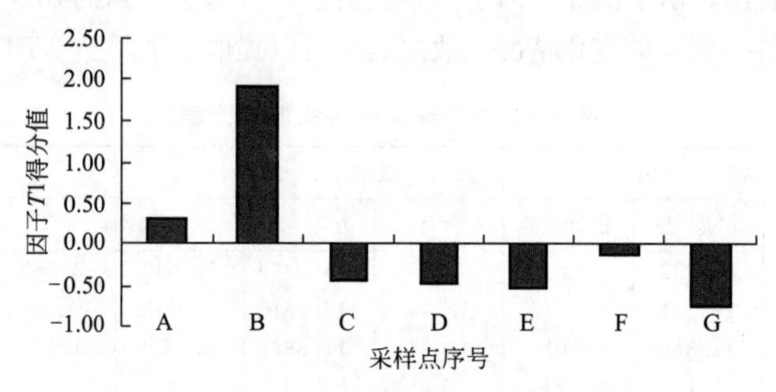

图 6-6 各点位水质 $T1$ 值

水质因子得分柱状图存在正值和负值，其中正值表明某采样点在该因子上的得分水平高于整体样本的平均水平，负值则表明某采样点在该因子上的得分水平低于整体样本的平均水平。

图 6-6 表明 B 金鱼藻单一种、A 香蒲建群种（少量芦苇）在表征钾、钠、钙、镁、总硬度、酸度和电导率的因子 $T1$ 上都高于平均水平，这表明金鱼藻群落、香蒲群落在与水体互相作用影响过程中对水体中的钾、钠、钙、镁离子的吸收利用不明显，因而相应水体的总硬度和电导率也处于较高水平。同理，金鱼藻群落和香蒲群落所在水体的年均 pH 值分别为 7.82 和 8.16，小于 7 个采样点 pH 值均值 8.31，也印证了因子 $T1$ 与酸度为负相关关系。F 芦苇建群种（少量香蒲）、C 普生轮藻建群种（少量金鱼藻、眼子菜）、D 普生轮藻建群种（少量眼子菜）、E 普生轮藻单一种、G 眼子菜建群种（少量普生轮藻、狸藻）在表征钾、

钠、钙、镁、总硬度、酸度和电导率的因子 $T1$ 上都低于平均水平，这表明芦苇群落、普生轮藻群落、眼子菜群落在与水体互相作用影响过程中对水体中的钾、钠、钙、镁离子有一定的吸收利用，因而相应水体的总硬度和电导率较低。同理，由于因子 $T1$ 与酸度为负相关关系，芦苇群落、普生轮藻群落、眼子菜群落的 pH 值也小于均值。总的来说在吸收利用水体中钾、钠、钙、镁降低水体总硬度和电导率方面，适应弱碱性水能力方面，不同水生植物水环境效益高低排序为：眼子菜建群种（少量普生轮藻、狸藻）＞普生轮藻单一种≈普生轮藻建群种（少量眼子菜）≈普生轮藻建群种（少量金鱼藻、眼子菜）＞芦苇建群种（少量香蒲）＞香蒲建群种（少量芦苇）＞金鱼藻单一种。

图 6-7 表明 A 香蒲建群种（少量芦苇）、B 金鱼藻单一种、F 芦苇建群种（少量香蒲）在表征悬浮物的因子 $T2$ 上都高于平均水平，这表明香蒲群落、金鱼藻群落、芦苇群落在与水体互相作用影响过程中对水体中的悬浮物的净化作用不明显。C 普生轮藻建群种（少量金鱼藻、眼子菜）、D 普生轮藻建群种（少量眼子菜）、E 普生轮藻单一种、G 眼子菜建群种（少量普生轮藻、狸藻）在表征悬浮物的因子 $T2$ 上都低于平均水平，这表明普生轮藻群落、眼子菜群落在与水体互相作用影响过程中对水体中的悬浮物的有一定的净化作用。总的来说在净化水体中悬浮物方面，不同水生植物水环境效益高低排序为：眼子菜建群种（少量普生轮藻、狸藻）＞普生轮藻单一种＞普生轮藻建群种（少量眼子菜）≈普生轮藻建群种（少量金鱼藻、眼子菜）＞芦苇建群种（少量香蒲）＝金鱼藻单一种＞香蒲建群种（少量芦苇）。

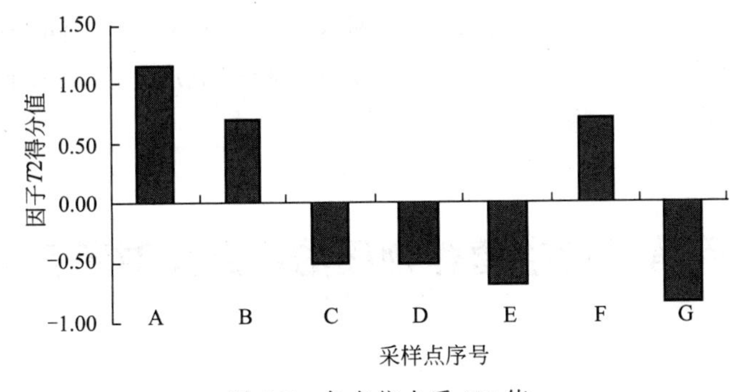

图 6-7 各点位水质 $T2$ 值

图 6-8 表明，F 芦苇建群种（少量香蒲）、B 金鱼藻单一种、G 眼子菜建群种（少量普生轮藻、狸藻）在表征总碱度的因子 $T3$ 上都高于平均水平，重碳酸盐是博斯腾湖水中碱度的主要形式，这表明芦苇群落、金鱼藻群落、眼子菜群落在与水体互相作用影响过程中对水体中的重碳酸盐的吸收利用不明显。由此可以看出 D 普生轮藻建群种（少量眼子菜）、C 普生轮藻建群种（少量金鱼藻、眼子菜）、A 香蒲建群种（少量芦苇）、E 普生轮藻单一种在表征

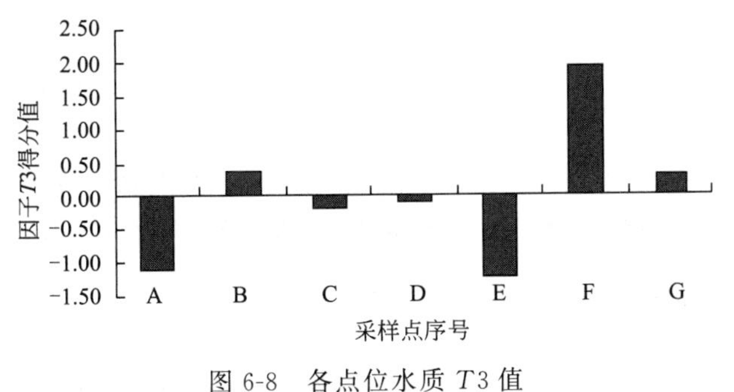

图 6-8 各点位水质 $T3$ 值

总碱度的因子 $T3$ 上都低于平均水平，这表明普生轮藻群落、香蒲群落在与水体互相作用影响过程中对水体中的重碳酸盐的有一定的净化作用。总的来说在净化水体中重碳酸盐方面，不同水生植物水环境效益高低排序为：普生轮藻单一种＞香蒲建群种（少量芦苇）＞普生轮藻建群种（少量金鱼藻、眼子菜）＞普生轮藻建群种（少量眼子菜）＞眼子菜建群种（少量普生轮藻、狸藻）≈金鱼藻单一种＞芦苇建群种（少量香蒲）

三、水体水质富营养化演替

根据 Wetzel 以湖泊中层水体 TP 含量所定湖泊类型：＜5μg/L 为特贫营养型，5～10μg/L 为贫-中营养型，10～30μg/L 为中-富营养型，30～100μg/L 为富营养型，＞100μg/L 为超富营养型。2000 年博斯腾湖水的 TP 含量为 0.03mg/L，郭焱据 Wetzel 的湖泊营养类型，将博斯腾湖水质定为中营养水体。时隔 10 年，据项目组 2010～2011 年调查，博斯腾大湖区平均 TP 含量为 0.05mg/L，博斯腾小湖区平均的 TP 含量为 0.04mg/L，博斯腾湖排污口区域年平均的 TP 含量为 0.14mg/L，按 Wetzel 的分类，大、小湖区水质总体处于富营养型，排污口区域总体处于超富营养型。

由此可见，采用不同的方法进行水体的富营养评价，所得到的结论也略有不同。但是，不论用综合营养状态指数法来进行评价，还是用 Wetzel 法来进行评价，我们可以看到，大湖区水质的营养状态比小湖区的略高，这应该与黄水沟排污口的农田排水和生活污水直接排入大湖区有关。另外，十年间，博斯腾大、小湖区的 TP 含量都有不同程度的增加，尽管这种增加程度不是剧烈的，但已经表现出了营养元素的积累效应，若不采取适当的防治措施，难以改变悄然进行的富营养化趋势。

第三节　芦苇植物中营养物质的含量及对营养盐的去除

一、芦苇植物中营养物质的含量

2010 年夏在博斯腾湖西南淡水小湖区莲花湖和博斯腾湖西北盐度较高的黄水沟水域采集芦苇，不同采样点的芦苇植物不同部位中 TN 和 TP 的含量分布情况分别如图 6-9 和图 6-10 所示。芦苇的茎、叶部分和根部的 TN 含量差别不大，均在 0.1～0.3mg/(g 植物）的含量范围内。黄水沟芦苇中的 TN 总含量要高于莲花湖芦苇中的 TN 总含量（见图 6-9）。这可能是由于污水中的 TN 含量要高于湖水的 TN 含量所致。不同区域芦苇根部 TN 含量相差约 2.7 倍说明芦苇根部对 TN 的耐受和吸收能力较强。

与 TN 的分布情况不同，芦苇的茎、叶部分和根部的 TP 含量差别较大（见图 6-10）。芦苇茎、叶部分的 TP 含量分别为 0.009mg/(g 植物）（黄水沟芦苇）和 0.001mg/(g 植物）（莲花湖芦苇），芦苇根部的 TP 含量则达到 0.023mg/(g 植物）（黄水沟芦苇）和 0.002mg/(g 植物）（莲花湖芦苇）。这说明芦苇有对高浓度磷水体有很强的耐受和吸收能力。

二、芦苇植物对营养物质的吸收量估算

黄水沟与西南湖区部分苇田已进行了大面积的农田排污水再利用与育苇工程，这部分可

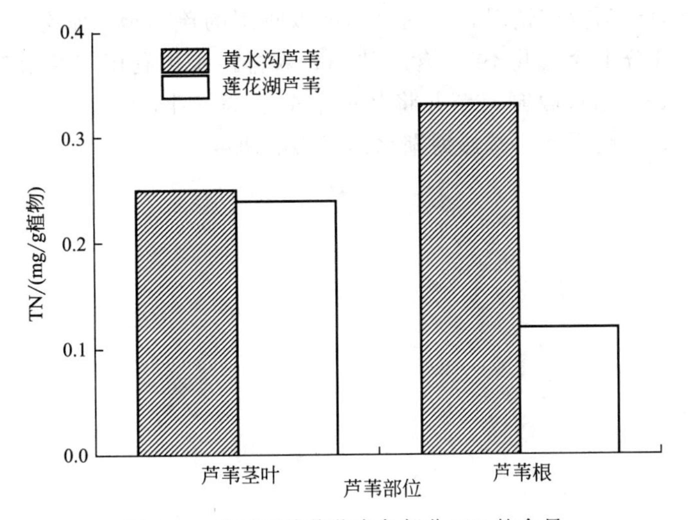

图 6-9 不同区域芦苇中各部分 TN 的含量

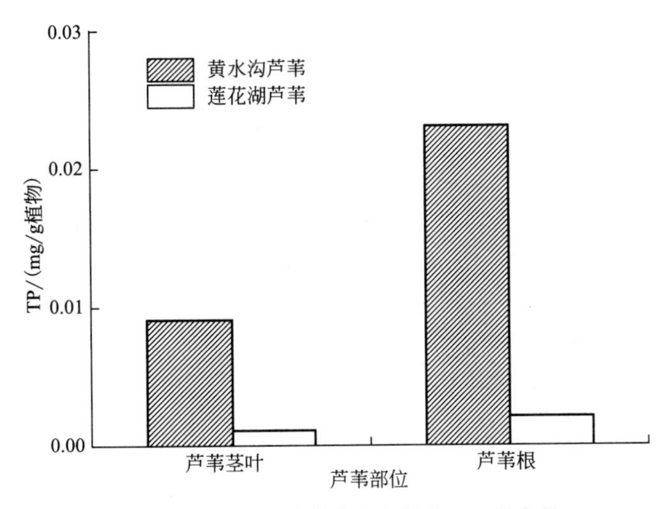

图 6-10 不同区域芦苇中各部分 TP 的含量

富集污水中营养盐的芦苇地上部分年产量约 10×10^4 t，小湖区未用污水灌溉的芦苇地上部分年产量也有 10×10^4 t 左右。将未灌溉污水的莲花湖芦苇中的 N、P 含量作为芦苇植物中 N、P 的背景值，由此来初步估算芦苇植物对营养物质的富集效果。然后分别计算芦苇地上部分（茎、叶）、芦苇地下部分（根系）的干重总量和实验前、后芦苇地上部分和地下部分中 TN、TP 的含量，得到灌溉污水前后的芦苇地上部分与地下部分中 TN、TP 的总重量及差值，由此计算污染区芦苇对氮、磷的富集总量，结果如表 6-5 所列。

表 6-5 芦苇各部分对营养物质的吸收与富集

<table>
<tr><th rowspan="2">项目</th><th colspan="5">芦苇茎、叶部分</th><th colspan="5">芦苇根部</th></tr>
<tr><th>产量/(t/a)</th><th>TN/(g/kg)</th><th>富集量/(kg/t)</th><th>TP/(g/kg)</th><th>富集量/(kg/t)</th><th>产量/(t/a)</th><th>TN/(g/kg)</th><th>富集量/(kg/t)</th><th>TP/(g/kg)</th><th>富集量/(kg/t)</th></tr>
<tr><td>莲花湖芦苇</td><td>10×10^4</td><td>0.24</td><td rowspan="2">0.01</td><td>0.001</td><td rowspan="2">0.008</td><td rowspan="2">—</td><td>0.12</td><td rowspan="2">0.2</td><td>0.002</td><td rowspan="2">0.021</td></tr>
<tr><td>黄水沟芦苇</td><td>10×10^4</td><td>0.25</td><td>0.009</td><td>0.32</td><td>0.023</td></tr>
</table>

根据博湖每年的芦苇生产情况，大约每年可以收割的芦苇地上部分干重为 20×10^4 t/a，因此可计算其地上部分中含氮共 49t，含磷共 1t；农排污水再利用与育苇工程每年可多去除氮 1000kg，磷 800kg。通过收割芦苇并将其用于造纸等行业，可以使这部分氮、磷脱离水体，形成营养物质的良性循环，减慢博湖水体污染的速度。

第七章 博斯腾湖湖滨湿地生态修复技术研究及示范

第一节 湖滨湿地退化识别技术

一、技术概述

湖滨湿地退化识别技术包括 3 个层面（见图 7-1），即宏观尺度、现状调查与微观尺度。

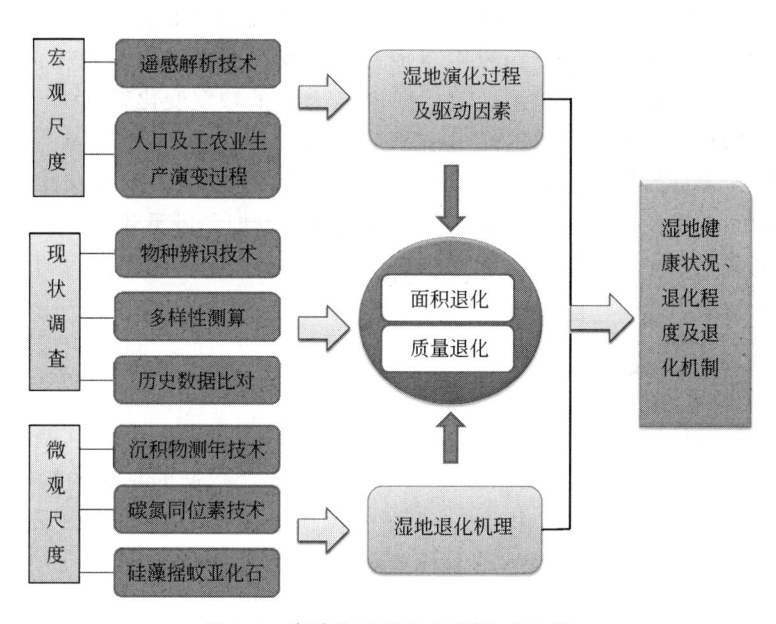

图 7-1 湖滨湿地退化识别技术示意

微观尺度主要是解析湿地面积及其质量退化的机制，应用的是干旱、半干旱地区湖泊及湿地生态环境演化历史重建技术，主要包括沉积物放射性核素^{137}Cs、^{210}Pb 定年技术、碳球粒（SCP）定年技术，以及沉积物中硅藻摇蚊亚化石分析技术（具体见《博斯腾湖生态系统演化》）。湿地现状调查包括物种识别、多样性测算和历史数据对比 3 个方面。宏观尺度涉及遥感解析技术，以及流域人口、工农业生产及经济发展水平等方面，用于了解湿地面积与质量的现状及其演化过程与驱动因素。以上 3 个方面的综合分析可阐明湿地健康状况、退化程度及退化机制。

二、技术工艺及设计

宏观尺度人口及工农业生产演变过程主要利用统计学方法获得。遥感解析技术主要是利用购买的不同分辨率的卫星影像，通过统计学和 ArcGIS 等技术解析不同历史时期土地利用状况及湿地覆盖面积的变化，来阐明湿地面积的变化过程。

现状调查所用的技术主要是湖泊野外调查方法结合数理统计技术，计算出湿地中物种的多样性，再与历史数据的对比揭示湿地物种结构及多样性的变化过程。

微观尺度主要利用古湖沼学的相关技术进行。在近代湖泊沉积与环境变化研究中一般通过^{137}Cs 和^{210}Pb 等放射性核素的方法定年。由于 Cs 为碱金属元素，化学性质比较活跃，在沉积物中易于迁移；Pb 同位素受到半衰期的限制，定年的精确性和测量范围受到一定影响，并且博斯腾湖沉积物中放射性元素的自然衰减速率还受到了核试验的影响。通过事件性沉积的发现和判断确定沉积物年代，是对传统的放射性核素定年的补充和检验。根据湖泊沉积物中球状碳颗粒（SCP）的分布，确定近代湖泊沉积物年代序列是事件性沉积定年的方法之一。SCP 是高温燃烧化石燃料的产物，能扩散到距源区数百公里的范围内，并随干湿沉降被保存于沉积物中。由于是高温形成，其主要成分为单质碳，所以球状碳颗粒在沉积物中非常稳定，不易迁移。通过简单处理，SCP 很容易被提取、鉴定和统计。尽管中国对化石燃料利用较早，但真正的高温燃烧是伴随着发电工业的出现而开始的。目前中国 75%左右的煤炭消耗是用于发电，SCP 产出量与发电量成正比，反映到湖泊沉积物中为 SCP 的浓度变化随区域发电量的增长而增长，因此湖泊沉积物中 SCP 的浓度变化就具备了时标意义。

沉积物各层的年代确定后，可以通过沉积速率的计算、沉积物中^{13}C、^{15}N 同位素研究、沉积物中叶绿素 a 含量的漫反射光谱分析、硅藻与摇蚊属种组合的变化及其与环境因子的关系等组合技术，结合湖泊周边工农业生产及人口增长等数据，可重建干旱、半干旱地区湖泊及湿地生态环境演化历史，定量探讨近百年来人类活动对湖泊初级生产力的变化、内源污染物增减等的影响程度。

三、主要技术经济指标

利用放射性核素结合球状碳颗粒技术，对博斯腾湖开都河口与深水区两根沉积岩心进行年代确定，结果表明 1950 年以前博斯腾湖基本上处于一个较低的平稳的沉积过程，平均沉积通量在 0.03g/(cm^2·a) 左右；从 1950 年开始沉积速率开始缓慢上升，1960～1980 年为博斯腾湖的沉积高峰期，BST13 最大的沉积速率达到 0.38g/(cm^2·a)，而 BST16 的最大的沉积速率更是达到 0.59g/(cm^2·a)；1980 年后，2 个采样点的沉积速率均表现为稳中有升的状态，1980 年至今 BST13 的平均沉积速率在 0.13g/(cm^2·a) 左右，BST16 的平均沉积速率却只有 0.085g/(cm^2·a) 左右。开都河的径流量变化对博湖沉积速率与生产力演化有一定影响，而人类活动干扰则是影响湖泊初级生产力变化的主要原因。20 世纪 50 年代开始的新疆第一次大规模开垦活动导致了湖泊的沉积速率及初级生产力开始上升。沉积物的沉积速率以及叶绿素 a 的沉积通量在 1970 年左右出现最高值后下降，这与新疆的第二次大规模垦荒有关。同时，周边地区盐碱地除盐方式的改变对湖泊的生态环境变化也有很大影响。从 20 世纪 80 年代至今，由于流域内人类活动干扰增强，沉积物中的叶绿素 a 浓度逐渐增加，湖泊初级生产力呈上升的趋势。

沉积岩心硅藻化石研究结果表明：16 号点 1973 年以来主要以富营养种 *Fragilaria cro-*

tonensis 为主，其中2004年以来，咸水种 *Navicula ablongta* 和 *Navicula cincta* 含量有所增加，1800年以前主要以一些咸水种 *Mastogloia braunii*、*Navicula ablongta* 和 *Navicula cincta* 等和耐盐种 *Cyclotella praetermissa* 为主，1800～1973年主要底栖种类以 *Fragilaria pinnata*、*Fragilaria brevistriata* 等为主，反映当时水位较低。13号点自1990年以来以富营养种类 *Fragilaria crotonensis* 为主，1970年以前是以咸水种类 *Navicula ablongta* 和 *Navicula cincta* 和耐盐种类 *Cyclotella praetermissa* 为主，1970～1990年之间主要以附生种类 *Amphora pediculus* 和 *Achnanthes cf. pusillanimous*，以及底栖种类 *Fragilaria pinnata*、*Fragilaria brevistriata*、*Fragilaria lapponica* 为主，也反映出了水位较低。

沉积岩心中摇蚊记录则表明：BST16号点钻孔共发现14属22种摇蚊，其中以 *Chironomus plumosus-type*、*Microchironomus*、*Cladotanytarsus mancus-type* 1、*Cladopelma laccophila-tpye*、*Procladius*、*Tanytarsus mandax-type* 以及 *Tanytarsus glabrescens-type* 为主，而BST13钻孔结果发现其主要属种与湖心区摇蚊主要属种类似。2个钻孔结果均发现1950年前后底栖动物发生了明显变化，流域人类活动导致大量细颗粒无机碎屑物质被带入湖泊，导致摇蚊组成产生明显变化；同时1990年后湖泊富营养化对摇蚊幼虫组成变化也有一定影响。

四、技术示范实例及其应用效果

遥感解析表明（见图1-44）：从20世纪70年代到2010年的近40年时间内，博湖流域周边的土地利用状况发生了剧烈的变化。耕地、城镇及居民用地出现持续增长趋势，林地、草地、戈壁、盐碱地等类型出现连续减少的趋势，水域面积经历了由减少到增多再减少的过程，沙地和沼泽地等变化不大。耕地从1972年的980km^{2}增长到2010年的2539km^2。流域土地利用类型的变化，对流域的水资源量产生了巨大影响，一方面，耕地面积的大量增加，增大了土地的蒸散耗水量；另一方面，大量耕地的灌溉和对盐碱土壤进行漫灌洗盐也消耗了大量的淡水资源，使博湖部分水域盐度持续升高。

湖滨自然湿地是博湖生态系统的一个重要组成部分。根据水位的涨落，博斯腾湖湖滨自然湿地大体可分为稳定湿地＋不稳定湿地、常年湿地＋季节性湿地、深水湿地＋浅水湿地等几大类型。近年来由于受到水位变化、水质恶化、人为破坏等诸多因素的影响，博湖湖滨自然湿地的生境持续退化。一方面，破坏了湖滨自然湿地原有的生态功能，使得依赖于湖区湖泊湿地生存的许多陆栖和水栖生物受到严重威胁，动植物数量大幅度减少，一些珍稀物种甚至消亡，生物多样性下降；另一方面，湖滨自然湿地的退化也造成了芦苇产量、质量的明显下降。

20世纪60年代以前，博斯腾湖的芦苇资源十分丰富，是我国最大的集中产苇区之一。据1981年的调查数据，博斯腾湖的芦苇蕴藏量为24.73×10^4 t/a。而自1997年以来，根据博斯腾湖芦苇办的统计数据，博斯腾湖的芦苇总产量仅维持在10×10^4 t/a左右。除了产量大幅下降外，芦苇的质量也急剧下降。目前，三类、四类芦苇约占65%，中苇（二类芦苇）占30%，而大苇（一类芦苇）仅占5%左右。一些过去为一类、二类的芦苇区，现已演变为四类芦苇区或放牧地。

应用上述古湖沼学技术重建了新疆博斯腾湖及其周边湿地近百年来的生态环境演化历史，定量探讨了人类活动对博斯腾湖生态环境的影响过程。

总而言之，利用上述湖滨湿地退化识别技术的研究表明，博斯腾湖湖滨自然湿地已大幅度地退化，生物多样性下降、生态系统功能受损；农业生产是造成湿地退化的主要原因。

第二节　处理含盐水体的人工湿地构建技术

一、技术概述

人工湿地是由人工建造的一种独特的“土壤-植物-微生物”生态系统，即运用模拟天然环境下的洼地地层中含有的土壤或砂石基质、水生植物、微生物及其他栖息动物所构成的生态环境，将污染物进行同化及异化转换，兼备物理机制（例如沉淀、过滤及吸附作用）、化学机制（例如氧化还原、吸附、离子交换及缩合反应）及生物机制（例如生物的同化吸收、矿化分解及植物的同化吸收作用），具有不需机械设备及能源输入、技术层次低、操作维护需求低，可提供生态保育及天然景观等优点。

人工湿地的设计差异主要在于污水类型、水流负荷、渗滤介质、滞水深度和时间、水流路径的控制、植物类型的选择及经营管理模式等，因而有多种不同类型的人工湿地。而在人工湿地的处理系统中，湿地植物类型是最重要的有机组成部分。因此，湿地植物种类选择及配置将直接关系到人工湿地的处理效果。

研究表明：通过植物的吸收、挥发、根际降解、稳定等作用，可以净化水体、土壤或者大气中的污染物，达到净化环境的目的。湿地植物净化作用表现在两个方面：一是植物的根、茎和叶吸收污染物质；二是根、茎、叶表面附着的微生物转化污染物质。湿地植物可分为挺水植物、浮叶植物和沉水植物等。不同种类的水生植物，其净化功能也存在差异。挺水植物吸收水体中的污染物主要器官是根，它能从底泥中吸收营养元素，降低底泥中营养物含量，并且可通过水流阻尼作用，使悬浮物沉降，并与其共生的生物群落共同净化水质。浮叶植物吸收污染物的主要部分是根和茎，叶处于次要位置。沉水植物完全沉没于水中，部分根扎于水底，部分根悬浮于水中，其根、茎、叶对水体污染物都能发挥较好的吸收作用，而且四季常绿，是净化水体较为理想的湿地植物。

中国的西北地区属干旱、半干旱区域，其水资源的高效利用与可持续发展是一个全球性的课题。在西北地区，出现类似新疆博斯腾湖这样既存在加速咸化，又存在富营养化的复合污染型湖泊，已是一种具有普遍意义的现象。但是，目前大部分人工湿地都是在中国东南部地区，针对营养盐或者工厂污水进行的。污水类型和湿地植物种类都跟西北地区存在很大的差异。因此，急需设计一种适合当地地理和气候条件，可以适应并淡化含盐水体，并适当削减营养盐的人工湿地建设方案。

二、技术工艺及设计

课题组针对上述问题，研发了一种可处理含盐水体的人工湿地，包含沉淀池、地表漫流池、湿生植物池和水生植物池（见图 7-2）。该沉淀池的一端设有可控进水口，另一端设置深水区，然后通过溢流坝与地表漫流池相连。该地表漫流池中土地起垄后呈网格状分布，垄上种植耐盐旱生植物，通过溢流坝与湿生植物池相连。该湿生植物池中设有 3 道等距断头生态堤坝，通过溢流坝与水生植物池相连。该水生植物池中设有 3 道等距生态堤坝，通过溢流坝出水。

湿地生态系统的构建中充分考虑不同植物的配置问题，所种植物多为耐盐植物，旱生植

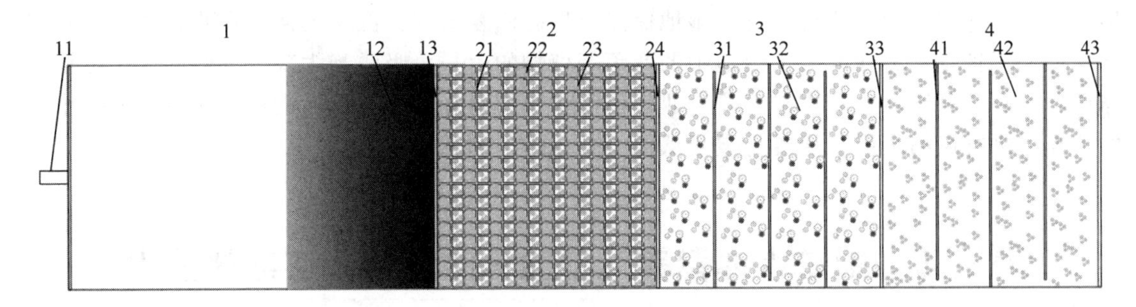

图 7-2　处理含盐水体的人工湿地构建示意

1—沉淀池；11—可控进流口；12—深水区；13—溢流坝；2—地表漫流池；21—沟渠；22—垄；23—旱生植物；24—溢流坝；3—湿生植物池；31—生态坝；32—湿生植物；33—溢流坝；4—水生植物池；41—生态坝；42—水生植物；43—溢流坝

物包括红柳、柽柳、沙枣、紫穗槐、紫花苜蓿、雀稗和白刺等；湿生植物包括芦苇、香蒲、莎草、咸草、席草、盐角草和碱蓬等；水生植物包括荇菜、狐尾藻、眼子菜、轮藻和菹草等。

生态堤坝一端留 2m 宽水道的混凝土多孔堤坝，为附着生物的附着和繁殖提供条件。两侧可悬挂人工介质辅助净化水质。

研发的人工湿地充分考虑了西北地区的地理和气候条件，采用当地土著植物物种。一方面利用低成本高效率的植物修复技术，去除水中的氮、磷等营养盐；另一方面可为盐生植物资源的形成和发育提供了适宜的生态环境。这种人工湿地可以根据湿地的实际情况进行“分区构建”，达到与自然融为一体。

三、技术示范实例及其应用效果

在上述技术的指导下，结合实际情况，课题组在博斯腾湖西南的相思湖区域构建了自然湿地保育和生态修复技术研究示范区（见图 7-3）。该示范区建成了部分人工湿地，并在湿

图 7-3　自然湿地保育和生态修复技术研究示范区建设前（a）、（b）、（c）及建成后（d）、（e）、（f）实例

地中进行了高效利用农业排水进行湿地保育及生态修复研究，湿地的面积逐步扩大，物种多样性得到了提高。另外，人工湿地中的芦苇等植物的生长可吸收绝大部分的营养盐，冬季结冰期可以将芦苇等植物用于造纸等产业，使污水中的营养盐得到循环利用。利用农业排水中的营养盐进行芦苇生产，变废为宝，从而实现治理与利用并重。

第三节　削减水体营养盐与盐分的组合人工载体技术

一、技术概述

人工载体是由人工合成的同时利于生物附着及定量分析的复合材料。在水生态系统中，附着在人工载体上的附着生物由于富含细菌、藻类、原生生物，具有极高的代谢活性，可以有效地分解、转化水体中的有机物质，并可通过定期将载体移出水体清洗等方式，使其中所附着的大量氮、磷营养物质被带出水体，从而使得水体得以净化。在对受损的天然水体进行生态恢复和重建的过程中，各种类型人工载体的表面上也往往会形成一个具有很强代谢活性的固着生物的群落，这些固着生物群落一方面通过自身的代谢活动，强烈地改变着其所处微环境的理化特性，如所附着载体的表面结构、O_2、pH 值等；另一方面，这些不同的固着生物群落通过与其所附着的载体的共同作用，逐步形成稳定的生态系统，并通过固着生物群落间的演替及其与水体中其他生物（如高等水生植物、浮游植物等）的协同作用，使得水体中有机物，尤其是氮、磷营养盐的形态、负荷发生迁移、转化，从而有利于提高水体的自净能力，最终实现水质持续改善的目标。目前，人工载体在污水处理工艺中应用广泛，效果显著。

由于自然因素与人类活动的双重影响，我国西北部干旱、半干旱地区许多河流与湖泊目前受到富营养化与咸化的双重胁迫。以地处新疆巴音郭楞蒙古自治州的博斯腾湖（下简称博湖）为例，博湖原是蒙新高原上面积最大的淡水湖，湖泊水位由 1956 年的 1048.34m 下降到 2010 年的 1045.23m，54 年中湖水下降了 3.11m，湖水矿化度由 0.38g/L 增加到 1.51g/L，已从新疆最大的淡水湖变为微咸水湖。同时湖水中的总氮（TN）、总磷（TP）、化学需氧量（COD）等污染物浓度也逐年升高。博湖流域人口的快速增长及开垦农田面积的增加，农业面源污染，工业及生活污水排放量增加，是导致上述现象的重要原因之一。数据表明，2007 年博湖流域农业面源污染产生的 TN、TP 和 COD 的总量分别为 5.86×10^4t、1.55×10^4t、10.06×10^4t；流域内产生的各种污染物主要通过 33 条排渠进入博湖中，TN、TP、COD 和盐量分别占入湖总负荷量的 21%、21%、24% 和 48%。位于博湖西北角的排渠——黄水总干排历年水质的监测结果表明，此排渠中的水的矿化度（TDS）平均值为 4341mg/L，最高值达到了 6700mg/L；TN 均值为 1.46mg/L，属于Ⅳ类，最高值达到了 2.40mg/L，属于劣Ⅴ类；TP 含量平均值也超过了湖库Ⅴ类水质 TP 上限，最高值达到了 0.860mg/L；此外，水体中总悬浮物（TSS）浓度也较高，五日生化需氧量（BOD_5）及 COD 等的含量也超标。这些污水直接排入黄水沟区，最终汇入大湖。每年由农田废水排入并滞留在博湖中的盐分约有 21.69×10^4t。农业面源污染加重了博斯腾湖的咸化与富营养化趋势。

目前，人工载体已广泛应用于我国东南部地区重富营养化河流、湖泊的净化、废水处理等过程中。但尚无在我国西北部干旱、半干旱地区，如博湖流域这样营养盐及盐分严重超标的排渠中应用的实例。因此，在前期研究的基础上，课题组优化设计了一种适应我国西北部干旱、半干旱地区水体净化的人工载体装置。

二、技术工艺及设计

该人工载体组合装置包括多个净化单元，每个净化单元都包括固着架和人工载体，人工载体在固着架上纵向平行排列。其中，人工载体包括聚丙烯材料制成的渔网、聚酰胺材料制成的立体载体、合成纤维加工的生物绳 3 种，以 2 层渔网、2 层立体载体、2 层生物绳、2 层立体载体和 2 层渔网的顺序在固着架上从前到后依次排列。该装置能够有效地削减排渠中水体的营养盐及盐分，适用于我国西北部干旱、半干旱地区的高盐地区使用。

为了削减排渠中的营养盐及盐分，延缓或阻止我国西北部干旱、半干旱地区部分湖泊的富营养化及咸化进程。在对比不同类型的人工载体及人工载体不同组合模式下，对排渠水体中营养盐及盐分净化效果的基础上，集成了一种削减水体营养盐与盐分的人工载体组合优化模式。该优化模式包括人工载体的固着装置、人工载体的选择及人工载体的布设方式（见图 7-4）。

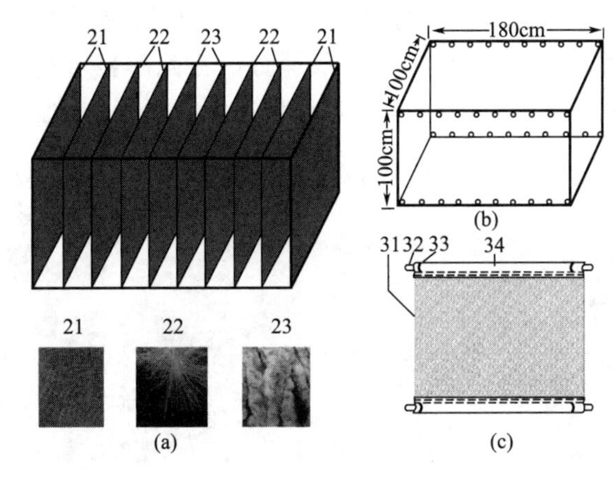

图 7-4　人工载体的实物、挂设人工载体的框架立体图及其缝制加工示意

经过前期单种人工载体削减水体营养盐与盐分的实验结果，综合考虑削减效果、人工载体的成本及材料的易获取性，从中筛选出具有应用前景，无毒、无嗅、低环境风险的载体材料。最终选择了目前被广泛使用的具有不同比表面积、不同质地、不同表面结构、不同性能的 3 种人工载体，包括聚丙烯材料制成的渔网、聚酰胺材料制成的立体载体、合成纤维加工的生物绳。

人工载体的固着装置包括固着架、固着环等。在人工载体的固着架上从前到后每隔 20cm 分别布设 2 层渔网、2 层立体载体、2 层生物绳、2 层立体载体和 2 层渔网，组成一个优化的人工载体净化单元。排渠中的盐分主要来自于农业生产的土壤洗盐过程，渔网可有效拦截水体中的高盐颗粒物，使之沉淀至沉积物表面，从而降低水体中盐分。立体载体是采用特殊的拉丝，丝条制毛工艺，将丝条穿插附着在耐腐、高强度的中心绳上，使丝条呈立体均匀排列辐射状态，制成了悬挂式立体填料的单体，载体在有效区域内能立体全方位均匀舒展，使空气、水、附着物得到充分混渗接触交换，这也使得附着生物在每根丝条上均能保持良好的活性和空隙可变性，进行良好的新陈代谢过程，利于藻类等的附着与生长，从而大量吸收水体中的营养盐。生物绳使用细纤维加工而成，可以持续保持大量微生物，形成微生物膜。外层为好氧微生物，内层为厌氧微生物，可进行反硝化反应，从而去除水体中的氮素。几种载体的优化配置，可以显著提高氮、磷等营养盐及盐分的去除效率，达到良好的削减排渠中营养盐及盐分的效果，减少进入湖体的污染物，延缓或阻止西北部干旱、半干旱地区部分湖泊富营养化及咸化进程。

该技术充分考虑了西北地区湖泊污染物来源途径，采用无毒、无嗅、低环境风险、且功能互补的载体组合，利用低成本高效率的人工载体净化技术，有效地削减排渠中水体的营养盐及盐分。整个装置结构简单、成本低廉、可以根据需要净化的排渠的水深等条件灵活配置人工载体净化单元的大小和个数，使得净化排渠水体的效果更好。

三、技术示范实例及其应用效果

在室内和室外分别进行了单种人工载体和优化配置的人工载体净化单元进行的污染物去除实验（见图 7-5）。经 10d 的悬挂后，上面附着的固着生物群落达到稳定。利用该装置 10d 内对 TN、TP 及盐分起始浓度分别约为 1.5mg/L、0.5mg/L、4.5g/L 的排渠水的去除率分别为 34.7%～59.3%、54.2%～76.4%、12.3%～19.8%；而单个人工载体构建的净化单元对水体中 TN、TP 及盐分的去除率分别为 11.4%～37.5%、23.1%～51.1%、3.1%～11.6%。该组合装置技术对水体中 TN、TP 及盐分的去除率显著高于由单个人工载体构建的净化单元，适于我国西北部干旱、半干旱地区农排渠中污染物的大规模去除净化工程。

图 7-5 人工载体对农业排水中污染物去除的室内室外实验

第四节 示范区建设及运行

一、污染源控制、入湖沟渠氮、磷削减野外研究基地

（一）基地建设背景

博斯腾湖水质已由 20 世纪 70 年代的Ⅰ类水下降为 2010 年的Ⅲ类水，湖水污染加重，

富营养化趋势明显，水体矿化度呈现波动性变化。博斯腾湖流域污水来源有工业废水、生活废水和农业面源污水，大部分通过主要的入湖污染通道——黄水沟进入博斯腾湖。在黄水沟区建立污染源控制、入湖沟渠氮、磷削减野外研究基地（见图 7-6），目的是根据上游灌溉排水量及入湖径流量和其中的污染物浓度，以及苇沼区的水面蒸发量和芦苇蒸腾量，针对主要污染物的形态、浓度、季节变化等开展监测工作，考察苇沼区 COD、氨氮、TP 的输入、输出过程动力学，分析影响湖泊水质的主要外源性污染特征、污染源强弱及随季节的变化规律，并在此基础上研究污染物进入湖泊后的时空分布与积淀过程、开展入湖沟渠生物强化净化技术的示范研究。

图 7-6　黄水沟研究基地和相思湖示范区地理位置示意

（二）黄水沟区环境概述

1. 黄水沟区概况

黄水沟发源于天山的天格尔山南坡，是焉耆盆地西北部主要的河流之一，主要由雨雪消融混合补给。流域中部巴伦台镇处有两条支流，西支巴音沟，东支乌拉斯台沟，汇合后成为黄水沟的主流，河源至山口河长约 110km，盆地内河流长 52km 左右，水域集水面积为 4311km^2，是焉耆盆地第二大入湖河流。它主要发挥着灌溉、农田排水和调洪、分洪的作用。

2. 地理位置

黄水沟区位于焉耆盆地博斯腾湖西北部，314 线国道东南侧，二十四团、清水河农场及包尔图牧场以南，焉耆县五号渠乡、东风干排以北，黄水沟两侧直至入大湖口处，面积为 55.5km^2。

3. 地形地貌

黄水沟区位于焉耆盆地，海拔 1049m 以下的低凹区，汇合四周山地河流。此处地势平坦，部分地表土质由砂粉和亚砂土组成，部分为芦苇沼泽或盐碱地。沼泽区内主要有沼泽土和泥炭土两大土类和 6 个亚类，6 个亚类包括腐殖质沼泽土、盐草甸沼泽土、盐化泥炭腐殖质沼泽土、泥炭土和盐化泥炭土。沼泽土无泥炭累积或泥炭累积厚度小于 50cm，泥炭土的泥炭层厚度大于 50cm。泥炭土类是苇区的主要土壤类型。

4. 水文水系

黄水沟区主要接纳焉耆县胜利干排、黄水沟总干排、二十四团总干排及清水河农场部分排水（见图 7-7，表 7-1）。

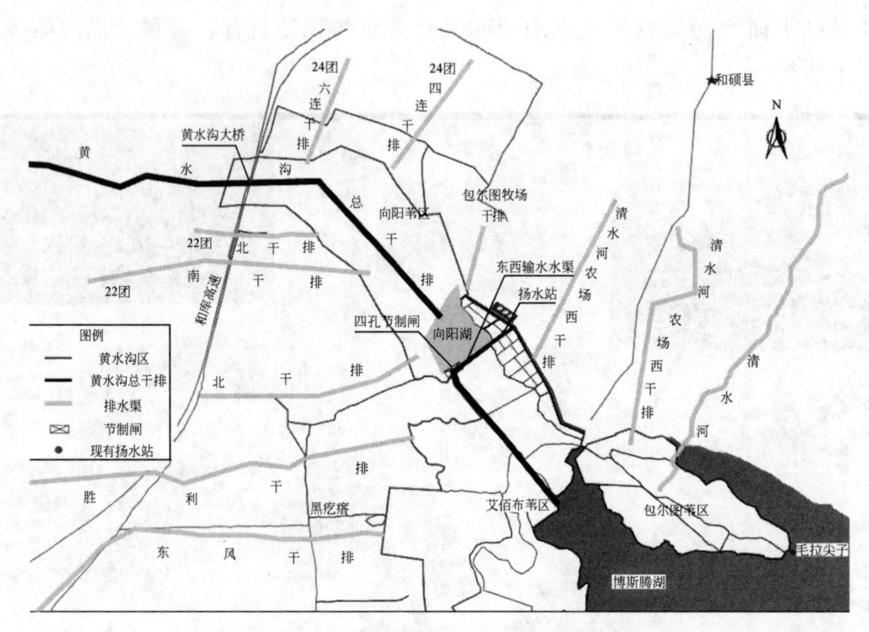

图 7-7 黄水沟区排水渠系平面图

表 7-1 黄水沟区排水渠系分布 单位：$10^4 m^3/a$

片区	位置	排水渠	年均排水量
黄水沟区	黄水沟废水育苇片	胜利干排	1791
		北干排	150
		22 团南干排	3998
		22 团北干排	2486
		黄水总干排	8949
	清水河片	24 团六连干排	243
		24 团四连干排	312
		清水河农场西干排	629
		清水河农场东干排	82
		包尔图牧场干排	310
合计			18950

根据巴州水文水资源勘测局和巴州环境监测站的监测数据及部分已有研究成果显示，90 年代后，博斯腾湖周边共有 26 条排渠，其中 10 条通过黄水沟区进入大湖区，7 条直接排入大湖区，9 条直接排入小湖区。博斯腾湖接纳了 26 个农田排污渠，虽然入湖水量不及博斯腾湖多年平均入湖总水量的 10%，但其带入湖中的主要污染物的比例却是非常高，近年来加上工业、生活污水的汇入，造成博斯腾湖污染超标。大量含盐、氮、磷、农业有机物等也随着排水进入博斯腾湖。黄水沟总干排是焉耆盆地最大的排污渠，年排污量占农田干排总排量的 1/2 以上。

5. 芦苇湿地现状

黄水沟苇区在50年代是一片荒地，到60年代后，由于兵团开荒造田，增加灌区排水，在黄水沟下游形成大面积沼泽，芦苇面积有了较快的发展，但多为毛苇。反过来沼泽的形成影响了上游农田排水，造成农田盐化，因此在1985年全面挖通了黄水总干排，之后沼泽区面积急剧萎缩，芦苇面积减少。黄水沟区有4个苇区，即二十四团苇区、和硕县包尔图苇区、焉耆县苇区、博湖苇区。黄水沟区芦苇属沼生型芦苇群落（见图7-8）。

(a)

(b)

图7-8 黄水沟区植被生长现状

目前在二十四团副业连以西没有芦苇，以东才分布有零星芦苇，并且大部分是毛苇。二十四团干排、清水河农场干排和清水河下游入湖三角区靠近各干排排水和清水河地区生长芦苇的较好。1992年黄水沟区芦苇总面积仅为33.33km²，随着上游农田渠系配套，灌溉定额下降，排水渠淤积不畅，黄水沟年径流量在逐渐减少，芦苇湿地面积不断萎缩。

6. 污染负荷

黄水沟总干排容纳了上游三县（和静县、和硕县和焉耆县）的部分农田排水，和静县工业污水、生活污水及夏季的下泄洪水，水量为$8949\times10^4 m^3/a$，约占全部入湖水量2.3%。

据统计，2010年黄水沟总干排主要入湖污染物COD_{Mn}为1867.2t、TN为260t、TP为30.2t、盐分为350667.7t，占全部入湖河流总污染负荷量的48.6%、20.2%、43.9%和41.5%（见表7-2）。

表7-2 黄水沟总干排入湖污染物负荷现状

污染源类型			COD_{Mn} /(t/a)	TN /(t/a)	TP /(t/a)	盐分 /(t/a)
面源	农村面源	农村生活	19.9	1.0	0.1	2375.4
		畜禽粪便	439.5	30.6	1.7	1621.4
	农业面源		627.4	108.9	2.5	293224.7
	水土流失		—	5.7	0.5	—
	干湿沉降		15.2	3.3	0.1	—
点源	工业废水		102.9	71.1	25.3	53446.2
	城镇污水		662.3	39.4	—	—
总计			1867.2	260	30.2	350667.7

目前，从黄水沟总干排污染物入湖污染负荷现状表知，农田面源、工业废水、城镇污水、是TN的主要贡献源，这三部分占TN入湖总量的84.4%；农田面源、工业废水、畜

禽粪便是TP的主要贡献源，这三部分占TP入湖总量的97.7%；农田面源、工业废水、城镇污水、畜禽粪便是COD_{Mn}入湖负荷的主要贡献源，这四部分占COD_{Mn}入湖总量的98.1%。

（三）基地设计

1. 地理位置

基地位于黄水沟区东南部，紧邻博斯腾湖大湖，面积4.5×10^4亩（约$30km^2$）。在湖滨滩地中的向阳湖下游，地势开阔，地形趋势呈东北高，西南低，区内现建有四孔节制闸、扬水站和东西向输水干渠。黄水沟工程区现状示意见图7-9。

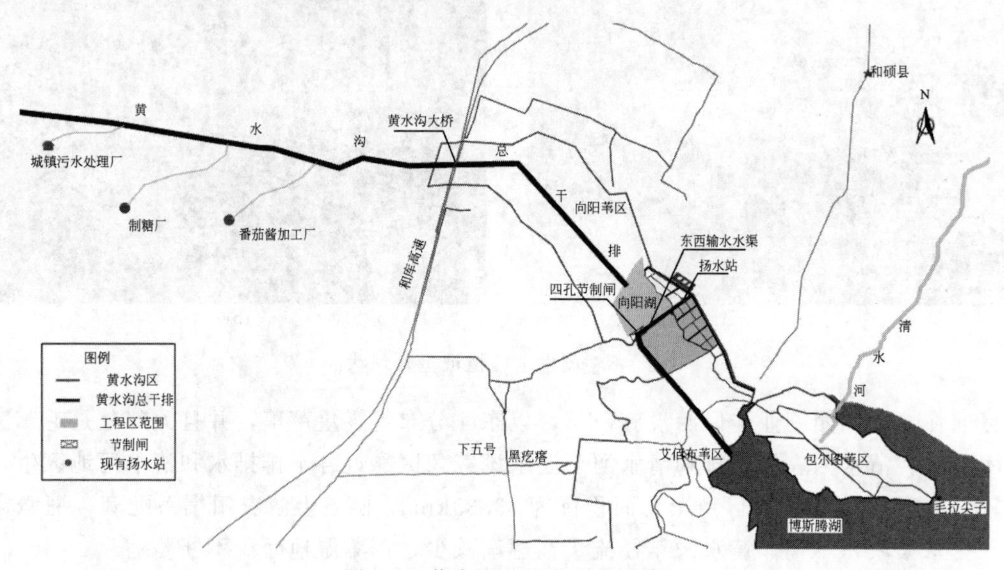

图7-9　黄水沟工程区现状示意

2. 进水水质现状

焉耆盆地的工业、农业、生活废水排放至灌区内的农业排渠，沿途土壤及地表中的各种矿物质、污染物、氮、磷等通过灌溉、降雨等过程进入农排渠。由于焉耆盆地土壤盐渍化十分严重，灌溉排水中除含有有机污染物、氮、磷外，还含有大量的盐分。农田排水渠的水质较差，多为Ⅳ类或Ⅴ类水体。根据2012年1月对向阳湖西南排水节制闸的向阳湖出水水质采样调查，水质分析结果显示TN和TP浓度分别为9.04mg/L和0.60mg/L，水质为劣Ⅴ类，主要超标因子为TN、TP。

3. 基地分区及监测布点

基地（示范区）现状及监测布点情况见图7-10。

4. 示范区建设和技术参数

示范区内现有苇田，位于工程东部。苇田内芦苇普遍生长茂盛，长势良好。经泵站提水，由灌渠输送排入下游自然湿地。苇田被围堰分成7个并联处理单元。围堰采用梯形断面，围堰顶宽为5～7m，围堰维护型总长约5750m。围堰内设置节水闸，节水闸处设置闸门和输水管道（见图7-11～图7-13）。节水闸为手提钢板闸，闸板采用厚度为8mm的钢板，设计闸宽1.2m。输水管采用普通钢筋混凝土管，围堰上输水管管径为*DN*800，输水管总长度为82m。对苇田内毛苇进行拔除，并对由于围堰建设形成的空旷地和原空有地进行植物修复，补植芦苇，芦苇种植密度为4株/m^2。采用行列式种植芦苇，使其形成整齐一体的芦

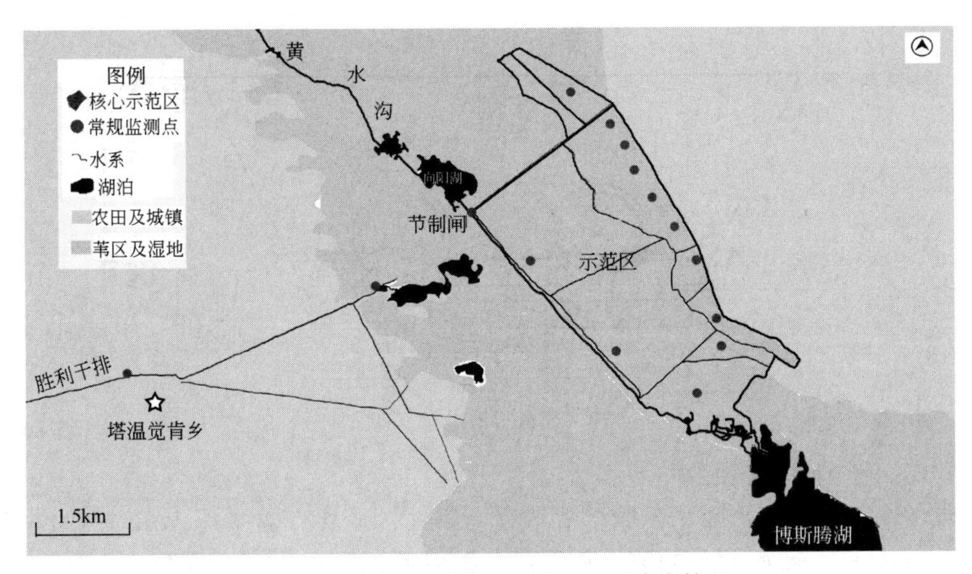

图 7-10 基地（示范区）现状及监测布点情况

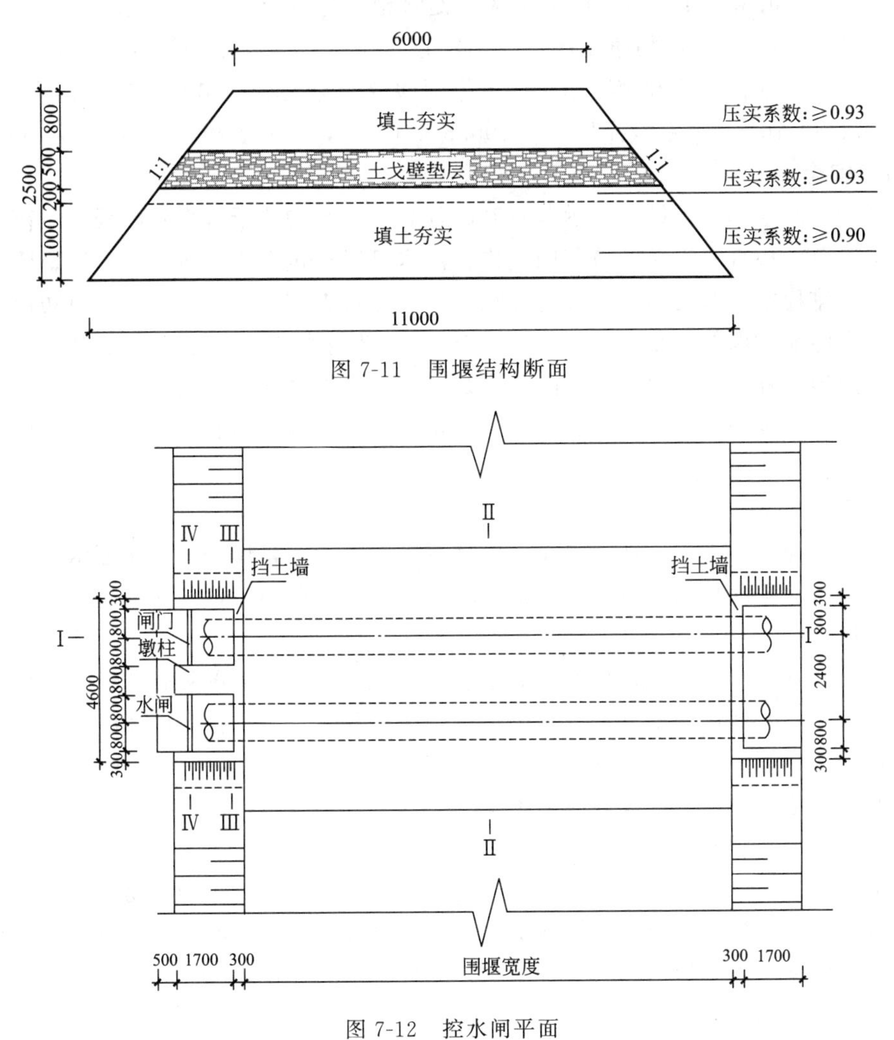

图 7-11 围堰结构断面

图 7-12 控水闸平面

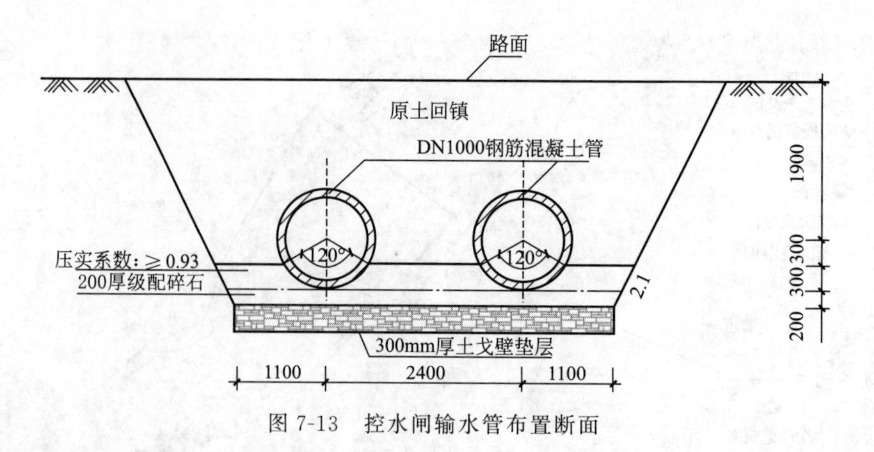

图 7-13　控水闸输水管布置断面

苇群落景观，便于收割管理。

苇田之外为湿地净化区，包括浮叶植物（睡莲，平均有效水深 1.6m，种植密度为 1 株/m^2）净化区、挺水-浮叶植物（芦苇，水深小于 0.5m，种植密度为 4 株/m^2；睡莲，水深 1m 左右，种植密度 1 株/m^2）净化区、挺水植物净化区（芦苇，水深小于 0.5m，种植密度为 4 株/m^2）。浮叶植物净化区南北向穿过示范区，属深水调控区。可在冬季贮存一定水量，有效调节水位。浮叶植物净化区依靠围堰分隔分为 2 个串联的浮叶植物净化单元，面积约为 $102.5\times10^4m^2$，水域面积约为 $100.5\times10^4m^2$，有效容积为 $160.8\times10^4m^3$。

5. 防洪安全

示范区围堰均采用土坝结构，示范区底高程高于黄水沟总干排渠底高程，示范区的建设未改变黄水沟总干排现有堤防及节制闸结构，洪水可以通过黄水沟直接进入博斯腾湖，因此对黄水沟总干排稳定以及河道泄洪没有影响。未破坏现有道路、河道堤岸，对防汛抢险交通没有影响；且湿地建设的围堰、道路宽 4～6m，在汛期作为防汛抢险运输道路，运输所需材料，因此湿地工程的建设对防汛抢险工作是有利的，不会造成负面影响。

示范区工程范围内无工业企业、水厂的取水口和码头等设施和其他工程，因此不会对第三人合法水事权益造成影响。

6. 运行管理与监测

示范区运行与管理委托于博湖苇业，博湖科研所负责监督检查。为保证示范区有效正常地运行，对围堰、湿地植物进行必要的维护和保育，加强湿地管理。湿地运行按季节气候变化分成两期运行。

湿地运行期（4～10 月）将来水分成两部分进行处理：一部分来水利用现有泵站提升作用进入现有苇田，而后依靠重力流进入挺水植物净化区Ⅰ，出水排入博斯腾湖；另一部分来水直接通过涵闸调控进入由挺水植物净化区Ⅱ、挺水-浮叶植物净化区和挺水植物净化区Ⅲ组成的表面流湿地处理，出水排入博斯腾湖。

运行期间应加强运行管理，防止出现死水区；并根据进水水质情况，合理调整处理水停留时间，植物生长茂盛期可以适当降低水位以激发氧向湿地沉积物和植物根系的传递，缓解水温升高造成的溶解氧浓度降低和加强微生物的耗氧降解。芦苇不同生长时期对水利的需求不同，因此湿地进水还要根据芦苇生长需求，进行合理的灌排管理。

湿地运行休眠期（11 月至次年 3 月），此期间为博湖地区植物休眠期，此时气温较低，植物活性差，仅对排渠来水利用向阳湖和浮叶植物深水区进行厌氧处理，出水最终排入博斯腾湖。

为掌握示范区内的水质变化情况，选取水质改善典型节点作为监测点，对黄水沟总干排和湿地出水进行定点跟踪监测。监测频率为每月1次。水质监测主要指标为COD、SS、TN、TP、NH_4^+-N、含盐量等。水质监测点位主要布设于黄水沟总干排内、湿地进水和湿地出水口处。

7. 道路、挡水围堰维护管理

工程区地层主要为第四系全新统地层，土质为粉土或粉砂土，其塑性指数较低，含水量少。挡水围堰由就近挖土填方而建，故结构不易稳固，且挡水围堰建成后还承担芦苇运输作用，并受水力侵蚀。因此，每年都需对围堰进行完善加固。

8. 湿地植物保育

定期检查湿地主体的运行情况，如有垃圾进入则应及时清理。若湿地运行异常，则应采取相应措施进行处理并及时上报。

对湿地内的水生植物进行定期收割和补种，主要根据所种植物的习性。一般一年收割1次，在12月至次年3月份进行。

9. 其他设施维护

由于湿地处理水中含盐量高，其对砼结构有一定的腐蚀作用，因此需对裸露在外的预制混凝土管进行必要的维护，确保系统中流水的畅通。

（四）基地活动

构建生物强化基质的优化研究技术示范，重点解决基质吸附、除盐以及去除氮、磷、COD_{Cr}等污染物质的途径；同时，通过控制水循环，增加湿地中盐分及氮、磷、COD_{Cr}等污染物质的去除，降低水体中的盐分及污染物浓度，从而形成沟渠复合多介质脱盐、去除氮、磷、COD_{Cr}等污染物质的关键技术研究（见图7-14）。示范区内利用基于生物绳等人工载体的生物强化净化技术进行了农排干渠水体中盐分及氮、磷等污染物的去除研究，取得了较好的效果。

二、自然湿地保育和修复技术研究示范区

根据干旱地区湖泊流域的生态环境特点，经过前期大量的实地考察与调研工作，在地政府的配套资金支持下，在新疆博湖苇业股份有限公司天河苇区（博斯腾湖西南小湖区）建设了自然湿地保育和生态修复技术研究示范区（见图7-6及图7-15）。示范区总面积约8km^2，其中相思湖生态修复技术核心研究示范区占74750m^2，包括9块实验苇地，见图7-16。在示范区开展利用含有高浓度盐分及氮、磷营养盐的农田排水进行湿地芦苇保育、水质监测、生态修复关键技术和示范效果的探索研究（见图7-17），为实现博斯腾湖自然生态环境的根本改善奠定基础。

（一）地理位置

相思湖位于新疆焉耆盆地四十里城子乡以南的老工三团（原兵团工一师三团）团部对面，距焉耆县18km，离库尔勒32km，312国道从中穿过，湖因横卧314国道两旁而居，也叫子母湖。相思湖属于天然形成的小湖泊，总面积达6180亩，湖面积4180亩，芦苇荡面积占水面积的70%。示范区位于相思湖湖畔。

(a) 研究基地简介　(b) 12号区　(c) 11号区

(d) 8号区　(e) 水体生物绳强化净化技术研究简介　(f) 7号区

(g) 地下水采样　(h) 示范区污水深度处理生物强化

(i) 示范区水流量监测　(j) 示范区水量调控闸

图 7-14　黄水沟水环境综合治理研究示范区部分研究实例

（二）地形地貌

工程区位于开都河现代三角洲和博斯腾湖盆地两种地貌类型交汇地带，地势低洼平坦，地下水位较高。

（三）水文水系

本示范区的主要水源来自北侧的 27 团 10 连泵站、四十里城子干排和西侧的团结干排。

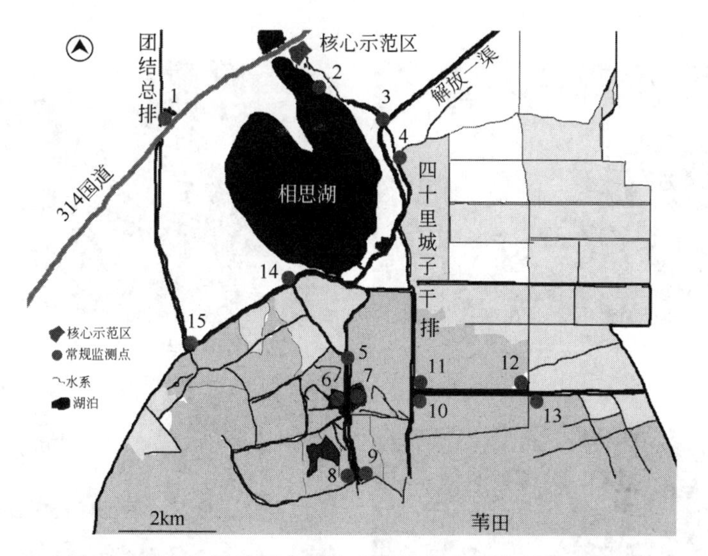

图 7-15 自然湿地保育和生态修复技术研究示范区示意

1—团结总排；2—相思湖码头；3—解放-渠相思湖分水闸；4—四十里城总排泵站；5—解放-渠泄水渠；6—四干苇场对照点（西）；7—四干苇场对照点（东）；8—四干苇场西南交接处（西）；9—四干苇场西南交接处（东）；10—四干排入湖口；11—27团10连尾渠；12—27团10连泵站；13—苦水沟；14—相思湖西南出口；15—团结总排入湖口

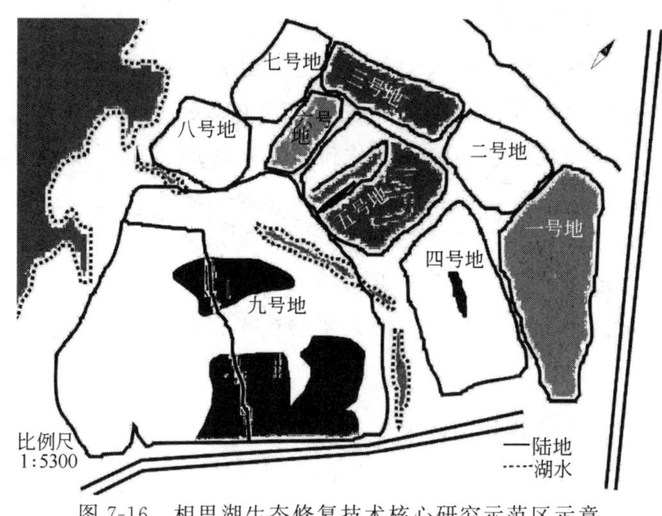

图 7-16 相思湖生态修复技术核心研究示范区示意

(四) 植被现状

示范区植被以沼泽区植被为主，其中湿地植被芦苇种群占绝对优势，占全部生物量的95%以上。受水分与土壤条件的影响与限制，芦苇在分布上与水土分布特征有一定的联系。

示范区北部地势平坦，局部地势较高，平均水位在0.5～1.0m，芦苇长势较好，局部高地散布着零星的红柳。工程区南部地势现对于北部偏低，平均水位在1.0～2.0m，局部较深，芦苇长势较差。

(五) 示范区分区

示范区分为核心示范区和非核心示范区，具体见图7-15及图7-16。

(a) 自然恢复的湿地

(b) 相思湖示范区水质监测

(c) 人工湿地水质监测

(d) 湿地污染物去除的模拟实验

图 7-17 湿地水质监测及污染物去除模拟实验

（六）设计构思和功能定位

合理利用示范区内现有地形、挡水围堰等，并新建部分挡水围堰和水闸，达到均匀有效布水，为生态修复、植物保育等创造条件，在此基础上开展生态缓冲带构建，修复湿地植被系统，起到保护和改善湿地结构和功能，净化排渠来水，改良工程区盐碱化土壤，增加西南小湖区生物量及生物多样性，改善鱼类繁育和鸟类栖息地生态环境。主要功能定位是：①尽量修复生态缓冲带内的水生植物，以芦苇为主；②增加示范区的生物量及生物多样性，改善鱼类繁育和鸟类栖息地生态环境；③利用农业排渠的含盐废水，进行人工湿地构建和育苇工程，高效利用农业排水，扩大芦苇湿地面积，拦截污水，削减入湖污水量。

（七）设计原则

（1）严格遵循《中华人民共和国环境保护法》、《濒危野生动植物国际贸易公约》、《中华人民共和国野生动植物资源保护管理条例》等国家及地方法律、法规和有关政策，认真执行有关技术规定和标准。

（2）着眼长远，因地制宜，综合考虑成本和效益。

（3）充分利用国家有关项目的重点科技攻关研究成果，并借鉴国内外芦苇湿地的管理模式，以自然修复为主、人工措施为辅，力求科学、经济、高效地恢复和管理。

（4）以保护和保持湿地生态系统完整性为目的，发挥湿地系统内植物、土壤及水中微生物等吸收、吸附和转化污水中有毒物质、有机物的作用，净化来水水质。

（八）示范区目标

（1）构建生态缓冲带 1.4×10^4 亩。

（2）年收割水生植物量（净初级生产力）1.6×10^4t。

（3）通过收割植物，带走大量的营养物质氮、磷，使示范区出水水质达到Ⅳ类。

（九）示范区建设和技术参数

主要实施基底清理与围堰建设、水闸建设和生态修复，构建湖滨生态缓冲带，并同时对进入缓冲带的水体进行净化。

1. 基底清理与围堰建设

基底清理主要是对工程区进行土地平整，清理垃圾，营造适合该区地形局部改造和生态恢复的各项条件，为局部地形变动、改造及土方开挖等做好基础准备。根据现场勘测，工程区地势较为平坦，局部地势较高，且存在少量的垃圾。工程拟对该区域进行土地平整，对高坡等进行削坡，营造适合适当地形。土地平整挖土方直接用于挡水围堰的修整和维护，对区域内的垃圾进行清理外运。

2. 挡水围堰建设

根据工程区内地势，考虑湿地植物生长、收割、运输等方面需要，对现有挡水围堰进行修整加高，同时在湿地内新建部分挡水围堰，以便于人工调控水深，使水深保持在适宜植物生长的范围。新建挡水围堰根据地形变化灵活布置，构建时土方取自平整土地挖方。新建挡水围堰为土质梯形，堤顶宽7～10m，高2m，坡比为1∶2，中间有50cm的土戈壁垫层，能够保证围堰的稳固性。

由于工程区内的土质较松软，所以新建挡水围堰地基需要进行相关处理，并用原土夯实；堰身材料选用黏土夯实，夯实系数为0.9左右，边缘整平拍实，可宽填0.20m。挡水围堰建成后，将会把生态缓冲带分成面积不等的块区，这样更有利于控制各分区内的水层，同时宽阔平整的堤顶便于工程区管理人员通行，收割期可作运输车道。现有挡水围堰高度不足，在保证原有堤顶宽度的情况下，分别进行加高，同时将围堰的坡度放缓，坡比为1∶2，以保证围堰的稳固性。

3. 水闸建设

示范区内现有挡水围堰上建有部分 *DN*1000 的过水涵管，水流可以通过涵管进入示范区，但却起不到控制水量水位的作用。在现有挡水围堰和新建挡水围堰上设调节闸，保证水流能够通过调节闸的得到有效的控制。调节闸为钢制转轴提板闸，闸室为简易钢筋混凝土结构，闸板采用厚度为5mm的钢板，设计闸宽0.8m。设计过水涵管尺寸为 *DN*1000。

4. 生态修复

示范区采用人工修复与自然恢复相结合的方法，根据工程的地形、地质、自然环境等条件，对示范区内芦苇长势较好的区域，以植被保育为主，人工修复为辅的方式，建立健康的生态缓冲带系统；对于植被长势较差区域，进行芦苇湿地人工修复。通过本示范区的实施，有效控制示范区周边的入湖面源污染，修复示范区生态缓冲带系统，增加西南小湖区湖湾滩地物种多样性，降低进入小湖区的污染负荷。通过示范区的建设，为整个西南小湖区的生态缓冲带构建起到示范作用。

因为博斯腾湖是芦苇的重要产区，芦苇为工程区内的优势物种，在对维持本地生态平衡，保护生态环境方面都起到了重要作用，且工程区土质呈碱性，如引进新物种则需较长时间的适应期，同时可避免外来物种入侵。其次，芦苇的抗逆性强、适应性广，具有耐盐碱、抗渍涝、抗严寒、耐高温、能吸收和吸附污水中大量的有害物质，尤其是对富营养污水中的氮、磷有较强的吸收能力。并且芦苇具有高渗透压，且为自养植物、能在盐碱较重、沼泽等环境中生长发育，通过水的压盐和芦苇的生命活动，可使盐碱土的理化性质发生很大变化，有效去除水和土壤中的盐分，所以示范区选择芦苇作为生态缓冲带的主要种植物种。

1）芦苇种植方式

在示范区植被稀疏或缺失挺水植物的区域，结合土地平整工程、挡水围堰建设工程和水闸建设工程采用条块状进行芦苇湿地修复。芦苇种植时要保持浅水层，按 4 株/m^2 种植。芦苇种植后到成塘前，要注意除草，严禁放牧，促进芦苇良好的生长。

2）芦苇灌溉方法

① 每年 11 月～次年 2 月，通过调节闸的控制进行放水，将工程区水位调节至 15cm 左右，保持稳定不变。

② 3 月份、4 月份为农田用水高峰期，控制工程区内的各调节闸，大流量放水，使工程区进水水量与排水水量之比达到 1/2。

③ 5 月份、6 月份芦苇进入旺盛生长期，调节水闸，使进水水量大于出水水量，在 2 个月内将工程区水位提高到 30cm 左右。

④ 7 月份、8 月份防汛期应加大工程区的排水力度，使进水量与排出水量之比达到 1/2，降低工程区水位，使其达到 30cm 以下。

⑤ 9 月份、10 月份可适当关小出水闸，使进水水量大于出水水量，当工程区水位达到 15～20cm 时，保持水位稳定不变。

第五节　示范区运行效果

一、监测点位布设

监测点位的布设见图 7-18 及图 7-19。课题的示范区由两部分组成。示范区一“污染源控制、入湖沟渠氮、磷削减野外研究基地”位于博湖西北黄水沟水域，由 13 块苇田组成，面积为 11.55km^2，示范区及周边排污干渠共布置采样点 15 个（见表 7-3）。示范区二“自然湿地保育和修复技术研究示范区”位于博湖西部相思湖水域，面积约为 8km^2，示范区及周边农田排渠共布置采样点 15 个（见表 7-4）。

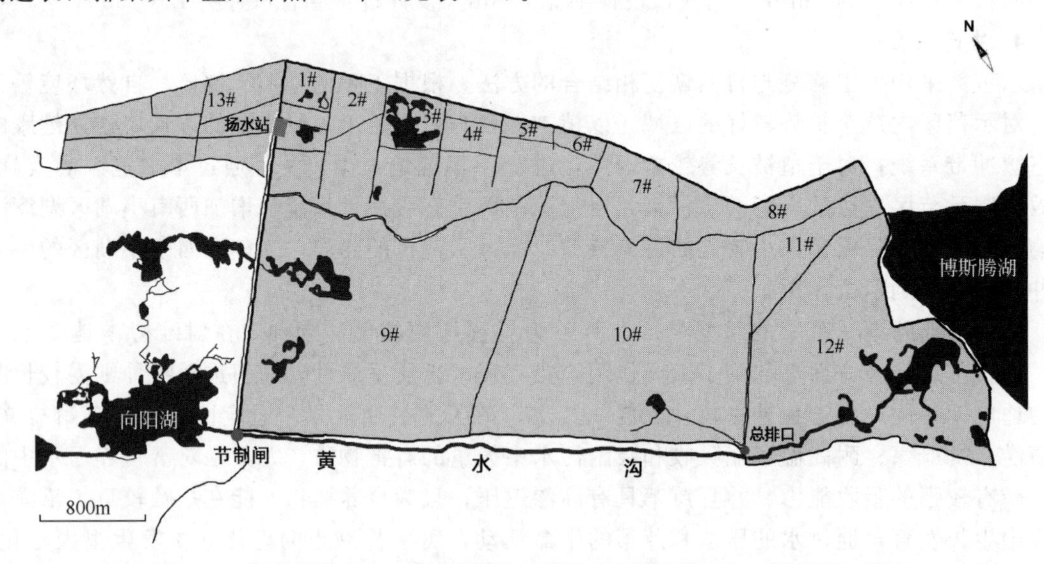

图 7-18　污染源控制、入湖沟渠氮、磷削减野外研究基地（黄水沟）示意

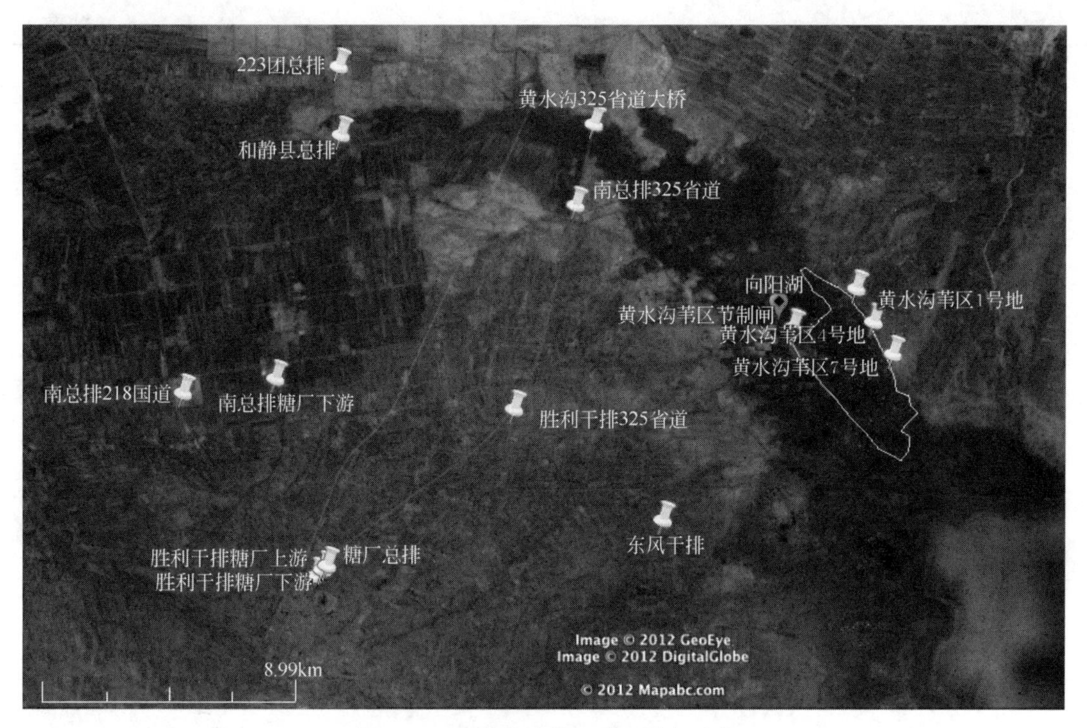

图 7-19 黄水沟示范区及监测点示意

表 7-3 黄水沟示范区监测点位坐标

监测点	北纬	东经
黄水沟 325 省道大桥	42°13′35.57″	86°40′23.17″
南总排 325 省道	42°12′2.85″	86°39′56.80″
胜利干排 325 省道	42°08′9.00″	86°38′27.07″
南总排 218 国道	42°08′21.65″	86°29′55.00″
223 团总排	42°14′37.13″	86°33′48.74″
和静县总排	42°13′19.10″	86°33′53.60″
南总排糖厂下游	42°08′39.54″	86°32′17.49″
胜利干排糖厂下游	42°05′7.73″	86°33′43.08″
胜利干排糖厂上游	42°04′55.3″	86°33′24.6″
糖厂总排	42°05′2.98″	86°33′36.10″
东风干排	42°06′4.87″	86°42′17.62″
黄水沟苇区节制闸	41°09′56.90″	86°45′52.84″
黄水沟苇区 1	42°10′40.60″	86°47′13.43″
黄水沟苇区 4	42°09′54.17"	86°47′39.82"
黄水沟苇区 7	42°09′17.61"	86°48′10.33"

表 7-4 自然湿地保育和修复技术研究示范区监测点位坐标

监测点	北纬	东经
314 国道团结总排	41°55′6.51″	86°23′35.86″
相思湖码头	41°55′21.35″	86°25′54.73″
解放一渠相思湖分水闸	41°54′56.35″	86°26′48.95″

续表

监测点	北纬	东经
四十里城总排泵站	41°54′37.33″	86°27′3.75″
解放一渠泄水渠	41°52′31.08″	86°26′21.26″
四干苇场对照点(西)	41°52′2.31″	86°26′21.61″
四干苇场对照点(东)	41°52′2.08″	86°26′23.78″
四干苇西南交接处(西)	41°51′14.45″	86°26′31.13″
四干苇西南交接处(东)	41°51′14.59″	86°26′32.05″
四干排入湖口	41°52′9.95″	86°27′17.64″
27团10连尾渠	41°52′10.95″	86°27′17.72″
苦水沟	41°52′12.96″	86°28′59.41″
27团10连泵站	41°52′13.80″	86°28′57.71″
相思湖西南出口	41°53′18.74″	86°25′32.57″
团结总排入湖口	41°52′34.23″	86°24′3.19″

二、监测与分析方法

1. 采样时间

在示范区域建设完成、稳定运行后，分别于2012年7月26日和2012年8月27日对“污染源控制、入湖沟渠氮、磷削减野外研究基地”采集水样进行分析；分别于2012年7月20日和2012年8月21日对“自然湿地保育和修复技术研究示范区”采集水样进行分析，用来评估示范区内建设完成的芦苇湿地对污染物的吸收或削减效果。

2. 采样方法

用2.5L有机玻璃采水器采集水样。用于TN、TP、矿化度、COD、BOD、SS等参数的分析。

3. 水质指标测定

用YSI6600V2型多参数水质仪，放置探头至水下50cm处，停留2min，稳定后记录水体温度、pH值、电导率、溶解氧等参数。采用碱性过硫酸钾消解、紫外分光光度法测定水体的TN含量。TP采用过硫酸钾消解、钼锑抗分光光度法测定。

三、监测结果

由于各监测点的水系及流向不一，为了更准确在评估示范区的作用，在“污染源控制、入湖沟渠氮、磷削减野外研究基地”选择了流入示范苇田的向阳湖水域上游223团总排和南总排325省道监测点作为入湖污水，选择黄水沟325省道大桥和黄水沟苇田节制闸作为污染物在自然湿地中净化效果的测试点，选择苇田的1号、4号、7号地作为示范苇田净化效果测试点。监测结果见表7-5。在“自然湿地保育和修复技术研究示范区”根据水系及水流特点归纳了农田排渠3种类型（分别为进水、出水和滞留水）并进行水质分析，监测结果见表7-6。

表 7-5 污染源控制、入湖沟渠氮、磷削减野外研究基地部分水质监测结果

单位：mg/L

采样时间	采样地点	矿化度	TN	TP	COD	SS
2012 年 7 月 26 日	223 团总排	2170	1.96	0.112	55	59
	南总排 325 省道	1950	83.90	1.674	750	305
	入湖污水(平均)	2060	42.93	0.893	403	182
	黄水沟 325 省道大桥	2614	2.63	0.102	31	13
	黄水沟苇田节制闸	2520	2.23	0.147	116	30
	向阳湖湿地(平均)	2567	2.43	0.125	74	22
	黄水沟苇田 1	5477	3.06	0.116	53	20
	黄水沟苇田 4	5980	2.95	0.160	40	15
	黄水沟苇田 7	4377	2.69	0.079	60	18
	苇田(平均)	5278	2.90	0.118	51	18
2012 年 8 月 27 日	223 团总排	3081	1.65	0.109	32	34
	南总排 325 省道	2081	45.02	1.591	486	61
	入湖污水(平均)	2581	23.34	0.850	259	48
	黄水沟 325 省道大桥	3954	1.10	0.092	57	29
	黄水沟苇田节制闸	3665	7.72	0.263	44	44
	向阳湖湿地(平均)	3810	4.41	0.178	51	37
	黄水沟苇田 1	6175	2.61	0.173	46	38
	黄水沟苇田 4	758	3.46	0.130	73	65
	黄水沟苇田 7	5593	3.65	0.091	57	32
	苇田(平均)	4175	3.24	0.131	59	45

表 7-6 自然湿地保育和修复技术研究示范区部分水质监测结果 单位：mg/L

采样时间	采样地点	矿化度	TN	TP	COD	SS
2012 年 7 月 20 日	27 团 10 连泵站	17790	2.58	0.083	66	47
	四十里城总排泵站	2765	0.62	0.053	13	12
	314 国道团结总排	4979	0.82	0.080	19	24
	团结总排入湖口	4122	1.30	0.049	30	31
	入水(平均)	7414	1.33	0.066	32	29
	四干排入湖口	1322	1.70	0.049	31	15
	相思湖西南出口	1296	1.75	0.044	37	17
	解放一渠泄水渠	1344	2.20	0.044	37	15
	苦水沟	1524	1.24	0.040	51	12
	出水(平均)	1372	1.72	0.044	39	15
	四干苇场对照点(西)	3167	2.86	0.093	50	27
	四干苇场对照点(东)	5354	2.83	0.090	66	13
	四干苇场西南交接处(西)	5029	3.24	0.093	82	38
	四干苇场西南交接处(东)	4523	2.73	0.078	75	30
	27 团 10 连尾渠	16380	2.80	0.069	72	54
	滞留水(平均)	6891	2.89	0.085	69	32

续表

采样时间	采样地点	矿化度	TN	TP	COD	SS
2012年8月21日	27团10连泵站	25478	3.10	0.081	55.0	49
	四十里城总排泵站	1912	1.19	0.060	26	8
	314国道团结总排	3778	1.71	0.064	19	25
	团结总排入湖口	3820	1.30	0.051	17	9
	入水(平均)	8747	1.83	0.064	29	23
	四干排入湖口	2482	1.40	0.053	12	7
	相思湖西南出口	1396	2.25	0.056	39	10
	解放一渠泄水渠	1406	2.05	0.060	33	8
	苦水沟	2246	3.47	0.067	45	11
	出水(平均)	1883	2.29	0.059	32	9
	四干苇场对照点(西)	3770	2.80	0.077	51	24
	四干苇场对照点(东)	5128	2.74	0.083	76	19
	四干苇场西南交接处(东)	5604	2.59	0.075	74	42
	四干苇场西南交接处(西)	6034	2.74	0.065	71	14
	27团10连尾渠	24318	3.34	0.095	74	56
	滞留水(平均)	8971	2.84	0.079	69	31

1. 盐度

数据显示向阳湖自然湿地及苇田水体中的矿化度逐步升高（见图7-20），表明自然湿地和人工苇田对盐分有累积作用，特别是人工苇田由于水力滞留时间长及芦苇的蒸腾作用，使水体中盐分升高。相思湖示范区内入水的矿化度平均可高达7000～9000mg/L，在水流较快的出水口矿化度可削减78.5%～81.5%，但是在排水不畅的苇田区盐分削减较少，有时甚至会有累积（见图7-21）。

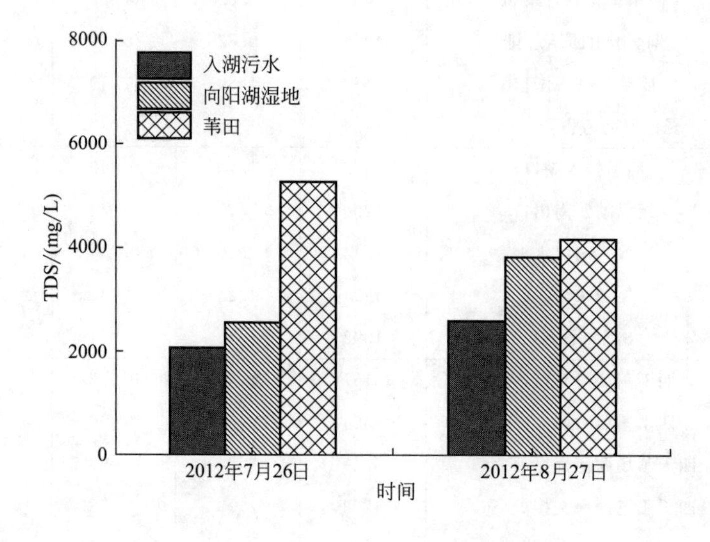

图7-20　黄水沟示范区矿化度（TDS）比较

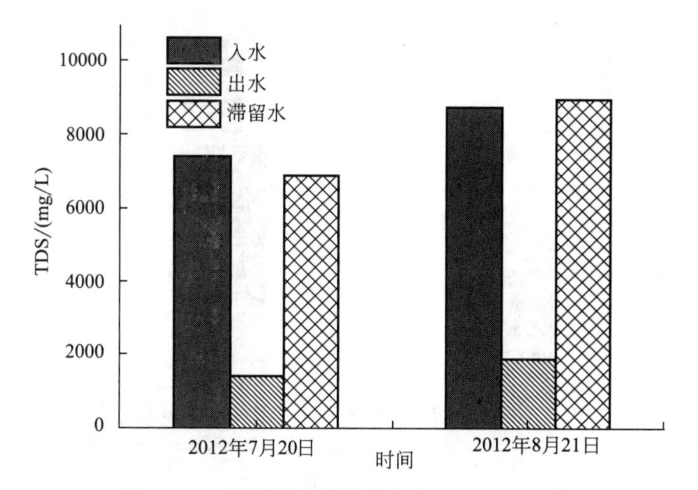

图 7-21　相思湖示范区矿化度（TDS）比较

2. 氮、磷营养盐

数据显示向阳湖自然湿地及苇田可大幅度削减入湖污水中的氮、磷，TN 最高可削减 94.3%，TP 最高可削减 86.8%，且人工苇田对 TP 的削减比向阳湖自然湿地更明显（见图 7-22、图 7-23）。

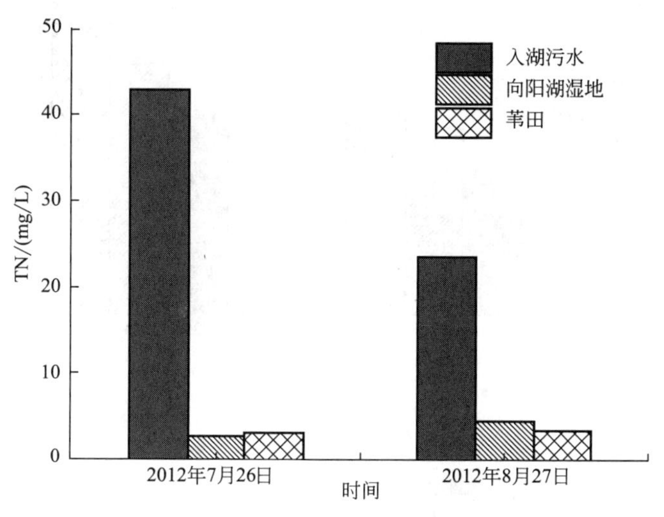

图 7-22　黄水沟示范区 TN 比较

相思湖示范区由于进入苇区湿地水体的氮、磷相对浓度不是太高，加之水力滞留时间又较长，故滞水苇田对水体中的 TN、TP 均没有削减，只有水力滞留时间较短的出水区对 TP 有一定的削减作用（见图 7-24、图 7-25）。

3. 化学需氧量（COD）

向阳湖自然湿地及苇田可大幅度削减入湖污水中的 COD，最高可削减 87.3%，人工苇田与向阳湖自然湿地对 COD 的削减较为明显（见图 7-26）。

相思湖示范区由于进入苇区湿地水体的 COD 相对浓度不是太高，加之水力滞留时间又较长，故滞水苇田对水体中的 COD 均没有削减，反而是累积了较高浓度的 COD（见图 7-27）。

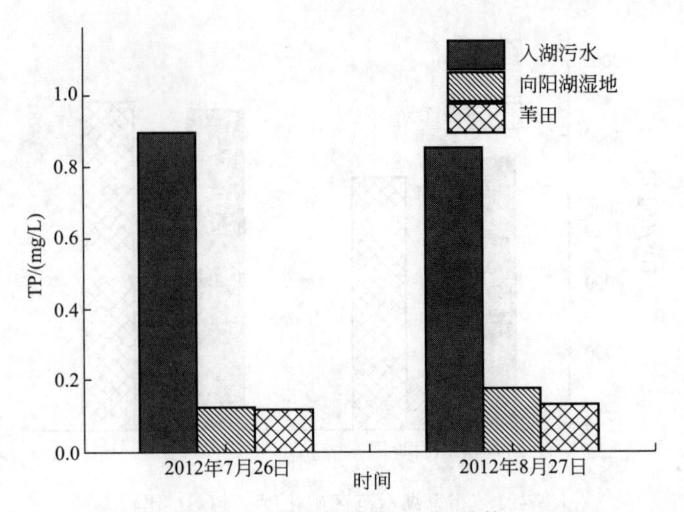

图 7-23 黄水沟示范区 TP 比较

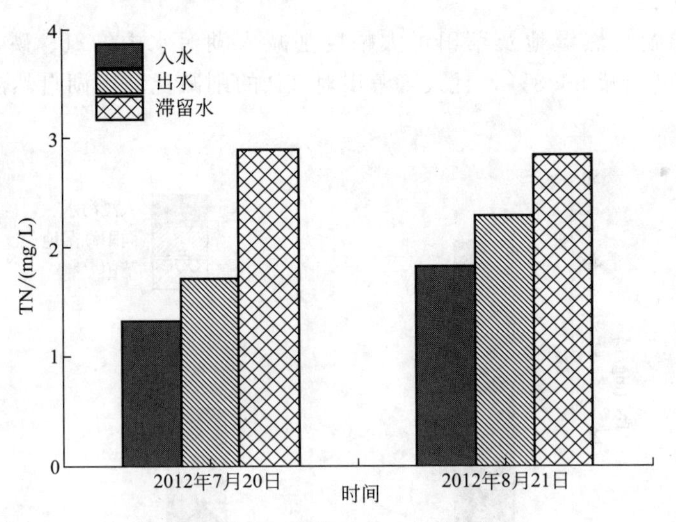

图 7-24 相思湖示范区 TN 比较

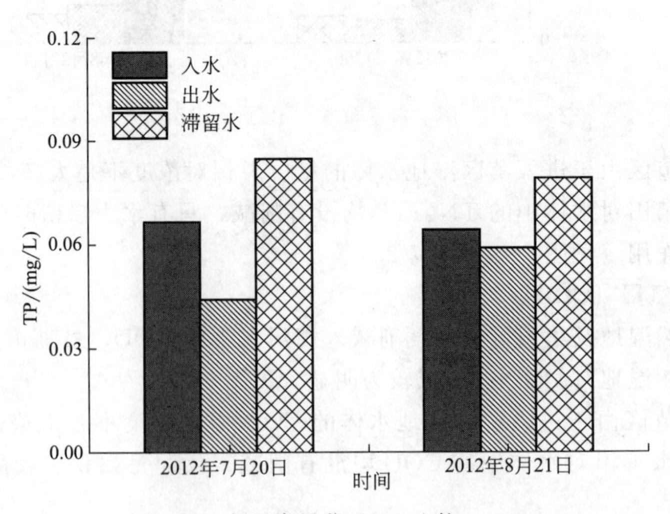

图 7-25 相思湖示范区 TP 比较

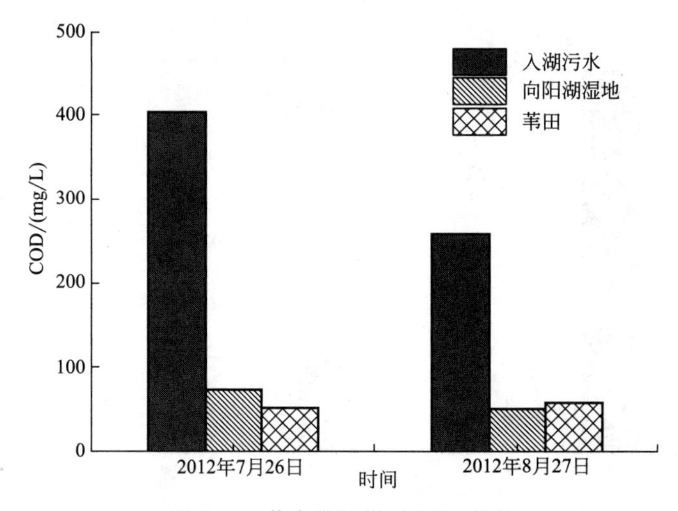

图 7-26　黄水沟示范区 COD 比较

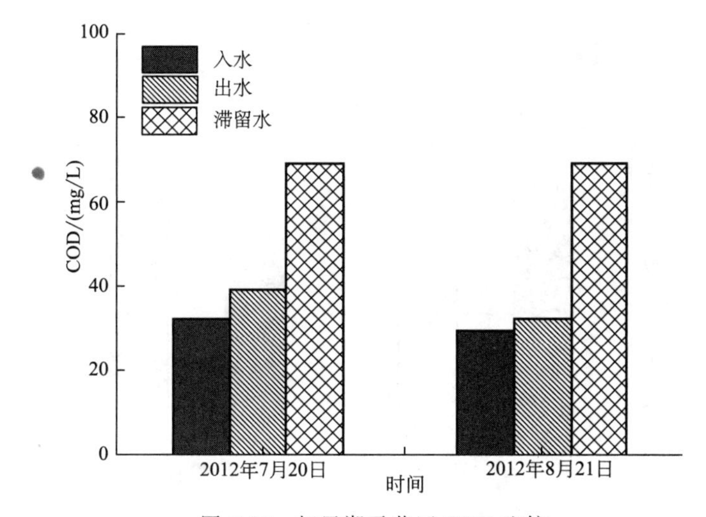

图 7-27　相思湖示范区 COD 比较

4. 总悬浮物（SS）

当入湖污水中的 SS 浓度很高时，向阳湖自然湿地及人工苇田均可大幅度削减入湖污水中的 TSS，最高削减率可达 90.1%。当入湖污水的 TSS 浓度较低时，向阳湖自然湿地及人工苇田也可削减入湖污水中的 SS，但削减幅度不高（见图 7-28）。

相思湖示范区内入水的 SS 浓度只有 20～30mg/L，在水流较快的出水口 SS 可削减 48.3%～60.9%，但是在排水不畅的苇田区 SS 有所累积（见图 7-29）。

四、监测结论

上述监测数据表明：

(1)“污染源控制、入湖沟渠氮、磷削减野外研究基地”中的向阳湖自然湿地和人工苇田均能大幅度降低入湖污水的 TN、TP、COD 及 SS 的浓度，对削减入湖污水中的营养盐效果显著，但对盐分有累积作用；

(2)“自然湿地保育和修复技术研究示范区”对于进入的高盐度农业排水的盐分有一定

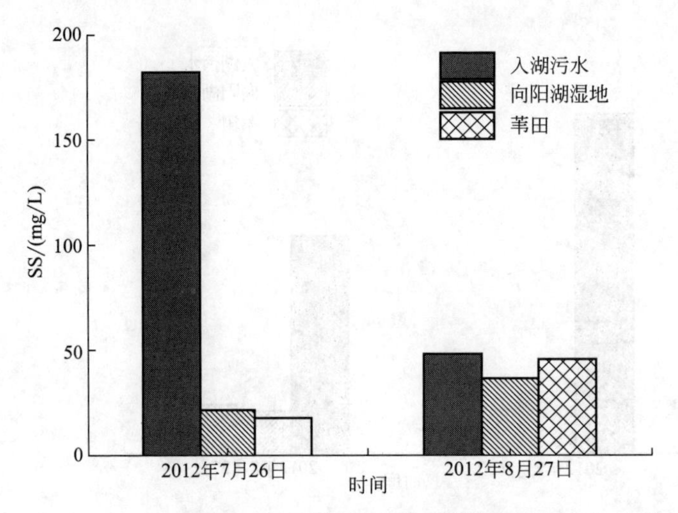

图 7-28　黄水沟示范区总悬浮物（SS）比较

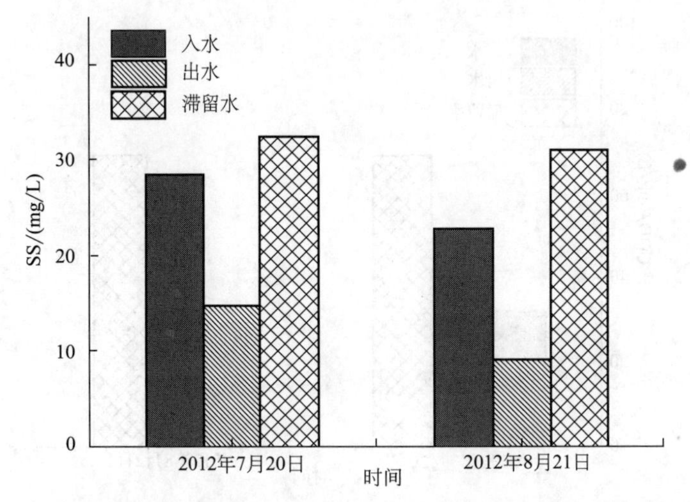

图 7-29　相思湖示范区总悬浮物（SS）比较

的削减效果，但示范区水体的 TN、TP、COD 及 SS 浓度较高。由于该湿地的目的是利用高盐度的农业排水进行湿地保育与生态修复，且进入湿地的农业排水没有出水口，故可通过湿地内的芦苇及其他植物吸收利用营养盐削减农业排水中的污染物，避免其直接流入博斯腾湖导致湖泊咸化与富营养化加剧。

第四篇

博斯腾湖综合治理规划技术方案

第八章 博斯腾湖湖滨自然湿地生态修复综合技术方案

干旱、半干旱地区湖泊水资源短缺、水质咸化、生态退化、水体富营养化等水环境问题是影响区域持续发展的全球性课题。对于水资源极度短缺的内陆干旱、半干旱地区而言，水资源不仅是当地经济发展的重要制约因素之一，而且也是脆弱生态系统赖以生存的基础。

博斯腾湖流域位于天山南坡的新疆维吾尔自治区巴音郭楞蒙古自治州境内，天山南麓，塔克拉玛干沙漠北缘，东经82°57′～88°18′，北纬41°25′～43°34′之间，由开都河流域（焉耆盆地）、博斯腾湖和孔雀河流域三部分组成，流域面积约$4.33\times10^4km^2$。博斯腾湖是我国最大的内陆淡水湖，蓄水量约$88\times10^8m^3$。由大、小两个湖区组成，其中大湖区面积约$960km^2$，平均水深约7m；小湖区面积约$300km^2$，平均水深约2.5m。近年来随着流域内人口数量急剧增加及区域经济的持续快速发展，博斯腾湖正面临着日趋严峻的水资源短缺、水体咸化、生态系统严重退化、局部水体富营养化等多种生态环境问题的胁迫。

湖滨自然湿地退化导致生物多样性下降、生态系统功能受损。湖滨自然湿地是博湖生态系统的一个重要组成部分。根据水位的涨落，博斯腾湖湖滨自然湿地大体可分为稳定湿地—不稳定湿地、常年湿地—季节性湿地、深水湿地—浅水湿地等几大类型。近年来由于受水位变化、水质恶化、人为破坏等诸多因素的影响，博湖湖滨自然湿地的生境持续退化。一方面，破坏了湖滨自然湿地原有的生态功能，使得依赖于湖区湖泊湿地生存的许多陆栖和水栖生物受到严重威胁，动植物数量大幅度减少，一些珍稀物种甚至消亡，生物多样性下降；另一方面，湖滨自然湿地的退化也造成了芦苇产量、质量的明显下降。

博斯腾湖湖滨自然湿地生态修复综合技术规划方案，主要通过深入分析博斯腾湖及周边湿地的水环境、水生态系统现状、存在的主要环境问题，针对干旱地区湖泊的特点，明晰博斯腾湖水生态系统修复的目标，合理拟定博斯腾湖周边湿地的生态功能，在此基础上有针对性地提出合理的博斯腾湖湖滨自然湿地生态恢复方案、相应的工程管理措施及分期实施的计划，以最大限度地保持博斯腾湖自然景观的完整性和生物的多样性，促进博斯腾湖水质和生态环境的明显改善，重现博斯腾湖湿地之美。

第一节 总论

一、规划编制背景和意义

博斯腾湖地处新疆巴音郭楞蒙古自治州境内，是我国最大的内陆淡水湖，也是干旱地区最具代表性的湖泊之一。

博斯腾湖水域及湖滨湿地，东西长 91km，南北宽 31.5km，总面积约为 $1300km^2$，由大湖（博斯腾湖）、小湖群、湖滨湿地三部分组成。在湖面水位为 1048.5m 时，博斯腾湖的东西长约 55km，南北平均宽 25km，水面面积为 $1210.5km^2$，容积约为 $88\times10^8m^3$，平均水深约为 7m，最大水深为 17m。

由于地处内陆干旱地区，博斯腾湖及其流域区域的生态环境相对脆弱，湖区水体交换能力低，加上上游的开都河流域年均降雨量仅 60mm，及沿湖北四县粗放型的农业灌溉又挤占了大量的入湖淡水量，加之工业排污量不断增大、大量盐分随农田排水直接入湖等原因，近年来博斯腾湖区水质不断恶化，湿地面积萎缩，水生态系统退化，面临着严峻的生态与环境问题。

为了恢复博斯腾湖湖滨的自然湿地和生物多样性，在深入分析博斯腾湖及周边湿地的水环境、水生态系统现状、存在的主要环境问题的基础上，针对干旱地区湖泊的特点，明晰博斯腾湖周边湿地的生态功能，提出博斯腾湖湖滨自然湿地生态修复技术方案与环境管理方案，为实现博斯腾湖湖滨自然湿地生态系统的恢复及改善博斯腾湖的水生态环境奠定基础。

二、规划的指导思想

根据构建“博斯腾湖和谐湿地”的目标，按照《博斯腾湖流域水污染防治规划》、《巴音郭楞蒙古自治州博斯腾湖流域水环境保护及污染防治条例》等法律、法规要求，在巴音郭楞蒙古自治州总体规划和博湖区域相关规划的框架下，从促进巴音郭楞蒙古自治州经济、社会可持续发展和维护博斯腾湖生态系统健康的角度出发，以保持博斯腾湖自然景观的完整性和改善生态环境为主线，结合博斯腾湖水资源、水生态环境开发利用的现状，合理拟定博斯腾湖的生态功能和社会经济功能，提出切实可行的博斯腾湖湖滨自然湿地生态恢复的技术方案。打造一个防洪、生态、经济和谐共生的生态湖泊湿地，最终实现博湖的水清、岸绿、景美，达到人水和谐。

三、规划的原则

按照生态学规律，坚持人与自然共生、人水和谐发展的原则，采用工程和非工程的措施，合理调控博斯腾湖生态系统的结构，恢复和重建沉水植被和挺水植被，调整或构造新的景观格局，强化湖区及湖滨的环境净化、生态景观、旅游休闲等功能，形成新的高效，和谐的人工—自然景观。主要遵循以下五大原则。

1. 生态优先原则

在对博斯腾湖水体及湖滨湿地水生态系统调查和生态环境研究的基础上，恢复和保护地貌、水域的原生性，重建稳定的以挺水植物、沉水植被为主的草型生态系统，体现生物多样性，突出自然，展示博斯腾湖的历史和文化，恢复和重建博斯腾湖历史上最佳的生态环境。

2. 重点恢复原则

对目前尚未遭到破坏或遭到破坏较轻的区域，通过保护项目的建设对其加强保护；对已严重退化的区域，则通过人工干预的措施，完整地修复自沿岸带到水陆交错带、湖滨基质坡面的连续过渡，以满足湿陆生和湿生植物的全系列恢复的需求。

3. 自然原则

退化的湖滨湿地治理时要完全恢复到受人类干扰前的原始状态是不可能的。规划中的各项工程、非工程的治理措施，在设计、实施过程中尽量运用自然材料，如使用木桩、铺草、抛石、沉石等护坡、护岸，以减少对生态环境造成的负面影响。同时，尽量维持、保护博斯腾湖原有的景观及生境。

4. 避免生物入侵的原则

生物入侵引起生态灾难的现象较为普遍，在实施湖滨湿地生态恢复时一定要避免外来物种的生物入侵。在沉水植被的恢复与重建过程中，尽量采用博湖中的土著水生植物物种，避免引种外来物种可能对博斯腾湖生态系统结构和功能的影响。

5. 可持续发展原则

博斯腾湖湖滨自然湿地生态恢复是一项影响面广、影响深远的任务，其主要目的是实现博斯腾湖乃至整个流域的可持续发展，因此，在进行规划中要有比较详尽的、长远的规划设计，将博斯腾湖湖滨自然湿地的生态恢复规划纳入到地区整体生态规划中去，使博斯腾湖与周围区域的生态系统达到完整、协调和统一，真正改善区域生态环境，达到经济、社会和环境等全方位的协调与可持续发展。

四、规划的范围

博湖西南小湖区（相思湖区）、博湖县和焉耆县苇区（黄水沟）湿地以及大湖西岸湖滨湿地。

五、规划的总体目标

从维护博斯腾湖生态系统健康的角度出发，充分注重保持博斯腾湖现有湖滨湿地生态系统景观的完整性，及湖滨自然湿地的生态功能，依据博斯腾湖特殊的生境特点，以自然修复的方法为主，辅助以人工种植的方法，恢复和重建挺水植物、漂浮植物、沉水植物、湿生植物互相依存、稳定的湖滨自然湿地生态系统，为实现博斯腾湖自然生态环境的根本改善奠定基础。

规划现状基准年为2010年。规划近期目标为2015年博湖湖滨湿地规划区域面积内水生植被的覆盖度达65%，初步形成稳定的湖滨自然湿地生态系统。规划远期目标为2020年湖滨湿地规划区域面积内水生植被的覆盖度达90%以上，形成稳定、健康的湖滨自然湿地生态系统。

六、规划的依据

规划的依据包括《中华人民共和国水法》、《中华人民共和国防洪法》、《中华人民共和国环境保护法》、《中华人民共和国水污染防治法》、《中华人民共和国水土保持法》、《中华人民共和国渔业法》、《污水综合排放标准》（GB 8978—1996）、《巴音郭楞蒙古自治州博斯腾湖流域水环境保护及污染防治条例》（1997年）、《博斯腾湖芦苇湿地恢复与保护工程可行性研究报告》（2003年）、《博斯腾湖流域水污染防治规划》（2008年）、《新疆维吾尔自治区博斯腾湖生态环境保护试点2011年度实施方案》（2011年）。

第二节　博斯腾湖湖滨自然湿地生态修复原则及配置方式

一、博湖及其周边湿地中的水生和湿生植物

调查显示，博斯腾湖及其周边湿地中的水生和湿生植物共有152科17种。水生维管束

植物的种类主要有芦苇、眼子菜、蘸草、狐尾藻、狸藻、大茨藻、香蒲、野慈姑、金鱼藻、荇菜、水蓼、菹草，其中芦苇、香蒲等挺水植物主要分布在大湖西岸、黄水湾、小湖区和孔雀河口一带；轮藻、狐尾藻、眼子菜、菹草和金鱼藻等沉水植物多分布于入湖河口及水深3m以内的浅水区；荇菜、睡莲、浮萍等浮叶植物则分散分布于小湖区中。

博斯腾湖大湖区中的水草总覆盖率小于1%，小湖区中的水草覆盖率则较高。芦苇和香蒲是博斯腾湖及其周边湿地中分布较广、数量最多的水生植物。芦苇的生产和利用在博斯腾湖有着悠久的历史。在长期的自然进化过程中，经过自然杂交变异，环境筛选，在博斯腾湖及其周边湖滨自然湿地中形成了适宜在各种环境条件下生长的不同芦苇群落。据调查结果分析，博湖芦苇可分4种生态类型。

1. 水生型芦苇群落

水生型芦苇群落主要分布在大、小湖区水深1～2m的区域中。这些区域的芦苇在长期的进化过程中，适应了多水环境。该类型芦苇多是在洪水冲击、造成湖滨坍塌后，被水流带到距离稍远的地方固定下来的，经过环境的筛选，逐渐适应了这种多水的生境。在长期的生长过程中，这些芦苇逐渐向四周蔓延，与水体中的有机碎屑和泥沙一起形成苇坨，漂浮于水面上。由于这种生境下绝大多数芦苇的根茎不能接触到水下土壤，使得这些芦苇的直立根状茎发达，横走根茎极少，通气组织发达，形成密度分布不均的芦苇丛。在漂浮的苇坨形成年限较长、积累的泥炭层较厚的区域，芦苇生长良好；而苇坨形成年份少、泥炭积累少的区域，由于淹水过深，芦苇的生长较差。

2. 沼生型芦苇群落

沼生型芦苇群落主要分布在大、小湖区岸边水深0.5～1m的区域中。由于这些区域中常年淹水，芦苇根状茎大部分植根于水下土层内。在水流缓慢流动的区域，芦苇生长旺盛，植株高大粗壮，密度分布均匀。而在水体长期不流动的区域，由于缺氧，芦苇生长发育不良，植株细密矮小，大部分区域被通气组织较发达的香蒲占领。

3. 湿生型芦苇群落

湿生型芦苇群落主要分布在大、小湖区岸边水深0.5m以下和人工定期灌溉的区域。随着湖水水位变化，该区域中水体交换频繁，高水位时淹水，低水位时可短时间露出地表，促进气体交换，土壤养分释放，非常有利于芦苇的生长发育。

4. 旱生型芦苇群落

旱生型芦苇群落主要分布在博湖周边的湖滩高地，常年不能淹水的区域。这些区域中芦苇生长发育所需的水源主要靠天然降雨和较高的地下水补给，芦苇长势极差，秆矮、穗大。

二、博湖湖滨自然湿地生态修复中植物的选择原则

水生植物是湖滨自然湿地的重要组成部分，也是自然湿地生态修复的核心。通过生态修复，恢复自然湿地中的各类植物群落，不仅可以较好地去除进入湿地中的各种污染物，促进污水中营养物质的循环和再利用，同时还能绿化土地，改善区域气候，促进区域生态环境的良性发展。

在进行博湖湖滨自然湿地生态修复时，对各类型植物物种的选择将遵循以下几方面的原则。

(1) 植物的适应能力　不同植物物种对环境的适应能力差异极大。在进行植物物种的选择时，将优先选择适宜于干旱地区环境特点的物种。

(2) 植物的耐污能力　不同植物物种对污染物的耐受能力不同。在进行植物物种的选择时，将重点筛选对各类污染物，尤其是盐污染耐受能力较强的物种。

(3) 植物的净化能力　不同植物物种对污染物的去除能力不同。在进行植物物种的选择时，将有针对性地筛选一批对各类污染物具有较好去除能力的物种。

(4) 植物的经济价值和观赏价值　湖滨自然湿地生态恢复是一项投入大、影响深远的工程。在选择植物物种时，应尽量选择具有较好经济价值和观赏价值的物种，以实现可持续发展的目的。

(5) 本地物种　为了避免生态修复过程中由于引入外来物种而可能导致的生物入侵，在湖滨自然湿地生态修复过程中，将尽量采用博湖的土著水生植物物种，避免引种外来物种。

三、湖滨自然湿地生态修复中水生植物的配置

湖滨自然湿地主要是利用自然生态系统中物理、化学和生物的共同作用来实现对进入系统中污水的净化。在湖滨天然湿地系统中，湿地表面的土壤和植物根系中生长了大量的微生物，这些微生物往往在其附着表面上形成一层生物膜。当受污染的水进入到湖滨自然湿地时，水体中大量的悬浮固体被湿地土壤及植物的根系阻挡截留，而其中的有机物质则被生物膜中的各种微生物所降解。由于植物的根系具有较强的输氧作用，湖滨自然湿地中生长的大量植物可使其根系周围的土壤保持较高的溶解氧状态，并依次形成好氧、缺氧和厌氧的环境，使得系统中的各种微生物的代谢活性维持在一个较高的水平，通过微生物的硝化、反硝化及微生物的积累作用，受污染水中的污染物不仅能被微生物及植物作为营养成分直接吸收，还可以通过湿地植物的定期收割而使污染物质最终得以从系统中去除。

湖滨自然湿地中的植物群落结构不仅会影响系统中微生物的代谢活性，而且还会显著影响湿地系统的空间层次结构，进而影响湿地的景观，以及湿地系统的稳定性。因此，在进行湖滨自然湿地生态修复时，首先根据天然湿地的地理位置、地貌特征、植物物种的特点及季节茬口衔接、植物净化能力等，选择耐水淹的灌木、挺水、浮叶、沉水等各种类型的植物，从横向、纵向和垂向3个角度按其各自的生态习性有秩序地在湿地生态系统中配植，使之形成一个具有高低与前后层次、物种多样性高、错落有致的合理、健康、稳定的复合、多层次的植物群落，达到净化水质、拦截盐分、改善水体环境的目的。

根据水源、地理位置，博斯腾湖及其周边湖滨天然湿地主要分为：黄水沟片区、大湖西岸片区、西南小湖区三大片区，其地理位置及分布见图7-6。

(一) 黄水沟片区湿地生态修复中的植物配置

黄水沟片区湖滨自然湿地的面积约为144km²。根据目前湿地植物的现状及环境特点，芦苇将作为该区域湖滨湿地生态修复过程中种植和恢复的物种，并选择性地配置一些香蒲、水葱、睡莲等本地水生植物物种，以提高湿地中生物的多样性，增加湿地系统的稳定性，同时改善湿地修复后的景观（见图8-1）。

(二) 大湖西岸片区湿地生态修复中的植物配置

大湖西岸片区湖滨自然湿地面积约为52km²。根据目前湿地植物的现状及环境特点，该区域湿地的生态修复将主要包括以下3个方面。

1. 岸带及周边区域芦苇湿地的生态修复

芦苇将作为该部分区域生态修复中的主要种植物种，并选择性地配置部分香蒲、水葱、

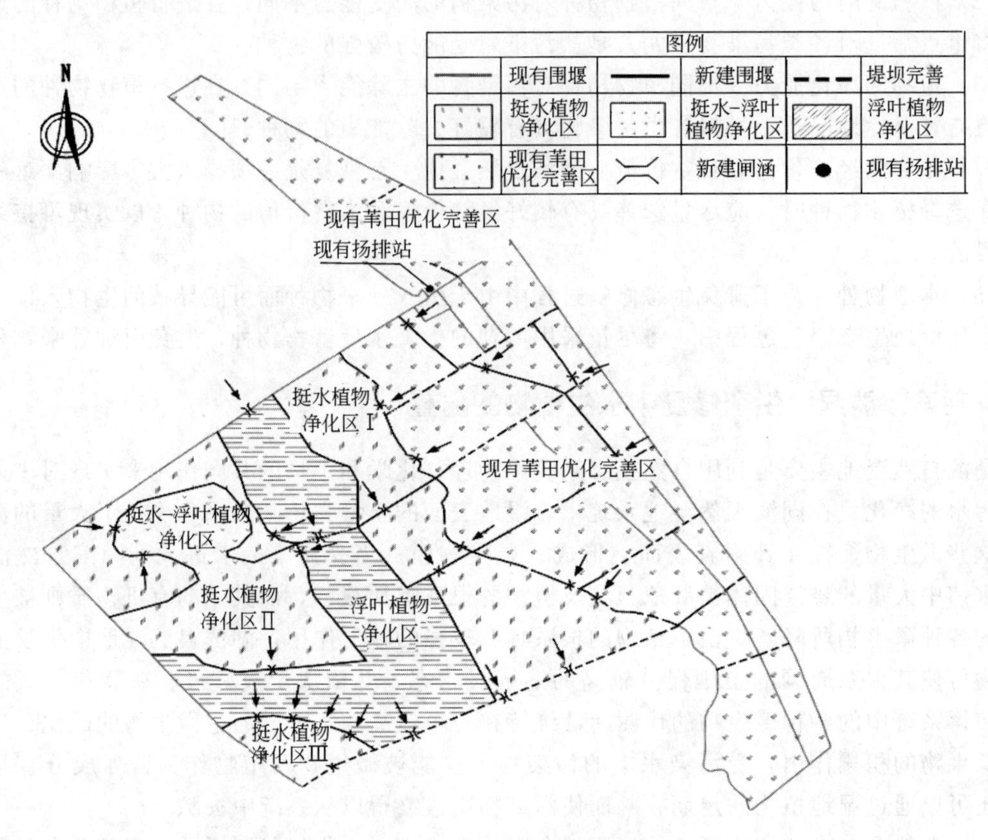

图 8-1　黄水沟片区湿地生态修复平面图

三棱草、藨草、水蓼等湿生植物，以增加系统的稳定性。

2. 近岸景观浮叶植物带生态修复及保护

该区域主要布设在生态堤岸与沿岸挺水植物带的外侧，离岸距离小于 200m 的水域，选择芦苇、香蒲等挺水植物，睡莲、荇菜等浮叶植物，以及轮藻、狐尾藻、眼子菜等沉水植物进行科学合理配置。

3. 离岸沉水植物带生态修复及保护

该区域主要布设在大湖西面离岸 200m 以外的水域。主要选择轮藻、狐尾藻、眼子菜、金鱼藻、菹草及大茨藻等沉水植物进行科学合理配置。

(三) 西南小湖区湿地生态修复中的植物配置

西南小湖区片湖滨自然湿地的总面积约为 $374km^2$。其中包括西南小湖区，面积约为 $45km^2$。西南小湖区中水生植物的覆盖率较高，如拉木克湖、艾则提湖、查哈拉吉湖的水生植物覆盖率为 20%～30%；科尔勒湖、阿克洪湖为 70%～80%；达吾松湖为 50%～60%；阿孜拉提湖为 30%～40%。调查资料显示，该区域中的主要湿生及水生植物品种有芦苇、香蒲、慈姑、水蓼、藨草、睡莲、荇菜、眼子菜、狐尾藻、狸藻、大茨藻、金鱼藻、荇菜、菹草。

由于该区域总体而言水生植物的覆盖度较高，因此，生态修复的主要目标是增加水生植物的覆盖度，优化植物群落结构，提高系统的稳定性，使湿地生态系统能够持续稳定发展。

四、生态修复过程中植物配置的注意事项

湖滨自然湿地生态修复过程中，配置植物时需要注意以下几方面的问题。

1. 不同类型植物间的相生相克

不同类型的水生植物间存在相互作用、相互影响。如当系统中芦苇群丛的密度较大时，由于芦苇叶片的遮盖和垂直分布形态等，使得其下层很难有其他植物可以生存，因此，芦苇地带常常形成单优势植物群落；当系统中的浮叶植物（如睡莲）的密度较大时，会在水面上形成较大范围的覆盖，阻隔了光线在水下的传递，这对沉水植物在光的竞争方面威胁很大。一般而言，不同类型水生植物间的相互抑制多表现在对种子及幼苗的影响，从而影响到植物种群的恢复、演替及可持续发展。因此，在进行湖滨自然湿地生态修复时要充分考虑以上因素来合理配置各类型植物群落。

2. 时相搭配

由于不同类型水生植物在生长过程中对环境变化的敏感性不同，因此，植物的季相和物候谱也是植物品种搭配时需要充分考虑的一个关键参数。不同类型水生植物间合理的时相搭配，不仅可以延长植物群落生态功能的发挥，而且可以改善系统冬季的水体净化能力与景观效果。

3. 边缘效应

在修复湖滨自然湿地生态时，应注意植物形态的对比与调和，充分利用植物茎、叶、花、穗等植物学特征，构建以挺水植物为主体，具有禾、灌、草、莲等复层结构的、高效、稳定的湿地植物群落，使得自然湿地中不同底部高程的基底和岸边空间都能得到充分的利用，从而形成水下和水上三维立体的湿地植物空间，充分发挥植物空间的边缘效应，形成合理的覆盖范围。

4. 增加生物多样性

湖滨自然湿地生态修复过程中涉及的水生植物种类较多，在选择植物物种的搭配时，可以考虑以挺水植物作为主要的建群种，并以沉水植物作为水体搭配植物，同时在岸边滩地上配置草本湿生的显花植物，从而形成植物种类上的多样性系统。

5. 植物的水深梯度设置

水深是影响湿地植物生长的重要因素，不同的湿生和水生植物对水深的要求存在显著的差异（见图 8-2）。耐淹的乔灌木适宜水深一般＜0.4m。湿生植物适宜深度＜0.6m。挺水植物耐淹的水深在 1.0m 左右，其中芦苇＜1.1m，香蒲＜1.2m，水葱＜0.6～0.8m，睡莲＜1.6m；浮叶植物≤2.0m，如荇菜、睡莲＜1.8m；一般沉水植物的分布深度范围≤3.0m，如狐尾藻＜2.2m，苦草＜2.0m，黑藻＜1.6m，菹草＜1.8m，金鱼藻＜1.6m，微齿眼子菜＜1.8m，马来眼子菜＜2.5m。因此，水深和地形就成为湖滨自然湿地生态修复过程中必须予以考虑的重要因素。

湖滨自然湿地的生态修复过程中，一般不涉及其他水生生物（如底栖生物）物种的引入。根据以往湖滨自然湿地生态修复技术应用的一般规律，当湿地成功修复后，土著的底栖生物（如螺蚬类软体动物、摇蚊类节肢动物等）将会自然进入，并形成一定规模的生物种群，最终与水体中的浮游类生物一起形成生物多样性达到一定程度的稳定的生态系统。

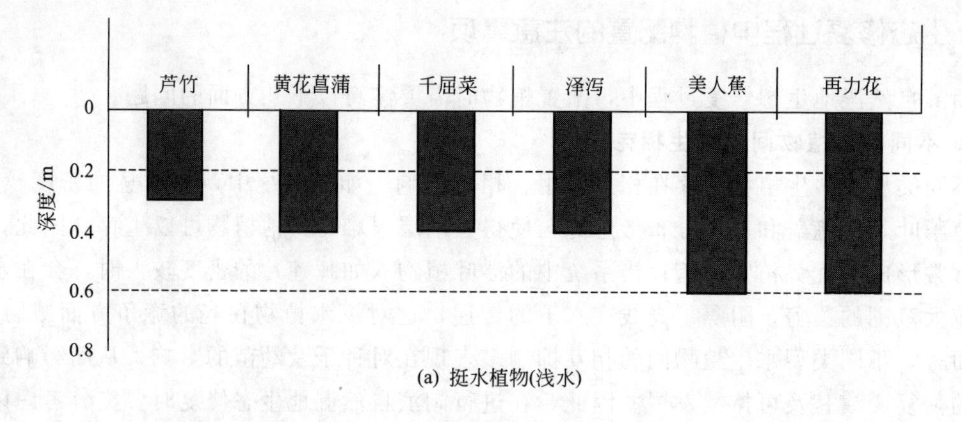

(a) 挺水植物(浅水)

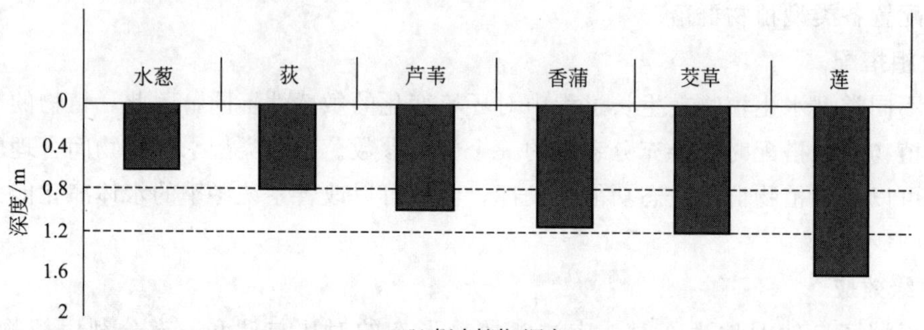

(b) 挺水植物(深水)

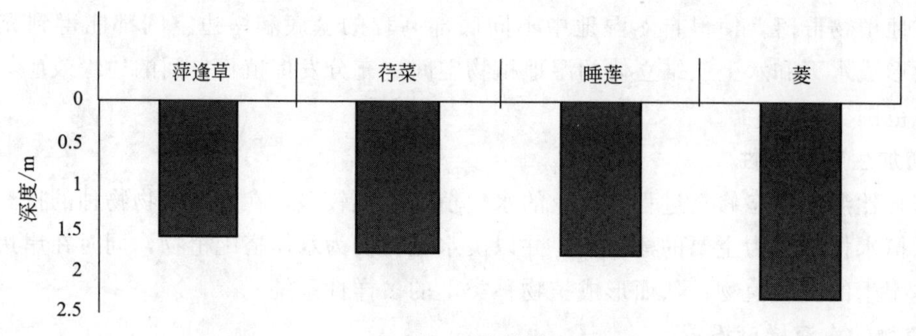

(c) 浮叶植物

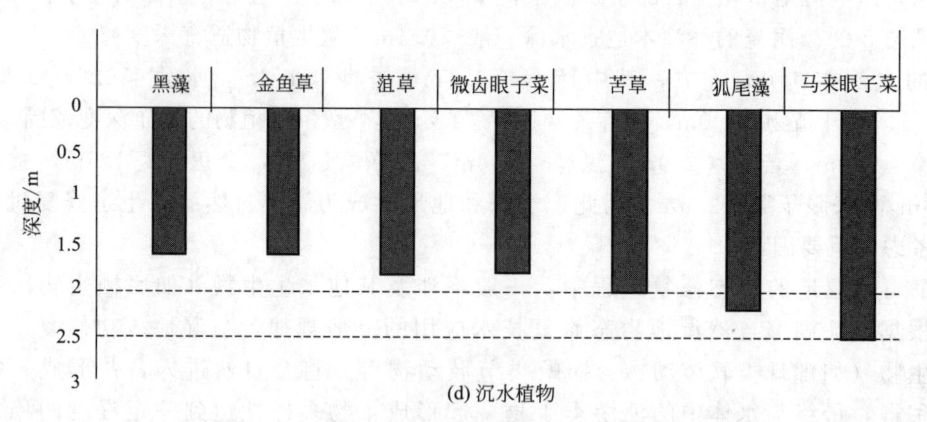

(d) 沉水植物

图 8-2 主要湿生或水生植物最大适宜水深比较

第三节　博湖湖滨自然湿地生态修复的工程措施

一、工程目标

（1）博湖湖滨自然湿地生态修复工程以湿生和水生植物品种保育与湿地生态系统恢复为主要目标，以入湖污染负荷削减和盐分拦截为主要目的，遵循博斯腾湖生态环境保护的“保护优先、预防为主、防治结合、防治并重、循序渐进”的总体思路，进行湖滨自然湿地生态修复工程建设。

（2）增加自然湿地及湖滨植物的覆盖面积，提高博湖湖滨自然湿地的生物多样性，保护与恢复博湖湖滨自然湿地生态系统结构的完整性和湿地生境的原始风貌，充分发挥植物的净化与拦截作用，恢复湿地生态系统的自净功能。通过博湖流湖滨自然湿地的生态修复与生态建设，使博湖水质与生态景观得到显著改善。

（3）通过湖滨自然湿地生态修复工程的实施，建立健全湖流域湿地的修复与管理能力，为博斯腾湖及其流域水资源的可持续利用和经济社会的可持续发展提供保障。

二、博湖湖滨自然湿地生态修复的工程措施

（一）湖滨自然湿地生态修复区基底改造工程

湖泊岸带和湿地基底是湖滨生态系统和湿地生态系统的基本结构与系统要素的承载体，岸带形式与基底形态及高低在很大程度上决定了湖滨自然湿地系统的生物要素成分和结构特点。因此，要修复博湖湖滨自然湿地，首先要进行湿地恢复区域的基底改造和修复，科学合理地规划湿地系统中的水流状况，营造适合各种湿地植物生长的生境条件。

博湖湖滨自然湿地生态修复区基底改造的具体工程措施包括：修复区基底清理的土方工程，主要根据卫星遥感影像的解译和现场踏勘测量的结果，对挺水植物和沉水植物修复区内局部高程较高处进行土方开挖及适当的削坡处理；湖滨自然湿地内过水涵管处累积的垃圾、秸秆等进行清理外运，以保证工程区内的水流畅通；挡水围堰建设及已建围堰的维护改造工程；以及分水闸、调节闸和扬水站建造工程，用于控制、调节工程区内的水流及水位。

（二）各类植物的种植工程

1. 旱生植物种植工程

博湖流域主要分布着不依赖天然降水的非地带性植被。这些植物通常分布在地下水位较高的河漫滩、低阶地、湖滨及低洼地，依靠洪水漫溢或地下水维持生命。在博湖流域，胡杨、尖果沙枣，柽柳、胀果甘草、疏叶骆驼刺等天然旱生植被，常在沿河等处形成断断续续、宽窄不一的乔、灌、草带。此外，荒漠植被，如麻黄、梭梭、沙拐枣、骆驼刺、假木贼、盐穗木、盐节木、苏枸杞、柽柳、盐爪爪、琵琶柴、白刺等；草甸植物，如马兰、罗布麻等也有广泛的分布。在进行湖滨自然湿地生态修复时，可根据湿地的地形地貌及湿地物种构成，选择一些具有经济价值和景观特征的旱生植物进行修复种植，如沙枣、麻黄、苏枸杞、罗布麻、柽柳及马兰等。

2. 挺水植物种植工程

挺水植物种植是博湖湖滨自然湿地生态修复的重点单元工程。挺水植物通常在湿地修复及重建湿地水生植被中起到先锋物种的作用，一般而言，当岸带的挺水植物被建立起来后，水体将变得相对稳定，水质和底质也将得到改善，水体透明度获得提高，为下一步沉水植被的恢复创造有利条件。

3. 挺水植物种植方法

(1) 芦苇　是一种多年生水生或湿生的高大禾草，生长在灌溉沟渠旁、湖滨沼泽地等。芦苇的植株高大，地下有发达的匍匐根状茎。其繁殖方法有：①苗墩繁殖；②根状茎繁殖，春季土壤解冻后、根状茎上分株芽开始萌发，此时可选取优良根状茎进行繁殖；③压青法繁殖；④扦插法繁殖。

(2) 香蒲　为多年生落叶、宿根性挺水型的单子叶植物，喜温暖、光照充足的环境。其繁殖方法有：①播种法；②分株法。栽培要点：香蒲喜浅水湿地，最大分布水深可达1.25m，对水质要求不严，发苗期水位不宜过深（一般在10～60cm）。香蒲对土壤要求不严，在沙土及黏土中均可生长良好，但以保水和保肥性好的黏质壤土为佳。香蒲生长前期水位不宜太深，保持10～40cm，后期则应适于90cm左右水深，最大一般不超过1.25m。

4. 浮叶植物种植工程

博湖流域的浮叶植物主要有睡莲、菱和荇菜。在不改变工程区现有高程的情况下，可根据湖滨自然湿地的水深配置浮叶植物，在深水区，种植浮叶植物睡莲及荇菜，在浅水区种植挺水植物芦苇及香蒲，使湿地生态修复区既有净化功能，又有景观功能。

5. 沉水植物种植工程

沉水植物是水域生态系统中分布面积广，生物量大的水生植物类群，对水体保持清澈有重要作用。由于博湖的平均水深达到7m，恢复沉水植物的难度较大，因此在进行湖滨自然湿地生态修复时将不以恢复沉水植物为核心内容，仅在大湖西岸近岸带及较浅的西南小湖区（平均水深2～4m）中的湿地修复过程中，选择性地引种部分沉水植物（见图8-3）。

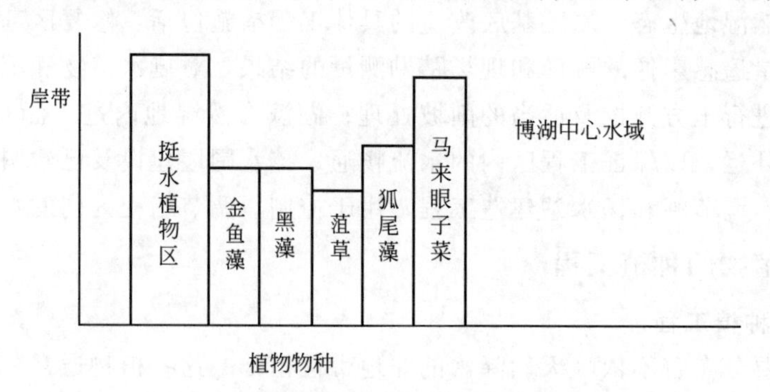

图8-3　沉水植物种植物种随水深的变化

（三）湖滨自然湿地水位的调控工程

不同类型的植物以及植物的不同生长阶段，对水深的需求及敏感性差异较大。对于湖滨自然湿地而言，水位年际间在正常范围内的波动，会导致湿地生态系统经历干湿交替的过程。一般而言，这种干湿交替的过程有利于湿地生态系统内不同类型植物的发育和演替，有利于湿地生态系统内生物多样性的提高。

通过扬水、构筑堤堰及排渠布水等人工调控措施，对湖滨自然湿地生态修复区内的水位进行人为调控，使其经历干湿交替的过程，同样也有利于湿地生态修复区内各种植物的保育和演替。水位调控的目标，主要根据生态修复区内水生植物的种植品种而定。一般而言，沉水植物及浮叶植物，水位可以控制的较深一些；旱生植物和挺水植物，则需要将水位控制的较浅一些。

第四节　博湖湖滨自然湿地生态修复工程投资概算

一、工程概况

博湖湖滨自然湿地生态修复规划工程项目实施范围分别为：黄水沟片区芦苇湿地生态修复中期目标 30km²，远期目标 70km²，达到黄水沟片区现有芦苇荒地面积 50%；西南小湖区湿地生态修复中期目标 30km²，远期目标 100km²，达到西南小湖区湿地面积 30%；大湖西岸片区湿地生态修复中期目标 10km²，远期目标 30km²，达到大湖西岸片区湿地面积 60%。工程项目内容包括：①湖泊滨岸带改造及湖滨湿地基底修复；②湿地植被重建；③工程区长效运行管理。

二、概算原则

建设项目投资估算按照“合法性、真实性、科学性、准确性”原则，规范建设项目投资估算工作，保证投资估算的可靠性，引导和促进各类资源的合理有效配置，充分发挥投资效益。

三、工程概算依据

根据《中华人民共和国自然保护区条例》（1994）、国家林业局《全国湿地资源调查简报》（2004）、《自然保护区管护基础设施建设技术规范》（HJ/T 129—2003）相关规定，项目投资依据国家有关规定确定的技术经济指标，并参照国家与新疆有关收费标准，同时参照国家《投资项目经济咨询评估指南》、《建设项目经济评价方法与参数》、《最新税收制度实用手册》以及大中型产业化的园林花卉公司在媒体上公布的价格，对博湖湖滨湿地生态修复建设工程项目投资进行估算。具体依据包括以下内容：①中华人民共和国国家标准《建设工程工程量清单计价规范》（GB 50500—2003）；②国家林业局《全国湿地资源调查简报》（2004年）；③中华人民共和国水利部《水利建筑工程概算定额》；④国家发展改革委员会，建设部《建设项目经济评价方法与参数》；⑤《建设项目环境保护条例》（1998 年，国务院第 253 号令）；⑥《关于组织编报湿地保护建设项目的通知》（计建函［2006］10 号）；⑦《新疆建设工程造价计价规则 2008 版》。

四、投资概算及其构成

按照上述依据估算，达到中期目标需要投资近 14000 万元；达到远期目标需要投资近 27900 万元，总投资约 41900 万元（见表 8-1）。

表 8-1　博斯腾湖湖滨湿地生态修复工程总投资概算　　单位：万元

目标	黄水沟片区	西南小湖片区	大湖西岸片区	合计
中期目标(2015 年)	6000	6000	2000	14000
远期目标(2020 年)	8900	15000	4000	27900
小计	14900	21000	6000	41900

按照国内已有的湿地生态修复的实践经验并结合新疆本地的实际情况，工程投资的构成一般为：湖岸改造、基底修复及水力布设和调度工程约占 60%；湿地植物修复工程约占 20%；管护 3 年，维护运行管理费约占 20%。

第五节　工程建设与保障运行管理

湖滨自然湿地的修复是一项较长期的生态工程项目，由于植物的生长、自然繁殖更新、演替以及相伴生的水生动物的回归需要有相对较长的时间过程，通常需要 3 年以上的时间。而其中第 1 年的工程建设是至关重要的，是整个湖滨自然湿地生态修复工程成功的基础。其次，基础工程建成后的进一步的补充、调整、完善、各类型植物的维护管理，也是保障湿地修复最终获得成功的重要因素。

一、工程建设保障

1. 建立湖滨自然湿地生态修复工程建设与管理机制

认真落实国家及地方政府关于湿地保护与建设精神与要求。工程建设期间，由地方政府组织成立“博湖湖滨自然湿地生态修复工程指挥部”，巴州农林局作为建设主体，下设工程建设部门作为法人，具体负责相关项目的实施建设。

开展广泛的市场调研，了解相关工程施工单位的经济实力、技术力量、以往业绩等资料，优选专业施工单位，确保工程施工质量与进度，并签订包括 3 年的连续管护工程合同。

切实加强工程建设的技术管理，从设计到施工均严格执行工程建设技术管理规程。工程实施过程中，管理部门要做好各部门的协调工作，统筹安排项目建设资金，检查和监督项目实施进度和质量，确保项目的顺利实施。

2. 建立严格的工程监理制度

在工程建设过程中建立一套严格的工程监理制度，并落实相关的监理公司负责工程的监理工作，确保工程质量、工程进度和工程投资得到有效的控制。同时，建立严格的竣工验收制度，并接受各级政府部门的监督、检查。

3. 加强建设的投资管理

加强项目建设的投资绩效审计，合理利用资金。在进行湖滨自然湿地生态修复工程投资绩效审计时，坚持从投资决策、项目设计、招标投标、合同订立、竣工决算等方面进行有重点的审计。

4. 严格质量标准

建设单位、施工单位应当严格按照工程的设计内容与要求实施建设，不得擅自变更。确因特殊原因必须变更的，要按照程序透明、集体商量、科学决策、先批后变、控制总量的原则，健全严格的工程变更审批程序和有效的环节控制流程，确保工程变更规范操作，不突破投资概算。

二、项目的运行管理

为保障博斯腾湖湖滨自然湿地生态修复工程的顺利实施，建议采取以下的保障措施。

（一）建立博斯腾湖湖滨自然湿地治理及生态恢复建设与管理机构

博斯腾湖湖滨自然湿地的保护、生态恢复和管理，离不开各级政府的参与。由于项目的实施过程中，不可避免地会涉及不同的政府部门，如农业、林业、环保、国土、水利、交通、城建、海洋渔业等，管理体制上的限制，使得仅仅依靠某个部门是很难协调各方面工作的。可以说，目前湖滨自然湿地出现的各种生态环境问题，在很大程度上就是一个管理的问题，是人们对湖滨自然湿地缺乏科学认识，忽视不同类型湖滨湿地的资源环境特点，长期疏于有效管理、管理方式不当或管理不善所造成的。因此，在工程建设、实施期间，建议由库尔勒市政府组织成立“博斯腾湖湖滨自然湿地生态修复工程指挥部”，统一协调、组织规划项目的实施，规范博斯腾湖湖滨自然湿地生态修复过程中的各项行为，修复与保护并重，确保各项措施及生态修复工程的落实。切实加强项目建设的技术管理，从设计到施工均严格执行工程建设技术管理规程。工程实施过程中，管理部门要做好各部门的协调工作，统筹安排项目建设资金，检查和监督项目实施进度和质量，确保项目顺利实施。

（二）分片、分期开展生态修复

在项目的实施过程中，合理规划生态修复时序，分片、分期实施，合理组织各项工程项目，把握整体修复工作的节奏。首先选择从条件较好的区域开始进行相关的水生植被恢复工作，待系统稳定后，逐步向其他区域拓展。首先在相思湖附近的示范区中，进行水生植物种群结构调整、水深及透明度改善和生态恢复的实验、示范；取得经验后，2015 年开始推广到博斯腾湖的全部湖滨湿地生态修复工程中。

（三）建立良性的运作机制

我国其他湖泊湿地生态修复的成功经验表明，良性的运作机制是湿地生态修复项目成功的保证。资金的不足是制约我国许多地方生态修复工作的突出问题，许多生态修复项目由于资金的不足而无法启动或进展缓慢，因此，在博斯腾湖湖滨自然湿地生态修复项目的实施过程中，应借鉴我国其他湖泊湿地生态修复的成功经验，建立良性的运作机制，依靠资本的运作，不断拓宽融资的渠道。通过建立环境资源有偿使用和补偿制度等政策措施，多渠道筹措资金，以保障项目的顺利实施。

（四）重视湖滨自然湿地生态修复过程中的生态影响问题

博斯腾湖湖滨自然湿地的生态修复过程中，原有的湿地及水生态系统结构、格局较生态修复工程实施前产生了两方面的变化：一是引进了新的水生植物，如沉水植物、挺水植物、漂浮植物等；二是改造与调整了原有的植物种群结构。因此，应重视湖滨自然湿地生态修复项目实施过程中，对博斯腾湖原有生态系统的影响，合理选择引进、种植的物种。

（五）工程运行管理与监测

1. 工程的运行与管理

湖滨自然湿地生态修复工程建成后的运行与管理由工程建设单位负责，当地环保部门负责监督检查。为保证工程建成有效正常地运行，需对围堰、湿地植物进行必要的维护和保育，加强湿地管理。工程的运行与管理主要实施如下 4 项措施：湿地运行方案；道路、挡水围堰维护管理；湿地植物保育；其他设施维护。

2. 水质监测方案

为了验收湿地生态修复工程实施后的处理效果，掌握工程实施前后的水质变化情况，选取水质改善典型节点作为监测点，对黄水沟总干排和湖滨自然湿地流入博湖的出水进行定点跟踪监测。

第六节　博湖湖滨自然湿地生态修复工程的效益分析

一、社会经济效益

博斯腾湖是巴音郭楞蒙古自治州的重要开放空间，而湖滨自然湿地是构成博斯腾湖自然景观的一个重要组成部分。博斯腾湖湖滨自然湿地水环境及生态系统的优劣不仅影响着巴州社会经济的持续发展，也影响博斯腾湖生态系统的稳定及发展。对博湖湖泊岸带的塑造和周边环境的综合整治及退化湖滨自然湿地的生态修复，不仅可拓展博湖的旅游休闲功能，促进区域城市的社会发展和提高城市居民的生活质量，而且有助于实现区域内湖泊水环境自然化、生态化、人文化、景观化的目标，创建一个和谐优美、体现“以人为本”的自然环境，真正实现人与自然和谐相处，实现经济效益、社会效益、环境效益的综合统一。

目前，由于湖泊水环境的恶化与湖泊资源的过度开发利用，导致许多湖泊湖滨自然湿地生态系统的退化，大量水生生物种群的生存环境遭到严重破坏。对博湖退化湖滨自然湿地实施生态修复，不仅可以恢复自然湿地受损的生态功能，而且还可以通过兴建废水人工育苇基地，改沼泽型苇田为灌溉型人工苇田，大幅度提高博斯腾湖流域芦苇的产量和质量，以满足当地造纸工业进一步发展的需要。同时，大量的芦苇生产、采割、运输等过程，还可为周边地区农村的剩余劳动力提供大量就业机会、增加其经济收入，这对于维护新疆地区社会的安定团结、推动区域社会经济的发展均具有积极的促进作用。

据《流域环境治理的价值评估及政策分析》一文中的数据，博斯腾湖综合整治后，博斯腾湖及其流域所产生的水产品、旅游、城市投资环境、水环境容量、生物多样性、人体健康等诸方面的价值约 28.5 亿元/年。从中可以看出环境整治项目所产生的巨大经济效益。

二、生态效益

湖泊湖滨自然湿地生态系统的建设，最直观的生态效益包括局部小气候的调节、湖泊水环境和水生态系统的改善。通过人工育苇、恢复芦苇湿地等措施，一方面可以将流域内产生的大量工业废水、农田排水、生活污水等进行截流，进入湿地中的各种污水，通过湿地中土壤、微生物及芦苇、香蒲等湿生植物的沉淀、氧化、吸附、分解等作用，从而得以净化，这不仅可以有效改善博斯腾湖的水质，而且这种污水的资源化，对于地处干旱地区、水资源极度匮乏的焉耆盆地具有极其重要的意义；另一方面，湖滨自然湿地还可以有效地削减入湖的盐量、改善自然景观、改良土壤、充分利用当地的土地资源，产生显著的生态效益。

湖滨自然湿地的生态效益主要体现在以下几个方面。

1. 净化水质

通过对博斯腾湖湖滨自然湿地进行生态修复，可以将流域内产生的大量污水中的氮和磷营养盐固定在湿地土壤及各类植物体内，从而达到降低水体中营养盐及盐分污染的效果。结合水生植物的日常管理，及芦苇的定时收割，还可以将大量的营养盐随芦苇及其他植物残体一起移出湖体。同时，湖滨自然湿地内大量的各类型水生植物在生长过程中还可以稳定水体，降低沉积物中氮、磷营养盐的释放，提高水体的透明度，并为多种水生生物、鸟类等提供适宜栖息的环境条件，使湖泊生态系统处于良性循环之中。

2. 营造和谐湖滨

湖滨自然湿地的生态修复，一方面可截留径流的污染；另一方面有助于改善滨岸的环境条件，实现湖岸线水土间的物质交流和能量流通，同时也将极大地改善湖滨的景观。

3. 提高系统中的生物多样性

湖滨自然湿地的生态修复和洁净的水域将会形成良好的水生生物生长环境，有利于鸟类、鱼类、各类水生动植物和微生物的生存、繁衍，增加湿地系统中的生物多样性，保持系统的生态平衡。

4. 净化空气、调节小气候

以生态修复工程为依托，形成水质良好、景观优美的湖滨自然湿地生态系统，不仅能显著增加环境的湿度和减少地表的光辐射，对净化空气、调节区域小气候也将起到非常重要的作用。

第九章　博斯腾湖水污染防治与富营养化控制综合治理中长期规划技术方案

在解析博斯腾湖水环境问题成因的基础上，根据博斯腾湖及其流域社会经济发展的目标及对水资源、水环境的需求，结合水环境污染的现状和功能分区，确定博斯腾湖及其流域水污染综合防治及生态修复的原则与目标，形成了博斯腾湖流域水污染防治及富营养化控制综合治理中长期总体规划方案。

第一节　社会经济与环境现状

一、区域社会经济概况

博斯腾湖流域位于新疆巴音郭楞蒙古自治州境内（地理位置见图 9-1）。

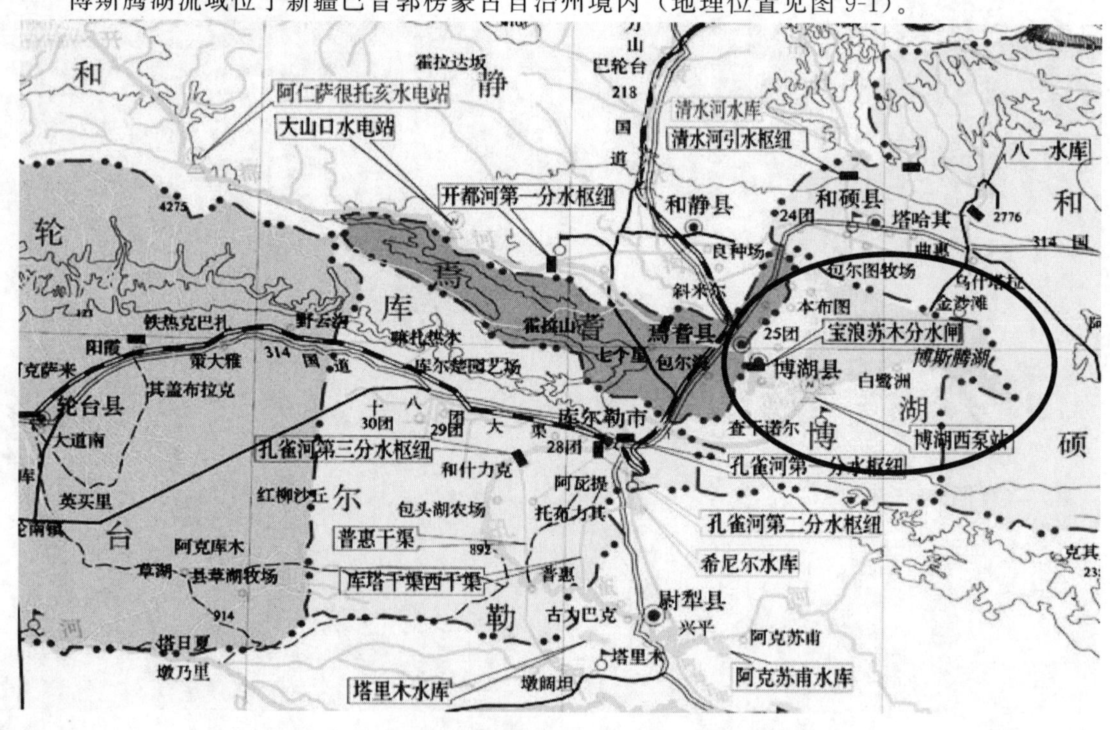

图 9-1　博斯腾湖在新疆巴音郭楞蒙古自治州的地理位置

巴音郭楞蒙古自治州下辖库尔勒市、轮台县、尉犁县、若羌县、且末县、焉耆县、和静县、和硕县、博湖县共八县一市，州府设在库尔勒市，全州有 61 乡，24 个镇，5 个街道办事处。全州面积 471526km²，其中博斯腾湖流域环湖区的和硕县、和静县、博湖县、焉耆县等北四县的行政区面积为 53761km²，占全州面积的 11.4%（见表 9-1 和图 9-2）。

表 9-1 博斯腾湖流域内县级行政区划基本情况

所辖市县名称	面积/km²	首府所在地
焉耆县	2429	焉耆镇
和静县	34976	和静镇
和硕县	12753	特吾星克镇
博湖县	3603	博斯腾湖镇

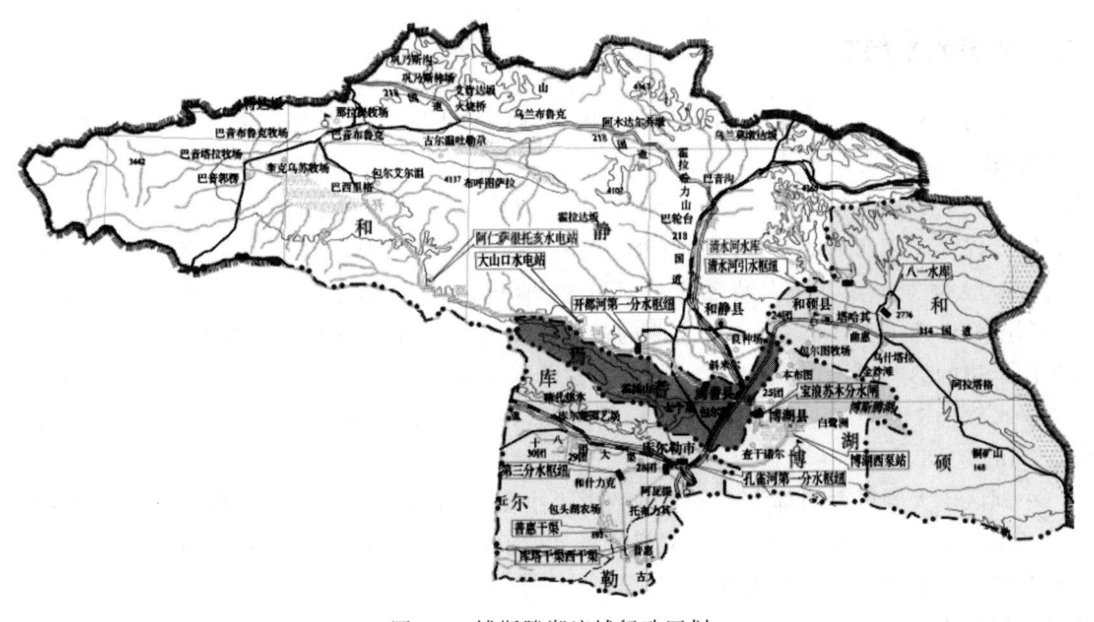

图 9-2 博斯腾湖流域行政区划

2010 年末，博斯腾湖流域内北四县总人口 47.5178 万人，农业人口 22.1432 万人，占总人口的 46.6%。流域内人口自然增长率（平均值）最大在 10.37‰左右（2009 年）和当年自治区人口自然增长率持平（10.56‰），但高于国内水平（5.05‰）。

环博斯腾湖地区是巴音郭楞蒙古自治州的主要农、牧、渔业区，目前博斯腾湖流域的基础产业是粗放型农业，工业支撑产业是冶炼、石油、天然气开采业与农副产品加工，以粗放式旅游为主的旅游业是新兴产业。流域内产业结构和技术经济水平处于较低端的发展水平，尤其是农业的粗放式生产急需调整转变。在环博斯腾湖流域的四县中，焉耆县是全巴音郭楞蒙古自治州主要粮食和甜菜的产区，博湖县是渔业基地，和静县以牧业为主，兼为粮食产地，和硕县是半农半牧县。近 10 年来环博斯腾湖流域的工农业产值比为 0.3～0.8，近 10 年的第一、第二、三产业占环博斯腾湖流域国民生产总值的比例平均约为 50：20：30。根据巴音郭楞蒙古自治州 2010 年统计年鉴，2010 年博斯腾湖流域北四县三个产业的生产总值构成为 37.2：31.1：31.7，其中焉耆县、和静县第二、第三产业相对第一产业较强，和硕县、博湖县产业结构明显以第一产业为主，第二、第三产业相对薄弱，详见表 9-2。

表 9-2　2010 年环博斯腾湖四县三产产值及构成情况

县＼产值	第一产业产值/万元	第二产业产值/万元	第三产业产值/万元	三产构成/%
焉耆县	91430	106658	120903	28.8：33.4：37.9
和静县	137547	161820	125822	32.3：38.1：29.6
和硕县	90355	26053	37529	58.7：16.9：24.4
博湖县	60614	23706	39470	49.0：19.2：31.8
总计	379946	318237	323724	37.2：31.13：31.7

环博斯腾湖流域的产业结构目前整体仍以第一产业为主，第二、第三产业相对薄弱的局面还没有发生根本改变，对比库兹涅茨产业结构模式，人均 GDP 在 1000 美元左右时，三次产业的构成应是 26.5：36.9：36.6。

二、水系水文概况

博斯腾湖分为大、小 2 个湖区。大湖区是湖体的主要部分，在水位为 1048m 时，其东西长约 62.8km，最大宽为 35.2km，平均宽 15.8km，水面面积为 972.2km^2，蓄水量为 72.7×10^8m^3，平均水深为 8.08m，最深为 l6.5m，湖盆呈深碟状，中间底平，靠近湖岸水深急剧变浅。湖区西部的开都河入口处，为开都河水下三角洲，由于河流泥沙的沉积，湖水较浅，一般为 2～6m，深入湖区的宽度为 8～10km。其余岸边一般深入湖区 1.5～2.0km 后，深度就迅速增至 6m。湖中间实测的最大深度为 15.0m，但根据调查访问，最深处应在湖东南岸边的第一道海心山附近，估计深度超过 20m。湖东南角有一条东南—西北走向的深槽，水深为 14～15m。湖北部靠近乌尔塔勒森沙丘地区，有一条东西延伸的浅滩，水深仅 2～3m。

小湖区由大湖区西南部大小不等的数十个小型湖泊组成，这些湖最早属于大湖的整体，后因开都河南部河堤的整治，导入南部的河水被阻，大湖与小湖不再有岔流相通，但小湖之间相互串流。小湖区现有较大湖泊 16 个，总面积为 383.9km^2，其中水面面积为 44.5km^2，苇沼面积约为 280km^2，相间盐碱地、草甸沼泽苇牧地等面积为 39km^2，分布于大湖区西南到西北沿岸地区。小湖群上连开都河、下连孔雀河，从大湖口至特热诺尔湖出口处约 22.8km，水位相差不大，坡度极缓，湖面平静。

博斯腾湖流域集水区内有大小河流 13 条，一级支流 235 条，二级支流 62 条，盆地集水面积为 2.7×10^4km^2，河网密度为 0.19km/km^2，年总径流量为 40.28×10^8m^3，年平均径流量大于 1×10^8m^{3}的河流有开都河、黄水沟和清水河，常年性河流只有开都河。据 1956～2006 年水文数据序列的主要河流，开都河、黄水沟和清水河 3 河径流量占盆地总径流量的 96.30%，其中开都河占 86.2%、黄水沟占 7.2%、清水河占 2.9%，其余河流占 3.7%。其他小河（哈合仁沟、莫哈查汗沟、乌拉斯台河、曲惠河等）一般月份出山后水量就被全部引入灌区。

开都河发源于西部积雪的高山（天山中段），由冰雪融水补给，也是天山南坡水量丰富的河流之一。全长 513km，流域面积达 2.2×10^4km^2。平均年径流量为 34.12×10^8km^2。在宝浪苏木闸处，该河流又分为东、西两支，东支注入大湖，西支流入小湖。出流由大湖西泵站扬水、小湖达吾堤闸出流以及开都河经解放一渠输水等汇合在塔什店水文站，向孔雀河输水。

孔雀河是焉耆盆地唯一的地表出流。1983 年前，博斯腾湖以自流方式流入孔雀河，后因湖水位下降，自流出流困难，于 1982 年建成博斯腾湖西泵站和扬水输水干渠，将博斯腾湖大湖水扬入孔雀河。博斯腾湖小湖水则经达吾提闸入孔雀河。2007 年又建成博斯腾湖东泵站，与西泵站一起发挥博斯腾湖大湖水位调节与水环境改善的重要作用。

博斯腾湖流域水系分布见图 9-3。

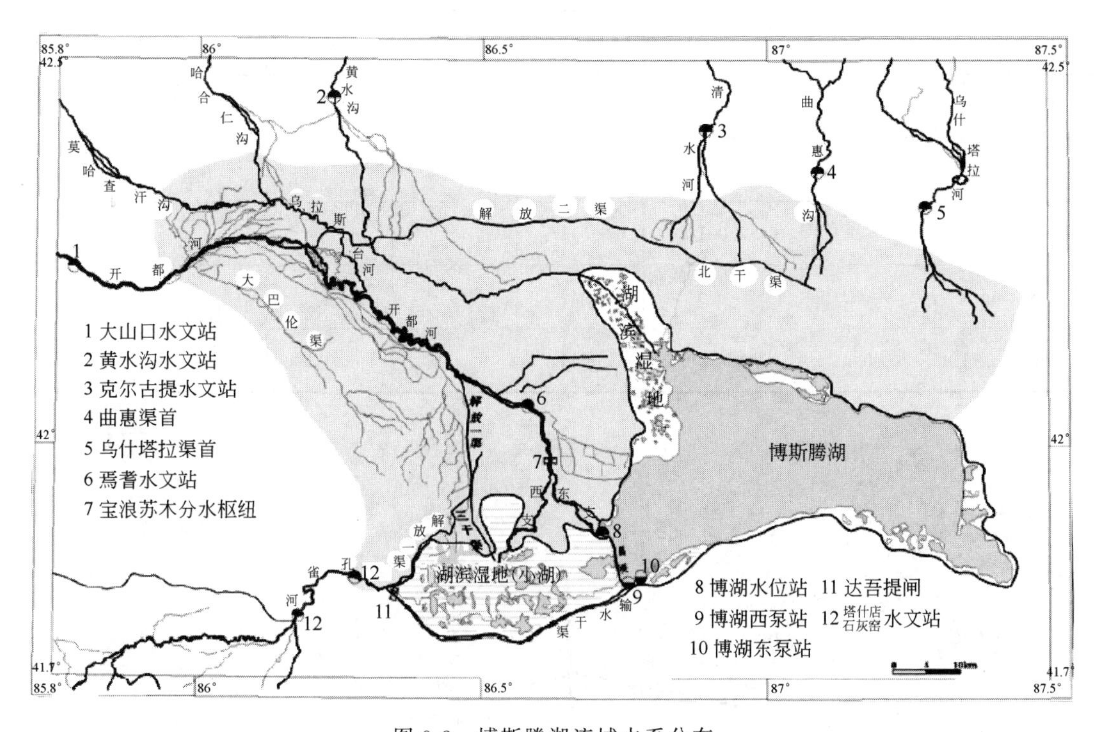

图 9-3　博斯腾湖流域水系分布

三、水环境质量现状

根据开-孔河水功能规划，博斯腾湖的水域功能包括饮用、渔业、工农业及景观功能，根据《新疆水环境功能区划》，水质目标为Ⅱ类或Ⅲ类水时才能满足上述功能，同时矿化度宜趋近于 1g/L。

1. 湖泊水质总体状况

博斯腾湖大湖区设有 17 个常年监测点位（监测点位分布见图 2-1 及表 2-2）。基于博斯腾湖 2010 年的水质监测资料，依照《地表水环境质量标准》（GB 3838—2002）规定的Ⅲ类水标准，选取以下 9 个主要项目指标的全湖平均值进行大湖区现状水质评价，结果见表 9-3。

通过对博斯腾湖 2010 年的水质参数进行的评价可以看出：①博斯腾湖整体水质能够达到《地表水环境质量标准》（GB 3838—2002）中Ⅲ类标准，水质状况为轻度污染；②pH 值、COD_{Mn}、TN 三项指标虽然符合水质Ⅲ类标准，但均接近Ⅲ类标准值的上限。其中，pH 值的平均值为 8.64，博斯腾湖呈弱碱性。

2. 不同湖区水质状况

由于循环不畅，博斯腾湖不同水域水质存在一定差异，大体可以分为 4 个区，见图 9-4。

表 9-3　2010 年博斯腾湖主要污染物指数水质标准情况

指标名称	GB 3838—2002 中Ⅲ类标准值	平均值	标准指数	超标倍数	断面超标率/%	符合类别	综合水质类别
pH 值	6～9	8.64	0.82		0	Ⅲ类标准	Ⅲ类标准
COD_{Mn}/(mg/L)	≤6	5.52	0.92		6	Ⅲ类标准	
BOD_5/(mg/L)	≤4	1.5	0.38		0	Ⅰ类标准	
TN/(mg/L)	≤1.0	0.91	0.91		0	Ⅲ类标准	
TP/(mg/L)	≤0.05	0.02	0.4		0	Ⅰ类标准	
氨氮/(mg/L)	≤1.0	0.17	0.17		0	Ⅱ类标准	
氟化物/(mg/L)	≤1.0	0.47	0.47		0	Ⅰ类标准	
硫化物/(mg/L)	≤0.2	0.002	0.01		0	Ⅰ类标准	

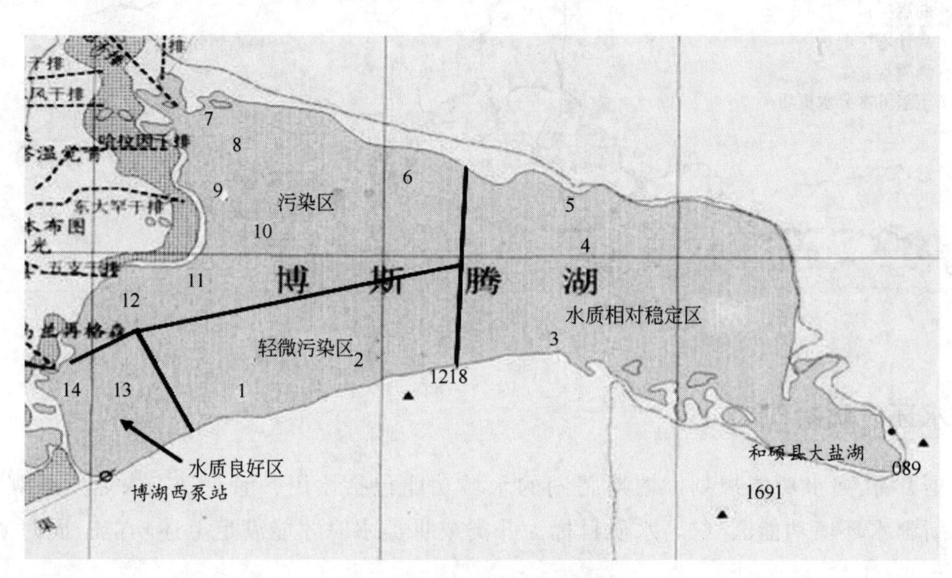

图 9-4　博斯腾湖水质分区示意

(1) 水质良好区（水体强烈交换区）：该区处于开都河河口入湖淡水直接补给区（博斯腾湖 13#、14# 点位）是全湖水质最好的区域，其面积约为 50km²。2 个点位的水样 10 年间 COD 浓度范围为 14～25mg/L，平均为 19.8mg/L，为全湖之最低；矿化度浓度范围为 0.62～1.34g/L，平均为 1.04g/L，为全湖最低。10 年间 2 个点位 COD 变化趋势不明显，矿化度呈现波动下降趋势。

(2) 纳污区：黄水沟区（6#、7#、8#、9#、10#、11#、12#），位于湖区西北角，从黄水沟口向东延伸到北沙梁，向西延伸到黑水湾一带，近 200km² 的水面，该区是博斯腾湖大湖区工业、生活、农田排水的主要入湖区域，7 个点位 10 年间 COD 浓度范围为 17～31mg/L，平均为 24.2mg/L；矿化度浓度范围为 1.12～2.03g/L，平均为 1.41g/L。二者均为全湖最高，显然是由该区水体郁闭和较高矿化度农田排水的双重影响所造成。就变化趋势而言，10年间7点位COD不明显，矿化度则呈现较快平稳上升。

（3）轻微污染区：1#、2#点位属湖南岸区，由羊角湾向东延伸到一片林一带的区域，该区面积约为100km²，主要与大河口区及湖中心区有水体交换。2个点位10年间COD浓度范围为18～28mg/L，平均为22.2mg/L，矿化度浓度范围为0.63～1.50g/L，平均为1.23g/L，10年间变幅不大。该区域矿化度较大河口区高，而比其他区域低，是全湖水质矿化度较低的区域。10年间1#点位矿化度多年变化趋势不显著，2#点位呈现平稳略升的趋势。

（4）水质相对稳定区：3#、4#、5#属湖中心区，3个点位10年间COD浓度范围为19～31mg/L，平均为23.9mg/L，矿化度浓度范围为1.07～1.60g/L，平均为1.33g/L。该区域湖水水质矿化度居中，与全湖平均值较为接近。10年间3个点位COD变化趋势不明显，矿化度均呈现平稳上升趋势。

3. 入湖河流、农排渠水质现状

1）主要入湖河流水质

开都河为博斯腾湖流域径流量最大的入湖河流，开都河主要污染物氨氮和COD_{Mn}为Ⅱ类，其他指标均为Ⅰ类，河流水质为Ⅱ类，与历年相比，水质没有明显变化。其余清水河、曲惠河等几条河流仅在洪水季节才有少量洪水汇入博斯腾湖。黄水沟径流原汇入博斯腾湖西北湖区，1964年黄水沟分洪闸建成后，黄水沟径流改道进入开都河，黄水沟河道成为容泄该地区工农业废水和城镇生活污水主要排水渠，致使黄水沟水体水质超过地表Ⅲ类标准，达到Ⅳ类上下，其他小河流水质多在Ⅱ～Ⅲ类水质之间。

2）主要出湖河流

孔雀河是博斯腾湖唯一的宣泄孔道。目前，孔雀河主要经由博斯腾湖扬水站作为入河水源，现状水质受博斯腾湖大河口区（即水质良好区）的影响，基本可达到地表水Ⅲ类水质标准。

3）农排渠水质

根据巴州水文水资源勘测局和巴州环境监测站的监测数据及部分已有研究成果，20世纪90年代后，博斯腾湖周边共有26条排渠，其中10条通过黄水沟进入大湖区，7条直接排入大湖区，9条直接排入小湖区。实际上，博斯腾湖北四县的绝大部分农田排水、工业废水和生活污水都排入农排渠，随后排入博斯腾湖。2010年，博斯腾湖周边8条主要农田排渠总体水质较差，超过《地表水环境质量标准》（GB 3838—2002）Ⅲ类水质标准的占86%，均达到Ⅴ类水质，Ⅲ类水质占14%，主要超标项目为COD、BOD、氟化物、TN、TP、NH_4^+-N，农排渠是污染物的主要入湖渠道。

4. 博斯腾湖湖滨湿地生态环境现状

通过调查1975～2010年博斯腾湖流域湿地动态变化发现，在过去的32年间，博斯腾湖流域湖泊湿地、沼泽湿地与河流湿地严重退化，而耕地呈持续性扩张的发展趋势。在1975年时，湿地总面积达1765.97km²，到2000年为1779.25km²，较1975年时有所增加，但沼泽湿地与河流湿地面积较1975年分别减少了23.71km²和18.44km²，耕地增加面积达454.52km²，到2010年时，湿地总面积为1287.59km²，较2000年和1975年分别减少27.6%和27.1%，而耕地面积突增了526.55km²，直接导致湖泊湿地的严重退化和破坏，7年间沼泽湿地与河流湿地退化速率分别是1975～2000年的37.13倍和5.24倍。博斯腾湖湿地动态变化见表9-4和图9-5、图9-6。

表 9-4　不同时期博斯腾湖湿地类型转化面积统计　　　单位：km^2

动态变化转变类型	1975～2000年	2000～2010年
湿地转化为耕地	121.25	66.60
湿地转化为其他	64.86	448.38
耕地转化为湿地	34.50	2.05
耕地转化为其他	81.56	100.23
其他转化为耕地	449.33	562.23
其他转化为湿地	164.89	21.27

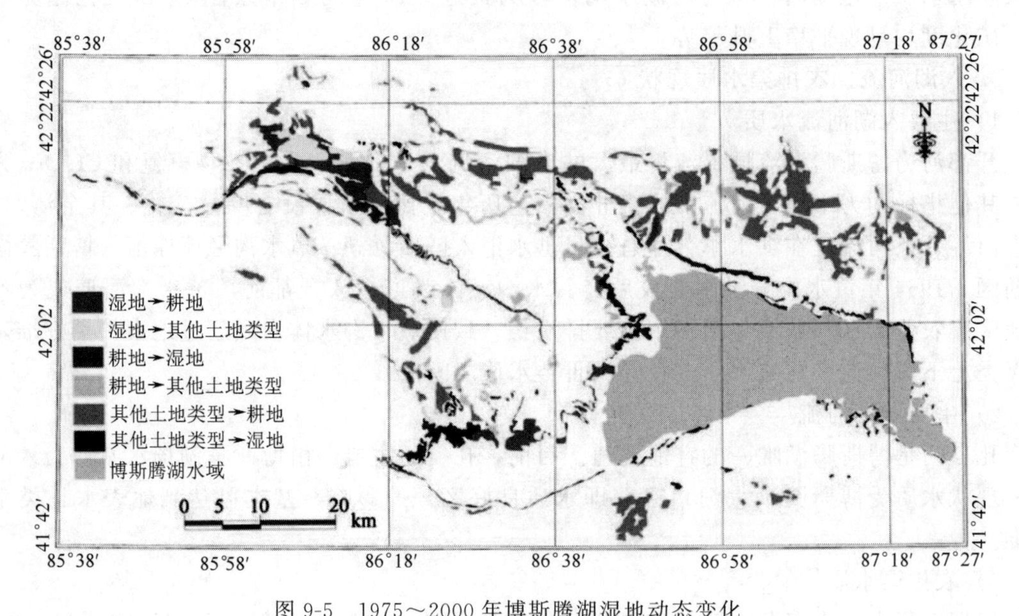

图 9-5　1975～2000年博斯腾湖湿地动态变化

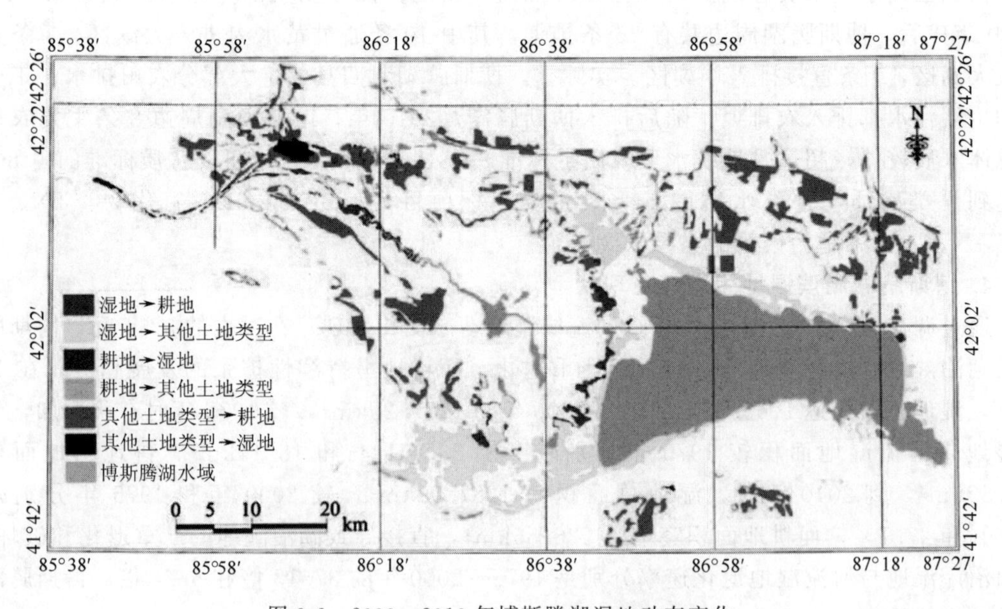

图 9-6　2000～2010年博斯腾湖湿地动态变化

四、主要污染物来源

博斯腾湖流域2010年统计城镇总人口47.2万人，开垦种植灌溉面积14.7×10^4ha，灌溉用水$13.66\times10^8m^3$。初步估算，环博斯腾湖的焉耆、和静、和硕、博湖四县及农二师部分团场每年约有$4.8\times10^8m^3$的农田排水、超过$1600\times10^4m^3$的工业废水和生活污水直接或间接排入博斯腾湖。

（一）农业面源污染

博斯腾湖北四县农业污染源主要包括农业种植（化肥施用和秸秆回用）、畜禽养殖和水产养殖。据2010年统计，北四县开垦种植灌溉面积已达14×10^4ha，灌溉用水$13.7\times10^8m^3$，每年约有$4.8\times10^8m^3$农田排水进入博斯腾湖。耕地上累积的污染物会随着农业排水入湖，因此灌溉季节的农业面源污染对博斯腾湖的影响较大。农业面源污染对TN、TP和盐分的排放及入湖贡献率均较高，农田排水中的氮、磷主要来自农田化肥不合理施用和流失，盐则主要由于焉耆盆地地下水位高导致较大面积农田盐渍化严重，为改良土壤大部分灌溉采用地表水洗盐，致使大量高矿化度水体排入博斯腾湖所致。近几年来，农田排水大体保持在$4.8\times10^8m^3$的水平，短期内入湖主要污染物浓度保持基本稳定，增加幅度也不明显，但盐分排放总量已达105×10^4t。农业污染物产生量详见表9-5～表9-9。

表9-5 农田化肥施用污染物产生量 单位：t/a

地区	COD	NH_4^+-N	TN	TP
和静县	—	—	12505.13	3904
和硕县	—	—	13154.59	4432
焉耆县	—	—	13588.81	3970
博湖县	—	—	9950.3	9145
合计	—	—	49198.83	21452

表9-6 秸秆回用污染物产生量 单位：t/a

地区	COD	NH_4^+-N	TN	TP
和静县	19169.93	—	3780.31	504.5
和硕县	19104.43	—	3963	544.01
焉耆县	17168.93	—	3063.03	398.24
博湖县	13570.12	—	3217.26	429.03
合计	69013.41	—	14023.6	1875.78

表9-7 畜禽养殖污染物产生量 单位：t/a

地区	COD	NH_4^+-N	TN	TP
和静县	91603.53	6264.43	13530.08	3901.31
和硕县	59128	1120.69	2420.49	685.85
焉耆县	11227.48	1644.37	3551.56	962.52
博湖县	8425.61	697.27	1505.99	473.6
合计	170384.62	9726.76	21008.12	6023.28

表 9-8 水产养殖污染物产生量 单位：t/a

地区	COD	NH_4^+-N	TN	TP
和静县	49.47	0.61	23.42	3.47
和硕县	12.37	0.15	5.86	0.87
焉耆县	117.5	1.45	55.63	8.25
博湖县	2754.35	33.94	1304.13	193.3
合计	2933.69	36.15	1389.04	205.89

表 9-9 农业污染物产生总量 单位：t/a

地区	COD	NH_4^+-N	TN	TP
和静县	110822.93	6265.04	29838.94	8313.59
和硕县	78244.8	1120.84	19543.94	5662.78
焉耆县	28513.91	1645.82	20259.03	5339.24
博湖县	24750.08	731.21	15977.68	10241.15
合计	242331.72	9762.91	85619.59	29556.76

(二) 工业污染源

博斯腾湖流域主要包括焉耆县、博湖县、和硕县、和静县和库尔勒市四县一市，根据2010年《第一次全国污染源普查》更新结果，博斯腾湖北四县纳入普查范围的工业污染源有焉耆县42家、博湖县22家、和硕县68家、和静县41家。流域内2010年工业废水排放量为$802.46\times10^4m^3$，COD排放量为1684.1t，NH_4^+-N为74.16t。排污企业中除了一家黑色金属冶炼及压延加工业（新疆和静金特钢铁股份有限公司）之外，其他排污企业均属于食品制造业。排污企业清单见附表1。按行业排序统计其排污占总量80%以上的工业企业名单见附表2和附表3。

2010年北四县工业废水、COD和氨氮排放量构成见表9-10。

表 9-10 2010年北四县工业污染物排放量

地区	废水量/m^3	COD/t	氨氮/t
和静县	4605794	486.51	52.51
和硕县	727711	447.16	5.99
焉耆县	1684942	272.82	13.42
博湖县	1006104	477.61	2.24

1996～2010年博斯腾湖北四县工业污染源的COD排放量总体呈减少趋势，尤其“十一五”以后降低趋势比较明显，主要是由于环境保护工作力度加大，为降低工业污染，当地环保局要求重点排污企业建设污水处理设施，有效的减低了工业污染物排放量。

巴州环保局提供的重点排污企业分布情况见图9-7。根据调查，北四县工业企业的排污特征如下。

(1) 制糖、番茄制造是该地区优势产业，同时也是主要工业污染负荷来源；排污企业普遍存在水资源利用率不高，污水排放强度大，处理设施多以简易处理为主，因此流域工业污

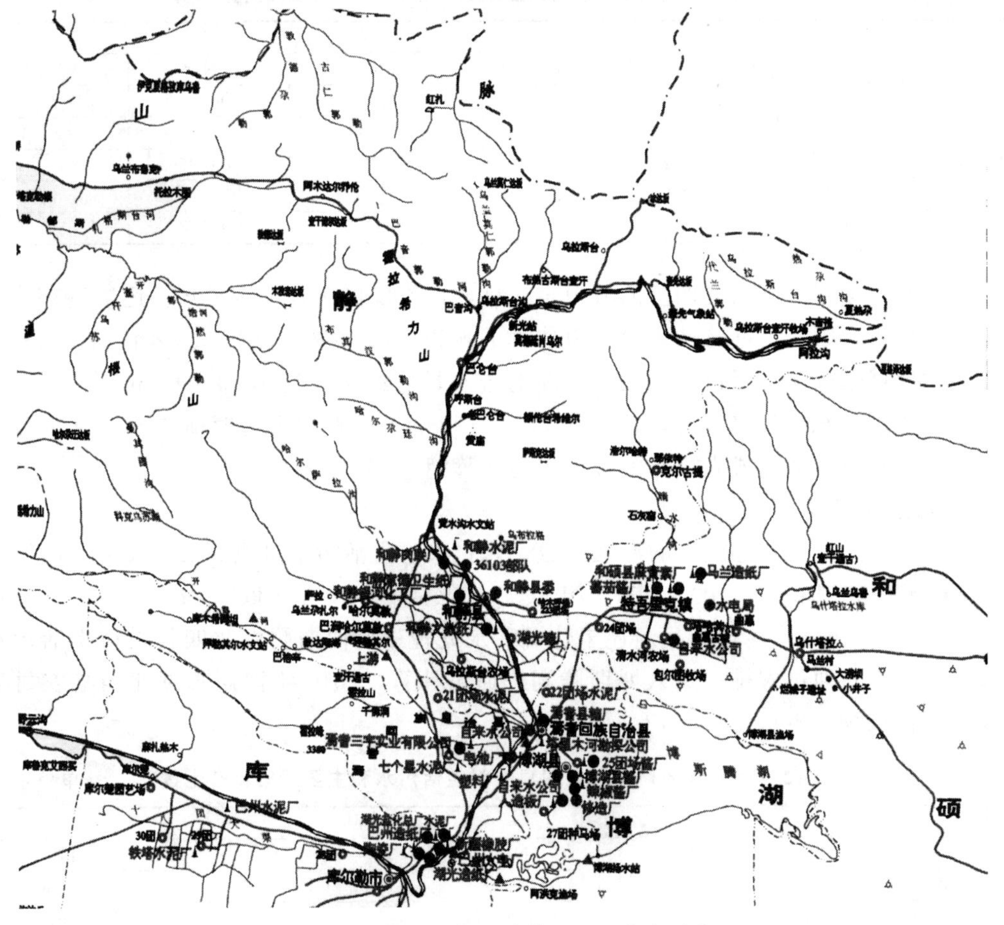

图 9-7 博斯腾湖流域排污企业分布示意

染源治理应优先考虑制糖、番茄制造等企业。

(2) 一些排污量较大的企业处理设施多以简易处理为主，污水处理大多未达到《污水综合排放标准》(GB 8978—1996) 规定的三级排放标准要求。

(3) 由于食品加工企业以当地优势农业产品为原料，受其生长和成熟特性的制约，其生产具有明显的加工周期和季节性特点，如番茄酱加工厂的生产周期一般为每年的 8～10 月，制糖企业的生产阶段为每年的 10 月到下一年的 4 月。受生产周期的影响，排水具有明显的周期性，并且水量水质变化大，排污时段相对集中，同时由于生产周期短，对于废水治理设施的处理技术和管控水平要求高。

(三) 生活污染源

1. 城镇生活污染

根据《第一次全国污染源普查城镇生活源产排污系数手册》，和静县、和硕县、焉耆县、博湖县属于全国污染源调查五区五类区域，人均生活污水产生量按 95L/（人・d）计算，污染物负荷按 COD 53g/(人・d)，NH_4^+-N 7.3g/(人・d)，TN 10.1g/(人・d)，TP 0.74g/(人・d) 计。根据选取的排放系数和人口规模对焉耆、和静、和硕、博湖四县的居民生活污水产生量测算，2010 年北四县城镇生活污水污染物排放情况见表 9-11。

表 9-11　2010 年博斯腾湖北四县城镇生活污水污染物产生量估算

年份	地区	产生量				
		废水量/$10^4 m^3$	COD/t	NH_4^+-N/t	TN/t	TP/t
2010 年	和静县	286.24	1596.9	219.95	304.32	22.3
	和硕县	107.05	597.2	82.26	113.81	8.34
	焉耆县	192.22	1072.4	147.7	204.36	14.97
	博湖县	60.93	339.91	46.82	64.78	4.75
	合计	646.44	3606.4	496.73	687.27	50.36

由于目前博斯腾湖流域北四县的城镇生活排放口不仅接纳有生活污水，还接纳部分第三产业和工业废水，因此根据区域人口规模估算的城镇生活污水量只有 $650\times10^4 m^3$ 左右，实际上经各主要城镇生活排污口的进入河、湖的排水量已经达到近 $1800\times10^4 m^3$ 左右；其中，和硕县城镇生活污水排放口排污量达到 $657.6\times10^4 m^3/a$，直接进入博斯腾湖，其余城镇生活排放口均就近进入河流或农排后间接进入博斯腾湖。

2. 农村生活污染

参照全国污染源普查办发布的源强系数，农村人均生活污水量取 80L/(人·d)，污染物产生量 COD 取 16.4g/(人·d)，NH_4^+-N 取 4.0g/(人·d)，TN 取 5.0g/(人·d)，TP 取 0.44g/(人·d)。由于农村地区目前还未建设污水处理站，博斯腾湖北四县农村生活污水均以分散直排的方式通过农排渠进入博斯腾湖。通过计算，2010 年博斯腾湖北四县农村生活污水和主要污染物产生量见表 9-12。

表 9-12　2010 年博斯腾湖北四县农村生活污水和主要污染物产生量　　单位：t

地区	产生量			
	COD	NH_4^+-N	TN	TP
和静县	494.14	120.52	150.65	13.26
和硕县	184.79	45.072	56.34	4.96
焉耆县	579.07	141.24	176.55	15.54
博湖县	256.54	62.57	78.212	6.88
合计	1514.5	369.4	461.75	40.63

(四) 污染物排放量和入湖量构成

1. 污染物排放量构成

2010 年博斯腾湖流域各类主要污染源排放量见表 9-13。

表 9-13　2010 年博斯腾湖流域各类主要污染源排放量　　单位：t

污染源类型	COD	NH_4^+-N	TN	TP	TDS
畜禽粪便	170384.62	9726.8	21008.1	602.3	234917.3
农田面源	69013.41	0.0	62417.4	1677.5	3232289.6
水产养殖	2933.69	36.2	838.8	205.9	—
工业废水	1684.1	74.2	126.0	15.8	125270.1
城镇生活污水	3606.4	496.73	687.27	50.36	65262.6
农村生活	1514.5	369.4	461.75	40.63	34421.6
合计	249136.72	10703.33	85539.32	2592.49	3692161.2

博斯腾湖北四县畜禽养殖业是污染物 COD、NH_4^+-N 的主要排放源，这主要是由于畜禽养殖业是当地的主要产业之一，同时养殖过程中产生的污染物动物粪、尿等中 COD、

NH_4^+-N 含量高，导致畜禽养殖业成为 COD、NH_4^+-N 的主要产生源。污染物 TN、TP 的主要产生源是农田施用化肥和农作物秸秆回用于农田的过程，这主要是由于当地以农业发展为主，农田面积较大，在耕种过程中需要施用大量的化肥补充氮、磷，考虑到不同地区土壤农作物对氮、磷的吸收效果不一致，因此农田施用化肥是区域污染物 TN、TP 的主要产生源。

2. 博斯腾湖流域污染负荷入湖现状

2010 年博斯腾湖流域各类污染物入湖量见表 9-14，根据博斯腾湖污染物入湖量现状表分析，畜禽养殖、农田面源是 COD 入湖负荷的主要贡献源，贡献率达到 73.74%，城镇生活污水、工业污水和水产养殖贡献率相当，贡献率共计为 23.37%。畜禽养殖是氨氮入湖负荷的主要贡献源，贡献率达到 62.39%，城镇生活污水（包括和硕县城镇污水排放）次之，贡献率达到 24.61%。农田面源、水产养殖是 TN 入湖负荷的主要贡献源，两者贡献率达到 69.41%，畜禽养殖和城镇生活污水的贡献为 23.44%。对于 TP，水产养殖的入湖负荷分担率达到 75.04%，农田面源、畜禽养殖和城镇生活污水贡献率达到 19.98%。农田面源是 TDS 入湖负荷的主要贡献源，贡献率达到 85.48%。

表 9-14　2010 年博斯腾湖流域各类污染物入湖量　　单位：t

污染源类型	COD	NH_4^+-N	TN	TP	TDS
畜禽粪便	15989.2	932.1	268.90	13.33	58024.6
农田面源	13382.8	0.0	958.36	19.35	1049524.4
水产养殖	2551.2	36.2	629.1	175.0	—
工业废水	562.2	39.1	75.18	4.47	55995.7
城镇生活污水	2552.3	367.5	267.45	15.92	33381.5
农村生活	425.2	47.0	8.68	0.90	8502.1
合计	37819.4	1421.9	2207.67	228.97	1205428

随着环保监管治理措施的实施，近两年生活污染物排放量保持基本稳定，工业污染物排放总量还有所减少。可见，农业污染控制是博斯腾湖生态环境保护首要任务。

五、污染物排放量预测及环境容量计算

1. 博斯腾湖流域污染物入湖量预测

根据博斯腾湖流域北四县近 10 年来社会经济发展水平和变化趋势，以 2010 年为基准年，采用模型预测得到 2016 年和 2020 年各主要污染源污染物入湖量，见表 9-15。其中假定入湖盐分在规划期间与现状年（2010 年）保持一致。

表 9-15　博斯腾湖流域污染物入湖量预测　　单位：t/a

	污染源类型	COD	NH_4^+-N	TN	TP	TDS
2016 年	畜禽粪便	29770	712.03	205.26	10.12	58024.6
	农田面源	20620	0	1438.25	33.33	1049524.4
	水产养殖	3552	56.21	647.9	272.14	—
	工业废水	1118.4	98.78	195.03	43.45	55995.7
	城镇生活污水	4542	548.13	361.24	21.45	33381.5
	农村生活	821.2	101.42	18.7	1.98	8502.1
	合计	60423.6	1516.57	2866.38	382.47	1205428

续表

2020年	畜禽粪便	43550.8	362.5	104.3	5.07	58024.6
	农田面源	22682	0	1438.25	33.33	1049524
	水产养殖	4552.8	66	548.9	319.8	—
	工业废水	1674.6	140.5	279.42	74.53	55995.7
	城镇生活污水	6531.7	629.1	389.35	23.08	33381.5
	农村生活	1217.2	137.4	25.32	2.7	8502.1
	合计	85384.3	1335.5	3003.93	466.43	1205428

2. 博斯腾湖环境容量计算

采用湖泊最不利水文条件，即90％频率湖泊水位和90％频率出入湖河流流量作为湖泊水环境容量计算条件，规划目标为将博斯腾湖水质保持在Ⅲ类，估算得到博斯腾湖规划水质目标要求下各主要污染指标的水环境容量，考虑到容量估算的不确定性，减去10％的容量安全预留值（盐分不考虑）后作为博斯腾湖入湖负荷水环境容量值，见表9-16。

表9-16 博斯腾湖负荷水环境容量

项目	COD	NH_4^+-N	TN	TP	TDS
允许入湖容量/t	36778.8	2158.0	2393.0	359.2	632190.1
扣除10％后的允许入湖容量/t	33100.9	1942.2	2153.7	323.2	—

第二节 存在的主要问题

一、水位下降和湖泊萎缩导致博斯腾湖自净能力下降、湿地退化

根据《巴音郭楞蒙古自治州博斯腾湖流域水环境保护及污染防治条例》，博斯腾湖正常情况下水位应严格控制在1045.0～1047.5m，相应大湖面积控制在886.5～1111.4km^2，库容（53.7～78.4）×10^{8}m^3，调节库容24.7×10^{8}m^3，调节湖面积224.9km^2。然而，2000年以来上游开都河来水量持续减少，受全球气候变化影响降水量与蒸发蒸腾量差距较大，流域内工农业生产用水急剧增加，多个因素导致出入湖水量极不平衡，博斯腾湖水位急剧下降，从2000年的1048.51m，下降至2010年的1045.29m，湖面面积也从2000年的1210.5km^{2}减少至2010年的964.7km^2。博斯腾湖水位下降及湖面面积减少直接导致了湿地生境退化，生物多样性受损，降低了水体自净能力和生态系统的自我修复能力。

二、博斯腾湖已成为微咸湖，并呈现富营养化趋势

目前博斯腾湖总体水质呈现“微咸”、“中营养”特征。

1955～2010年的55年间，博斯腾湖水体矿化度出现较大波动，整体呈上升趋势，主要分三个阶段：第一阶段为1958～1990年，博斯腾湖矿化度急剧上升，由1958年的0.6g/L增加至1990年的1.64g/L；第二阶段为1990～2003年，博斯腾湖矿化度开始逐渐下降，到

2003 年时，矿化度为 1.17g/L；第三阶段为 2004～2010 年，博斯腾湖矿化度又逐渐升高，到 2010 年时，矿化度已达到了 1.46g/L。考虑到博斯腾湖水环境功能要求，矿化度应控制在 1.4g/L 以下。

博斯腾湖矿化度受开都河来水、湖水位升降、农田排水、孔雀河出流或扬水以及地下水补给状况等多种因素的影响，而这些因素都与人类活动密切相关。近年来博斯腾湖矿化度明显升高，主要是由于人类活动改变了博斯腾湖水盐、水量平衡关系，包括以下几点。

(1) 流域内农业灌溉规模的大幅度增加是博斯腾湖咸化的主要原因，含高盐量的农田排水排入博斯腾湖，带入盐量是博斯腾湖入湖盐量的 80%。

(2) 焉耆盆地灌溉引用水量不断增加，减少了开都河入湖淡水量。

(3) 解放一渠、宝浪苏木分水闸和黄水沟分洪闸也减少了直接入博斯腾湖大湖的淡水水量。

2010 年，博斯腾湖水质总体为Ⅲ类标准，但呈轻度污染。从 1999 年以来，博斯腾营养化程度已由贫营养状态转化为中营养状态，并有缓慢上升趋势，主要污染指标为 TN，接近Ⅳ类标准。从全湖各区水质看，黄水沟区水质最差，此处是农田排水、工业废水及生活污水的入湖处；开都河入口区水质最好，因为此湖区临近开都河的入湖口，有大量的淡水由此汇入，并且博斯腾湖的出口东西泵站均在此区域，水体交换能力较强。

农田排水、工业废水和生活污水是造成博斯腾湖污染的主要原因，历年来排入博斯腾湖的污染物量整体呈上升趋势。近几年来，每年约有 $4.8\times10^8m^3$ 的农田排水、超过 $1600\times10^4m^3$ 的工业废水和生活污水直接或间接排入博斯腾湖，每年有 2.61×10^4t COD、2717.3t NH_4^+-N、393.6tTP 和 124.8×10^4t 盐排入博斯腾湖，超过了博斯腾湖的自净能力。其中，农田排水是最大污染源，COD 和 NH_4^+-N 的排放量占总排放量的 91.93% 和 81.03%，而工业废水和生活污水两者排放的 COD 和 NH_4^+-N 所占排放总量的百分比仅为 8.07% 和 16.97%。

三、农业污染未得到有效控制，农田排水是博斯腾湖水体的主要污染源

博斯腾湖的农业面源污染物来源主要包括农田排水、畜禽养殖和农村生活污染，其中农田排水是主要污染源。2001 年以来北四县耕地总面积大幅增长，2001 年时为 57×10^4ha 亩，2010 时已增加至 142.73×10^4ha 亩。由于耕地面积迅速扩大，且灌溉方式以大水漫灌为主，不合理的高定额灌溉使得大量农田排水泄入博斯腾湖。由于农田灌溉水量大，耕地表面累积的污染物会随着农业排水入湖。2009 年博斯腾湖北四县化肥施用量为 86756t，化肥主要种类为复合肥、磷肥、尿素等，单位面积化肥施用量为 378kg/ha，松花江流域化肥施用水平为 219.2kg/ha，我国平均单位面积施用量为 400kg/ha，可见北四县的单位面积化肥施用量在全国处于一般水平。由于农业化肥的利用率不高，大部分残留化肥随农田排水经开都河、黄水沟、清水河、农田排渠等各条大小河渠排入博斯腾湖。此外，焉耆盆地土壤盐渍化十分严重，灌溉排水中除含有污染物 COD、N、P 外还含有大量的盐分，源源不断由这些排渠进入博斯腾湖。

四、部分工业废水未能稳定达标排放

依据 2010 年全区污染源普查动态更新调查结果，沿湖四县共有工业源 324 家，国控废水企业 5 家，主要工业行业为农副食品加工业和食品制造业，年排放工业废水量达到了

802.45×10^4 t。经过近几年的整治和改造，污染物排放量已有显著削减，其中COD年排放量为1684.1t，NH_4^+-N为74.16t。但目前仍有部分企业存在废水处理工艺不合理、设施无法正常运行、出水难以达标等问题。

五、生活污水处理设施亟需完善

环博斯腾湖周边焉耆盆地北四县生活污水的产生量随着人口的增长而逐年增加，加大了生活污染源对湖泊生态环境的影响。自治州小城镇化建设步伐不断加快，散居的农村人口逐步向小城镇集中，原先无组织排放，房前屋后泼洒的生活污水，由于城镇化建设规范统一了生活污水排放方式，实现了生活污水的集中排放，增加了城镇生活污染物的排放量。博斯腾湖流域2010年统计总人口104.90万人（含新疆兵团农二师6个团场），流域GDP已达545亿元。这直接导致了环博斯腾湖周边即焉耆盆地内北四县生活污水的产生量随着人口的增长、农村城镇化规模的不断扩大而逐年增加。虽然北四县的城镇生活污水处理厂已于2010年6月投入试运行，但由于收集管网不配套，大量的生活污水仍直接进入博斯腾湖，年排放量达到825×10^4t，含COD排放量为825t，NH_4^+-N排放量为247.5t。

第三节　指导思想与原则

一、指导思想

全面贯彻落实科学发展观，在全面建设小康社会和构建社会主义和谐社会总体要求下，以加强博斯腾湖流域水环境综合治理为整体，坚持“减排为主、修复紧跟”，通过防治结合，重点削减COD、TN和盐的入湖总量，全面改善和恢复博斯腾湖水环境质量。以优化农业发展方式为抓手，遵循“节水、减量、合理”的原则，全方位构建有效的农业面源污染控制体系；以提高污染物排放标准、完善污水处理设施为主要手段，推进污染集中治理，削减COD，实施脱氮除磷提标改造，严格控制工业和生活污染源；实行生态控制措施，提高博斯腾湖水环境自净能力，降低水体中N、P含量。在规划期内实现改善博斯腾湖水环境质量、提高工农业生产用水效率、减缓对博斯腾湖污染影响的基本目标，实现博斯腾湖流域经济社会的可持续发展。

二、编制原则

1. 充分调查

博斯腾湖流域是巴音郭楞蒙古自治州工农业生产的重要聚集区域，人口和产业集聚程度较高，流域内农业占绝对比重，近年来工业快速发展，城镇污染逐渐加大。充分调查博斯腾湖的水文、水质情况，以及流域内产业结构、工业点源污染、生活和农业面源污染情况，明确污染特征和重点污染源，是找出污染的根本原因并制定相应对策措施的关键。

2. 统筹规划

博斯腾湖流域涵盖环湖区的和硕县、和静县、博湖县、焉耆县等北四县以及库-塔灌区的尉犁县和库尔勒市，因此，必须按照“流域统筹、分区划片”的原则，从全局着手制定博斯腾湖流域水环境综合治理规划，从而改善和恢复博斯腾湖流域水环境质量。

3. 标本兼治

立足当前，放眼长远，先易后难，分步实施。在着力解决当前突出环境问题的基础上，采取治本之策，加强污染源头治理，提高排放标准，推行深度处理，切实控污减排，从根本上解决博斯腾湖水污染问题。

4. 突出重点

坚持从实际出发，实事求是，有针对性地解决制约博斯腾湖水污染防治的关键问题。紧紧抓住重点区域和重点污染源，实施基于环境容量的排污总量控制，以削减 COD、TN 和盐为重点，继续控制 TP 的排放总量，综合治理博斯腾湖水污染问题。

5. 协力治污

博斯腾湖流域内各县市政府的团结协作非常重要，必须形成博斯腾湖污染综合防治的合力，各负其责，共同实现博斯腾湖水环境质量的改善和修复。

第四节 规划目标和指标

博斯腾湖水污染综合防治中长期规划的“时间表-路线图”见图 9-8。

图 9-8 博斯腾湖水污染综合防治中长期规划的“时间表-路线图”

一、近期目标

到 2014 年，通过防、治结合，使博斯腾湖水环境质量在维持当前水平的基础上，COD_{Mn}

和 TN 有所下降，水环境质量得到一定程度改善。对农业面源污染开展综合防治，对工业废水和生活污水处理设施进行完善和升级，并结合自然湿地恢复、人工湿地构建等措施开展污废水深度处理和生态拦截，减少入湖污染物的总量，实现流域内污染物减排。

二、中期目标

到 2016 年，博斯腾湖北四县各片区所属企业污染物稳定达标排放，工业废水处理率达到 100%且达标率达到 95%以上，城镇生活污水实现全部处理和达标排放；推广畜禽养殖污染综合治理措施和农田污染控制措施，逐步削减农业面源污染；湖泊水环境质量稳定在Ⅲ类水体标准；营养水平控制在中营养水平之内；矿化度控制在 1.4g/L 以内；湖滨湿地得以部分恢复。

三、远期目标

到 2020 年，加大流域内环境保护力度，增加环保投资，实现分片包干有限目标责任制，各片区所属企业及城镇污水处理厂污染物稳定达标排放并实现中水回用，农业用水量及污染物排放量显著削减。博斯腾湖水质稳定在Ⅲ类水体标准，营养水平稳定在中营养水平以下，矿化度接近 1.0g/L。

四、主要指标

博斯腾湖水环境综合治理主要指标见表 9-17。

表 9-17 博斯腾湖水环境综合治理主要指标

类别		指标名称	单位	2012 年	2014 年	2016 年	2018 年	2020 年
环境质量指标	1	水体质量指标		Ⅲ类	Ⅲ类	Ⅲ类	Ⅲ类	Ⅲ类
	2	水质达标率	%	100	100	80	90	100
总量控制指标	3	COD	t/a	19580	14685	11013	6195	4646
	4	TN	t/a	2038	1528	1146	859	644
	5	盐	t/a	99×10^4	79×10^4	63×10^4	51×10^4	41×10^4
污染防治指标	6	农业化肥减施率	%	5	10	20	30	50
	7	畜禽场粪便无害化处理率	%	30	50	70	80	95
	8	工业废水处理达标合格率	%	50	65	75	85	90
	9	工业废水处理尾水回用率	%	10	20	40	60	80
	10	城镇生活污水集中处理率	%	10	30	60	90	100
	11	乡村生活污水处理率	%	10	20	40	60	80
	12	生活垃圾无害化收集处理率	%	30	50	70	90	100

第五节　主要任务

一、多途径控制农业污染，减少淡水用量，削减污染物产生量和入湖量

1. 退耕还湖并大力发展节水农业

近几十年来，焉耆盆地由于耕地面积迅速扩大，农田灌溉方式以大水漫灌为主，灌溉耗

水量大，1/3 以上的地表水被引用灌溉，水资源利用率低，挤占了大量的入湖淡水，同时农田排水还会携带大量氮、磷污染物和盐进入博斯腾湖，成为博斯腾湖水位下降、咸化、富营养化的主要原因。因此，必须退耕还湖，同时大力发展节水农业，以增加入湖淡水量。主要可采取以下措施。

（1）在环湖湖岸带实行退耕还湖，减少农用水量同时恢复湖滨自然湿地。

（2）通过渠道防渗，提高渠系水利用系数。

（3）建设高新节水工程，大力发展新型灌溉模式。

（4）大力推进农田标准化建设，平整土地，提高田间水利用系数。

2. 推广化肥减施

与我国大部分农村地区相似，博斯腾湖流域内农业化肥的利用率不高，大部分氮、磷未被作物利用随田间径流进入开都河、黄水沟、清水河和各级农田排渠，最终随河渠、农排渠进入湖体。施肥方式、灌溉方式、土地耕种方式等方面的不尽合理，是导致化肥氮、磷利用率较低、流失量较高的主要原因。随着农田化肥施用量增加，化肥施用导致的农田氮、磷流失量也将增加，进而对博斯腾湖水质产生更为显著的压力。因此，需要对农业种植结构进行合理调整，全面推广测土配方施肥技术，科学耕种和施肥，多用有机肥，减少化肥用量。根据博斯腾湖流域北四县土壤的性质、耕作条件确定种植拼作和农作制度，合理调整农业种植结构，提高农作物对土壤中营养元素的利用率，充分利用有限水资源。全面实施测土配方施肥，综合考虑博斯腾湖流域作物的需肥特性、土壤的供肥能力等，确定氮、磷、钾以及其他微量元素的合理施肥量、合理施肥时间及施用方法。减少碳铵、过磷酸钙等传统化肥施用量，加快复合肥替代单一营养元素化肥的步伐，增加一些专用肥的施用量。增加生物有机肥和有机肥施用量，扩大施用面积，提高土壤保肥保水能力，减少化肥面源污染。应用区域养分管理和精准化施肥技术，使蔬菜作物减少氮肥用量 30%，磷用量 20%，施用有机肥替代 40%的化肥。水旱轮作减少氮肥用量 20%，磷用量 10%，施用有机肥替代 20%的化肥。

3. 对农田氮、磷流失进行生态拦截

2010 年，博斯腾湖周边 8 条主要农田排渠水质较差，总体水质超过地表水Ⅲ类水质标准的占 86%，其中大部分为Ⅴ类水质，Ⅲ类水质仅占 14%。在农田排渠进入博斯腾湖径流量仅为 20%左右的情况下，带入博斯腾湖的 COD、NH_4^+-N、TN、TP 和盐分别占到入湖总量的 38.6%、59.2%、59.2%、29.5%和 63.7%。为此，对农田排水污染物进行拦截和削减成为最为紧迫的工作。在有限土地资源的情况下，在农排渠与农田之间建立合理的草地或林地过滤带，可有效降低农田面源污染的输出量。在水流从农田流向水体时过滤带起到两种作用：一是对地表径流起到滞缓作用，可调节入河农田径流强度；二是通过缓冲带的滞留和各类生物降解作用，有效地减少地表和地下径流中固体颗粒和养分含量。

鼓励博斯腾湖流域内的农户在农田和水体间种人工栽植或天然植被，在干排渠两侧的 10～30m 范围内，建立在管理上与农田分割的植被缓冲带，建立农田与排渠间的过渡体系。缓冲带可采用邻近农排渠的农田下方和排渠坡面，种植芦苇、林带或其他草类。在其余地区的农田田埂及大型种植场周围合理的建设固土能力强的防护带，减少土壤细颗粒的流失，从而防治氮、磷养分进入水体污染环境。在实施农田高浓度污染物排水污染物拦截工程后，可至少减少农田面源中 15%的 COD 和 NH_4^+-N、10%的 TN、TP、5%的 TDS 进入农排渠。

4. 控制畜禽养殖污染

畜禽养殖业是博斯腾湖流域内 NH_4^+-N、COD 产生量最大的污染源，占博斯腾湖北四

县 NH_4^+-N 产生总量的 91.9%，对 COD 排放量的贡献达到 66.4%；就入湖量而言，分别占到入湖 NH_4^+-N、COD 的 63.4%和 40.1%。因此，要通过科学、合理规划养殖业规模，建立生态型养殖场，对畜禽粪便废弃物进行无害化处理和综合利用，使畜禽养殖污染物资源化，走可持续农业发展的道路，控制畜禽养殖污染。根据博斯腾湖流域当地实际情况调整养殖结构，适度降低养猪的比重，多养牛、羊、兔等，发展效益高、污染轻的特种养殖。对规模较大的养殖场，应当普及生态养殖，合理确定畜禽养殖的规模，采用干清粪作业，减少污水和粪便流失。加强畜禽养殖粪便资源化综合利用，建设必要的畜禽养殖污染治理措施，继续大力推广应用“农牧结合、雨污分流、饮污分开、干湿分离、沼气发酵”等综合治理技术，推行干粪堆肥、尿液和冲洗水沼气发酵、沼渣沼液还田，提高畜禽粪便综合利用率。要求全部按照有关畜禽养殖业污染物排放标准实现达标排放。小规模养殖场和家庭养殖应结合沼气池建设生产有机肥，也可采用堆肥技术处理。沼液、沼渣或堆肥产物可用于农田施用，积极推广实行“两个养殖圈舍合建一个中型沼气池”的成熟经验。

5. 控制水产养殖污染

博斯腾湖流域内水产养殖区多分布于博斯腾湖周边的湖滨区和小湖塘，水产养殖产生的污染物大部分直接进入大湖区，其中 TP 入湖量比例占流域总量的 75%左右，未来博斯腾湖周边水产养殖规模仍呈现增长的趋势，考虑到未来水产养殖对湖泊 N、P 的贡献将增加，相应的减排压力也将增加。因此，必须合理控制水产养殖的规模，湖区禁止或限制从事网围、网栏、网箱等水产养殖，各养殖方式均不能采用投饵养殖。推广池塘养殖水净化及循环利用，对百亩以上的连片养殖场按一定比例配置净化塘，通过种植水生植物、放养滤食性鱼类和贝类等净化水质。大力推广综合套养、种草养殖、仿野生养殖等高效、健康、生态养殖模式和技术，实现“以渔养水”。到 2020 年，水产养殖规模在 2010 年的基础上增加幅度不得超过 30%，入湖 TN、TP 的增长率控制在 25%以内。

6. 开展秸秆综合利用

2002～2009 年，博斯腾湖流域每年因农作物秸秆回用于农田过程产生的 COD、TN、TP 量都在增加，COD 产生量增加了 1 倍，TN、TP 产生量均增加了 1.5 倍，其中以和硕县增加最为明显，2009 年和硕县成为农作物秸秆回用产生的污染物主要贡献地区。根据农田秸秆还田对博斯腾湖水质的潜在影响，应加强秸秆还田量的管理和控制，在农业部门督促下和指导下，在规划期内将北四县单位面积秸秆还田量控制在 2009 年的水平以下，逐渐扭转秸秆还田产生的污染物排放量增加的趋势。同时，大力推广秸秆气化集中供气项目与机械粉碎秸秆后还田工作。通过机械化秸秆粉碎还田、覆盖还田、秸秆培养食用菌、秸秆气化等多种途径实施秸秆综合利用，生产沼气和有机肥等多种资源，实现循环利用，使秸秆综合利用率在 2013 年达到 60%、2015 年达 90%以上。

二、优化调整产业结构布局

调整和完善农业产业结构布局，实现农业面源污染的减排；促进区域工业的集聚和转移，实现工业生产的规模效益和资源的节约利用；促进第三产业布局的合理化，实现城镇生活污水的集中处理和循环利用。通过产业结构的优化调整促进区域水环境质量的改善。

改善区域内农业种养模式，以资源化和减量化解决产生的固体废物、生活污水，从而达到减少种、养殖业投入，提高资源利用率，提高经济效益，改善家庭环境卫生状况；加快工业企业清洁生产审核步伐，对高耗能、高污染产业进行技术改造，淘汰落后的工艺和设备，大幅度提高生产的清洁化程度；建立起包含循环农业、循环工业、循环服务业的区域循环经济体系。

掌握区域内土地利用现状，分析区域土地利用结构的合理性；分析土地利用结构不合理对区域水环境造成的影响；通过对区域农业用地、建设用地的优化调整，努力实现节约集约利用资源和减少污染排放。

对农村居民点进行适当的集中改造，改善农村生活设施，改善农村卫生环境，实现农村垃圾的资源化、减量化及回收利用；通过对区域内田、水、路、林、村进行综合整治，实现区域内土地承载力的增强、居民生活水平的提高及区域生态环境的改善。

三、全面提高工业废水处理水平，削减工业污染排放量

博斯腾湖流域工业企业主要以食品加工业为主，其中番茄制品业、制糖业工业较为典型。根据2010污染普查更新数据，2010年博斯腾湖流域直接进入河流、农田排渠的工业废水排放量为802.46×10^4m^3，COD_{Mn}排放量为1684.1t、氨氮为74.16t，TN、TP和盐分均较少。排污企业中除了一家黑色金属冶炼及压延加工业（新疆和静金特钢铁股份有限公司）之外，其他排污企业均属于食品制造业。工业排水及污染物大多并不直接进入博斯腾湖，多就近进入邻近的河流或农排干渠，少部分进入城镇污水收集管道后排入河流或排渠。尽管近年来加大了工业废水治理力度，工业污染物排放量大幅削减，但仍是主要入湖污染源之一。

1. 严格执行排放标准，督促企业进行升级改造

由于食品加工企业以当地优势农业产品为原料，受其生长和成熟特性的制约，其生产具有明显的加工周期和季节性特点，受生产周期的影响，排水具有明显的周期性，并且水量水质变化大，排污时段相对集中，同时由于生产周期短，对于废水治理设施的处理技术和管控水平要求高。尽管近年来工业废水治理取得初步成效，但目前多数企业污水处理设施较为简易，出水大多未达到《污水综合排放标准》（GB 8978—1996）规定的三级排放标准要求。因此，对排放浓度达不到《污水综合排放标准》（GB 8978—1996）三级标准的企业，必须督促其设置或提升改造污水处理系统，保证其外排污水达到三级排放标准；实施“以奖代补”资金政策，促进北四县食品加工行业污染治理设施的正常运行和工艺升级；在城镇污水处理厂尚有接纳能力的县市，建设污水管网，提高工业废水入城镇污水管网率，使其达到《污水综合排放标准》三级出水要求。对流域内新增工业企业的准入进行严格把关，禁止不符合国家产业政策的企业上马。规划的工业园区污水处理厂污水处理排放指标必须满足《城镇污水处理厂污染物排放标准》（GB 18918—2002）的一级B类标准要求。

2. 提高流域工业用水重复利用率，减少工业废水排放量

制糖、番茄加工是博斯腾湖北四县的优势产业，同时也是主要工业污染负荷来源，排污企业普遍存在水资源利用率不高，污水排放强度大等特点。因此，要优先治理流域内制糖、番茄制造等工业污染源，严格限制番茄酱加工企业产业规模，对于单线500t/d以下，达不到经济规模的生产企业应予以关停。对工业用水重复利用率低的主要食品加工企业实行节水改造、深度处理和中水回用，番茄制品企业工业用水重复利用率需达到50%，酿酒企业需达到30%。

四、建设和完善生活污染处理系统

1. 城镇污水处理厂逐步实施升级扩容，增设监管设施，完善污水收集管网

博斯腾湖北四县城镇生活污水处理厂于2008年同时开工，已经于2010年年底完成污水

处理厂全部建设工程，随后进行了调试运行，但目前并未实现正常运行，且污水收集管网并不完善，因此博斯腾湖北四县中和硕县城镇生活污水直接经排污管道进入博斯腾湖，其他三县经过管网直接排入周边河流和农田排碱渠，间接排入博斯腾湖。

近期内需完成和硕县、博湖县生活污水处理厂技改工程，配套污水处理中控系统，安装污水在线监测设施，并实现与环保系统数据联网，实现污水厂出水水质实时监控，确保污水处理厂水质达标排放。

由于目前博斯腾湖北四县的城镇生活污水排放口不仅接纳有生活污水，还接纳部分第三产业和工业废水，因此根据区域人口规模估算的城镇生活污水量只有 $650\times10^4 m^3$左右，实际上经各主要城镇生活排污口进入河、湖的排水量已经达到近 $1800\times10^4 m^3$左右。考虑未来各县城镇人口的增加（按照 2002～2010 年年均增长率估算）和工业、第三产业等污水的汇入影响，需对北四县城镇污水处理厂进行逐年扩容，并实现县城区排水管网普及率达到 90%，污水处理率达到 100%，污水厂出水水质达到一级 B 标准。

2. 农村生活污染综合治理

目前，农村生活污染对博斯腾湖水质的影响尚不显著，但环湖地区和邻近河流、干排等乡村生活垃圾、固废和生活污水等成为潜在的水体污染源，因此需重点开展和实施环湖地区、河道、农田排渠集中程度较高地区的农村村庄环境综合整治。

按照“组保洁、村收集、镇转运、县（市）集中处理”的城乡生活垃圾一体化处置模式，以环博斯腾湖沿岸的农村农户为控制重点，加强生活垃圾收集、转运设施建设，完善生活垃圾收集、中转和清运管理体系，做到集中倾倒、统一收集和转运，送至县市垃圾填埋场集中处理。

采取不同的治理方式，逐村逐户落实生活污水处理措施。临近镇区或污水收集管网的集中式村庄可通过铺设污水管道将生活污水接入污水管网，送污水处理厂集中处理；对于比较分散而人口又相对集中的村庄采用“生物处理＋生态湿地技术”，建设集中式治理设施，将处理后的生活污水用于农田、防护林灌溉；对分散式农户可通过推广生态型厕所减少污水对水环境的影响。

五、充分恢复和重建湿地生态，实现污染物生态拦截，提高湖体自净能力

博斯腾湖流域 20 世纪 70～80 年代，环湖存在大面积的湖滨湿地带，成为有效拦截各类入湖污染负荷的天然缓冲带。随着流域社会经济的快速发展，湖滨湿地退化、占用情况严重，湿地总面积由 1958 年的 $558km^2$ 下降到 2010 年的 $300km^2$，减少了约 40%，其中部分区域（如黄水沟）湿地退化的面积已达 80% 以上，自净能力及污染物拦截能力急剧降低。由于缺乏农田排水入河、入排渠的污染负荷缓冲、拦截工程，导致大量农田排水携带高浓度污染物直接进入河道与各级农排渠，并带入博斯腾湖，使博斯腾湖水环境质量迅速恶化。为此，需要恢复湖滨湿地生态，利用湿地系统对入湖污染物进行拦截和削减。

在环博斯腾湖湖岸和开孔河河岸带划出一个数公里宽的退耕还湖带，通过封育等措施将所有湖岸边的耕地恢复为原来的天然芦苇丛、红柳丛等，在湖边形成一个环湖的天然植被带，构成一道天然屏障，各种污水都不直接排入博斯腾湖，而是先排入这些区域，经过天然植被的净化后，再流入博斯腾湖。确保耕地不挤占湖滨湿地，以逐步恢复湿地环境到原有的生态景观。

在入湖河口构建湿地和修复生态缓冲带，通过均匀布水、人工恢复浮叶植物睡莲和荇菜等措施，促进植物生长，使湿地生态系统得以恢复，入湖污染物及盐被拦截削减。

第六节 重点工程

一、工程项目

博斯腾湖水环境综合治理工程项目主要包括四大工程，共 44 个工程项目，总投资 85640 万元，重点工程项目投资见附表 4。

1. 农业污染控制工程

共 13 项，其中种植业污染控制工程项目 8 项、畜禽养殖业污染控制工程项目 4 项、水产养殖业污染控制项目 1 项、点源污染控制工程项目共计 4 项。

2. 生态处理工程

共 16 项，其中入湖河口湿地及生态缓冲带构建工程 4 项，污废水人工湿地深度处理工程 5 项，人工湿地构建工程 2 项，农业排水人工湿地深度处理及生态修复 3 项，滨河防护林工程 1 项，农田排水缓冲带工程 1 项。

3. 工业污染控制工程

包括 10 家企业废水处理提标改造工程、工业污染源尾水回用一期和二期工程、清洁生产审计。

4. 生活污染控制工程

包括农村生活污染治理工程 3 项，北四县污水收集管网建设工程 3 项，污水处理厂升级扩容工程 3 项，污水处理厂新建工程 1 项。

二、投资概算

为实现规划目标，博斯腾湖水环境综合治理投资共需 85640 万元。各级政府应据本规划要求和环保工作需要，按照分级承担的原则，实行政府宏观调控和市场机制相结合，建立多元化、多渠道的环保投入机制，广泛动员社会力量增加环保投入，切实保证环保投入到位，确保重点工程的完成。

1. 政府投资

面源污染治理、生态处理工程及流域水环境监测体系建设等主要以地方各级人民政府投入为主，州政府区别不同情况给予支持。

2. 企业投资

工业污染治理按照“污染者负责”原则，由企业负责。其中现有污染源治理投资由企业利用自有资金或银行贷款解决。新扩建项目环保投资，要纳入建设项目投资计划。

3. 社会投资

积极采用一定技术条件下的建设-转让（BT）、建设-经营-转让（BOT）等融资建设模式，吸引社会投资，形成多元化的投入格局。建立环境保护引导资金，以补助或者贴息方式，吸引银行特别是政策性银行积极支持环境保护项目。

三、实施计划

博斯腾湖水环境综合治理工程总投资 85640 万元。2012 年底前实施 8 个项目，总投资

14900万元；2013～2016年，实施27个项目，总投资56040万元；到2020年底，实施9个项目，总投资15100万元，重点工程项目年度实施计划见附表5。

四、职责分工

1. 自治区政府职责

自治区政府领导博斯腾湖流域保护工作，建立博斯腾湖保护的目标责任制、评估考核制、责任追究制，综合协调、督促处理保护工作的有关重大问题。

2. 巴音郭楞蒙古自治州政府职责

巴音郭楞蒙古自治州政府总体负责工程项目的具体实施工作，制定项目实施计划和资金筹措方案，组织实施跨县级行政区工程项目。

3. 县政府职责

博斯腾湖北四县政府负责本辖区所有治理工程项目的组织实施和督促落实，具体负责畜禽养殖污染治理示范工程建设、农田面源控制工程、污水收集管网工程建设、污水处理厂提标改造工程实施、农村生活污水处理工程建设等。

4. 环保部门职责

负责整治措施和重点工程项目的监督实施，对超标排放企业下达限期治理任务。

5. 建设部门职责

负责本辖区污水处理管网建设工程的实施工作，以及生活垃圾的收集、贮运和集中处置。

6. 农林部门职责

负责实施生态化整治和生态修复工作，农村生活污水分散治理工作，农田化、农药减施工程，畜禽养殖粪便综合利用和污染治理工程等。

第七节　目标可达性分析

一、总量控制指标的可达性分析

至2016年需要削减的污染物总量分别为COD27322.7t/a、TN712.7t/a、盐573239t/a，通过近期重点项目建设，尤其是农业污染综合防治及生态修复工程的实施，可削减COD28883.4t/a、TN994.98t/a、盐675370t/a，可满足削减量的要求。至2020年需要削减的污染物总量分别为COD52283.4t/a和TN850.2t/a，通过远期重点项目的建设，尤其是农业污染综合防治及生态修复工程的实施，可削减COD62818.4t/a和TN1965.2t/a，可满足削减量的要求，详见表9-18。

二、污染防治指标的可达性分析

1. 农业污染控制工程项目

改变传统农业发展模式，发展生态农业，实施化肥农药减施工程，拦截氮、磷入河途径，至2012年使规划区化肥农药施用量在现有基础上削减5%以上，至2016年削减20%以

表 9-18 规划区污染物削减能力综合分析 单位：t/a

水平年	污染物		COD	TN	盐分
2010 年	基准年排放量		37819.4	2207.67	1205428
2016 年	预测总排放量		60423.6	2866.38	1205428
	允许排放量		33100.9	2153.7	632190.1
	需要削减量		27322.7	712.7	573239
	削减能力	工业污染治理项目	894.7	141.8	—
		生活污染治理项目	3053.7	203.8	—
		农业污染治理项目	20785	649.3	578370
		生态修复工程	4150	280.3	97000
		合计	28883.4	994.98	675370
2020 年	预测总排放量		85384.3	3003.9	1205428
	允许排放量		33100.9	2153.7	632190.1
	需要削减量		52283.4	850.2	573239
	削减能力	工业污染治理项目	1507.14	251.5	—
		生活污染治理项目	6525.8	351.2	—
		农业污染治理项目	50635.6	1082.1	578370
		生态修复工程	4150	280.3	97000
		合计	62818.4	1965.2	675370

上，至 2020 年削减 50%以上；实施规模畜禽场整治、无害化及综合利用工程，至 2012 年确保规划区内禽畜养殖废水零排放，粪便资源化利用率达到 10%以上，至 2016 年达到 50%以上，至 2020 年达到 90%以上。

2. 企业废水排放达标合格率

制糖、番茄制造是主要工业污染负荷来源，排污企业普遍存在水资源利用率不高、污水排放强度大、处理设施多以简易处理为主等问题，污水处理大多未达到《污水综合排放标准》(GB 8978—1996) 规定的三级排放标准要求。同时其生产具有明显的加工周期和季节性特点，排水也具有明显的周期性，并且水量水质变化大，排污时段相对集中，对于废水治理设施的处理技术和管控水平要求高。因此，必须要求企业严格执行污水排放标准，对污水处理设施进行升级改造，在 2012 年确保出水达标合格率达 50%以上，2016 年达 75%以上，2020 年达 90%以上。

3. 工业企业尾水回用率

目前博斯腾湖北四县企业水资源利用率不高、污水排放量大，因此需要要求企业建设尾水回用工程，实现部分企业污水处理后直接回用，规划 2012 年实现工业企业尾水回用率 10%，2016 年达 40%，2020 年前达 80%。

4. 城镇生活污水集中处理率

目前北四县的生活污水除少量集中处理外，其余均直接排放，因此需加快污水管网建设，对城镇生活污水进行集中处理。在 2012 年使城镇生活污水集中处理率达 10%，至 2016 年达 60%以上，至 2020 年达 100%。

5. 生活污染控制工程项目

通过分散农户污染治理示范及推广工程，至 2012 年农村生活污水处理率达到 10%以上，至 2016 年达到 40%以上，至 2020 年达到 80%以上。建设生活垃圾收集处理系统利用工程，到 2012 年农村生活垃圾总体收集处理率达到 30%以上，至 2016 年达到 70%，至 2020 年达到 100%。

6. 生态处理工程项目

通过入湖河口湿地及生态缓冲带构建工程、污废水人工湿地深度处理工程、人工湿地构建工程、农业排水人工湿地深度处理及生态修复、滨河防护林工程、农田排水缓冲带工程等生态处理工程，实施生态拦截氮、磷及盐分。

第八节　保障措施

一、重大治污项目实行主要领导负责制

博斯腾湖流域水污染综合治理目前是新疆维吾尔自治区水污染防治的一项重要工作，自治区政府、州政府和县政府均给予了高度重视，但具体到博斯腾湖水污染治理项目实施时，由于涉及面广、部门多，受各部门职责分工、部门利益的限制，各部门工作重心、工作积极性参差不齐，最终对项目推进不利，且州、县层面的责任考核只能到部门，对经办人员触动不大。

为做好博斯腾湖规划区域内水环境综合治理工作，应细化管理模式。由自治区人民政府领导博斯腾湖流域保护工作，建立博斯腾湖保护的目标责任制、评估考核制、责任追究制，综合协调、督促处理保护工作的有关重大问题。巴音郭楞蒙古自治州人民政府负责成立博斯腾湖水环境综合治理工作领导小组，由州人民政府主要领导出任组长，博斯腾湖北四县人民政府主要领导和自治州相关部门负责同志为成员，定期召开联席会议，协调解决博斯腾湖水环境综合治理中的重大问题，建立绩效考核机制，实施严格的问责制，督导实施方案的落实。自治州环保局在区环保厅的指导下，协同自治州发改、农业、林业、水利、建设等部门及焉耆、博斯腾湖、和静、和硕县政府具体组织项目的实施和管理工作。博斯腾湖北四县人民政府切实加强领导，指导、协调、督促所属部门和乡（镇）人民政府、街道办事处履行保护博斯腾湖职责；明确湖泊保护的任务和进度要求，落实年度实施方案制定的相关工作任务。

根据本规划所确立的治理项目中部分重大项目实行区政府和州政府直接领导下的项目经理负责制，由项目实施的主要职能部门的主要负责领导担任项目经理，并突破现有行政管理体制，治理项目的实施情况直接汇报给区政府和州政府的负责领导，明确其职责、分工，并按项目的完成情况对其进行绩效考核，将博斯腾湖水污染治理工作与特定人员的个人发展挂钩。

二、拓宽资金渠道，强化融资治污

博斯腾湖水环境综合治理投资共需 85640 万元，由于治理项目性质各有不同，投资主体不一，且各级财政补贴政策目前尚未明朗，本规划按项目性质将各项目分为企业投资主体、各县为投资主体、自治州为投资主体三大类。巴音郭楞蒙古自治州应根据“政府引导，地方为主，市场运作，社会参与”的资金筹措原则拓宽融资渠道，对部分投资盈利项目可采用

BOT、建设-拥有-经营（BOO）、建设-拥有-经营-转让（BOOT）融资、建设运营模式；对部分投资不盈利的集中项目采用BT融资建设模式。这样，一方面可引入社会资金参与博斯腾湖治污；另一方面可将社会资金参与项目的上级补助资金用于其他公益性治污项目，例如假设将集中式污水处理厂、中水处理回用项目进行BOT融资，污水管网、中水管网项目进行BT融资建设。同时，为了能更好地推进博斯腾湖流域水污染社会化治理，短期内缓解地方财政压力，应在政府主导下出台相关政策，大力拓宽融资途径。

三、开发先进实用技术，提高治理技术水平

针对博斯腾湖水体咸化、农业污染突出、工业和生活污染逐渐加重的特点，积极寻求自治区甚至国内各高校和科研院所的帮助支持，对博斯腾湖流域水环境综合治理关键技术进行跨学科、多领域联合攻关。研发先进实用的水处理及水环境修复技术，重点是先进农业节水技术的研发应用和推广、农业面源污染的减排和治理控制技术措施、工业废水提标改造和深度处理先进实用技术的应用推广、城镇污水处理先进实用技术的研发应用、芦苇湿地处理废水及生态修复技术的研发应用等。

四、建立流域内水污染综合治理的技术服务机构，提高企业的污水处理水平

规划区域内工业企业众多、工业污染物排放量大，一方面由于企业的技术研究和工作重点侧重于产品的生产与销售，部分企业不可能、也没有能力管理好其自身的污水处理设施，部分企业的污水处理从业人员没有经验，造成普遍的污水处理设施运行水平不高；另一方面，社会上环境工程类公司众多、水平参差不齐，企业在选择环保设施建设承包商、提标改造方案时对技术无所适从，有时不可避免地造成投资浪费。因此，由政府牵头、与具有相当污水处理技术实力的单位合作、企业参与，建立处理行业技术服务机构，并赋予其部分行业管理职能，为企业提供污水处理设施建设、装置的运行管理的有偿技术咨询服务，有条件的企业或部分运行水平较差的企业可实行第三方委托运行并由委托运营商承担企业的环保风险，这样可将企业从高度紧张的环保压力中解脱出来，并能极大地提高企业污水处理设施的运行管理水平与污水排放的达标合格率，最终解决企业污水处理设施的不规范运行与排放，减小工业污染源对水体环境的影响。

五、进一步充实博斯腾湖水环境综合整治的技术力量

博斯腾湖水污染综合整治是一项长期而艰巨的工作，需长时间、多领域进行技术项目的实施和管理。因此，可由自治区、州政府组织区、州内具有环境治理技术水平与工作能力的干部或科技工作者，去博斯腾湖流域内任务重的管理部门及乡镇进行为期1～2年的挂职，挂职干部的主要工作是在地方政府领导下从事博斯腾湖水污染治理的具体工作。这样一方面可充实地方的技术力量，极大地推动博斯腾湖治污工作；另一方面也锻炼了技术干部的基层工作经验。

六、严格执行排放标准，完善相关法律法规

工业污染和生活污染是博斯腾湖的主要污染源，应严格执行相关排放标准，督促企业和城镇污水处理厂完善污水处理设施并安装排污在线监测装置，实现污水达标排放。制定严格

的流域性地方排放标准，以打破各县市、兵团、国有农场的地域行政界线，对博斯腾湖的污染治理工作实行科学规划，统一管理。对博斯腾湖流域上游河流、排渠的污染源及排污口进行详细调查，按要求进行整治。

七、提高监管监控能力，加强监督执法力度

一是建设水环境自动监测体系。在入湖河流、排渠与博斯腾湖的交界断面建设水质自动监测站，重点排水企业安装在线监控装置，纳入网站统一管理，信息统一发布，实现信息共享；购置流动环境监测船，扩大监测的覆盖面和监测频次，及时准确地把握湖区及周边的污染状况。二是强化工程实施管理。严格实施项目法人责任制、招投标制、合同制和工程监理制，加强对工程质量和工程进度的监督管理，确保工程建设质量，加强项目竣工验收管理。项目竣工后，按照国家有关规定进行验收。验收不合格的项目，不得交付使用。项目建成运行后，要组织开展项目后评估，监管项目运行状况，防止验收不运行现象的发生。三是严格建设资金管理。制定政府建设项目资金管理办法，建立资金专户，确保专款专用，加强资金拨付前的审核和使用中的监管。要切实采取措施保证各类投资及时、足额到位，确保项目按计划工期实施。

八、加强环境宣传教育，积极促进公众参与

认真实施有关环保政策法规、建设项目审批、环保案件处理等政务公告制度，建立信息发布制度，对涉及公众用水和环境权益的重大问题，要履行听证会、论证会程序，定期召开由政府、企业、居民共同参与的讨论会，建立“环境圆桌会议制度”。推进企业环境信息披露，公布流域内重点污染企业污染排放情况。维护广大公众环境知情权、参与权和监督权，调动广大群众参与治污的积极性。充分利用电视、广播、报纸和网络等新闻媒体，发挥其舆论监督和导向作用，增强企业社会责任，形成全社会共同推动博斯腾湖水环境综合治理工作的良好社会氛围。加强宣传教育力度，增强公众环境忧患意识，倡导节约资源、保护环境和绿色消费的生活方式，在全社会形成保护水环境的良好风尚。

附　　录

附表 1　北四县排污企业清单

序号	名称	废水排放量/(t/a)	COD/(t/a)	NH_4^+-N/(t/a)
一	和静县	4605793.77	486.51	52.51
1	新疆和静天山水泥有限责任公司	1020.70	0.07	
2	和静县巴润哈尔莫墩镇造纸厂	9000.00	13.62	0.17
3	新疆和静县巴音布鲁克酒业有限责任公司	2000.00	6.64	
4	新疆和静县板纸制品有限责任公司	105000.00	15.89	0.20
5	和静县吴建春豆腐房	399.60	2.98	0.03
6	和静县丁凤琴豆腐	333.00	2.99	0.03
7	和静县利民生猪定点屠宰场	1942.50	2.02	0.14
8	和静德军纸业有限责任公司	74800.00	5.50	
9	和静县巴润哈尔莫墩镇供销社面粉加工厂	28.00	0.03	
10	和静利华食品有限责任公司	28165.00	2.73	1.48
11	和静县瑞和番茄制品有限责任公司	145500.00	50.95	0.01
12	库尔勒番昌番茄制品有限公司上游分公司	60000.00	24.31	
13	新疆胡杨就业有限公司	3750.00	23.43	0.16
14	和静县众志工贸有限公司	62880.00	0.68	
15	和静县盛鑫农贸有限责任公司	10853.47	4.11	1.50
16	新疆金特钢铁股份有限公司	3700000.00	118.40	40.70
17	和静县旭华铸造有限责任公司	0.00		
18	巴州巴音河果蔬食品有限责任公司	6000.00	3.02	
19	巴州华科热力公司(和静)	460.00	0.01	
20	和静县永乐面粉厂	27.00	0.06	0.03
21	和静县强隆面粉厂	54.00	0.11	0.05
22	和静县田野粮油制品厂	60.00	0.11	0.05
23	和静县腾达面粉厂	8.00	0.04	0.02
24	和静县蓝天热力有限责任公司三号站	2843.50	0.14	
25	新疆沃德食品有限公司	240000.00	111.89	0.01
26	新疆红彤彤食品有限公司	70000.00	26.49	
27	和静榕丰番茄制品有限公司	20000.00	12.10	
28	和静县东归酒业	1875.00	11.72	0.08
29	和静县蓝天热力有限责任公司一号站	2843.50	0.14	
30	和静县蓝天热力有限责任公司二号站	2238.50	0.11	
31	和静新盛矿业有限责任公司	31998.00	0.73	
32	和静县蓝天热力有限责任公司四号站	2238.50	0.12	
33	和静县蓝天热力有限责任公司五号站	2359.50	0.12	
34	新疆渥巴锡酒业有限责任公司	1250.00	7.81	0.05

续表

序号	名称	废水排放量/(t/a)	COD/(t/a)	NH_4^+-N/(t/a)
35	新疆静河酒业有限责任公司	3125.00	19.53	0.14
36	新疆宏番制罐有限公司	150.00	0.01	0.01
37	新疆蓝梦酒业有限公司	300.00	16.80	7.56
38	和静县长兴面粉厂	41.00	0.08	0.04
39	和静县天泰面粉厂	250.00	0.11	0.05
40	和静努尔造纸厂	12000.00	0.91	
二	和硕县	727711.00	447.16	5.99
41	和硕县南华化工有限责任公司	10.00	0.05	
42	和硕县恒升石材有限公司	0.00		
43	和硕县国忠食品开发有限责任公司	64000.00	46.95	0.38
44	和硕县塔哈其乡茶汗布湖天硕砖厂			
45	和硕县建发石材有限责任公司	0.00		
46	和硕县宏美涂料厂			
47	和硕县新津木业加工有限公司	1350.00	1.90	
48	中国石油天然气股份有限公司新疆库尔勒销售分公司和硕金沙加油站			
49	新疆双吉矿业有限责任公司			
50	和硕县清水河宏岳棉花加工有限责任公司			
51	和硕县冠龙果汁酿造有限公司	2890.00	103.18	0.52
52	巴州明祥热力有限公司	500.00	0.54	
53	和硕县东村砖厂			
54	和硕县龙驹供热有限公司	500.00	0.29	
55	和硕县文新热力有限责任公司	400.00	0.32	
56	新疆芳香庄园酒业有限公司	800.00	73.14	0.54
57	新疆宏景清真食品有限公司	187200.00	118.57	4.07
58	和硕县特吾里克镇中心卫生院			
59	和硕鹏程农业开发有限公司			
60	和硕一弘矿业有限公司	5000.00	0.38	
61	和硕县天喜食品有限责任公司	40000.00	48.49	
62	中国石油天然气股份有限公司新疆库尔勒销售分公司和硕南加油站			
63	中国石油天然气股份有限公司新疆库尔勒销售分公司和硕北加油站			
64	和硕县川硕石材有限责任公司	8000.00	2.79	
65	和硕县曲惠乡红墙砖厂			
66	中粮屯河有限公司和硕番茄制品分公司	260800.00	17.81	

续表

序号	名称	废水排放量/(t/a)	COD/(t/a)	NH_4^+-N/(t/a)
67	新疆和硕丁丁食品有限责任公司	140000.00	6.65	
68	新疆银星棉花加工有限责任公司			
69	新疆巴州天磊石材有限责任公司			
70	新疆瑞峰葡萄酒庄有限责任公司	60.00	4.06	0.03
71	和硕县满卡姆食品有限责任公司			
72	和硕县寿林面粉加工厂	60.00	0.01	
73	和硕县玉刚石材加工厂	0.00		
74	和硕县民乐面粉加工厂	60.00	0.01	
75	和硕县顺事综合加工厂	120.00	0.02	
76	和硕县利群面粉厂	75.00	0.01	
77	和硕县新世纪酒厂	51.00	7.75	0.06
78	和硕县南安石业石材厂	0.00	0.00	
79	和硕县硕兴预制厂			
80	新疆银硕棉业有限责任公司			
81	和硕县鑫泰地膜厂			
82	和硕县连合家禽定点屠宰场	1000.00	1.74	0.09
83	和硕县升辉塑料厂			
84	和硕县荣发塑料加工厂			
85	和硕县建司预制厂			
86	和硕县清州牛羊定点屠宰场	1250.00	2.35	0.10
87	和硕县玉硕石材厂	0.00		
88	和硕县国都生猪定点屠宰厂	2244.00	3.93	0.17
89	李永珍豆腐坊分店			
90	和硕县付小翠豆腐摊			
91	和硕县姜忠福豆腐摊			
92	和硕县锦程免烧砖厂			
93	和硕县亦农石材厂	1600.00	0.37	
94	和硕县兴隆石材工艺有限责任公司	0.00		
95	和硕县和顺果汁酿造有限责任公司			
96	和硕县棉麻公司			
97	和硕县塔哈其乡阿翁代伦村砖厂			
98	新疆金硕植物添加剂有限责任公司	2410.00	2.20	
99	和硕县麻黄素制品有限责任公司	2000.00	0.04	
100	和硕县永达彩钢加工厂			
101	和硕县佰年葡萄酿造有限公司			

续表

序号	名称	废水排放量/(t/a)	COD/(t/a)	NH_4^+-N/(t/a)
102	和硕县华强玻璃制品有限公司	1460.00	0.02	
103	巴州天葡果汁酿造有限公司			
104	和硕县丙通无纺加工有限公司			
105	新疆驼仙酒业有限责任公司	671.00	3.28	0.03
106	和硕县金利达石材厂	0.00		
107	和硕县兴业矿业有限公司	3200.00	0.31	
三	焉耆县	1684941.76	272.82	13.42
108	焉耆县永宁马家豆腐	88.80	0.66	0.01
109	焉耆田丰节水材料制造有限公司	1920.00	0.03	
110	焉耆县志豪塑料厂	10.00	0.02	0.01
111	焉耆县光明路潘世刚豆腐店	40.00	0.30	0.00
112	焉耆县马莲滩马家豆腐	122.10	0.91	0.01
113	焉耆县老姜豆腐店	37.74	0.28	0.00
114	焉耆县杨家内脂豆腐店	122.10	0.91	0.01
115	永方榨油坊	105.00	0.01	
116	焉耆县新城路皮毛厂袁顺强豆腐店	31.08	0.23	0.00
117	焉耆县解放路褚银花豆腐店	62.16	0.47	0.01
118	焉耆县光明路沐君宝豆腐店	42.18	0.32	0.00
119	焉耆县325省道五号渠四号渠村二组豆腐店	106.56	0.80	0.01
120	焉耆县光明路琼芳豆腐店	40.00	0.30	0.00
121	焉耆县光明路朱保权豆腐店	26.64	0.20	0.00
122	焉耆县腾兴生猪屠宰厂	5610.00	10.93	0.48
123	英格益隆红柱石(新疆)有限公司			
124	巴州象宝科技包装袋有限责任公司	1800.00	0.53	
125	新疆焉耆三宇乳业有限责任公司	10000.00	3.03	0.37
126	焉耆县牙生江食品厂	19000.00	0.25	
127	新疆君美农产品贸易有限公司	3200.00	0.32	
128	塔里木河南勘探公司钻井分公司	0.00		
129	塔里木河南勘探公司	0.00		
130	焉耆县乎尔东面粉厂	363.00	0.01	0.01
131	焉耆县聚友面粉厂(分厂)	455.00	0.11	
132	焉耆县永盛炒货厂	680.00	0.02	
133	焉耆县华强热力有限公司	220.00	0.09	
134	巴州魏民广告有限责任公司印刷厂	11.00	0.01	0.01
135	焉耆县鸿腾热力有限公司(一号供热站)	2853.00	0.28	

续表

序号	名称	废水排放量/(t/a)	COD/(t/a)	NH_4^+-N/(t/a)
136	焉耆帝方食品有限公司	38000.00	33.39	
137	焉耆广德番茄制品有限责任公司	23000.00	17.90	
138	新疆瑞德食品有限责任公司	1890.00	0.52	
139	新疆意诺牧业科技有限公司	357.00	3.27	0.18
140	新疆佳信食品有限公司	25000.00	14.82	
141	焉耆县秦龙建材有限责任公司	100.00	0.01	
142	新疆巴州焉耆县光明屠宰厂	6888.00	12.84	0.53
143	新疆焉耆县鸿丰工贸公司	265.00	0.05	
144	中粮屯河股份有限公司焉耆糖业分公司	951200.00	80.96	5.52
145	新疆伊德梨斯食品有限公司	47.00	0.83	0.03
146	新疆乡都酒业有限公司	1580.00	0.13	0.01
147	中粮屯河股份有限公司焉耆番茄制品分公司	587268.40	86.92	6.22
148	焉耆县红帆生物科技有限公司	2400.00	0.16	
四	博湖县	1006104.00	477.61	2.24
149	新疆江皓工贸有限公司	68640.00	34.60	
150	中粮屯河股份有限公司博湖番茄制品分公司	420254.00	43.61	
151	博湖县蓝翔食品水产有限公司	7848.00	10.28	
152	博糊县万福食品有限责任公司	120000.00	75.60	0.09
153	博湖县鑫泰燃气有好公司热力分公司(2)号站	160.00	0.20	
154	博湖县鑫泰燃气有限责任公司热力公司(5)号站	37.00	0.05	
155	博湖县鑫泰燃气有限公司势力公司(1)号站	150.00	0.21	
156	新疆宏天食品有限公司	45000.00	151.20	
157	博湖县红多多番茄制品有限公司	180000.00	81.64	1.89
158	博湖县宏傅食品有限公司	70000.00	27.21	
159	博湖县种畜场开喜面粉制品厂	120.00	0.01	
160	博湖麦王面粉厂	960.00	0.01	
161	博湖县光明面粉加工厂	240.00	0.05	
162	巴州玉中玉食品有限责任公司	30000.00	15.12	
163	东风塑料厂	40.00	0.02	
164	新疆博湖人造板厂	1000.00	0.35	
165	博湖县红丰食品有限责任公司	60000.00	30.24	
166	博湖县尚品塑业有限责任公司	100.00	0.33	
167	刘建芳塑料颗粒厂	5.00	0.02	
168	博湖县瑞祥牛羊定点屠宰厂	450.00	3.80	0.14
169	博湖县西海生猪定点屠宰厂	1100.00	3.06	0.12

附表 2　工业废水排放量排序表

序号	企业名	排水量/(t/a)	占比/%
1	新疆金特钢铁股份有限公司	3700000	46.10
2	中粮屯河股份有限公司焉耆糖业分公司	951200	11.85
3	中粮屯河股份有限公司焉耆番茄制品分公司	587268.4	7.31
4	中粮屯河股份有限公司博湖番茄制品分公司	420254	5.23
5	中粮屯河有限公司和硕番茄制品分公司	260800	3.25
6	新疆沃德食品有限公司	240000	2.99
7	新疆宏景清真食品有限公司	187200	2.33
8	博湖县红多多番茄制品有限公司	180000	2.24
9	和静县瑞和番茄制品有限责任公司	145500	1.81
10	新疆和硕丁丁食品有限责任公司	140000	1.74
11	博糊县万福食品有限责任公司	120000	1.49
总计			86.38

附表 3　企业工业废水 COD 排序表

序号	名称	COD/(t/a)	占比/%
1	新疆宏天食品有限公司	151.2	8.978089
2	新疆宏景清真食品有限公司	118.57	7.040556
3	新疆金特钢铁股份有限公司	118.4	7.030461
4	新疆沃德食品有限公司	111.89	6.643905
5	和硕县冠龙果汁酿造有限公司	103.18	6.126715
6	中粮屯河股份有限公司焉耆番茄制品分公司	86.92	5.161214
7	博湖县红多多番茄制品有限公司	81.64	4.847693
8	中粮屯河股份有限公司焉耆糖业分公司	80.96	4.807315
9	博糊县万福食品有限责任公司	75.6	4.489045
10	新疆芳香庄园酒业有限公司	73.14	4.342973
11	和静县瑞和番茄制品有限责任公司	50.95	3.025355
12	和硕县天喜食品有限责任公司	48.49	2.879283
13	和硕县国忠食品开发有限责任公司	46.95	2.787839
14	中粮屯河股份有限公司博湖番茄制品分公司	43.61	2.589514
15	新疆江皓工贸有限公司	34.6	2.05451
16	博湖县红丰食品有限责任公司	30.24	1.795618
17	焉耆帝方食品有限公司	33.39	1.982661
18	博湖县宏傅食品有限公司	27.21	1.6157
19	新疆红彤彤食品有限公司	26.49	1.572947
20	库尔勒番昌番茄制品有限公司上游分公司	24.31	1.443501
总计		1367.74	81.21489

附表 4　重点工程项目

序号	项目名称	项目主要内容	投资/万元	完成年限	责任部门
一	工业污染源减排项目		总投资		
1	10 家重点工业污染源提标改造	完成工艺升级改造，实现稳定达标排放	3250	2012 年	各企业法人
2	工业污染源尾水回用一期工程	建设深度处理装置及回用配套泵房、管网	1100	2014 年	各企业法人
3	工业污染源尾水回用二期工程	建设深度处理装置及回用配套泵房、管网	1100	2016 年	各企业法人
4	重点工业污染源清洁生产审计	对重点企业进行清洁生产审计	300	2013 年	当地经贸局、环保局
	小　　计		5750		
二	生活污染源控制工程				
5	北四县污水收集管网建设一期工程	北四县建设污水收集及输送主干网，送至各县污水处理厂	1000	2012 年	北四县建设局
6	北四县污水收集管网建设二期工程	完善北四县建设污水收集及输送主干网	1000	2014 年	北四县建设局
7	北四县污水收集管网建设三期工程	完成北四县建设污水收集及输送主干网建设	1000	2016 年	北四县建设局
8	和硕县、博湖县污水处理厂升级改造	进行技术改造，更换处理设施，配套在线监测系统，实现稳定运行	150	2011 年	和硕县、博湖县污水处理厂
9	博湖县、焉耆县、和静县污水处理厂扩容	分别扩容至 10000t/d、20000t/d 和 10000t/d	2000	2012 年	博湖县、焉耆县及和静县污水处理厂
10	和静县、和硕县污水处理厂扩容	扩容至 40000t/d	3000	2015 年	和静县、和硕县污水处理厂
11	焉耆县城河南区污水处理厂及配套管网工程	完成污水处理厂基础设施建设及管网建设，完成设备安装调试，投入使用	4000	2015 年	
	小　　计		12150		
三	农村生活污染治理项目				
12	“三格式无窖化化粪池＋人工湿地”建设工程	采用该技术处理农户粪便和生活污水	300	2015 年	各县建设局
13	垃圾收集处理系统建设	在各行政村建立生活垃圾收集、中转、运输系统	500	2014 年	各县环卫处
14	农村生态型户厕建设工程	建设各种形式的生态型厕所，提高全流域规划区采用生态型户厕的户数	1000	2020 年	各县建设局
	小　　计		1800		

续表

序号	项目名称	项目主要内容	投资/万元	完成年限	责任部门
四	农业面源污染治理项目				
15	高效节水农业一期工程	对北四县农田灌溉区实施退耕、节水防渗措施等，发展高效节水灌溉 24×10^4 亩，干支斗渠130km，增加地表水入湖量，消减入湖盐量	8800	2014年	北四县政府
16	高效节水农业二期工程	对北四县农田灌溉区实施退耕、节水防渗等措施，发展高效节水灌溉 33×10^4 亩，干支斗渠60km，增加地表水入湖量，消减入湖盐量	7500	2016年	北四县政府
17	高效节水农业三期工程	对北四县农田灌溉区实施退耕、节水防渗等措施，发展高效节水灌溉 9×10^4 亩，干支斗渠36km，增加地表水入湖量，消减入湖盐量	2800	2018年	北四县政府
18	近湖区农田养分管理示范一期工程	相关部门指导北四县近湖区当地农民进行农田施肥控制管理，全面推广测土配方施肥技术，科学耕种和施肥，多用有机肥，减少化肥用量实施 2.5×10^4 亩	200	2014年	北四县政府
19	近湖区农田养分管理示范二期工程	相关部门指导北四县近湖区当地农民进行农田施肥控制管理，全面推广测土配方施肥技术，科学耕种和施肥，多用有机肥，减少化肥用量，实施 2.5×10^4 亩	200	2016年	北四县政府
20	近湖区农田养分管理示范三期工程	相关部门指导北四县近湖区当地农民进行农田施肥控制管理，实施 2.5×10^4 亩	200	2018年	北四县政府
21	秸秆污染控制项目	大力推广机械粉碎秸秆后还田、秸秆饲料开发、秸秆气化、秸秆微生物高温快速沤肥和秸秆工业原料开发等多种形式的综合利用	500	2014年	北四县政府
22	秸秆气化集中供气项目	建秸秆气化集中供气站	500	2020年	北四县农林局
23	焉耆县畜禽养殖业污染源综合防治示范一期工程	建设畜禽粪污收集系统、无害化处理设施、固体有机肥生产线、固体有机肥生产线及其他附属工程	900	2014年	焉耆县农业局
24	焉耆县畜禽养殖业污染源综合防治示范二期工程	建设畜禽粪污收集系统、无害化处理设施、固体有机肥生产线、固体有机肥生产线及其他附属工程	600	2014年	焉耆县农业局

续表

序号	项目名称	项目主要内容	投资/万元	完成年限	责任部门
25	畜禽养殖专业合作社沼气工程	在和静县和博湖县实施畜禽养殖专业合作社沼气工程项目，建设大型沼气工程和堆肥工程。	800	2016年	和静县、博湖县农业局
26	和硕县规模化畜禽养殖污染防治污染项目	在和硕县规模养殖场建设沼气池，新增沼气池配套设施及沼气发电设备。	440	2013年	和硕县政府
27	水产生态养殖工程	提高养殖户生产技能，积极发展水产生态养殖	100	2020年	北四县政府
	小　　计		23540		
五	生态处理工程				
28	入湖河口湿地及生态缓冲带构建一期工程	恢复入湖河口湿地面积1500ha，恢复西南小湖区部分湿地功能	2000	2012年	巴州政府
29	入湖河口湿地及生态缓冲带构建二期工程	恢复入湖河口湿地面积1300ha，恢复西南小湖区部分湿地功能	1800	2014年	巴州政府
30	入湖河口湿地及生态缓冲带构建三期工程	恢复入湖河口湿地面积2600ha，恢复西南小湖区部分湿地功能	3600	2016年	巴州政府
31	入湖河口湿地及生态缓冲带构建四期工程	恢复入湖河口湿地面积1300ha，恢复西南小湖区部分湿地功能	1900	2018年	巴州政府
32	污废水人工湿地深度处理一期工程	在黄水沟区、大湖西岸区建立芦苇湿地1.7×10^4亩，对城镇污水处理厂、工业废水尾水和低浓度农田排水进行深度处理，削减入湖COD、氮、磷和盐	5000	2012年	和硕县、博湖县政府
33	污废水人工湿地深度处理二期工程	大湖西岸区1×10^4亩人工芦苇湿地工程全面启动，年底前完工	4200	2014年	博湖县政府
34	污废水人工湿地深度处理三期工程	在黄水沟区、大湖西岸区建立芦苇湿地1.5×10^4亩，对城镇污水处理厂、工业废水尾水和低浓度农田排水进行深度处理，削减入湖COD、氮、磷和盐	4500	2016年	和硕县、博湖县政府

续表

序号	项目名称	项目主要内容	投资/万元	完成年限	责任部门
35	污废水人工湿地深度处理四期工程	在黄水沟区、大湖西岸区建立芦苇湿地 2×10^4 亩，对城镇污水处理厂、工业废水尾水和低浓度农田排水进行深度处理，削减入湖COD、氮、磷和盐	5500	2018年	
36	污废水人工湿地深度处理五期工程	不断完善苇区田间的各项工程建设和扫尾工程	2500	2020年	
37	人工湿地构建一期工程	在新塔热乡布茨恩查干村构建4000亩人工湿地，进行生态育苇	1100	2012年	和硕县政府
38	人工湿地构建二期工程	在新塔热乡布茨恩查干村构建8000亩人工湿地，进行生态育苇	1100	2014年	和硕县政府
39	农业排水人工湿地深度处理及生态修复一期工程	对博湖县内直通大湖的种畜场排渠和乌兰乡排渠进行人工湿地深度处理工程，新建人工育苇湿地 0.6×10^4 亩，新建苇区道路工程，新建扬排站4座，新建引水渠、排水渠等渠道	2300	2014年	博湖县政府
40	农业排水人工湿地深度处理及生态修复二期工程	对博湖县内直通大湖的塔乡排渠和本布图镇的2条排渠以及25团排渠进行人工湿地深度处理工程，新建人工育苇湿地7000亩，新建苇区道路工程，新建扬排站5座，新建引水渠、排水渠等渠道	800	2016年	博湖县政府
41	农业排水人工湿地深度处理及生态修复三期工程	对博湖县内直通小湖区的才乡、查乡排渠进行人工湿地深度处理工程，新建人工育苇湿地3300亩，新建苇区道路工程，新建扬排站3座，新建引水渠、排水渠等渠道	600	2018年	
42	滨河防护林工程	将开都河、黄水沟河道两侧500m范围内的耕地退耕还湖，栽种植物，减轻农业面源污染，控制入湖河流水质	3500	2013年	巴州政府
43	农田排水缓冲带工程	在污染负荷贡献最大的干排末端分别修建缓冲带，削减污染负荷，提高入湖水质	2000	2013年	巴州政府
	小　　计		42400		
六	水体自动监测站建设				

续表

序号	项目名称	项目主要内容	投资/万元	完成年限	责任部门
44	黄水沟博湖入口自动监测站	黄水沟博湖入口设自动监测站，测 COD、氨氮、DO 指标	400	2012 年	巴州环保局
	合　　计		85640		

附表 5　年度实施计划

序号	项目名称	项目主要内容	投资/万元	完成年限	主要责任部门
一	近期目标实施项目		14900	2012 年	
1	和硕县、博湖县污水处理厂升级改造	进行技术改造，更换处理设施，配套在线监测系统，实现稳定运行	150	2011 年	和硕县、博湖县污水处理厂
2	10 家重点工业污染源提标改造	完成工艺升级改造，实现稳定达标排放	3250	2012 年	各企业法人
3	北四县污水收集管网建设一期工程	北四县建设污水收集及输送主干网，送至各县污水处理厂	1000	2012 年	北四县建设局
4	博湖县、焉耆县、和静县污水处理厂扩容	分别扩容至 10000t/d、20000t/d 和 10000t/d	2000	2012 年	博湖县、焉耆县及和静县污水处理厂
5	入湖河口湿地及生态缓冲带构建一期工程	恢复入湖河口湿地面积 1500ha，恢复西南小湖区部分湿地功能	2000	2012 年	巴州政府
6	污废水人工湿地深度处理一期工程	在黄水沟区、大湖西岸区建立芦苇湿地 1.7×10^4 亩，对城镇污水处理厂、工业废水尾水和低浓度农田排水进行深度处理，削减入湖 COD、氮、磷和盐。	5000	2012 年	和硕县、博湖县政府
7	人工湿地构建一期工程	在新塔热乡布茨恩查干村构建 4000 亩人工湿地，进行生态育苇	1100	2012 年	和硕县政府
8	黄水沟博湖入口自动监测站	黄水沟博湖入口设自动监测站，测 COD、氨氮、DO 指标	400	2012 年	巴州环保局
二	中期目标实施项目		56040	2016 年	
9	重点工业污染源清洁生产审计	对重点企业进行清洁生产审计	300	2013 年	当地经贸局、环保局

续表

序号	项目名称	项目主要内容	投资/万元	完成年限	主要责任部门
10	和硕县规模化畜禽养殖污染防治污染项目	在和硕县规模养殖场建设沼气池，新增沼气池配套设施及沼气发电设备	440	2013年	和硕县政府
11	滨河防护林工程	将开都河、黄水沟河道两侧500m范围内的耕地退耕还湖，栽种植物，减轻农业面源污染，控制入湖河流水质	3500	2013年	巴州政府
12	农田排水缓冲带工程	在污染负荷贡献最大的干排末端分别修建缓冲带，削减污染负荷，提高入湖水质	2000	2013年	巴州政府
13	工业污染源尾水回用一期工程	建设深度处理装置及回用配套泵房、管网	1100	2014年	各企业法人
14	北四县污水收集管网建设二期工程	完善北四县建设污水收集及输送主干网	1000	2014年	北四县建设局
15	垃圾收集处理系统建设	在各行政村建立生活垃圾收集、中转、运输系统	500	2014年	各县环卫处
16	高效节水农业一期工程	对北四县农田灌溉区实施退耕、节水防渗措施等，发展高效节水灌溉24×10^4亩，干支斗渠130km，增加地表水入湖量，消减入湖盐量	8800	2014年	北四县政府
17	近湖区农田养分管理示范一期工程	相关部门指导北四县近湖区当地农民进行农田施肥控制管理，全面推广测土配方施肥技术，科学耕种和施肥，多用有机肥，减少化肥用量实施2.5×10^4亩	200	2014年	北四县政府
18	秸秆污染控制项目	大力推广机械粉碎秸秆后还田、秸秆饲料开发、秸秆气化、秸秆微生物高温快速沤肥和秸秆工业原料开发等多种形式的综合利用	500	2014年	北四县政府
19	焉耆县畜禽养殖业污染源综合防治示范一期工程	建设畜禽粪污收集系统、无害化处理设施、固体有机肥生产线、固体有机肥生产线及其他附属工程	900	2014年	焉耆县农业局
20	焉耆县畜禽养殖业污染源综合防治示范二期工程	建设畜禽粪污收集系统、无害化处理设施、固体有机肥生产线、固体有机肥生产线及其他附属工程	600	2014年	焉耆县农业局
21	入湖河口湿地及生态缓冲带构建二期工程	恢复入湖河口湿地面积1300ha，恢复西南小湖区部分湿地功能。	1800	2014年	巴州政府

续表

序号	项目名称	项目主要内容	投资/万元	完成年限	主要责任部门
22	污废水人工湿地深度处理二期工程	大湖西岸区 1×10^4 亩人工芦苇湿地工程全面启动，年底前完工	4200	2014年	博湖县政府
23	人工湿地构建二期工程	在新塔热乡布茨恩查干村构建8000亩人工湿地，进行生态育苇	1100	2014年	和硕县政府
24	农业排水人工湿地深度处理及生态修复一期工程	对博湖县内直通大湖的种畜场排渠和乌兰乡排渠进行人工湿地深度处理工程，新建人工育苇湿地 0.6×10^4 亩，新建苇区道路工程，新建扬排站4座，新建引水渠、排水渠等渠道	2300	2014年	博湖县政府
25	和静县、和硕县污水处理厂扩容	扩容至40000t/d	3000	2015年	和静县、和硕县污水处理厂
26	焉耆县城河南区污水处理厂及配套管网工程	完成污水处理厂基础设施建设及管网建设，完成设备安装调试，投入使用	4000	2015年	
27	“三格式无害化化粪池＋人工湿地”建设工程	采用该技术处理农户粪便和生活污水	300	2015年	各县建设局
28	工业污染源尾水回用二期工程	建设深度处理装置及回用配套泵房、管网	1100	2016年	各企业法人
29	北四县污水收集管网建设三期工程	完成北四县建设污水收集及输送主干网建设	1000	2016年	北四县建设局
30	高效节水农业二期工程	对北四县农田灌溉区实施退耕、节水防渗措施等，发展高效节水灌溉 33×10^4 亩，干支斗渠60km，增加地表水入湖量，消减入湖盐量	7500	2016年	北四县政府
31	近湖区农田养分管理示范二期工程	相关部门指导北四县近湖区当地农民进行农田施肥控制管理，全面推广测土配方施肥技术，科学耕种和施肥，多用有机肥，减少化肥用量，实施 2.5×10^4 亩	200	2016年	北四县政府
32	畜禽养殖专业合作社沼气工程	在和静县和博湖县实施畜禽养殖专业合作社沼气工程项目，建设大型沼气工程和堆肥工程	800	2016年	和静县、博湖县农业局
33	入湖河口湿地及生态缓冲带构建三期工程	恢复入湖河口湿地面积2600ha，恢复西南小湖区部分湿地功能	3600	2016年	巴州政府

续表

序号	项目名称	项目主要内容	投资/万元	完成年限	主要责任部门
34	污废水人工湿地深度处理三期工程	在黄水沟区、大湖西岸区建立芦苇湿地 1.5×10^4 亩，对城镇污水处理厂、工业废水尾水和低浓度农田排水进行深度处理，削减入湖 COD、氮、磷和盐	4500	2016 年	和硕县、博湖县政府
35	农业排水人工湿地深度处理及生态修复二期工程	对博湖县内直通大湖的塔乡排渠和本布图镇的 2 条排渠以及 25 团排渠进行人工湿地深度处理工程，新建人工育苇湿地 7000 亩，新建苇区道路工程，新建扬排站 5 座，新建引水渠、排水渠等渠道	800	2016 年	博湖县政府
三	远期目标实施项目		15100	2020 年	
36	高效节水农业三期工程	对北四县农田灌溉区实施退耕、节水防渗措施等，发展高效节水灌溉 9×10^4 亩，干支斗渠 36km，增加地表水入湖量，消减入湖盐量	2800	2018 年	北四县政府
37	近湖区农田养分管理示范三期工程	相关部门指导北四县近湖区当地农民进行农田施肥控制管理，实施 2.5×10^4 亩	200	2018 年	北四县政府
38	入湖河口湿地及生态缓冲带构建四期工程	恢复入湖河口湿地面积 1300ha，恢复西南小湖区部分湿地功能	1900	2018 年	巴州政府
39	污废水人工湿地深度处理四期工程	在黄水沟区、大湖西岸区建立芦苇湿地 2×10^4 亩，对城镇污水处理厂、工业废水尾水和低浓度农田排水进行深度处理，削减入湖 COD、氮、磷和盐	5500	2018 年	巴州政府
40	农业排水人工湿地深度处理及生态修复三期工程	对博湖县内直通小湖区的才乡、查乡排渠进行人工湿地深度处理工程，新建人工育苇湿地 3300 亩，新建苇区道路工程，新建扬排站 3 座，新建引水渠、排水渠等渠道	600	2018 年	巴州政府，博湖县
41	农村生态型户厕建设工程	建设各种形式的生态型厕所，提高全流域规划区采用生态型户厕的户数	1000	2020 年	各县建设局
42	秸秆气化集中供气项目	建秸秆气化集中供气站	500	2020 年	北四县市农林局
43	水产生态养殖工程	提高养殖户生产技能，积极发展水产生态养殖	100	2020 年	北四县政府
44	污废水人工湿地深度处理五期工程	不断完善苇区田间的各项工程建设和扫尾工程	2500	2020 年	巴州政府

参考文献

[1] 巴音郭楞蒙古自治州地方志编纂委员会．巴音郭楞蒙古自治州志（中卷）[M]．北京：当代中国出版社，1994.

[2] 巴州博斯腾湖科学研究所．博斯腾湖周边工业企业污染源调查与分析——研究报告 [R]．2005：8.

[3] 巴州水文水资源勘测局，巴音郭楞蒙古自治州．入河排污口调查报告——研究报告 [R]．2007：3.

[4] 博湖县统计局．博湖县2010年国民经济和社会发展统计公报 [R]．2010.

[5] 博湖研究所．博斯腾湖流域农业面源污染估算和控制对策——研究报告 [R]．2005：8.

[6] 博斯腾湖科学研究所．博斯腾湖流域农业面源污染估算和控制对策——研究报告 [R]．2005.

[7] 博斯腾湖科学研究所．博斯腾湖周边工业企业污染源调查与分析——研究报告，[R]．2005.

[8] 博斯腾湖科学研究所．湖区旅游污染负荷研究及相关对策建议——研究报告 [R]．2005.

[9] 陈大春．新疆焉耆盆地地下水、地表水联合调度 [D]．乌鲁木齐：新疆农业大学，2000.

[10] 陈学敏．环境卫生学 [M]．第四版．北京：人民卫生出版社，2001.

[11] 陈亚宁，杜强，陈跃滨等．博斯腾湖流域水资源可持续利用研究 [M]．北京：科学出版社，2013.

[12] 成正才，李宇安．博斯腾湖的水盐平衡与矿化度 [J]．干旱区地理，1997，20（3）：43-49.

[13] 成正才．博斯腾湖的咸化与淡化 [J]．干旱区资源与环境，1996，10（4）：33-42.

[14] 成正才．博斯腾湖水文特性 [J]．水文，1994，5：44-49.

[15] 程其畴．博斯腾湖水质矿化度与水资源利用 [J]．干旱区地理，1993，16（4）：31-37.

[16] 程其畴．博斯腾湖研究 [M]．南京：河海大学出版社，1995.

[17] 丁淑萍．博斯腾湖水环境现状分析 [J]．中国西部科技，2008，7（14）：23-24.

[18] 董新光，周金龙，陈跃滨．干旱内陆区水盐监测与模型研究及其应用 [M]．新疆：科学出版社，2007.

[19] 樊自立，王喜鹏．新疆平原湖泊（包括人工湖）水质盐化及其防治途径 [J]．自然资源学报，1990，5（4）：304-317.

[20] 范成新，张路，秦伯强．太湖沉积物-水界面生源要素迁移机制及定量化——1. 铵态氮释放速率的空间差异及源-汇通量 [J]．湖泊科学，2004，16（1）：11-20.

[21] 范成新．湖沉积物理化特征及磷释放模拟 [J]．湖泊科学，1995，7（4）：341-349.

[22] 高光，汤祥明，赛·巴雅尔图．博斯腾湖生态环境演化 [M]．北京：科学出版社，2013.

[23] 国务院第一次全国污染源普查领导小组办公室．第一次全国污染源普查城镇生活源产排污系数手册 [M]．北京：中国环境科学出版社，2008.

[24] 和静县统计局．和静县2010年国民经济和社会发展统计公报 [R]．2010.

[25] 和硕县统计局．和硕县2010年国民经济和社会发展统计公报 [R]．2010.

[26] 洪华生，黄金良．九龙江流域农业非点源污染机理与控制研究 [M]．北京：科学出版社，2008.

[27] 侯立军，刘敏，许世远．环境因素对苏州河市区段底泥内源磷释放的影响 [J]．上海环境科学，2003，22（4）：258-291.

[28] 胡汝骥．中国天山自然地理 [M]．北京：中国环境科学出版社，2004.

[29] 金相灿．湖泊富营养化调查规范 [M]．第二版．北京：中国环境科学出版社，1990.

[30] 靳银燕，殷丽．昌吉回族自治州番茄企业环境污染现状调查及防治措施分析 [J]．新疆环境保护，2010，32（1）：34-36.

[31] 寇文．焉耆盆地绿洲种植业系统能值分析及可持续发展研究 [D]．乌鲁木齐：新疆农业大学，2009.

[32] 李和平，周建伟．孔雀河中下游土壤特性及开发利用区划——以尉犁县生态园区为例 [J]．干旱区研究，2005，22（1）：35-40.

[33] 李家科．博斯腾湖水环境容量及污染物排放总量控制研究 [D]．西安：西安理工大学，2004.

[34] 李金城．博斯腾湖水环境质量演变及管理研究 [D]．南京：南京大学，2004.

[35] 李金城．博斯腾湖水环境质量演变及管理研究 [D]．南京：南京大学，2005.

[36] 李军，张干，祁士华等．珠江三角洲土壤中氯丹的残留特征 [J]．土壤学报，2007，44（6）：1058-1062.

[37] 李卫红，陈跃滨，郭永平等．博斯腾湖环境与资源的保护和可持续利用 [J]．干旱区地理，2002，25（3）：225-230.

[38] 李卫红，陈跃滨，徐海量等．博斯腾湖的水环境保护与可持续利用对策 [J]．地理研究，2003，22（2）：

185-191.

[39] 李卫红，袁磊．新疆博斯腾湖水盐变化及其影响因素探讨［J］．湖泊科学，2002，14（3）：223-227.

[40] 李艳霞．博斯腾湖生态修复技术的研究［D］．西安：西安理工大学，2007.

[41] 李勇．新疆开孔河流域污染源现状调查评价［J］．内蒙古水利，2011，1：53-54.

[42] 廖丹．博斯腾湖水质评价与污染源分析［D］．成都：四川师范大学，2008.

[43] 刘文详，李喜俊．新疆博斯腾湖水环境容量研究［J］．环境科学研究，1999，12（1）：35-38.

[44] 刘延锋，靳孟贵，曹英兰．新疆博斯腾湖的水位动态短期预测研究［J］．水利水电技术，2004，5（35）：5-6.

[45] 刘延锋．新疆焉耆盆地地表水-地下水转化及水资源可持续利用［D］．武汉：中国地质大学，2004.

[46] 刘耀先，曲耀光．新疆博斯腾湖的改造和利用［J］．干旱区地理，1984，4（7）：17-29.

[47] 罗崇富．博斯腾湖富营养化状态水平调查［J］．干旱环境监测，1991，5（2）：98-102.

[48] 裴新国，闫晓燕，周国良．博斯腾湖的盐污染及其控制［J］，干旱区地理，1991，1（14）：59-63.

[49] 裴新国．博斯腾湖水盐动态及其平衡的研究［J］．干旱区地理，1988，3（11）：1-7.

[50] 邱冰，姜加虎，孙占东．基于MODIS数据的降水估算在博斯腾湖流域的应用［J］．干旱区研究，2010，27（5）：675-679.

[51] 曲耀光．博斯腾湖盐化的原因及其防治途径［J］．干旱区地理，1978，2：57-68.

[52] 全为民．千岛湖富营养化评价及其模型应用研究［D］．杭州：浙江大学，2002.

[53] 赛·巴雅尔图，黄瑾，谢贵娟等．博斯腾湖细菌丰度对富营养化及咸化的响应［J］．湖泊科学，2011，23（6）：934-941.

[54] 石瑞花．开-孔河流域天然植被与地下水及土壤盐分关系［D］．乌鲁木齐：新疆农业大学，2009.

[55] 史家莉．博斯腾湖湖水矿化度的分析［J］．干旱区地理，1986，9（2）：29-32.

[56] 谭芫，王亚俊，宁建忠．新疆博斯腾湖水生态环境变化分析［J］．干旱区研究，2004，21（1）：7-12.

[57] 田文成．博湖县志［M］．乌鲁木齐：新疆大学出版社，1993：32-122.

[58] 王斌．博斯腾湖矿化度及水盐平衡——研究报告［R］．2005.

[59] 王鹏．新疆焉耆盆地地下水可持续开采研究［D］，兰州：兰州大学，2009.

[60] 王润，GieseE，高前兆．近期博斯腾湖水位变化及其原因分析［J］．冰川冻土，2003，25（1）：60-64.

[61] 王润，孙占东，高前兆．2002年前后博斯腾湖水位变化及其对中亚气候变化的响应［J］．冰川冻土，2006，28（3）：324-329.

[62] 王水献．开-孔河流域绿洲水土资源开发及其生态环境效应研究［D］．乌鲁木齐：新疆农业大学，2008.

[63] 王苏民，中国湖泊志［M］．北京：科学出版社，1988.

[64] 王永华，钱少猛，徐南妮等．巢湖东区底泥污染物分布特征及评价［J］．环境科学研究，2004，17（6）：22-25.

[65] 王玉敏，周孝德．湖泊水环境容量迭加计算方法研究［J］．干旱区资源与环境，2005，19（6）：108-112.

[66] 吴丰昌，万国江，黄荣贵．湖泊沉积物-水界面营养元素的生物地球化学作用和环境效应：I. 界面氮循环及其环境效应［J］．矿物学报，1996，16（4）：403-409.

[67] 武汉水利电力大学，巴音郭愣自治州水利局．博斯腾湖可持续水资源管理应用研究［R］．武汉，新疆，2000.

[68] 西安理工大学，新疆水利水电勘测设计院．新疆博斯腾湖富营养化研究报告［R］．2005：5.

[69] 夏军，左其亭，邵民诚．博斯腾湖水资源可持续利用——理论·方法·实践［M］．北京：科学出版社，2003.

[70] 谢贵娟，张建平，汤祥明等．博斯腾湖水质现状（2010—2011年）及近50年来演变趋势［J］．湖泊科学．2011，23（6）：837-846.

[71] 新疆巴音郭楞蒙古自治州统计局．巴音郭楞统计年鉴［M］．北京：国家统计局，2002.

[72] 新疆巴音郭楞蒙古自治州统计局．巴音郭楞统计年鉴［M］．北京：国家统计局，2003.

[73] 新疆巴音郭楞蒙古自治州统计局．巴音郭楞统计年鉴［M］．北京：国家统计局，2004.

[74] 新疆巴音郭楞蒙古自治州统计局．巴音郭楞统计年鉴［M］．北京：国家统计局，2005.

[75] 新疆巴音郭楞蒙古自治州统计局．巴音郭楞统计年鉴［M］．北京：国家统计局，2006.

[76] 新疆巴音郭楞蒙古自治州统计局．巴音郭楞统计年鉴［M］．北京：国家统计局，2007.

[77] 新疆巴音郭楞蒙古自治州统计局．巴音郭楞统计年鉴［M］．北京：国家统计局，2008.

[78] 新疆巴音郭楞蒙古自治州统计局．巴音郭楞统计年鉴［M］．北京：国家统计局，2009.

[79] 新疆巴音郭楞蒙古自治州统计局．巴音郭楞统计年鉴［M］．北京：国家统计局，2010.

[80] 新疆荒地资源综合考察队．博斯腾湖的盐化原因及其控制途径［J］．地理学报，1982，37（2）：144-153.
[81] 新疆土地调查办．新疆维吾尔自治区第二次土地调查成果分析报告（农村土地调查部分）［R］．2009.
[82] 焉耆盆地石油勘探开发与水环境保护研究课题组．新疆维吾尔自治区焉耆盆地石油勘探开发与水环境保护研究［R］．1998.
[83] 焉耆县统计局．焉耆县2010年国民经济和社会发展统计公报［R］．2010.
[84] 闫晓燕．博斯腾湖底栖动物现存量的变化及评价［J］．新疆环境保护，1994，16（3）：17-35.
[85] 严力蛟，金晓辉，全为民等．千岛湖水体营养主控因子分析［J］．当代生态农业，2001，22：89-93.
[86] 颜昌宙，刘文祥．焉耆盆地水污染物总量控制研究［J］．环境科学研究，1999，12（5）：20-23.
[87] 杨彬，解启来．博斯腾湖沉积物中有机氯农药的分布特征及生态风险评价［J］．湖泊科学，2011，23（1）：29-34.
[88] 杨美临．博斯腾湖多代用指标侧重硅藻记录的全新世气候变化模式［D］．兰州：兰州大学，2008.
[89] 袁峡，杨佃华．博斯腾湖水污染控制与治理技术路线分析［J］．环境工程，2009，27：16-19.
[90] 袁峡，杨佃华．新疆博斯腾湖水环境问题研究［J］．干旱区研究，2008，25（5）：735-740.
[91] 赵景峰，秦大河，长岛秀树等．博斯腾湖的咸化机理及湖水矿化度稳定性分析［J］．水科学进展，2007，4（18）：475-482.
[92] 赵永坤．淡水养殖水质调查及微生物修复养殖有机物污染的研究［D］．南昌：南昌大学，2008.
[93] 郑逢令．焉耆绿洲景观格局变化与生态安全分析［D］．乌鲁木齐：新疆农业大学，2006.
[94] 中国环境保护科学研究院、新疆环境保护研究所．博斯腾湖水环境生态和水质保护合作研究——研究报告［R］．1993.
[95] 钟瑞森．博斯腾湖流域水盐平衡模型研究［D］．乌鲁木齐：新疆农业大学，2005.
[96] 钟瑞森．干旱绿洲区分布式三维水盐运移模型研究与应用实践［D］．乌鲁木齐：新疆农业大学，2008.
[97] 周桂英，隋智慧．机械压缩蒸发在麻黄素废液处理中的应用与分析［J］．过滤与分离，2002，12（3）：14-16.
[98] 左其亭，马军霞，陈曦．博斯腾湖水体矿化度变化趋势及调控研究［J］．水科学进展，2004，15（3）：307-311.